"十三五"国家重点出版物出版规划项目
面向可持续发展的土建类工程教育丛书
"十二五"普通高等教育本科国家级规划教材
普通高等教育"十一五"国家级规划教材
21世纪高等教育建筑环境与能源应用工程系列教材

建筑节能技术

第2版

主　编　李德英
副主编　张伟捷
参　编　马良涛　陈红兵　杨海林
　　　　张群力　刘　珊
主　审　许文发

机械工业出版社

本书在第1版基础上，结合近年来国家建筑节能相关政策、法规、规范和标准以及建筑节能技术的发展和应用情况，对原有内容进行了更新，并新增加了4章内容，分别是可再生能源在建筑中的应用、被动式超低能耗建筑节能实用技术、绿色建筑综合能源利用、建筑节能经济评价。

本书遵循可持续发展原则，系统、全面地讲述建筑节能技术的基本理论和知识，介绍供暖空调系统的新技术、新工艺、新设备，既突出先进技术研究成果在建筑节能中的应用，也注重工程应用经验性成果的总结。同时，在保证基本理论正确和完整的前提下，注重前瞻性，注重教学效果。

本书旨在使学生系统掌握建筑节能的基本知识，了解建筑节能技术常用设备的工作原理及设备选择依据，培养学生对建筑供暖供冷系统具有一定的设计、施工与运行管理能力。

本书可作为高校建筑环境与能源应用工程等专业本科生教材，也可用于相关专业技术培训，并可供建筑节能技术人员参考。

本书配有ppt电子课件，免费提供给选用本书作为教材的授课教师。需要者请登录机械工业出版社教育服务网（www.cmpedu.com）注册后下载。

图书在版编目（CIP）数据

建筑节能技术/李德英主编．—2版．—北京：机械工业出版社，2017.3（2023.7重印）

“十三五”国家重点出版物出版规划项目　“十二五”普通高等教育本科国家级规划教材　普通高等教育“十一五”国家级规划教材　21世纪高等教育建筑环境与能源应用工程系列教材

ISBN 978-7-111-56024-1

Ⅰ．①建…　Ⅱ．①李…　Ⅲ．①建筑热工-节能-高等学校-教材　Ⅳ．①TU111.4

中国版本图书馆CIP数据核字（2017）第027056号

机械工业出版社（北京市百万庄大街22号　邮政编码100037）
策划编辑：刘　涛　责任编辑：刘　涛　章承林
责任校对：肖　琳　佟瑞鑫　封面设计：路恩中
责任印制：邓　博
天津翔远印刷有限公司印刷
2023年7月第2版第10次印刷
184mm×260mm · 20印张 · 540千字
标准书号：ISBN 978-7-111-56024-1
定价：58.00元

电话服务	网络服务
客服电话：010-88361066	机　工　官　网：www.cmpbook.com
010-88379833	机　工　官　博：weibo.com/cmp1952
010-68326294	金　　书　　网：www.golden-book.com
封底无防伪标均为盗版	机工教育服务网：www.cmpedu.com

序

建筑环境与设备工程（2012年更名为建筑环境与能源应用工程）专业是1998年教育部新颁布的全国普通高等学校本科专业目录，将原“供热通风与空调工程”专业和“城市燃气供应”专业进行调整、拓宽而组建的新专业。专业的调整不是简单的名称的变化，而是学科科研与技术发展，以及随着经济的发展和人民生活水平的提高，赋予了这个专业新的内涵和新的元素，创造健康、舒适、安全、方便的人居环境是21世纪本专业的重要任务。同时，节约能源、保护环境是这个专业及相关产业可持续发展的基本条件，因而它们和建筑环境与设备工程（建筑环境与能源应用工程）专业的学科科研与技术发展总是密切相关，不可忽视。

新专业的组建及其内涵的定位，首先是由社会需求所决定的，也是和社会经济状况及科学技术的发展水平相关的。我国的经济持续高速发展和大规模建设需要大批高素质的本专业人才，专业的发展和重新定位必然导致培养目标的调整和整个课程体系的改革。培养“厚基础、宽口径、富有创新能力”，能符合注册公用设备工程师执业资格要求，并能与国际接轨的多规格的专业人才，是本专业教学改革的目的。

机械工业出版社本着为教学服务，为国家建设事业培养专业技术人才，特别是为培养工程应用型和技术管理型人才做贡献的思想，积极探索本专业调整和过渡期的教材建设，组织有关院校具有丰富教学经验的教授、副教授主编了这套建筑环境与设备工程（建筑环境与能源应用工程）专业系列教材。

这套系列教材的编写以“概念准确、基础扎实、突出应用、淡化过程”为基本原则，突出特点是既照顾学科体系的完整，保证学生有坚实的数理科学基础，又重视工程教育，加强工程实践的训练环节，培养学生正确判断和解决工程实际问题的能力，同时注重加强学生综合能力和素质的培养，以满足21世纪我国建设事业对专业人才的要求。

我深信，这套系列教材的出版，将对我国建筑环境与设备工程（建筑环境与能源应用工程）专业人才的培养产生积极的作用，会为我国建设事业做出一定的贡献。

陈在康

前言

在全球大气公约框架下，世界各国都在推进节能减排工作，并先后提出节能建筑、绿色建筑、生态建筑、低能耗建筑、超低能耗建筑、零能耗建筑、产能建筑等诸多概念。单位面积建筑能耗也在逐步下降，优秀示范项目不断涌现。从这些节能示范项目中，可再生能源的利用使得这些建筑具有“低能耗、高能效、微排放”的特点。这对于推进我国超低能耗绿色建筑发展具有重要的现实意义。

根据我国建筑能耗的特点，考虑到我国南北地区冬季供暖方式、城乡建筑形式和生活方式以及建筑使用性质的差别，将我国的建筑用能分为北方城镇供暖用能、城镇居住建筑用能、公共建筑用能以及农村住宅用能四大类。这些建筑用能必然排放大量的污染物，造成大气环境污染。根据我国建筑能效提升路线图，到 2020 年我国人均建筑能耗基本维持在现有水平。要实现这个目标，我国必须走出一条真正的可再生能源利用可持续发展道路，而不是以牺牲环境和资源消耗为代价的社会发展，同时也为世界其他发展中国家的节能事业做出典范。

本书旨在引导我国建筑节能的技术进步，推动相关产业的发展，探讨和交流科研成果和实践经验，共同推动我国建筑节能和绿色建筑及相关行业的发展，为我国实现节能减排工作目标做出更大贡献。

本书第 1、6 章由北京建筑大学李德英教授编写；第 2、3 章由河北工程大学张伟捷教授编写；第 4、5 章由河南城建学院马良涛教授编写；第 7、9 章由北京建筑大学陈红兵教授编写；第 10 章由住房和城乡建设部促进中心刘珊博士编写；第 11 章由北京建筑大学张群力教授编写；第 8、12 章由河南城建学院杨海林教授编写。

由于作者水平有限，书中难免存在疏漏或不足之处，敬请读者批评指正。

作者

目录

第 1 章 绪论

1.1 我国的建筑与建筑能耗

1.1.1 房屋建筑规模

我国的改革开放促使经济高速发展，取得了巨大成就。同时我们也看到，我国已成为世界上能源消费和污染排放大国，其中建筑能耗占全国总能耗的30%以上。能源的消耗，气候的变化，雾霾的产生，严重影响我国的可持续发展和人们的身体健康。因此，建筑节能不仅要为解决能源短缺做贡献，更要为应对气候变化、与自然和谐相处做贡献，大力推进绿色节能建筑、可再生能源利用，走可持续发展路线，可谓势在必行。

在全球大气公约框架下，世界各国都在推动节能减排的发展，先后提出节能建筑、绿色建筑、生态建筑、低能耗建筑、超低能耗建筑、近零能耗建筑，还有产能建筑、区域能源，等诸多概念。使得单位面积建筑能耗也在逐步下降，一大批优秀示范项目不断涌现。从这些节能示范项目中，可以看到可再生能源的利用，使这些建筑具有“低能耗、高能效、微排放”的特点。这对于推进我国超低能耗绿色节能建筑、提升建筑能效具有重要的现实意义。[1]

近年来，我国每年城乡新建房屋建筑面积不断增加，截至2015年底，全国城乡房屋建筑面积约580亿 m^2，其中城镇建筑约为250亿 m^2。21世纪头20年，建筑业仍将迅速发展。预计到2020年底，全国房屋建筑面积将达700亿 m^2，其中城镇建筑约为300亿 m^2。近几年来，全国新建房屋建筑面积如图1-1所示。

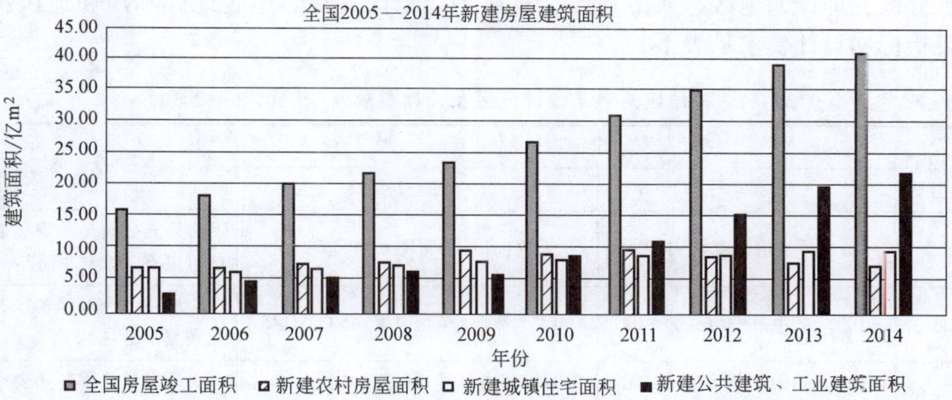

图1-1 全国新建房屋建筑面积（数据来源于2015年中国年鉴）

1.1.2 建筑能耗与建筑节能

目前，我国已成为世界第二大能源生产国和第一大能源消费国，每年建成建筑总面积已超过所有发达国家的总和。建筑在生产和使用过程中消耗的能源总量在不断攀升，如果加上建筑材料在生产过程中所消耗的能源，那么建筑能耗将占到全社会总能耗的47%，在社会总能耗中位居首位。

我国建筑业的长足、快速发展，必然需要消耗大量的建设和运行能源，特别是供暖、空调和照明能耗尤为明显。2012年国务院常务会议讨论通过的《“十二五”国家战略性新兴产业发展规划》提出了七大战略性新兴产业的主要任务和重点发展方向，包括节能环保产业、新一代信息技术产业、生物产业、高端装备制造产业、新能源产业、新材料产业、新能源汽车，制订了一系列产业发展路线图，提出了上述七大产业领域发展的标志性目标、拓展市场应用以及提升整体创新能力等主要政策措施和重大行动计划。规划中对节能环保产业的要求是要突破以下关键核心技术：能源高效与梯度利用、污染物防治与安全处置、资源回收与循环利用，根据高效节能、先进环保和资源循环利用的目标发展新装备和新产品，推行清洁生产和低碳技术，加快形成支柱性产业。

在我国，建筑能耗已与工业能耗、交通能耗并称三大“能耗大户”，节能潜力巨大。所以，建筑节能产业已然成为节能环保产业的重要组成部分。按照国际通行的分类，建筑能耗是指民用建筑（包括居住建筑和公共建筑及其服务业）使用过程中的能耗，主要包括供暖、空调、通风、热水供应、照明、炊事、家用电器、电梯等方面的能耗，其中供暖、空调、通风能耗约占2/3[2]。

随着人民生活水平的逐步提高，对住宅的舒适度要求也越来越高，供暖和空调设备逐渐增多，建筑能耗占总能耗的比例也会越来越大。目前我国还处于城镇化进程不断推进时期，建筑业持续迅猛发展，建筑能耗的比例将继续增加。据统计，我国建筑能耗所占能源总消费量的比例已从1978年的10%上升到2015年的30%，这个比例还将不可避免地上升到35%左右，因此建筑节能必将成为影响能源安全、优化能源结构、提高能源利用效率的关键因素，是贯彻资源和可持续发展战略的关键。因此，建筑节能在我国可持续发展中占有重要地位。

我国与同纬度许多发达国家相比，冬天气候更冷，夏天气候较热，南方空气湿度还很高。在这种湿热环境下，房屋的保温隔热性能却要比发达国家差得多。

根据我国的气候特点，《民用建筑热工设计规范》（GB 50176—2016）将全国划分为5个建筑热工分区，即严寒地区、寒冷地区、夏热冬冷地区、夏热冬暖地区和温和地区，各区划分的主要指标和设计要求见表1-1。

表1-1 我国建筑热工设计分区及设计要求（GB 50176—2016）

分区名称	分区指标		设计要求
	主要指标	辅助指标	
严寒地区	最冷月平均温度≤-10℃	天数(日平均温度≤5℃)≥145	必须充分满足冬季保温要求，一般可以不考虑夏季防热
寒冷地区	-10℃<最冷月平均温度≤0℃	90≤天数(日平均温度≤5℃)<145	应满足冬季保温要求，部分地区兼顾夏季防热
夏热冬冷地区	0℃<最冷月平均温度≤10℃ 25℃<最热月平均温度≤30℃	0≤天数(日平均温度≤5℃)<90 40≤天数(日平均温度≥25℃)<110	必须满足夏季防热要求，适当兼顾冬季保温
夏热冬暖地区	10℃<最冷月平均温度 25℃<最热月平均温度≤29℃	100≤天数(日平均温度≥25℃)<200	必须充分满足夏季防热要求，一般可不考虑冬季保温
温和地区	0℃<最冷月平均温度≤13℃ 18℃<最热月平均温度≤25℃	0≤天数(日平均温度≤5℃)<90	部分地区应考虑冬季保温，一般可不考虑夏季防热

我国政府高度重视建筑发展和人居环境的改善，特别是改革开放以来，住宅建设进入到快速发展的轨道。到2015年底，我国城镇人均居住面积已达到35m^2。毋庸置疑，建筑节能设计能有效改善人们的生活环境质量，建筑节能的经济效益和社会效益无疑是十分重大的。然而，长期以来单纯依靠建筑节能设计标准中强制性条文的实施，难以全面推动建筑节能。其中原因很多，包括政策、法规、标准、设计、施工、调试、运行维护管理和融资等。在当前的市场经济条件下，推动建筑节能、提升能效的关键在于：在充分把握与节能建筑相关的主体关系基础上，建立符合市场机制的激励机制（包括建筑能耗评估体系及相关政策法规等），开展科学合理的建筑规划、设计、施工、调试和运行管理，加快节能新技术的开发及应用，其中“运行管理”是最关键的环节之一。

1.2 我国建筑节能的现状与发展

我国从20世纪80年代就开始开展建筑节能工作，并且推出了一系列的法律、法规、政策，逐步推动和促进建筑节能的发展。具体如下：

1）1993年，建设部颁布了《民用建筑热工设计规范》（GB 50176—1993），1993年10月1日实施；《民用建筑热工设计规范》（GB 50176—2015）正在报批。

2）1995年，建设部颁布了《民用建筑节能设计标准（供暖居住建筑部分）》（JGJ 26—1995），1996年7月1日实施。

3）2003年，建设部颁布了《夏热冬暖地区居住建筑节能设计标准》（JGJ 75—2003），2003年10月1日实施；2012年，住房和城乡建设部颁布了《夏热冬暖地区居住建筑节能设计标准》（JGJ 75—2012），2013年4月1日实施。

4）2005年，建设部颁布了《民用建筑节能管理规定》（建设部令第143号），2006年1月1日实施。

5）2005年，建设部、国家质量监督检验检疫总局颁布了《民用建筑设计通则》（GB 50352—2005），2005年7月1日实施。

6）2007年，建设部颁布了《建筑节能工程施工质量验收规范》（GB 50411—2007），2007年10月1日实施。

7）2007年，全国人民代表大会常务委员会颁布了《中华人民共和国节约能源法》（主席令第七十七号），2008年4月1日实施。

8）2010年，国家发改委等部委发布了《关于加快推行合同能源管理 促进节能服务产业发展的意见》（国办发［2010］25号），2010年4月2日实施。

9）2010年，住房城和乡建设部发布了《夏热冬冷地区居住建筑节能设计标准》（JGJ 134—2010），2010年8月1日施行。

10）2010年，住房城和乡建设部发布了《严寒和寒冷地区居住建筑节能设计标准》（JGJ 26—2010），2010年8月1日施行。

11）2010年，住房和城乡建设部公布了《民用建筑绿色设计规范》（JGJ/T 229—2010），2011年10月1日实施。

12）2014年，住房和城乡建设部公布了《绿色建筑评价标准》（GB/T 50378—2014），

2015年1月1日实施。

13）2015年，住房和城乡建设部公布了《公共建筑节能设计标准》（GB 50189—2015），2015年10月1日实施。

14）2015年，住房城和乡建设部在其官网发布通知，制定了《被动式超低能耗绿色建筑技术导则（试行）（居住建筑）》，2015年11月10日实施。

此间，各个省市也相继制订了建筑节能条例，出台了相应的建筑节能制度，各地方建立了与行政法规相配套的建筑节能法律体系。我国建筑节能制度在这20多年里，从无到有，制度也逐步发展完善。

1.2.1 建筑节能的技术及发展趋势

国家对于建筑节能的法律、法规可以从宏观上对我国建筑节能起到推动作用。然而，要使建筑节能广泛实施，还必须发展建筑节能技术。

建筑能耗主要包括两方面，一是建筑材料生产和建设过程中的能源消耗，二是建筑运行的能源消耗。前者大约占建筑总能耗的17%，大部分能耗发生在后者。而建筑能耗主要包括建筑供暖、空调、照明以及各种电器的能源消耗，这些能耗一直伴随着建筑物的使用而发生。所以建筑节能主要关注建筑运行的能源消耗，一方面是从源头提高能效，合理利用各种能源，减少不必要的浪费；另一方面是减少建筑围护结构的能源消耗。由此可见，建筑节能是实现建筑可持续发展的一个基础。通过科学的建筑围护结构热工设计和建筑供能系统的优化配置，合理高效地利用常规能源，尽可能多地利用可再生绿色能源和低品位能源。在建筑运行维护管理过程中，实现低能耗智能控制高效运行，从而为使用者提供健康、舒适的居住、工作、学习环境。

1.2.2 我国建筑节能存在的主要问题

1. 对建筑节能工作的重要性和紧迫性需要进一步强化

推进建筑节能有利于节约能源、保护环境，保证国民经济可持续发展。地方政府对此都予以高度重视，还应将其作为日常的重要工作来抓。中央政府已将建筑节能放在关系全局的高度来进行指导，还需要进行大力宣传。建筑节能本来是亿万群众的切身事业，但是在人民群众中没有形成对建筑节能重要性的基本认识，还不了解建筑节能会带来多方面的巨大效益。实践证明，各级领导的重视程度会直接关系到建筑节能事业的发展，如京津冀等地有关领导重视，认真贯彻节能标准和法规，推行京津冀经济建设一体化协同发展，不断取得新进展。

2. 进一步配套完善的建筑节能法律法规

我国虽已出台了《中华人民共和国节约能源法》，建筑节能的相关法律、法规也在逐步出台，建筑节能主要工作也有法可依，但执行力度和实施效果远不及发达国家。在20世纪70年代“石油危机”之后，欧洲发达国家就相继制定并实施了建筑节能的专门法律，对民用建筑节能做了明确的规定，并采取了一系列经济鼓励措施，收到了非常好的效果。我国在近二十年颁布并执行了相应的法律，建筑节能工作也得到了迅速发展，取得了显著效果。

3. 强化建筑节能相应的经济鼓励政策

建筑节能是一项利国利民的工作，但有的地方缺乏对建筑节能的实质性经济鼓励政策，建筑节能缺乏必要的资金支持。我国建筑节能尚处于起步阶段，单纯依靠用户、建设方自发的行为无法实现建筑节能目标。我国既有建筑面积达 580 亿 m^2，建筑物围护结构的节能改造和供能系统的改造工作量巨大，需要大量资金投入。为调动各方的积极性，急需政府出台相关的经济鼓励政策，引导市场，优化资源配置，促进建筑节能发展。国外发达国家为促进建筑节能工作的开展采取了许多积极的政策措施，如德国、丹麦、波兰等国家对旧有建筑节能改造提供了大量的财政补助；美国、日本、德国对利用太阳能的建筑实行财政补助，效果很好。

4. 国家对建筑节能技术创新、技术进步支持力度不够

建筑节能的顺利推进，还有赖于经济上可以承受的先进成熟的技术，以及质量合格、数量足够的产品的支持。但是，正在起步发展中的建筑节能产业，作为一个复杂多样的产业群体，存在起点低、技术水平不高、创新能力弱的问题。目前，过渡地区的建筑节能标准已逐步颁布实施，南方炎热地区的建筑节能工作也已启动，这些标准的实施需要大量成熟可行的技术和产品作为支撑，国家在建筑节能技术开发和创新方面的支持力度还需要加大。这样我国才有可能实现中长期建筑能效路线图既定目标。

5. 管理机构不健全，管理体制不顺畅

建筑节能工作除了应该注意建筑门窗、建筑屋顶和供暖制冷系统的用能效率外，建筑物的围护墙体节能也是十分重要的方面。建筑节能不抓墙体革新不可能达到节能的效果，墙体革新不与建筑节能相结合，也失去了墙体革新的作用。但长期以来，建筑节能工作缺乏强有力的管理机构。虽然住房和城乡建设部已成立了建筑节能协调领导小组和专门的建筑节能协调组办公室，但到目前为止，很多地方仍未成立相应的建筑节能管理机构，因而建筑节能工作难以按计划推动。当前建筑节能与墙体材料革新工作分离，关系不顺。从部委一级看，建筑节能的职能属于住房和城乡建设部，而机构改革后，墙体材料革新工作则由商务部负责；从地方看，有的地方墙体材料革新办公室挂靠建设委员会，有的则挂靠经济贸易委员会。而从全国建筑节能工作开展的情况来看，凡是建筑节能与墙体材料革新工作统一归口管理的省市或地区，建筑节能工作就能得到较大的发展，反之，则矛盾很多，发展缓慢。

6. 现行的供暖收费制度阻碍了建筑节能事业的发展

我国现行的供暖收费制度是按建筑面积计算供暖费，在这种收费体制下，供暖企业缺乏自主经营的动力，无法满足用户对热舒适程度的要求；热用户也没有节约供暖用能的积极性。我国开展建筑节能工作十多年来，北方供暖地区已经建成了约 1.4 亿 m^2 的节能建筑，建筑围护结构的保温效果大为改善，因此冬季室温得到了提高，但由于供暖热量没有计量，用户也不能调控室温，房间太热时就开窗散热，出现了节能建筑实际上不节能的不合理现象。不管是节能建筑还是非节能建筑，都是按建筑面积收取供暖费，影响了房屋开发建设方建造节能建筑的积极性。只有实行按热量计量收费，才能体现节能的经济效益，节能建筑才能真正收到节能效果。

1.2.3 推进我国建筑节能工作的对策

1. 完善国家建筑节能法规体系

建筑节能有利于节约资源，改善环境，提高人民的生活水平，涉及重大公众利益和国家可持续发展战略，必须由国家力量来强制实施。在《中华人民共和国节约能源法》中，对建

筑节能的规定比较原则，可操作性不强。2005 年 10 月，住房和城乡建设部颁布了部长令《民用建筑节能管理规定》；2008 年 8 月 1 日，中华人民共和国国务院令第 530 号颁布了《民用建筑节能条例》，这是我国专门的民用建筑节能的法律。因此，推进建筑节能有法可依，在推动各地建筑节能工作方面发挥了一定的作用。但由于建筑节能涉及建材、煤炭、电力、天然气、石油、轻工、家电等许多行业，存在着职能交叉问题，需由法律统一协调，才能规范建筑节能工作。国务院已将建筑节能作为贯彻国家可持续发展的一项重要举措，纳入有关工作计划中，并责成相关部门对建筑节能工作进行深入研究，制定对策。发达国家的建筑节能工作早已走上法制化道路，值得我们借鉴。

2. 建立相应的权威协调管理机构

建筑节能工作政策性强，涉及部门多，协调工作量大，应建立国家的协调管理机构。把建筑节能工作纳入国家宏观经济运行体制，协调各方利益和各部门关系，明确有关职责。各地也应建立和健全相应的建筑节能管理机构，配备精干的专业队伍，并理顺与各方面的关系。还要健全建筑节能的执法机构，建立以政府监督考核为主，与企事业单位自我考核相结合的建筑节能检查监测体系。理顺建筑节能与墙体材料革新两者的关系以及供暖体制改革与墙体改革协调推进的关系。

3. 建立中央财政预算建筑节能政府基金

推进建筑节能工作需要制定经济鼓励政策。新建建筑节能和既有建筑节能改造数量庞大，在既有建筑节能改造和供暖收费制度改革中，用户、产权单位、供暖企业与国家的利益并不完全一致。由于经济负担重，住户的积极性不够，所以应该由中央财政、地方财政和单位、个人共同负担进行。借鉴国外成功经验和模式，建议国家建立中央财政预算建筑节能政府基金。由财政单独安排建筑节能资金，专项用于既有建筑的节能改造、供暖收费制度的改革，以及建筑节能政策的制定和技术调研、科研开发、试点示范等。加大对建筑节能相应技术和产品研究开发的支持力度，拨专款用于建筑节能工作。继续鼓励太阳能、地热能、风能、生物质能和工业余热等的应用研究。

4. 推进城市供暖收费体制改革，制订合理的热价和收费办法

城市住房体制改革，使住宅使用权、产权归职工个人所有。消费主体的变化，使得住宅用“热”的商品属性已显现出来。因此，改革收费体制已势在必行。借鉴国家住房制度改革的经验，加快改革城市供暖收费制度的步伐，制订合理的热价管理和收费办法，使供暖货币化、商品化，改暗补为明补，加大对供暖系统实施分户调控室温和按热量计量收费工作力度。

5. 建立国家建筑节能技术产品的评估认证制度

建筑节能技术和产品的专业性强，与建筑物安全性和长期使用寿命有关，但由于目前建筑节能技术实施效果普遍不明显，有些技术还不完善，市场机制也很不规范。因此有必要借鉴国外成熟经验，建立国家建筑节能技术产品评估认证体系，成立评估认证管理委员会和专家委员会，成立评估认证执行机构，建立推广和限制、淘汰公布制度和管理办法，规范建筑节能技术和产品市场，推动建筑节能技术和产品的创新发展。

1.3 我国建筑节能的目标与任务

近些年来，我国建筑节能工作已有长足的进步，但仍有众多民用建筑围护结构保温隔热

性能差，运行管理队伍缺乏专业技术人员，供暖、空调系统能耗不清，用能效率不高，且建筑室内热舒适环境不佳。在我国夏热冬冷的气候条件下，不仅能源浪费严重，而且造成城市大气严重污染和温室气体的过量排放。随着人民生活的不断改善，建筑耗能总量及其所占比例还将继续增加。面对21世纪城乡建筑持续高速发展的形势，建筑节能工作必须跨越式发展，大力发展超低能耗建筑、高能效供能系统和可再生能源利用。只有通过实行专业化、精细化管理模式运营，创造良好的工作与生活环境，才能使经济社会得以长期可持续发展。

制定相关建筑节能的设计标准和运行管理规范，是推进建筑节能工作的基本前提。然而，只有设计节能标准是远远不够的，特别是在供暖和空调系统运行、建筑热工和实际能耗检测、动态运行调控节能技术等方面都应有相应的标准，使建筑节能领域逐步建立从规划、设计、招标采购、施工、系统调试和运行管理全过程的标准体系。

关键还在于标准的认真执行。执行节能标准，首先要搞好教育培训，特别是对建筑和暖通空调设计师、房屋开发商和运行管理人员的培训，也要做好对广大群众的宣传。事先要准备好宣贯教材和简化计算软件；执行节能标准，应该认真贯彻住房和城乡建设部令《民用建筑节能管理规定》和《实施工程建设强制性标准监督规定》，地方建设行政管理部门应该采取积极态度，制订当地的管理办法，通过设计审查、施工监理和竣工验收等环节实施行政强制措施，并编制实施细则、通用图集等技术文件。在具体工作中，应该区别对待，因地制宜，分步实施。要从大中城市开始，尤其是特大城市经济技术实力雄厚，应该率先垂范，起到示范和辐射作用。

我国新建建筑尽管为数巨大，但是，既有的高耗能建筑一直是浪费建筑用能的主要根源所在。只有切实进行既有建筑的节能改造，才能逐步缓解建筑能耗过高的沉重负担。在当前丰富多样的适用技术的基础上，总结提炼适应于不同地区的成套成熟的建筑节能适用技术体系，在推广应用中日益完善，使得建筑节能技术不断创新，从而使我国逐步走向世界建筑节能技术的前列，成为建筑节能技术和产业强国，使国家建筑节能事业持续健康发展。

节约建筑用能，有利于保护能源资源、发展国民经济。这是人所共知、显而易见的。建筑节能还有利于改善室内热环境，有利于改善当地大气环境，并由于减少了温室气体的排放，有利于缓解地球变暖的威胁。改善环境应该是建筑节能重要的基本目标。由于节能建筑的围护结构的保温隔热得到了加强，不仅使供暖、空调能耗减少，室内热舒适性也大幅度提高。

我国大部分城市冬季供暖以煤为主的格局长期难以改变。这种情况造成北方城市供暖期的大气严重污染，雾霾时有发生。气温越低、燃煤越多、则污染越烈。城市越大、人口越密集，则污染越严重。这也是许多城市居民多种疾病的致病之源。

近年来，国际上十分关注过度用能产生的CO_2排放问题。全世界建筑用能排放的CO_2约占全球排放总量的1/3。一些发达国家的建筑界正在做出重大努力，以碳排放量作为衡量建筑质量的一项重要指标，推行建筑碳交易。我国人口众多，随着经济建设的发展和人民生活的改善，温室气体排放量增长较快。减排温室气体，保护人类赖以生存的地球环境，是各国人民的共同要求。因此，建筑节能也是保护地球环境的迫切需要，是我们义不容辞的责任。

认识建筑节能对于改善建筑环境、保护大气环境和地球环境的重大意义，建筑节能工作就会成为与大众有切身关系的事业，从而产生更加强大的推动力量。建筑节能工作的推进，还有赖于方方面面的共同努力。从政策、法规、标准、规范、工程、技术、管理、宣传、培训、国际合作等诸多方面，都需要做出努力和贡献。只有这样，才能实现建筑节能跨越式发展，从而使我国逐步实现超低能耗或近零能耗建筑绿色化进程路线图。

1.4 被动式超低能耗绿色建筑

超低能耗绿色建筑是指适应气候特征和自然条件，使得建筑围护结构保温隔热性能和气密性能更高，采用高效新风热回收技术，最大限度地降低建筑供暖供冷需求，充分利用低品位和可再生能源，以更少的能源消耗提供舒适健康的室内环境，并能满足绿色建筑基本要求。

而被动式超低能耗建筑的基本设计理念是在建筑整体设计的基础上，首先应以被动优先、主动优化的原则降低建筑能耗需求，提高能源利用效率，用可再生能源替代传统能源，降低化石能源消耗。

住房和城乡建设部发布的《被动式超低能耗绿色建筑技术导则（试行）（居住建筑）》考虑了我国地域气候差异、建筑特点和建筑技术等实际国情，结合我国绿色建筑发展战略和实施计划，将更好地指导、推动我国超低能耗建筑和绿色建筑的全面有序的发展。

实践证明，建筑节能不可能自发地开展，必须首先由政府主导，由国家立法，对建筑节能做出明确的规定。管理建筑节能是政府必须完成的任务，各级政府明确职责，建立建筑节能法规体系。这样，一系列相关法规规章、奖惩办法与标准就有法可依，能够得到有效实施，建筑节能工作将由此走上法制化轨道。届时建筑节能将成为各级政府、各企事业单位和全体公民的执法行为，从而使建筑节能工作得到迅速推进。

尽管我国人均用能不及世界平均人均能耗水平的一半，但能源消费总量已达世界第二。随着我国经济持续快速稳定增长，建设事业发展迅速，人民生活水平的逐步提高，对住宅的舒适度要求也越来越高，将增加供暖和空调设施，建筑能耗必将大幅度增加，建筑能耗占总能耗的比例也会越来越大，国家的能源负担将更加沉重，经济高速增长对自然环境带来的风险正在增加。在这种情况下，建筑节能工作必须尽快扭转当前严重落后而且长期以来总体进展缓慢的状况[8]。按照国家能源战略部署，建筑节能实行跨越式发展，使高能效的建筑日益成为时尚，为人民创造良好的工作与生活环境，使我国经济社会得以长期稳定持续发展。

多年来，我国开展了相当规模的建筑节能工作，采取先易后难、先城市后农村、先新建后改建、先住宅后公建、从北向南逐步推进的策略，全面有序推进建筑节能工作，取得了一大批具有实用价值的科技成果。同时广泛开展建筑节能的国际合作，开发建筑节能相关产品和技术推广应用，促进了建筑节能技术的产业化发展。制定了一系列建筑节能规程、规范和技术培训体系，大范围地开展了建筑节能培训工作。这些卓有成效的工作，为我国未来建筑节能实现能效提升路线图奠定了扎实的基础。

思 考 题

1. 建筑节能技术的主要任务是什么？
2. 提升我国建筑能效的途径和措施是什么？
3. 什么是被动式超低能耗建筑？
4. 什么是绿色建筑？
5. 什么是可再生能源？

参考文献

[1] 清华大学建筑节能研究中心. 中国建筑节能年度发展研究报告（2007—2016）[R]. 北京：中国建筑工业出版社，2016.

[2] 中国建筑节能协会. 中国建筑节能现状与发展报告（2013—2014）[R]. 北京：中国建筑工业出版社，2014.

[3] 唐欢. 夏热冬冷地区节能建筑墙体研究 [D]. 长沙：湖南大学，2005.

[4] 原兆亮. 医院建筑节能潜力分析与节能途径研究 [D]. 西安：长安大学，2012.

[5] 陈池. 建筑外围护结构节能研究 [D]. 武汉：华中科技大学，2005.

[6] 住房和城乡建设部科技发展促进中心. 中国建筑节能发展报告——建筑节能运行管理 [M]. 北京：中国建筑工业出版社，2016.

[7] 韩彬. 提高东北地区民用建筑能源利用效率措施研究 [D]. 大连：东北财经大学，2007.

[8] 刘加平. 西安地区新型节能构造体系研究——节能65%多层砖混住宅 [D]. 西安：西安建筑科技大学，2005.

第 2 章

民用建筑节能设计

建筑节能是指对建筑能耗的降低和建筑使用能量的减少。广义地说，建筑节能包括建筑物内建筑设备系统日常使用的节能、建材生产和建筑物建造过程中的节能、建筑物本体的节能特性等。本章所说的建筑节能特指建筑物本体的节能特性。

2.1 建筑节能的基本问题

建筑节能是以满足建筑热环境和保护人居环境为目的，通过建筑设计手段及改善建筑围护结构的热工性能，并充分利用自然能，使建筑能耗最小化的科学和技术手段。

建筑节能是社会经济发展的需要。经济的发展依赖于能源的发展，发达国家建筑用能一般占全国总能耗的 30%~40%。我国煤炭和水力资源比较丰富，但石油依靠进口，据有关数据统计，2012 年我国建筑总能耗（不含生物质能）为 6.90 亿 t 标准煤，占全国总能耗的 19.1%。随着我国供暖面积的进一步扩大以及空调建筑的迅速增加，建筑能耗也将高速增长，这将加速我国能源消费逼近我国能源供应红线的进程，能源的无节制消耗将限制国家经济的发展。

建筑节能是减轻大气污染的需要。近年来，由于燃料燃烧导致的环境污染成为危及人类生存的问题，大气污染物中的二氧化硫、氮化物、悬浮颗粒等污染因素指标均与供暖燃煤有关，以煤炭为主的能源结构条件下更是如此。以我国北京市为例，每年在进入供暖期时都要进行环境的跟踪检测，结果相应的几个污染因素指标与非供暖期相比都不能达标，甚至大大超过标准。可见供暖能耗的节约有利于人居环境的改善。

建筑节能是改善热环境的需要。随着经济的发展，人民生活水平的提高，舒适的热环境已成为人们生活的需要，发达国家适宜的室内温度已经成为基本的劳动需求，全球气候的改变使舒适的环境要求建立在能耗的基础上，我国大部分地区属于冬寒夏热气候，宜人的室内热环境常常依赖人工空调系统调节，需要消耗大量的电能。能源的紧缺、大气环境的改善，注定了只有在节能条件下改善热环境才有意义。

综上所述，建筑节能成为世界潮流是一种客观的社会需要，是一种历史的必然。

由于历史的遗留和现代建筑可持续发展的需要，我国现期的建筑节能实际上是一个改造和创新的过程。节能设计包括节能整体设计和节能建筑单体设计。节能整体设计充分体现“建筑设计结合气候”的设计思想，分析构成气候的决定因素——太阳辐射因素、大气环流因素、地理因素的有利或不利影响，通过建筑的规划布局，创造有利于节能的微气候环境。主要从建设选址、建筑和道路布局、建筑朝向、建筑体型、建筑间距、冬季主导风向、太阳辐射、建筑外部空间环境构成等方面进行深入研究。节能建筑单体设计分为三部分，一种是从建筑设计本身出发，包括建筑平面的布局，建筑体型体量设计，建筑内外部空间设计，窗、地面积比或者窗、墙面积比的设计等方面；其次是节能技术设计，例如节能建筑的墙体设计、窗户设计、地面和屋面设计等；还有一种就是类似于生态建筑的特殊的节能建筑的设计，像太阳能建筑、生土建筑、绿化建筑和自然空调式建筑等。

建筑业为用能大户，我国政府十分重视建筑节能工作，基于我国国情和节能工作发展的需要，制定了很多相应的建筑节能设计的规范和标准。北京市新建住宅从 1988 年实施节能 30%的设计标准（以 1981 年建筑设计规范，每平方米供暖面积一个供暖季耗标准煤 25kg 为 100%，1988 年设计规范为 17.5kg，供暖能耗降低 30%），1998 年开始实施节能 50%的设计标准（每平方米供暖能耗降低到 12.5kg 以下）。到 2000 年，全市当年新开工住宅工程符合节能 50%的设计标准的达到 95%以上，其中市批开工的达到 100%，节能 50%的建筑设计已经基本普及。但与国际先进的建筑节能水平相比仍有一定差距。即要达到目前欧洲的平均水平，必须达到建筑节能 65%的设计标准（达到每平方米建筑一个供暖季耗标准煤 8.75kg）。

上面所提到的节能设计标准，是源于北京市针对我国华北地区供暖建筑而言的。建筑节能设计的内容和标准既具有普遍性，也具有特殊性。针对不同的社会经济发展水平、不同的气候条件、不同的建筑种类及用途等都会对其建筑节能设计的内容和标准做出不同的具体规定。2012 年 5 月，住房和城乡建设部颁布的《“十二五”建筑节能专项规划》（建科［2012］72 号），2012 年 8 月，国务院出台的《节能减排“十二五”规划》（国发［2012］40 号），2013 年 1 月，国务院印发的《能源发展“十二五”规划》（国发［2013］2 号）及《严寒和寒冷地区居住建筑节能设计标准》（JGJ 26—2010）、《夏热冬冷地区居住建筑节能设计标准》（JGJ 134—2010）、《夏热冬暖地区居住建筑节能设计标准》（JGJ 75—2012）和《公共建筑节能设计标准》（GB 50189—2005）等对此都进行了总体的和具体的规定和说明。

1. 提高建筑围护结构的热工性能

在建筑物冷热负荷的计算时，其中有两项重要的影响因素，即通过围护结构的传热量损失和空气渗透耗热量。这两项都与建筑围护结构材料选择和构造形式有着直接的关系。建筑围护结构的保温、防潮、密封性能等热工性能的提高，就可以大大减小建筑物冷热负荷，从而减少建筑设备的能耗、节省能源。所以建筑节能的首要工作和重点内容就是提高建筑围护结构的热工性能。

2. 利用可再生能源

节能建筑在提高建筑围护结构的热工性能的同时，还要在建筑设计中充分考虑最大限度利用自然能和可再生能源，尽量减少常规能源的消耗。1972 年斯德哥尔摩人类居住会议发表了有关人类经济发展的极限的报告。1973 年发生石油危机，这些都切切实实地表明，地球资源是有限的。对大量使用能源的建筑来说，应该考虑自然能源的利用。欧美在反省消费文明时，提出了各种各样的提案，例如无能耗住宅、被动式太阳能建筑等。

3. 建筑的可持续发展（绿色建筑）

“可持续发展”这一概念出于联合国环境发展署 1987 年布隆特兰夫人主持的《我们共同的未来》的报告，意为“在既满足当代人需要的同时，又不对后代人满足其需求的能力构成危害的发展”。基本内容是要求当代人与后代人发展机会均等，当前的发展不损害后人的生存环境，强调有效和有节制地利用不可再生资源。我国实施可持续发展是要开创一种新的发展模式，把经济发展和人口、资源及环境协调起来。

可持续发展建筑的一个最普遍、最明显的特征是节省能源，它包括两层含义，其一是指建筑运营的低能耗，其二是指房屋建造过程中的低能耗。

我国目前经济高速增长，对建筑的需求量也急剧增长，建筑规模和发展势头在世界上是空前的，对能源的需求的压力越来越大，所以大力推广节能建筑，充分利用可再生能源，走可持续发展的道路是我们必须选择的道路。

2.2 节能建筑与建筑节能材料

2.2.1 建筑墙体的绝热材料

建筑材料的选择对建筑节能有很大的影响，目前我国大部分建筑的建筑墙体保温隔热性能差，导致我国建筑的供暖空调负荷比较高，即在相同的室内环境舒适性要求的前提下，我国单位面积的建筑能耗需求大，高于发达国家。与气候条件相近的发达国家相比，目前我国建筑供暖耗能量，外墙约为其4~5倍，屋顶为2.5~5.5倍。所以对建筑材料及其制品、建筑节能墙体的研究与开发是建筑节能工作中一项重要和迫切的任务。

习惯上把热导率（又称导热系数）小的材料称为保温材料（又称隔热材料或绝热材料）。至于小到多少才算是保温材料则与各国的具体情况有关。我国规定，凡平均温度不高于350℃时热导率不大于0.12W/(m·K)的材料称为保温材料。矿渣棉、硅藻土等都属于这类材料。近年来，我国发展生产了岩棉板、岩棉玻璃布缝毡、膨胀珍珠岩、膨胀塑料及中孔微珠等新型隔热材料，它们都具有体积质量小、隔热性能好和价格便宜、施工方便等优点。

绝热材料的特点是轻质、疏松、多孔或为纤维状，其品种很多，按材质可分为无机绝热材料、有机绝热材料和金属绝热材料三大类；按形态可分为纤维状、微孔状、气泡状和层状四种。主要绝热材料的分类见表2-1。

表2-1 主要绝热材料的分类

形态	材质		材料
纤维状	无机质	天然	石棉纤维
		人造	矿物纤维(矿渣棉、岩棉、玻璃棉、硅酸铝棉)
	有机质	天然	软质纤维板(木纤维板、草纤维板)
微孔状	无机质	天然	硅藻土
		人造	硅酸钙、碳酸镁
气泡状	有机质	天然	软木
		人造	泡沫聚苯乙烯塑料、泡沫聚氨酯塑料、泡沫酚醛树脂、泡沫尿素树脂、泡沫橡胶、钙塑绝热板
	无机质	人造	膨胀珍珠岩、膨胀蛭石、加气混凝土、泡沫玻璃、泡沫硅玻璃、火山炭微珠、泡沫黏土等
层状	金属	人造	铝箔

1. 膨胀珍珠岩及制品

膨胀珍珠岩是由酸性火山玻璃熔岩（即珍珠岩、松脂岩、黑曜岩）经破碎、筛分至一定粒度再经预热、瞬时高温焙烧膨胀冷却而制成的一种白色颗粒状的绝热材料。膨胀珍珠岩制品是以膨胀珍珠岩为骨料，配合适量的粘结剂，如水泥、水玻璃、沥青、石膏、树脂、磷酸盐等，经过搅拌、压制成型、干燥、养护而成的具有一定形状的制品。

膨胀珍珠岩具有轻质、绝热、吸声、不燃烧、使用温度广、化学稳定性强、无毒、无味等特性。其堆密度（俗称容重）一般为50~200kg/m^3，热导率为0.04~0.07W/(m·k)。膨胀珍珠岩的耐火度为1280~1360℃，其安全使用温度一般为800℃。膨胀珍珠岩具有很大的吸水性，因而引起许多不良后果，如强度下降、绝热性能降低等，这一点应在设计和施工中予以注意。膨胀珍珠岩的吸水量可达本身质量的2~9倍，堆密度越小，吸水性越强。吸湿性是保温材料的重要性能之一，吸湿性越小，保温性能越好，膨胀珍珠岩的吸湿率很小。另外，膨胀珍珠岩具有良好的抗冻性能，耐酸性较强，耐碱性差。膨胀珍珠岩颗粒表面粗糙，内部结构多孔，从而具有良好的吸声性能。膨胀珍珠岩属于绝缘材料，其电阻率 $\rho=1.95\times10^9\sim2.3\times10^{10}\Omega\cdot cm$ [有关膨胀珍珠岩详细的性能指标可参见《膨胀珍珠岩绝热制品》(GB/T

10303—2015)]。

膨胀珍珠岩在建筑业的主要用途如下：①做墙体、屋面、吊顶等围护结构的散填保温隔热材料；②配置轻骨料混凝土，预制各种轻质混凝土构件；③以膨胀珍珠岩为骨料，用各种有机或无机胶结剂制成绝热吸声的膨胀珍珠岩制品。

以上做法在建筑工程中已普及应用到各种建筑体系，并产生了显著的效益。如在砖混与砌块建筑的墙体预留空腔中，填充数厘米厚的憎水膨胀珍珠岩散料，便可使墙体的热阻值增加1倍以上。而达到同样的效果与采用其他保温材料相比，费用仅仅是其他保温材料的1/3~1/5，而且工艺简单，易于推广。

随着施工方法的改进和完善，北方地区的屋面保温已用膨胀珍珠岩取代传统的保温材料——炉渣，取得了较好的应用效果。

以大、小粒径的膨胀珍珠岩做粗、细骨料，可配制轻质混凝土，用于浇制或预制各种质轻、绝热性好的墙板、楼板和屋面板等建筑围护构件。这种建筑构件比普通的混凝土构件质量减少25%以上，而热阻值却提高几倍，甚至十几倍，使建筑物的各项功能有较大改善。

采用水泥、石灰、石膏和水玻璃等为胶结剂的各种珍珠岩制品，可用作复合式墙板、屋面板的保温层、底层建筑的保温地坪、楼梯间内墙的保温贴面层、输热管道及供暖锅炉轻型炉墙的保温层等。这种厚3~4cm的保温层便可以使建筑物和供、输热装置的围护层热阻值增加40%以上，热损失减少10%~30%，节约了能源。膨胀珍珠岩制品还可用作电梯间、锅炉房的声障吸声板，可大幅度地降低噪声的分贝值，减少噪声对人体的危害。由于膨胀珍珠岩具有一系列优良品质：轻质、绝热、隔声、耐火等，在建筑业中得到广泛应用。而且与其他保温材料相比更为廉价，成本更低，是一种经济实用的保温材料。

2. 聚苯乙烯泡沫塑料

泡沫塑料是以合成树脂为原料，加入发泡剂，通过热分解放出大量气体，形成内部具有无数小气孔材料的塑料成品。

发泡倍率在5以下的，通常称为低发泡泡沫塑料，5以上的为高发泡泡沫塑料。按照泡沫气孔结构不同，又可分为开孔发泡塑料（气孔与气孔之间互通）和闭孔发泡塑料（气孔与气孔之间各自独立）两种。

泡沫塑料种类繁多，几乎每种合成树脂都可以制成相应品种的泡沫塑料，通常以所用树脂取名。目前建筑上应用较多的有聚苯乙烯泡沫塑料、聚氨酯泡沫塑料、聚氯乙烯泡沫塑料等。其中聚苯乙烯泡沫塑料是发展最快的泡沫塑料，由于价格低，是世界上广泛应用的保温材料。其主要特点有：

1）质轻，堆密度可小到$20kg/m^3$以下，比水轻50倍以上。

2）绝热性能好，热导率仅为0.044W/(m·K)，适合于保温-40~70℃的介质。

3）防潮性好，不易吸水。

4）施工方便，易于切割，也易于与各种材料结合。

5）弹性好，形状保持比较稳定，适用于充当缓冲包装材料。

6）加阻燃剂后，具有较好的阻燃性。但是聚苯乙烯泡沫塑料在阳光下易老化，影响使用寿命；而且能被一些有机溶剂溶解、溶胀，所以选用粘结剂要适当。

聚苯乙烯泡沫在建筑中应用广泛，在房屋建筑中，聚苯乙烯泡沫是一种理想的保温材料，它可以作为墙体、地面和屋面的保温隔热层。

（1）做墙体的保温隔热层　在墙体保温中应用聚苯乙烯泡沫可采用下述几种方法：

1）在装配式房屋建筑中，聚苯乙烯泡沫可以填充在两层混凝土板之间做成装配式夹心保温板。

2）房屋墙体内表面设置聚苯乙烯泡沫板，然后在它的表面直接进行抹灰或贴纸面石膏板。

3）将聚苯乙烯泡沫板设置于外墙外侧，在其表面做涂塑玻纤布增强的抗裂砂浆层，构成外保温复合墙体。

（2）做屋面的保温隔热层

1）对于斜屋面，保温隔热的做法是将聚苯乙烯泡沫板直接固定在屋面椽子上，或做在吊平顶木搁栅上，也可以用聚苯乙烯泡沫颗粒松散地铺在吊平顶上。

2）对于平屋面，保温隔热层的做法是在屋面上直接用乳化沥青或冷沥青胶粘贴泡沫聚苯乙烯板，然后在泡沫板上做2.5cm厚的水泥砂浆找平层，适当抹光，并做适当的伸缩缝，最后用防水卷材或防水涂料做防水层处理。

泡沫聚苯乙烯即可以保温又可以隔声，利用这一特点，常将它制成发泡装饰天花板，用作具有隔声性能的吊顶装饰材料。

（3）做地面的保温隔热层　聚苯乙烯泡沫对地面的隔热是十分有效的。在底层地板上，铺聚苯乙烯泡沫板之前，应该做一层防潮层，以防止地基中的水气渗入泡沫板。如果泡沫板是平整的就不需要满粘，只需粘几个点，然后在泡沫板上再做2.5~5.1cm厚的平层。

3. 岩棉、矿渣棉、玻璃棉

（1）岩棉及其制品　岩棉纤维是将矿物岩石（玄武岩或辉绿岩）作为主要原料，按一定的颗粒要求，掺入少量的白云石、矿渣一并和燃料（焦炭）加入冲天熔化炉内，通入热风，在1500℃高温下熔化，熔化后的熔融物，从熔化炉内流出，经高速离心机的离心辊转动切向离心力作用将溶流分散牵引，形成很细的纤维（纤维直径为4~7μm，长度为4~5mm），借助高压风的压力将纤维吹入集棉室，同时在集棉室提供的负压状态下，使形成的纤维均匀分布在传送带上，沉积在传送带上的纤维状产品，即称为岩棉。

对上述成棉加入一些添加剂并进行一定的技术加工后，可以制成多种绝热性能良好的岩棉制品，如岩棉玻璃布缝毡、岩棉铁丝网缝毡、岩棉保温带制品、岩棉管壳制品。

（2）矿渣棉及其制品　矿渣棉简称矿棉，是利用工业废渣矿渣为主要原料，经熔化，采用高速离心法或喷吹法工艺制成的棉丝状无机纤维，具有堆密度小、热导率低、不燃、耐腐蚀、防蛀以及化学稳定性好、吸声性能好等特点。

（3）玻璃棉及其制品　玻璃棉及制品是矿物棉的一种，是采用天然矿石如石英砂、白云石、蜡石等，配以其他化工原料，如纯碱、硼酸等熔制玻璃，在熔融状态下借助外力拉制、吹制或甩成极细的纤维状材料。按其化学成分可分为无碱、中碱和高碱玻璃棉；按生产方式可分为三种，一是火焰喷吹成棉，即火焰法玻璃棉；二是离心喷吹法玻璃棉；三是蒸汽立吹法玻璃棉，目前这种生产方法已逐渐被淘汰。世界各国生产玻璃棉的厂家，绝大多数采用离心喷吹法，其次是火焰法。

玻璃棉制品品种较多，其基本产品有玻璃棉毡、玻璃棉板、玻璃棉带、玻璃毯和玻璃棉保温管。

岩棉、矿渣棉、玻璃棉统称矿物棉。矿物棉纤维的多孔性，使其具有堆密度小（一般为100~200kg/m^3）、热导率低［一般小于0.05W/(m·K)］、吸声与隔声性能好，同时还具有不燃、耐腐蚀、防蛀以及化学稳定性好等特点。矿物棉制品与作为建筑外围结构的混凝土墙或砖墙相配合可制成保温、隔热、吸声与隔声性能良好的复合墙体结构，对建筑节能墙壁体的开发，建筑节能工作的开展具有重要作用。

2.2.2 节能建筑的门窗材料

在建筑围护结构的门窗、墙体、屋面、地面四大围护部件中，门窗的绝热性能最差，是影响室内热环境质量和建筑节能的主要因素之一。就我国目前典型的围护部件而言，门窗的能耗约为墙体的4倍、屋面的5倍、地面的20多倍，占建筑围护部件总能耗的40%~50%。

据统计，在供暖或空调的条件下，冬季单玻窗所损失的热量占供热负荷的 30%~50%，夏季因太阳辐射热透过单玻窗射入室内而消耗的冷量占空调负荷的 20%~30%。因此增强门窗的保温隔热性能，减少门窗能耗，是改善室内热环境质量和提高建筑节能水平的重要环节。另一方面，建筑门窗承担着隔绝与沟通室内外两种环境两个相互矛盾的任务，不仅要求它具有良好的绝热性能，同时还应具有采光、通风、装饰、隔声、防火等多项功能，因此，在技术处理上相对于其他围护部件，难度更大，涉及的问题也更为复杂。

在建筑能耗方面，我国居住建筑的单位总能耗为发达国家的 3 倍左右，外窗为 1.5~2.2 倍，门窗空气渗透为 3~6 倍；在节能标准方面，多数发达国家已经过多次节能标准的修订，相关的节能指标达到了较高水平，如德国北方地区要求外窗的热导率为 1.08W/(m^2·K)，法国要求为 2.25~2.45W/(m^2·K)；我国在现有的中英合作建筑节能示范工程中，最低也才 2.05W/(m^2·K)。

建筑门窗一般由门窗框材料、镶嵌材料和密封材料构成。门窗材料的选择对建筑节能的影响很大，现将我国主要的门窗材料以及与门窗节能相关的一些材料品种、性能介绍如下。

1. 门窗框材料

目前，我国常用的门窗框材料有木材、钢材、铝合金、塑料、复合材料等。表 2-2 给出了四种门窗框材料的热导率。

表 2-2　几种材料的热导率 λ

品　种	松木、杉木	塑　料	钢	铝　合　金
λ/[W/(m·K)]	0.14~0.29	0.10~0.25	58.2	174.4

从表 2-2 中可以看出，木材、塑料的隔热保温性能优于钢、铝合金，但钢、铝材料经隔热处理后，如进行喷塑处理、与 PVC 塑料或木材复合，则可显著降低其热导率。这些新型的复合材料也是目前使用的品种。

门窗框可用不同材料制作，其所占门窗洞的面积的比例为 15%~30%。由于框料型材的不同，门窗的隔热性能特点有相当大的差别。长期以来，世界各国普遍使用木窗。木材强度高，保温隔热性能优良，容易制成复杂断面，但耐燃和耐潮湿能力很差。由于木材资源的短缺和对木材资源的保护，加上对新材料的研发不断取得进展，世界上木窗采用的比例已大幅度降低。钢窗强度高，防火能力强，抗风压、防盗能力好，但热工性能很差，保温隔热不良，不易形成复杂断面。我国在 20~30 年前推行"以钢代木"，钢窗曾为市场主导产品，但现在市场占有率很低。1980 年以后，塑料窗得到了迅速的发展，其特点是保温隔热性能突出，节能效果好，容易挤塑形成复杂断面，耐潮湿能力极佳，耐化学腐蚀性能优越，装饰性、气密性都可以做得很好；但强度、刚度、耐冲击力、抗风压能力较差，断面较粗大（空腔内可用钢衬加强），对光线遮挡较多，不耐燃烧，存在光、热老化问题，防火、防盗难以满足高要求。第二次世界大战以后，铝窗在世界上得到了发展应用。这种窗户强度、刚度较高，抗风压能力佳，耐久性和装饰性好，色彩丰富，较易形成复杂断面，耐燃烧、耐潮湿性能良好。但耐化学腐蚀性能不如塑料窗，保温隔热性能差。此外，还有玻璃钢窗以及一些复合材料窗，如铝塑复合、木塑复合等。不同材料的复合，有助于取长补短，提高门窗框的综合性能。例如，铝合金与高性能工程塑料复合的铝合金型材，经粉末喷涂、氟碳喷漆等表面处理，可制成高档门窗产品。

2. 镶嵌材料

玻璃及其制品是最常用的镶嵌材料，按其性能不同可分为平板玻璃（包括浮法玻璃）、中空玻璃、镀膜玻璃和彩色玻璃（或吸热玻璃）四类，另外，还有一些新型功能镀膜玻璃（如低辐射玻璃，Low-E 玻璃）。平板玻璃的热导率为 0.7~0.8W/(m·K)（3~5mm 厚），故单玻窗几乎没有明显的隔热保温性能。中空玻璃比平板玻璃的传热系数低得多，这是由于在中空玻璃中有一层静止空气或其他高热阻气体（如惰性气体）层，空气的热导率［0.0259W/(m·K)］比玻璃的热导率［0.8W/(m·K)］低得多，因而极大地提高了中空玻璃的热阻，即隔热保温性能。通常，这个空气间层的厚度在4~20mm可产生明显的阻热效果。在此范围内，随空气间层厚度增加，热阻增大，当空气层厚度大于20mm后，热阻的增加趋缓。在现有产品中，大多取6mm和12mm两种间层厚度。另外，这种空气间层的数量越多，保温性越好。

除此而外，还有一些节能窗技术与产品正处在试验研究和商业开发阶段。从这些技术和产品中，可以看出降低窗户失热、控制窗户太阳辐射的新的可能的途径。下面介绍几种技术和产品。

（1）抽真空玻璃　将带有Low-E镀层的中空玻璃内的空气抽出，使中空玻璃空气间层内的空气很少，以大大削减间层内的对流与传导，从而提高中空玻璃的保温效能。

（2）透明保温材料　在双层玻璃中间，不是填充空气或其他气体，而是填充透明的保温材料，如硅气凝胶（Silica aerogel），这也是一种降低通过玻璃层传热的方法。

（3）可调节玻璃　由于太阳的入射辐射随气候和季节而异，每天每个时刻都有差别。通常控制太阳辐射得热的有效办法是采用遮阳系统。此外，从玻璃本身入手，使玻璃的光学性能可以调节，可以随着不同时间太阳光学性质的不同而变动，应该也是一种先进合理的方法。现在，已经研制出多种不同类型的可调节玻璃，其性能各有不同，这些可调节玻璃都需要由某种物理因素（光、热或电）激发。通过这种激发，使玻璃起调节作用，改变其状态。太阳辐射透过率最高的状态（一般为未激发状态）称为白态，而太阳辐射透过率最低的状态称为白色态。现在已有三类玻璃调节控制机制，即光致变色（光敏）、热致变色（热敏）和电致变色（电敏）。

1）光致变色。所谓光致变色玻璃是指一种光致变色的非晶态材料，其特点是经可见光照射后，玻璃产生对光的吸收，使颜色和透光性发生变化，太阳光照强度越大，透过玻璃的阳光越小；而当光照停止后，又能自动恢复到原始透明状态。在夏季可起到很好的遮阳作用。目前这种玻璃已作为太阳眼镜使用了多年，但由于技术上和经济上的一些原因，尚未在建筑上应用。

2）热致变色。当热致变色材料的温度发生变化时，其光学性能也随着发生变化。对热致变色窗的开发有一些要求，如耐久性、可调温度或激发温度、调节范围（温度与波长）以及在有色状态下的透光程度等。

3）电致变色。其原理是通过外界电信号的变化连续可逆地调节其光学性质，利用这种原理，可制作成电致变色玻璃应用于窗户，动态地调节太阳能的输入或输出，灵活调节透光量，形成调光智能窗户。因其可实现光密度连续可逆的变化，而且功耗低（自流电压2~3V），故作为节能玻璃窗材料广泛应用于建筑、飞机、汽车、航天飞机等领域。

通常，电致变色玻璃由玻璃上的五层功能膜组成，其结构为透明玻璃、透明导电层、电致变色层、离子导电层、离子储存层。其中，电致变色层是电致变色玻璃的核心。这种全固态的五层结构智能窗是当今世界各国争先研发的方向，美国、日本等国已完成研制工作，技术趋于成熟。目前存在的主要问题是产品生产技术复杂，价格昂贵，并且它的使用寿命也存在一些问题。这些问题一旦解决，将成为新世纪节能门窗的主流产品。

2.3　建筑保温与热工设计

2.3.1　建筑保温

建筑是由围护结构，包括墙体、屋面、门窗、地面等围合起来的空间，这一空间热环境的优劣，取决于室外自然气候条件和围护结构的保温隔热性能。因此，改善建筑围护结构的热工性能是建筑节能的首要问题。

1. 外墙

外墙是建筑物隔热保温的重要构件。提高建筑物外墙的隔热保温能力，通常有两个途径：一是增加外墙的厚度，二是降低外墙的传热系数。单纯增加外墙的厚度，势必会增加外墙的自重和建筑材料的消耗量，所以在节能建筑中通常都要考虑通过降低材料的传热系数和改善构造来降低外墙的传热系数。在《严寒和寒冷地区居住建筑节能设计标准》（JGJ 26—2010）中规定了节能住宅外墙传热系数的上限值可供选择。

外墙保温构造的方案通常有：选用单设保温层，使用封闭的空气间层或带铝箔的封闭空气间层、保温层与承重层合二为一，复合构造等。保温层可设为内保温、中间保温或外保温。保温层的位置正确与否，对结构及房间的使用、构造造价、施工、维修费用都有重大的影响，必须予以足够的重视。

2. 外窗

外窗整体传热系数相比于其他围护结构部件是最大的，故在供暖地区，窗的热损失在建筑物的总热损失中所占比例甚大，约为2/3，其中传热损失为1/3，冷风渗透为1/3，所以窗的保温性能格外重要。

要增强窗的保温性能，首先提高窗的气密性，减少冷风渗透。为此可使用新型的密闭性能良好的门窗材料，在门窗框与墙间的缝隙处，用有弹性的松软的轻型材料（如毛毡）、弹性密闭材料（如聚乙烯泡沫材料）、密封膏以及边框设灰口等密封；框与扇之间可用橡胶、橡塑或泡沫密封条以及高低缝、回风槽等密封；扇与扇之间用密闭条、高低缝及缝外压条等密封；扇与玻璃之间可用各种弹性压条等密封。这些均能减少冷气渗透，提高窗的保温性能。

其次改善玻璃的保温性能，使用低辐射 Low-E 中空玻璃，使用保温窗帘，并在保证日照、采光、通风、观景要求的条件下尽可能减小外门窗洞口的面积。JGJ 26—2010 对不同朝向的窗墙面积比做了严格的规定，规定“北向、东向和西向、南向的窗墙面积比不应超过 20%、30%和 35%”。

3. 屋顶

在建筑物外围护结构中，根据屋顶的面积大小及所选用的构筑材料的不同，通过屋顶的传热耗能量有时会占建筑物整个外围护结构的传热耗能量的很大份额，因此做好屋顶保温也是十分重要的。

在节能的屋顶设计中，如果采用平屋顶，宜用各种新型保温材料构造成多样化的、高效节能的、经济适用的新型节能屋面体系，例如采用高效保温材料的保温屋面，结构与保温合一的复合节能屋面板等。此外，在节能的屋顶设计中还提倡采用坡屋顶、屋顶设置阁楼、屋顶绿化及屋顶花园等做法。具体的技术要求和施工方法见第 3 章。

4. 围护结构的热桥部位应采取保温设计

在围护结构的主体部分中存在着保温能力远远低于主体部分的嵌入构件（如墙体中的钢筋混凝土梁、柱、圈梁、过梁、阳台板、板材中的肋等），这些构件的热损失比相同面积主体部分的热损失大得多，内表面温度比主体部分低，在建筑热工中将其称为“热桥”。在节能建筑中，因围护结构主体部分的保温性能提高，热桥点就成了节能建筑绝热保温的薄弱环节，所以能否处理好热桥部分的保温设计，是节能建筑节能目标实现的关键问题之一，必须引起足够的重视。

从建筑保温来看，贯通式热桥最不利，故通常应把钢筋混凝土梁做成 L 形，以使外露部分减小，或干脆把过梁全部包起来，做成非贯通式热桥。对非贯通式热桥，应尽可能将其设在靠近室外的一侧。在寒冷地区，外墙若采用热导率小的新型保温材料，而砌筑时用普通砂浆，灰缝处也会形成热桥。应用保温砂浆代替普通砂浆，以提高外墙的保温性能。

2.3.2 节能建筑热工设计

节能建筑的热工设计应包括如下内容：

1. 了解所设计的建筑的热工要求

（1）夏季的要求

1）一般的隔热要求：在自然通风的情况下，控制外围护结构内表面的最高温度，使之符合隔热标准。

2）采用空调时，室温应控制在（28±2）℃，外围护结构内表面的最高温度不大于32℃。

（2）冬季的要求

1）被动式供暖。

2）集中式供暖，可分为节能50%或65%，目前国家标准要求节能65%。

3）冬季采用热泵空调系统供暖，室温控制在16℃左右。

2. 根据选定的热工要求确定节能设计指标

（1）体形系数　节能建筑其体形系数都不宜超过0.30，如若有超出，则应采取加强屋顶和外墙保温的做法，以便将建筑物耗热量指标控制在规定水平，总体上实现节能65%的目标。

（2）屋顶　根据选定的节能建材，确定其夏季及冬季所必需的热阻的最小值，并选择其中的大者为依据来计算其保温层或隔热层的厚度。还应注意以下几个问题：

1）在确定屋顶冬季的最小热阻时，首先应了解屋顶现有的热惰性指标 D，若 $D>4$，则可根据 $D=4.1\sim6$ 来选择屋顶冬季的最小热阻：若 $D<4$，则可根据 $D=1.6\sim4$ 来选择。这时应将保温层的 D 值与原有屋面结构的 D 值相加，若其相加值仍小于4则计算正确；若其相加值大于4，则应根据 $D=4.1\sim6$ 来选择最小热阻，重新计算保温层的厚度。

2）在确定屋顶夏季的最小热阻时，首先应了解屋顶外表面对太阳辐射热的吸收系数 ρ，然后再根据现有热惰性指标 D 值的大小来选择屋顶夏季的最小热阻。

3）应注意最小热阻有无附加值，例如，体形系数偏高时的附加，间歇空调或间歇供暖时的附加等。

（3）外墙　根据选定的节能建筑，确定其外墙夏季及冬季所必需的最小热阻，并根据其中大者来计算保温层或隔热层的厚度。

选择确定最小热阻的方法与屋顶相同，并应注意最小热阻的附加值。例如，体形系数偏大时的附加，间歇空调时的附加。当外墙采用轻质复合材料时，材料的平均密度小于500kg/m^3 时，最小热阻应增加60%；材料的平均密度小于300kg/m^3 时，最小热阻应增加80%。在JGJ 26—2010中规定了不同地区节能住宅外墙传热系数的上限值可供选择。

（4）窗户

1）根据建筑物建造地点，当地冬季的平均风速，建筑物是多层还是高层，初步确定门窗的气密性、保温性和水密性。

2）计算各朝向墙面的窗墙面积比，若超出规定的面积比时，当超出的范围为1%~5%，则按每超出1%，提高外墙的热阻2%；当窗墙面积比超出规定范围的5%~10%，在按比例提高外墙热阻的同时，再将窗户的保温性能提高一级；当窗墙面积比超出规定范围的10%~15%，在按比例提高外墙热阻的同时，再将窗户的保温性能提高二级。在提高窗户保温性能级别的同时，还应同时提高外墙的热阻。不宜只提高外墙的热阻而不提高窗的保温性能，以免窗户的冷辐射引起人体的不舒适感。

2.4 建筑能耗指标及其计算方法

建筑物耗热量指标是指在供暖期室外平均温度条件下，为保持室内设计温度，单位建筑面积在单位时间内消耗的、需由室内供暖设备供给的热量。它是用来评价建筑物能耗水平的一个重要指标。不同地区的建筑物耗热量指标不同。

1. 建筑物耗热量指标的计算

$$q_H = q_{H,T} + q_{INF} - q_{r,H}$$

式中 q_H——建筑物耗热量指标（W/m^2）；

$q_{H,T}$——单位建筑面积通过围护结构的传热耗热量（W/m^2）；

q_{INF}——单位建筑面积的空气渗透耗热量（W/m^2）；

$q_{r,H}$——单位建筑面积的建筑物内部得热（包括炊事、照明、家电和人体散热），住宅建筑取 $3.80W/m^2$。

2. 单位建筑面积通过围护结构的传热耗热量的计算

$$q_{H,T} = (t_i - t_e)\left(\sum_{i=1}^{m} \varepsilon_i K_i F_i\right) / A_0$$

式中 t_i——全部房间平均室内计算温度（℃），一般住宅建筑取18℃；

t_e——供暖期室外平均温度（℃），可从相关资料中查得；

ε_i——某一围护结构传热系数的修正系数，可从相关资料中查得；

K_i——某一围护结构的传热系数［$W/(m^2 \cdot K)$］，对于外墙应取其平均传热系数；

F_i——某一围护结构的面积（m^2）；

A_0——建筑面积（m^2）；

3. 单位建筑面积的空气渗透耗热量的计算

$$q_{INF} = (t_i - t_e)(c_p \rho N V) / A_0$$

式中 c_p——空气比热容［$kg/(kg \cdot K)$］，取 $1.01kJ/(kg \cdot K)$；

ρ——空气密度（kg/m^3），取 t_e 条件下的值；

N——换气次数，住宅建筑取0.5L/h；

V——换气体积（m^3）。

4. 建筑节能设计的性能性指标

性能性指标在保证实现节能目标的前提下，使建筑节能设计标准具有了灵活性，为新技术的采用和具体工程项目的最优化创造了条件。

性能性指标由建筑热环境的质量指标和能耗指标两部分组成，对建筑的体型系数、窗墙面积比、围护结构传热系数等技术参数不再做硬性规定。设计人可自行确定具体的技术参数，但必须同时满足建筑热环境质量指标和能耗指标的要求。

建筑热环境质量指标为：卧室、起居室室内温度夏季不超过26~28℃；冬季不低于16~18℃，换气次数1.0次/h。

建筑热环境能耗指标按节能65%的要求确定了各地的节能综合指标，包括建筑物耗热量、耗冷量指标和供暖空调全年用电量。其中供暖空调全年用电量是主要指标。耗热量指标 q_h 和耗冷量指标 q_c，综合反映了建筑设计和围护结构热工性能的优劣，与供暖空调设备性能无关，它们是建筑和建筑热工设计的控制指标。即使不配备供暖空调设备，也必须满足这两个性能指标的要求。这将保证节能建筑在不配备供暖空调设备的条件下，室内冬夏季热环境质量也能达到基本的卫生要求，具有可居住性，并在配备了能效比满足要求的供暖空调设备后，室内热环境质量和能耗两方面均能达到性能性指标。

节能建筑的能耗指标与供暖度日数、空调度日数之间呈近似线性关系。国家有关标准分别按供暖度日数HDD18和空调度日数CD26给出了供暖年耗电量 E_h 和空调年耗电量 E_c 的限量值，供设计时参考选用。

2.5 太阳能住宅节能设计

能源是人类生存的基础，人类对能源的开发、应用从无序走向有序，人们比以前更加关注能源的合理开采和有效利用。当前全球的非再生能源缺乏，而太阳能则是一个取之不尽、用之不竭的洁净能源。1939 年美国麻省理工学院建成了世界上第一座用来供暖的太阳能建筑，到 20 世纪 70 年代世界性能源危机后，太阳能建筑的发展速度大大加快，目前世界上大约有几十万座太阳能建筑。早期的太阳能建筑是利用太阳热能与光能的自然传递使居室温暖明亮，通常称其为被动式太阳能建筑。而后，随着科学技术的发展和人们对居室环境要求的提高，逐渐从被动式太阳能建筑发展成主动式太阳能建筑。主动式太阳能建筑是由太阳能集热器、热水槽、泵、散热器、控制器和储热器等组成的供暖系统与吸收式制冷机组组成的太阳能空调建筑。对太阳能的利用还体现在太阳能热水器、自然采光和绿色照明等方面。

我国是太阳能资源十分丰富的国家，2/3 的国土面积年日照在 2200h 以上，年辐射总量每年为 3340~8360MJ/m^2。

2.5.1 太阳能住宅设计

1. 主动式太阳能建筑

主动式太阳能建筑需要一定的动力进行热循环。一般来说，主动式太阳能建筑能够较好地满足住户的生活要求，可以保证室内供暖和供热水，甚至制冷空调。但设备复杂、投资高，需要消耗辅助能源和电功率，而且所有的热水集热系统都需要设置防冻措施，这些缺点造成主动式太阳能建筑目前在我国难以推广。

主动式太阳能供暖系统主要由集热器、管道、储热装置、循环泵、散热器等组成，如图 2-1 所示。

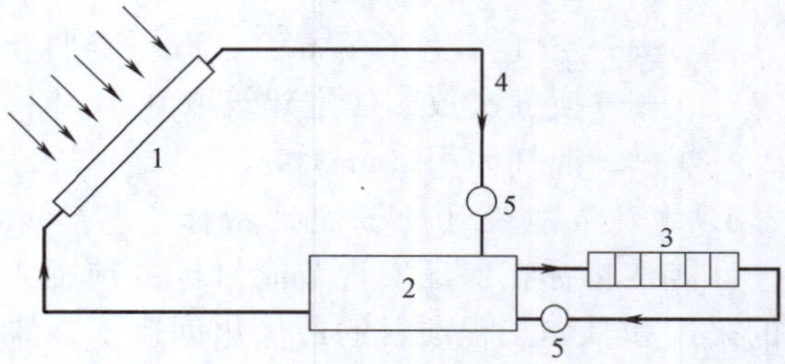

图 2-1 主动式太阳能供暖系统

1—集热器 2—储热装置 3—散热器

4—管道 5—水泵或风机

2. 被动式太阳能建筑

被动式太阳能建筑是一种让阳光射入室内，不需要附加供暖或制冷设备，不消耗常规能源，对自然提供的能量加以应用的完整的建筑节能系统。

被动式太阳能建筑的类型很多，按照利用太阳能方式的不同，可以分为间接得热式和直接得热式两种。

(1) 间接得热式 间接得热式的基本形式有特朗伯集热墙、水墙和附加阳光间。

1) 特朗伯集热墙。将集热墙向阳的外表面涂以深色的选择性涂料层，以加强吸热并减少向外辐射散热，使该墙体成为集热和储热装置。待到需要时又成为放热装置。离外表面 10cm 左右处需装有玻璃或透明塑料片。该集热墙是由法国太阳能实验室主任 Felix Trombe 博士首先提出并进行实验研究的，故通称“特朗伯集热墙”，简称“特朗伯墙”。

在冬季，白天有太阳时，主要靠空气间层内被加热的空气通过墙顶与底部通风孔向室内对流供热。夜间，要关闭特朗伯墙的通风孔，玻璃和墙之间设置保温窗帘。墙体向室内辐射热量并与室内空气进行对流换热，使夜间室内气温不会下降很多。而且特朗伯墙的混凝土墙体是重质围护结构，热惰性较大，温度波动的时间延迟较长，这对于围护结构内表面辐射传热有利，如图 2-2 所示。

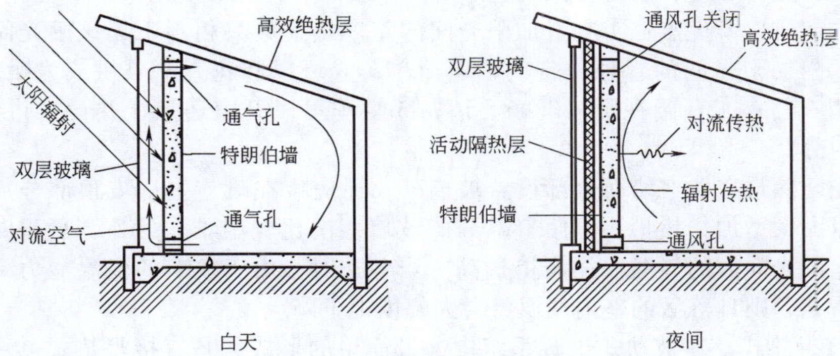

图 2-2　特朗伯集热墙冬季工作状况

在夏季，白天将外表面为浅色的隔热窗帘或百叶窗作为隔热层放在特朗伯墙与玻璃之间用于反射太阳辐射热，玻璃顶部和底部的通风孔都开启，玻璃与隔热层之间的空气受太阳辐射加热上升由顶部通风孔流出，冷空气则由底部通风孔流进，并不断向上循环流动补充由上部排出的热空气，及时将太阳辐射热带出室外，使隔热层与墙体的温度不会有明显的升高。夜间，将活动隔热层移开，让特朗伯墙向室外辐射，从而自身得到冷却，再从室内吸收热量辐射到室外，如图 2-3 所示。

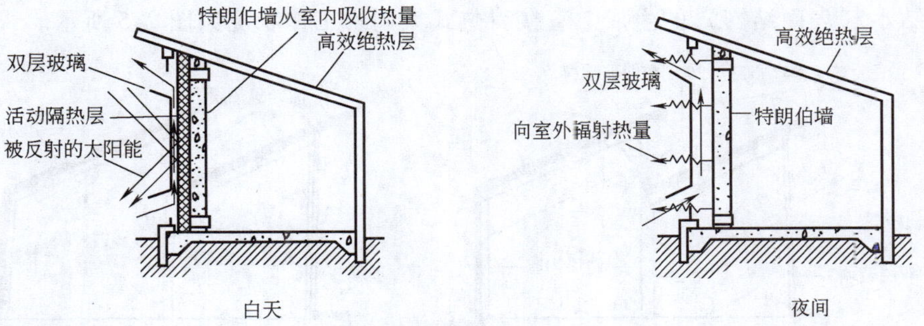

图 2-3　特朗伯集热墙夏季工作状况

2）水墙。水是理想的显热储热物质，同一般的建筑材料相比，水的比热容大，用较少的水可以储存较多的热量，因此，水墙的研究得到普遍关注。

图 2-4 所示为 20 世纪 70 年代美国 Steve Baer 住宅试验的太阳能水墙。水盛于铁桶内，外表面有黑色吸热层，放在向阳的玻璃窗后。玻璃窗外设有隔热盖板，通过滑轮，用手柄可操作其上下。在冬季，白天将板放平作为反射板，将太阳辐射热反射到水桶，增加吸收；夜间则关闭盖板，减少热损失。夏季则相反，白天关闭盖板，减少进热，夜间放平盖板，向外辐射降温。

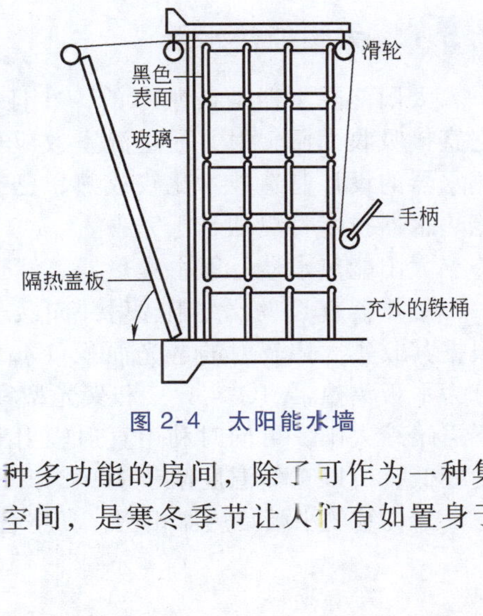

图 2-4　太阳能水墙

水墙容器一般用金属或玻璃钢制成，表面颜色以黑色最好，容积为它前面的窗玻璃面积乘以 30cm 左右。

3）附加阳光间（green house）。附加阳光间属于一种多功能的房间，除了可作为一种集热设施外，还可用来作为休息、娱乐、养花、养鱼等的空间，是寒冬季节让人们有如置身于大自然中的一种室内环境，也是为其毗连的房间供暖的一种有效措施。

附加阳光间有以下优点：①有附加阳光间的年度热损失只相当于无该阳光间的年度热损失的一半；②附加阳光间的管理比特朗伯墙简单；③可以和花卉、果树成为毗连种植温室，同时还可以晒衣物；④开阔视野，舒畅心情；⑤夏季可以开窗通风，并设窗帘等遮阳装置，防止直接辐射热。

附加阳光间除最好能在墙面全部设置玻璃外，还应该在毗连主房坡顶部分加设倾斜的玻璃，这样可以大大增加集热量，但倾斜部分的玻璃擦洗比较困难。另外当夏季时，如无适当的隔热措施，阳光间内的气温往往变得过高。当冬季时，由于玻璃的保温能力差，如无适当的附加保温措施，则日落后的室内气温将会大幅度地下降。

（2）直接得热式 在被动式供暖系统中，最简单的形式就是直接得热式。这种方式升温快，构造简单，不需增设特殊的集热装置，与一般建筑的外形无太大差异，建筑的艺术处理也比较灵活。同时，这种太阳能建筑的投资小，管理也比较方便。因此，这种形式是一种最易推广的太阳能供暖方式。许多传统民居的设计中就含有直接得热式的设计思想。

直接得热式的工作原理是，冬季让太阳从南面直接射入房间内部，用楼板层、墙及家具设备等作为吸热和贮热体，当室温低于这些贮热体表面温度时，这些物体就会像一个大的低温辐射器向室内辐射供暖。辐射供暖比空气对流供暖更为有效而舒适，而且造成舒适所需的空气温度比对流供暖时的要求要低。此外，为了减少热损失，夜间必须用保温窗帘或窗盖板将窗户覆盖。试验与理论均证实，保温窗帘盖在窗户冷侧（外侧）可消除或大大减少玻璃内侧面的凝结水（表面结露）的生成。直接得热式太阳房工作状况如图 2-5 所示。

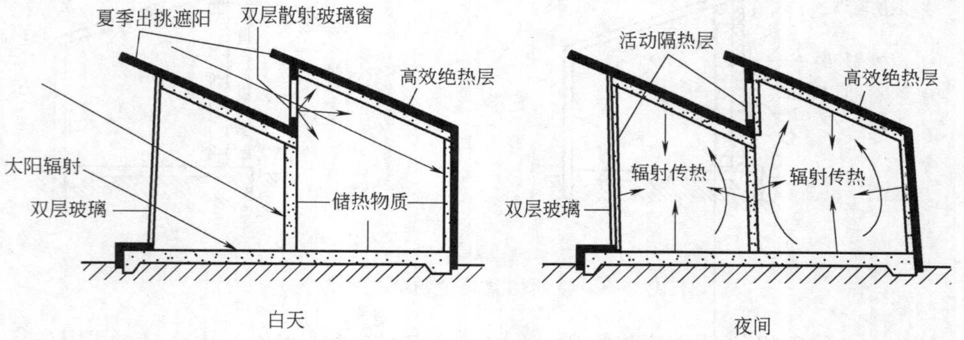

图 2-5 直接得热式太阳房工作状况

2.5.2 太阳能热水器

太阳能热水器是最基本的，并且是比较经济的太阳能热利用装置，正在广泛推广应用。它直接吸收太阳辐射并通过温室效应把水加热，为居民生活及工农业生产提供热水。太阳能热水器的设计制造技术比较成熟，已有多年的使用经验。随着新的科研成果不断涌现，太阳能热水器技术将更加趋于完善。

太阳能热水器一般由集热器、储热装置、循环管路和辅助装置组成。

集热器就是吸收太阳辐射并向载热工质传递热量的装置，是热水器的关键部件。集热器根据其收集太阳辐射的透光面积（A_t）和吸收太阳辐射的吸收面积（A_a）的不同，集热器可分为平板集热器（$A_t=A_a$）和聚光型集热器（$A_t>A_a$）。平板集热器结构简单，采用固定安装，不需跟踪太阳，可同时利用直射辐射和散射辐射，成本较低。但它不具备聚光功能，热流密度较低，所以工作温度限于100℃以下。平板集热器的基本结构如图 2-6 所示。

与传统的平板集热器相比，真空管集热器将吸热体与透明盖层之间的空气夹层抽去，形成真空，减少了空气对流的热损失，提高了集热效率。目前，国内生产的太阳能热水器已经开始采用真空管集热器。

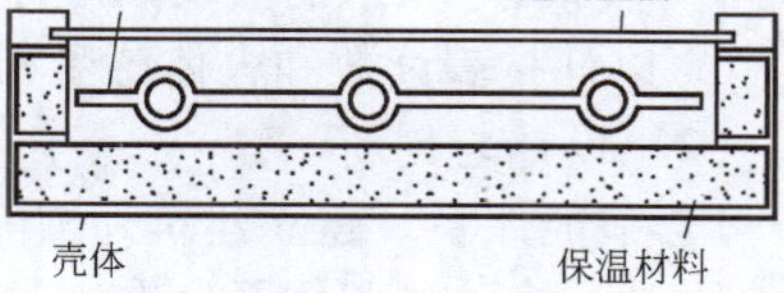

图 2-6　平板集热器的基本结构

储热装置是储存热水并减少向周围散热的装置。储热效果不仅取决于保温材料性能的好坏，同时也和装置的结构及固定连接方式有关。在夏天使用 5t 热水箱，若采用 10cm 厚的矿渣棉保温，一夜水温只降 2~3℃。

循环管路的作用是连接集热器和储热装置，使之形成一个完整的加热系统。循环管路设计施工是否正确，往往影响整个热水器系统的正常运行。一些热水器水系统温度偏低，就是由于管道走向或连接方式不正确而造成的。

辅助装置是用来使整个热水器系统正常工作并通过仪表加以显示。它包括无日照时的辅助热源装置（如电加热器等）、水位显示装置、循环水泵以及自动或手动控制装置等。

太阳能利用除用于建筑供暖、热水器外，还可以用于天然采光、绿色照明、太阳能发电等领域。这些都可以减少建筑的常规能源消耗。

2.5.3　太阳能住宅应用实例

1. 香港长洲岛明爱明晖营地节能建筑

（1）实践与目标

1）工程概况。明爱明晖营地改建工程建筑规模为 4800m²，位于香港长洲岛山顶，四面环海，为青少年的营地建筑，拟通过改建设计成暑期活动营地。并将建筑物本身作为科普活动的内容之一，在建筑改建设计和建造中融入“可观察到的”先进技术实物、概念和系统，其中节能技术和建筑体系作为本建筑工程的主要内容，项目局部平剖面示意图如图 2-7 所示。

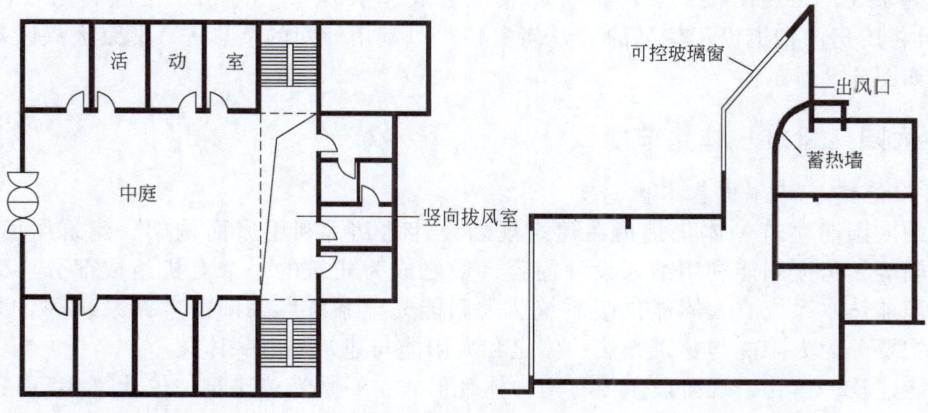

图 2-7　项目局部平剖面示意图

2）设计策略。

① 以节能建筑领域自然通风的“诱导”作用，通过量化指标来评价建筑室内热环境的改善程度。

② 针对香港夏季日照丰富、气候炎热的特点，借助于钢质构造形成遮阳体系，协调好钢材与混凝土之间的材料连接性与可调节性的关系，作为一项体系建筑技术融入建筑造型之中。

③ 充分考虑新建与原有建筑两部分的连接问题，建造过程中处理好新旧建筑可能发生的变形、施工缝等敏感问题，在施工中尽量不影响原有建筑的使用。

④ 建筑采光系统的优化设计，强调自然采光，减少人工照明以节约电能。

⑤ 充分挖掘各项“被动致凉”控制技术在项目中运用的可能性，充分考虑将地下蓄冷、

“树叶屏蔽致凉”、水的蒸发制冷等技术手段融入建筑设计之中的可能性。

⑥ 以计量表读数和人体感受相结合的方法充分表现建筑本身的技术含量和使用效果。

(2) 设计与创新

1) 节能体系。建立建筑外围的“双层体系”，在普通板壁的外侧建立一个利用钢质材料制成的“可控”遮阳体系，在满足“可控”的前提下，解决好轻质、维修、美观等问题，利用不锈钢管在两侧通过螺栓固定，并由一定的可控系统来调整遮阳板的倾斜角度，对阳光进行适当的控制，达到室内舒适的目的。

2) 太阳能系统。整体自然通风致凉系统，如图2-8所示。在原中庭夏季下风侧位置（建筑的东北角）专设一个具备“烟囱效应”的竖向拔风空间，用以改变建筑室内整体的通风条件，并兼作自然采光口。人们可通过调整竖向空间上部窗口的开启大小控制自然通风。为加强热压对通风的促进作用，在竖向空间顶端设一蓄热墙，吸收热能。在夜间通过室内的平面温度分布的不均匀性来强化内部的自然通风，又可兼作冬季供暖。

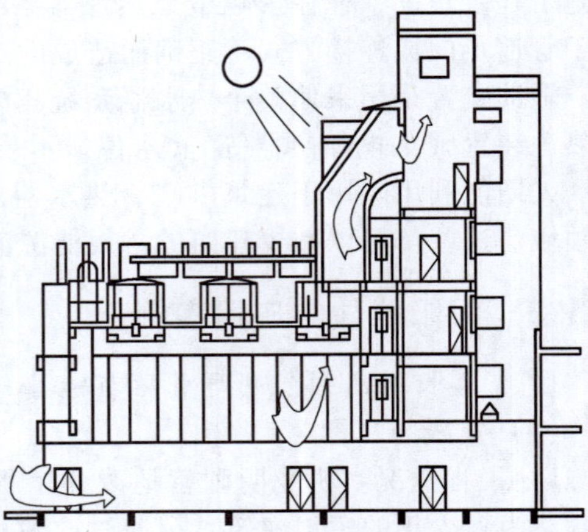

图2-8 整体自然通风致凉系统

2. 北京大兴区新能源住宅

北京大兴区新能源住宅是由清华大学和法国联合设计的联列式两层农村住宅，是技术与理念比较领先的被动式太阳能住宅之一。该新能源住宅南向设跨越两层的阳光间，在南侧卧室的外墙设特朗伯墙系统，北侧由楼梯、门斗、贮藏室组成“双外壁”体系，正确利用“温度分区法”，并且将厨房的烟道设于住宅的“几何中心”以利用灶间的余热等。北京大兴区新能源住宅示意图如图2-9所示。

2.5.4 太阳能建筑一体化节能设计

1. 太阳能建筑一体化基本概念

所谓的太阳能建筑一体化是指在建筑规划设计之初，利用屋面构架、建筑屋面、阳台、外墙及遮阳等，将太阳能利用纳入设计内容，使之成为建筑的一个有机组成部分。太阳能利用包括太阳能热水系统、太阳能供暖系统、太阳能光电系统、太阳能空调系统等。太阳能建筑一体化主要分为太阳能与建筑光热一体化和太阳能与建筑光电一体化。

太阳能建筑一体化，现阶段主要有两种体现形式：一是光热建筑一体化（BIST）；二是光伏建筑一体化（BIPV）。此外还有光伏/光热建筑一体化（BIPV/T）（热电联产）。光伏/光热一体化组件PV/T，集光伏发电与太阳能热利用为一体。一方面能通过温度较低的介质冷却光电池使电池发电效率得到提高（太阳硅电池的效率在温度超过25℃时，每增加1℃，效率下降约0.4%）；另一方面也能同时回收集热片产生的热量。

太阳能与建筑光热一体化是利用太阳能转化为热能的利用技术，在建筑上直接利用的方式有：①利用太阳能空气集热器进行室内供暖；②利用太阳能热水器提供室内生活热水；③基于集热-储热原理的间接加热的被动式太阳房；④利用太阳能加热空气产生的热压增强建筑通风。

太阳能与建筑光电一体化是指利用太阳能电池将白天的太阳能转化为电能由蓄电池储存起来，晚上在放电控制器的控制下释放出来，供室内照明和其他需要。光电池组件有多个单晶硅或多晶硅单体电池通过串并联组成，其主要作用是把光能转化为电能。

太阳能与建筑一体化设计应遵循的原则：①充分考虑当地自然环境气候特点和地理特性；

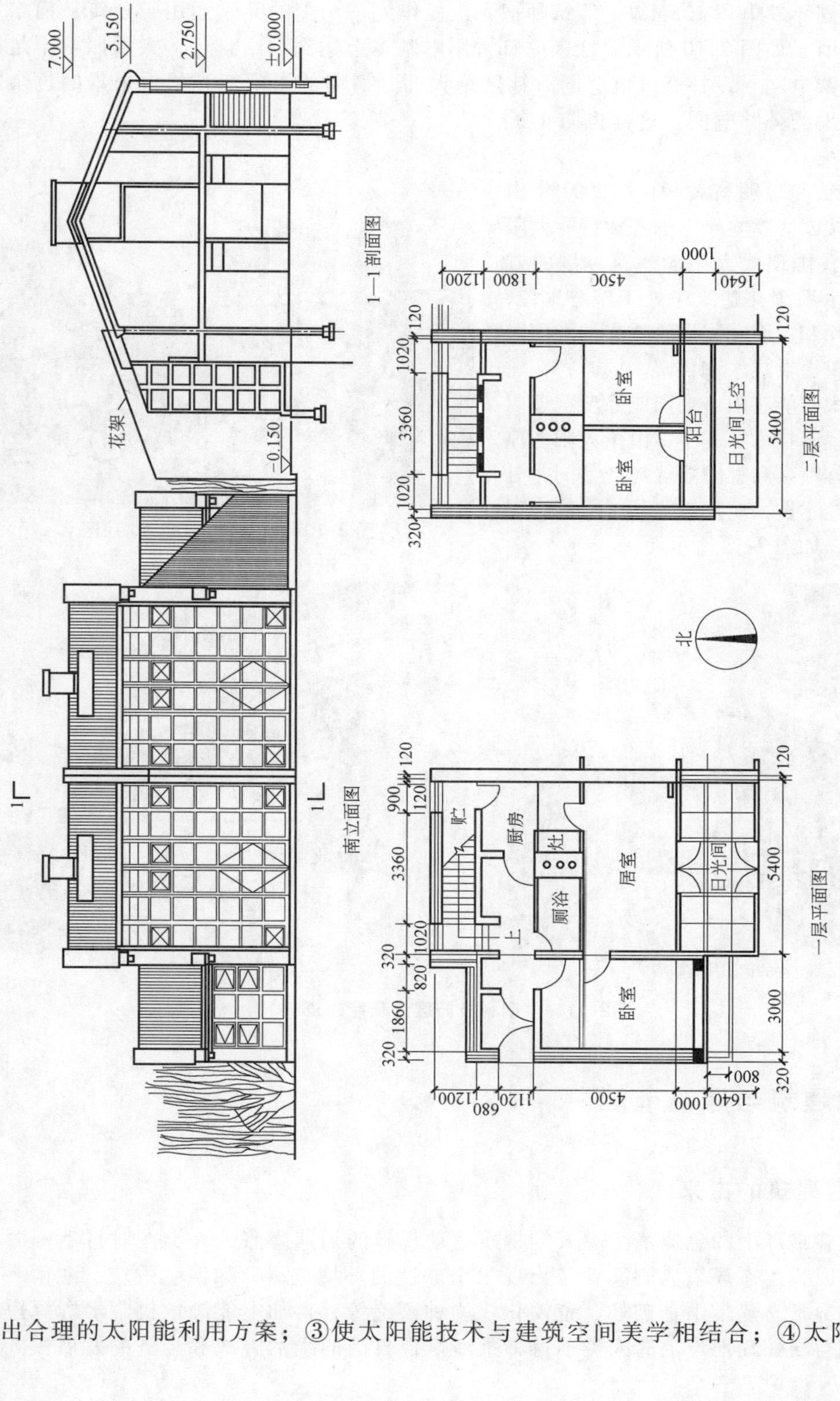

图 2-9　北京大兴区新能源住宅示意图

②提出合理的太阳能利用方案；③使太阳能技术与建筑空间美学相结合；④太阳能系统与建

筑构造一体化。后两条原则可以概括为：功能部件装饰化，装饰部件功能化。

2. 太阳能建筑一体化应用实例

（1）荷兰Amersfoort社区　荷兰Amersfoort社区占地约600万m^2，是世界最大的太阳能居住型社区，包括大部分的住宅以及公共设施（体育中心、学校、幼儿园等）都使用了太阳能光伏系统，计划年发电量1.5MW。建筑师把光伏板作为一个美的元素运用于建筑从而增加了建筑的附加价值，如图2-10所示。社区的日常用电基本上达到自给自足，太阳照射不足的时候，由当地公共电网予以补充供电。同时社区绝大部分房屋的太阳能光伏板采集的过余电能都统一输进当地的公共电网，这样也防止了绿色能源的流失。

图2-10　荷兰Amersfoort社区

（2）山东德州皇明科技园区　2002年山东德州皇明科技园区建立起一栋栋独特的太阳能建筑，这是我国现代太阳能建筑发展的雏形。太阳能热水系统在建筑中处于核心地位，通过在建筑屋面和立面安装排放整齐的太阳能集热器，为建筑提供热水和供暖。同时，在建筑中还采用了太阳能遮阳、太阳能除湿空调以及太阳能游泳池等技术。其中，由于太阳能凉亭、太阳能水雾喷泉和太阳能墙等产品同时具备了美观性与艺术性，使建筑收到了节能和美观的双重效果，如图2-11所示。

a) 南立面的遮阳和太阳墙

b) 南立面细部

图2-11　皇明科技园区太阳能建筑

2.6 绿色建筑与建筑节能

2.6.1 绿色建筑的由来

随着人类在地球上的急速繁衍和人类物质活动规模的加速膨胀，人类在对自然资源的开发和利用的同时，生态环境急剧恶化，出现了全球性的环境危机，如温室效应、酸雨、臭氧层破坏、气候异常、热带雨林破坏、荒漠化、物种灭绝等；再加上能源危机，水资源短缺的沉重压力，使得居住在地球上的人类不得不重新审视自己的生活方式和经济的发展模式。人类对居住场所的营造，即建筑活动是人类最主要的生存活动之一，城市环境与建筑环境是地球上规模最大、分布最广的人工环境。长期以来，由于我国在建筑开发中对环境的破坏与污染，特别是一些对人体有害、对环境有害的建筑材料被大量使用，使生态环境急剧恶化。面对环境的恶化问题，越来越多的有识之士开始关注居住环境，关注建筑物与自然之间的关系，更加注重建筑环境与自然环境的改善，“绿色建筑”的概念应运而生。

现代建筑对环境保护与改善的响应是从 20 世纪 60~70 年代的太阳能建筑、节能建筑开始的。随着人们对全球生态环境的普遍关注和可持续发展的广泛深入开展，建筑设计从减少常规能源消耗扩展到全面审视建筑活动对全球生态环境、周边生态环境和建筑室内环境的影响，这是建筑设计思想在“空间”上的全面性；同时，全面性审视还应包括“时间”上的全面性，即审视建筑的“全生命周期”的影响，包括原材料开采、运输与加工、建造、使用、维修、改造和拆除等各个环节。能够较好地对环境问题做出全面响应的建筑称为“绿色建筑”，其目标是为人类居住、工作与活动提供健康、舒适、高效的室内环境，同时尽可能地降低对不可再生能源和资源的消耗，减少对自然和生态环境的影响。

美国的奥杜本大楼可称为“绿色建筑”的经典之作，这座大楼经过环保改造之后“比改造前节省 68%的电力，而且拥有一套废物循环系统，80% 的办公室废弃物可以得到循环利用”。荷兰阿姆斯特丹的 ING 银行是世界上最著名的绿色建筑之一，它现在消耗的能源只是它前身所消耗能源的 10%，而且由于室内环境的改善，职工因病不能上班的比例也下降 15%；在马来西亚，从绿色生态角度建起的摩天大楼比一般建筑物节省 80%的能源。

在我国，香港特别行政区率先在“绿色建筑”领域跨出一大步；上海、深圳等沿海地区也涌现出一批环保型住宅，如深圳福景花园、华侨城等。

2.6.2 绿色建筑设计的目标与原则

绿色建筑设计所追求的目标和原则就是消耗最少的能源和资源，给环境和生态带来的影响最小，同时为居住和使用者提供健康舒适的建筑环境与良好的服务，以实现人、建筑、环境健康协调的可持续性发展。总之，绿色建筑归纳起来就是“资源有效利用的建筑（Resource Efficient Buildings）”。有人把绿色建筑归结为具备“4R”的建筑，即“Reduce”，减少建筑材料、各种资源和不可再生能源的使用；“Renewable”，利用可再生能源和材料；“Recycle”，利用回收材料，设置废弃物回收系统；“Reuse”，在结构允许的条件下重新使用旧材料。因此，绿色建筑就是能源有效利用、保护环境、亲和自然、舒适、健康、安全的建筑。

绿色建筑技术涉及建筑学及相关学科的许多基础理论，如生态系统循环理论，包括生态系统物质循环规律、能量流动转化规律、气候变异规律、建筑中能量转换传递规律、建筑物与外部环境热湿交互作用规律等。作为一门庞大的应用技术体系，其内容涉及现代科学的方方面面；作为活跃的、快速发展的应用技术体系，许多方面尚未被人们所认识，绿色建筑技术的许多领域仍需要人们去认识和研究。

绿色建筑设计在人居环境的营造，合理利用资源，合理有效地利用能源和保护生态环境等方面都有一定的要求。

1. 人居环境的营造

更新观念和技术手段，摒弃盲目提高密闭性和盲目提高固定的室内环境设计参数的建筑与建筑环境的设计原则与习惯，实施动态的室内环境设计参数，贴近自然环境的变化规律；充分利用自然手段和可再生能源，充分享受阳光、空气、水等大自然的高清新性，做到人与自然和谐共存。

2. 合理利用资源

应该尽可能减少对不可替代资源（包括矿物、土壤、土地和原始条件下景观等，它们是经过复杂的地球物理化学变化而形成的，具有恒定的数量）的耗费，控制对不可耗尽资源（如空气、水、太阳能等）及可替代和可维持资源（包括特定场所的水资源和动植物群落）的利用强度，保护资源再生所必需的环境条件。

3. 能源利用的原则

（1）提高能源效率　能源效率是指以尽可能少的能源使用及尽可能小的环境破坏为使用者带来尽可能多的效用。在设计阶段可以通过多种设计考虑来达到节能的目的。

1）通过对基地自然条件的分析，尽可能地利用基地的有利因素以减少建筑运作能耗，如自然通风、自然空调系统、自然采光。

2）对建筑外围护结构的设计。良好的外围护结构提供的保温、隔热作用能减少建筑运作过程中不必要的能耗。

3）提倡对建筑能量系统进行集成，对建筑物内部能流与物流进行深入分析与合理规划，尽量做到建筑物内部潜在的各种“冷”“热”源的耦合，充分利用建筑物内部本身存在和产生的各种“废热”和“废冷”。

4）能源效率的提高必须考虑所使用建筑材料在生产、运输、加工过程中的蕴能量。设计过程中对材料的选择必须将建材在使用过程中的节能量与其生产、加工和运输过程中的蕴能量结合起来辩证地看待。

（2）尽可能使用可再生的能源　可再生能源包括：太阳能和直接源自太阳能的初级能源，如水落差的能量、风能、潮汐能、地热能等；以太阳能为来源但要经过燃烧等过程进行转换的二级能源，如生物能，包括木材、沼气等。

4. 保护生态环境的问题

建筑设计要与周围生态环境相融合，减少由于建筑的营造和使用对地球、自然、环境负荷的影响。节约资源，减少污染，保护环境，主要体现在对噪声、建材污染、垃圾污染、水污染、对生态景观的破坏和由于对常规能源的消耗而产生的环境负荷等的控制上。

2.6.3 绿色建筑的评估

围绕推广和规范绿色建筑的目标，近年来许多国家发展了各自的绿色建筑标准和评估体系。例如，美国的 LEED 绿色建筑评估体系、德国的生态建筑导则 LNB、英国的 BREEM 评估体系、澳大利亚的建筑环境评价体系 NABERS、加拿大的 GBTool、挪威的 Eco Profile、法国的 ESCALE、日本的 CASBEE 等。在参考日本的 CASBEE（建筑物综合环境性能评价体系，Comprehensive Assessment System for Building Environmental Efficiency）的基础上，我国于 2003 年建立了绿色奥运建筑评估体系㊀，以健康、舒适的居住环境，节约能源和资源，减少对自然环境的影响为目标，在具体评分时把评估条件分为 Q 和 L 两大类：Q（Quality）指建筑环境质量和为使用者提供服务的水平；L（Load）指能源、资源和环境负荷的付出。所谓绿色建筑，即是人们追求消耗最小的 L 而获得最大的 Q 的建筑。

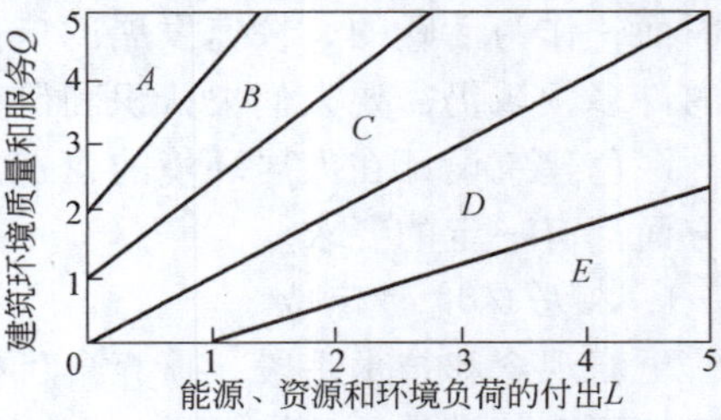

图 2-12　绿色建筑的评估

如图 2-12 所示，当评估结果处于图中 *A* 区时，表示该项目通过很少的资源、能源和环境付出，就获得了优良的建筑品质，是最佳的绿色建筑。*B* 区、*C* 区尚属于绿色建筑，但或资源与环境消耗太大，或建筑

㊀ 绿色奥运建筑评估体系是我国最早的一部关于绿色建筑的完整的评估体系，我国也于 2006 年颁布了中华人民共和国国家标准《绿色建筑评价标准》（GB/T 50378—2006）及相关细则，并于 2014 年进行了更新，目前我国的绿色建筑评价标准为 GB/T 50378—2014。

品质略低。D 区属于高资源、能源消耗但建筑品质并不太高。E 区则是很多的资源、能源和环境付出，却获得低劣的建筑品质，这是一定要设法避免的。

2.7　建筑节能设计实例

2.7.1　法兰克福商业银行

建筑师：Foster & Partners

位置：德国，法兰克福

建造时间：1999 年

委托人：德意志联邦议会

在一年的大多数时间里，该银行大厦通过自然通风维持建筑内部舒适性条件。如果空调系统放弃不用，自然通风和冷却肯定会在节能和舒适性方面有所作为（图 2-13～图 2-18）。

图 2-13　法兰克福商业银行立面图

在法兰克福商业银行中，环境控制的概念是根据这种原则进行的：方案需要一套包括自然通风、建筑保温和隔离结合在一起的机械装置。

建筑是一栋 50 层的三角形塔楼，高约 190m。转角部位抹成圆弧。建筑为中空，形成一个通高的中庭。这个中庭又被玻璃天花每 12 层分为一段，以阻断气流或烟的聚集。

在每一层，两片办公区和 1/3 的花园结合在一起。每个花园占据 4 层高的空间，并沿着塔楼呈螺旋形排列。由于植物对空气有净化作用，这些花园能提供一个高质量的小环境，并随着所处高度和位置的不同而变化。中庭和花园的自然通风是整个方案中的一个重要因素。在满足不同区域的功能要求的同时，也提供了自然采光（从顶部或水平方向）和丰富的景观变化（向外的、向花园和中庭的）。

图 2-14　法兰克福商业银行室内效果图

办公室可向中庭开窗这一设计，意味着在一年的大部分时间里都可以采用自然通风。对于周边的办公室而言也同样如此：立面的 3 层覆层系统与室外的空气建立起一种独特的关系，同时也和建筑投下的投影相结合。

立面的覆层系统包括一层延伸的隔热玻璃和一层简单的由外面构成的双层外壳，以及其间的多孔通风层，它们保护建筑不受任何天气变化所带来的影响。

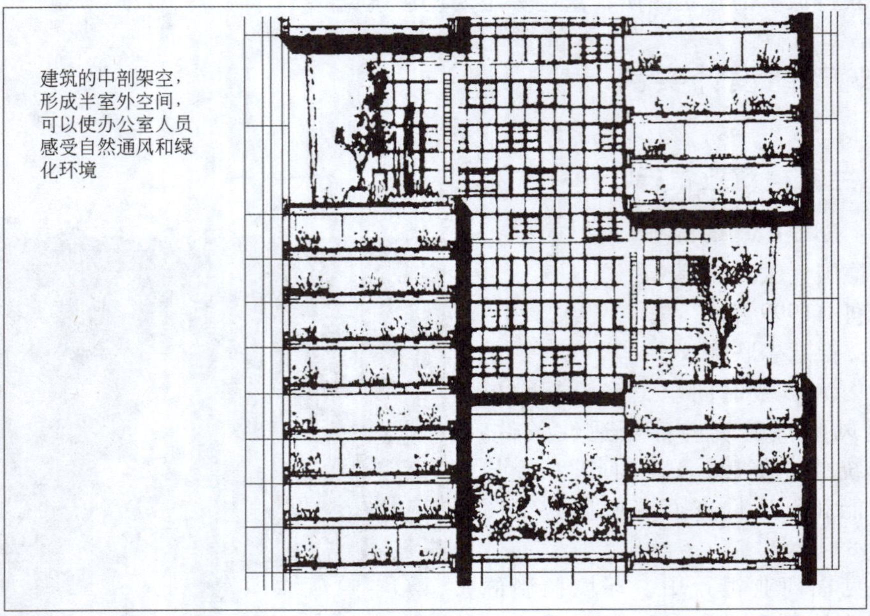

图 2-15 法兰克福商业银行剖面图

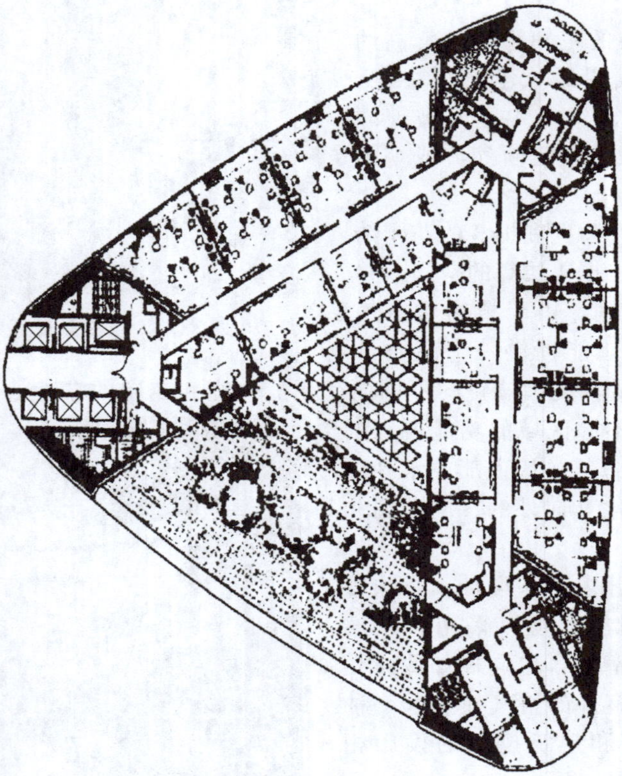

图 2-16 法兰克福商业银行平面图

空气通过立面上的连续槽进入通风层。办公室内的控制板使自然通风系统得到完善，通

图 2-17　法兰克福商业银行局部景观与剖面示意图

过它可以用手工或机械的方式打开或关闭通风系统，当气候条件不允许使用自然通风时可以使用一套机械送风系统。在冬天还有一个带温度控制装置的外围加热系统可供使用。

图 2-18 法兰克福商业银行外部景观图

其立面还有精心设计的热学装置以减少直射阳光的影响以及对空调的需求，同时，也就减少了能量的消耗。

2.7.2 清华大学超低能耗楼

清华大学超低能耗楼位于清华大学校园东区，紧贴建筑馆南楼的东墙。建筑地下 1 层，地上 4 层，总建筑面积约 2930m^2，地下 1 层为试验及设备用房，地上 4 层均为开放式的展示和办公用房，如图 2-19～图 2-21 所示。

作为清华大学绿色建筑的科研基地，开放式实验室及高新技术、产品的示范展台，超低能耗楼汇集了多种国内外最新的科研成果，使这一建筑尽可能少地消耗不可再生资源，尽可能利用可再生资源，降低对外界环境的污染，并为使用者提供健康、舒适、自然和谐的工作及生活空间。在此基础上，将开展各项与绿色建筑相关的科学研究，示范世界上各种先进的绿色建筑技术，展示各种绿色建筑的相关产品并进行有关绿色建筑技术的培训和宣传工作。

图 2-19 模型鸟瞰图

在超低能耗楼的围护结构、环境控制、能源系统、自控测量等方面使用了多种新的建筑技术，如图 2-22 所示。通过这些技术方案措施，将使得整个建筑物照明、空调、供暖的总能耗控制在常规建筑物能耗的 1/3 以下。

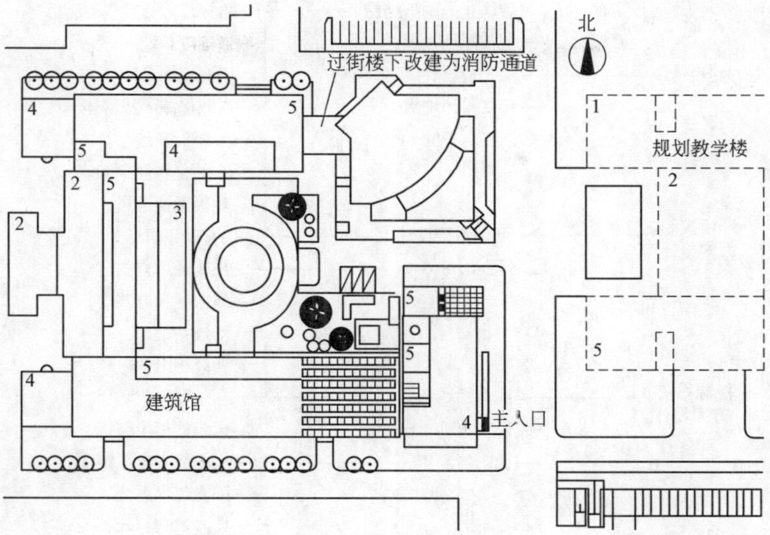

图 2-20　总平面图

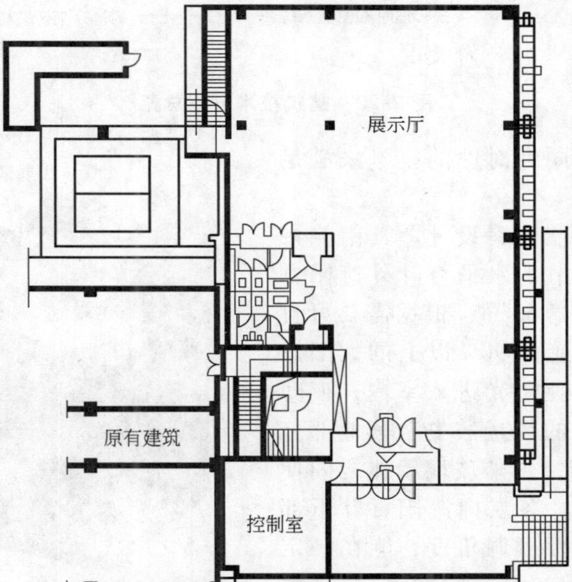

图 2-21　首层平面图

1. 围护结构方案设计

外围护系统轴测图如图 2-23 所示。从建筑全生命周期的观点出发，超低能耗楼采用了钢结构和高性能玻璃幕墙，使地面以上建筑材料的可再生利用率超过 80%。利用各层的结构高度形成 1.2m 高的架空楼面，并将其作为设备夹层，在其中布置设备和管道。建筑物内部为灵活隔断，空调和强弱电系统为模块化结构，从而可根据不同使用要求极其方便地改变空间布局。

在外立面的设计上，使用了可调节外遮阳百叶、双层皮幕墙、中空玻璃幕墙、高效保温

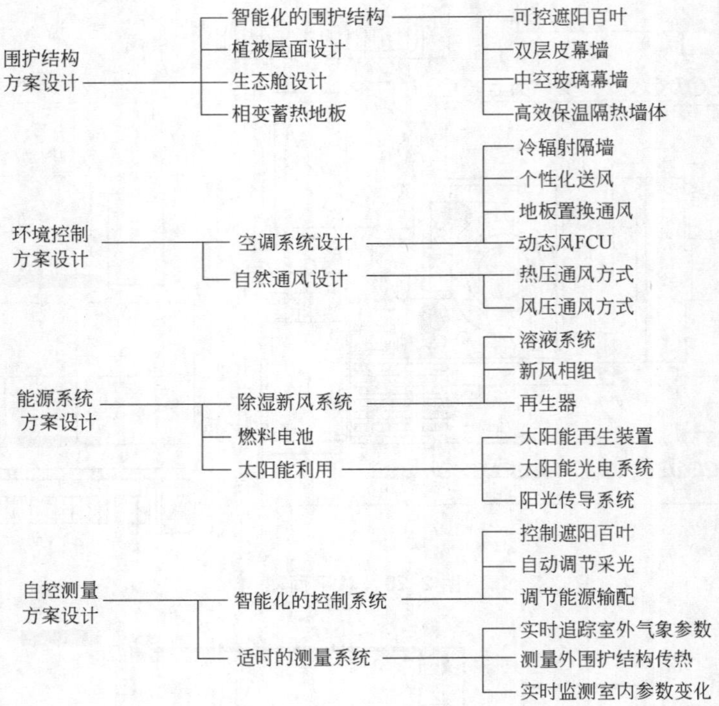

图 2-22 建筑技术方案总览

隔热墙体等多种具有不同针对性的技术来满足高标准的节能要求。

东立面采用3种幕墙方案设计。其南侧采用中空玻璃幕墙加可调节的水平百叶外遮阳方案设计，遮阳百叶叶片宽60cm，根据需要可自动及手动控制，夏季能遮挡90%以上的太阳总辐射，冬季白天可充分让阳光进入室内，夜间可完全关闭以减少室内的热量散失。其他部分的1~3层为双层皮幕墙，内外玻璃墙体之间使用内遮阳百叶和反光板。各层内遮阳百叶下部固定，向上打开，反光板可调角度，能在一定程度上将自然光反射到房间深处。双层皮幕墙内侧玻璃体上设开启窗，在过渡季需要自然通风时开启；外侧玻璃墙体上设通风口，过渡季时全部开启，冬季全部关闭，夏季一半开启，从而形成双层皮幕墙中的热压通风带走热量。第4层则采用中空玻璃幕墙加可调节的垂直百叶外遮阳方案设计。

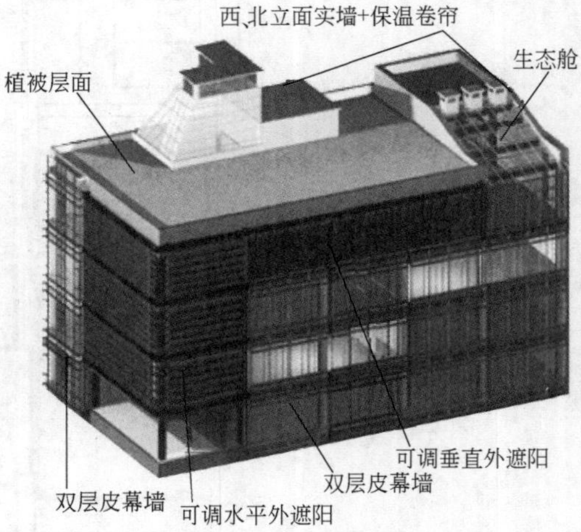

图 2-23 外围护系统轴测图

南立面采用两种幕墙方案设计，其一是双层皮幕墙中间加内百叶遮阳方案，双层皮内外玻璃墙体之间的净空与东立面双层皮幕墙相同，但是其中不设反光板，外侧玻璃墙体的通风口可根据季节调节开启；其二是中空玻璃幕墙加可调节的水平百叶外遮阳方案。这样的方案设计可以为今后的研究、比较两种遮阳方案提供试验基础。西、北立面主要采用轻质保温复合墙体方案，外饰面为铝幕墙，并采用双层中空玻璃窗，外设保温卷帘，在冬季夜间，放下卷帘，可阻挡室外冷辐射，提高窗的保温效果。

屋顶主要部分为植被屋面，可以提高屋顶的夏季隔热冬季保温性能，吸收二氧化碳，释放氧气，吸收射线，并可以蓄存雨水，减少对周边环境的排水压力。根据北京当地的气候特征以及屋顶所具有的光照时间长，强度大，温度变化大，风力大，土层薄，湿度小，易干旱，易受冻害和日灼，生态环境比地面差等特点，选择喜光，耐干燥气候，耐旱，耐贫瘠，根系浅，水平根系发达，生长缓慢，能抗风，耐寒的杂生草类。这样可以减少屋面的覆土厚度，也减少一年中对植被维护的次数。

在建筑 1 层北部设置生态舱，将绿色植物引入室内，创造与自然接触的人性化空间，还可以在一定程度上改善室内的空气质量。在生态舱的斜玻璃屋顶内安装卷帘式内遮阳，根据夏季与冬季、白天与夜间的不同环境特征，调节开启扇和卷帘的状态，以满足不同的保温隔热和通风的要求。

超低能耗楼的围护结构主要由热容较小的玻璃幕墙、轻质保温外墙、轻质楼板等组成，其较小的热惯性会使建筑物的室温波动特别大。为增加建筑的热惯性，采用了相变蓄热地板的方案设计，将相变温度为 20~22℃ 的定型相变材料放置于常规地板下侧作为蓄热体，以减小室内的温差变化。

2. 室内环境控制方案设计

室内环境控制系统设计包括自然通风设计和空调系统设计，从节能舒适角度考虑，优先采用被动方式，用自然手段维持室内热舒适环境。大换气量的自然通风，可带走室内的余热，保证室内较为舒适的热环境，从而缩短空调系统运行时间；通过合理的建筑设计，可以优化自然通风效果。自然通风主要驱动力是风压和热压，风压通风具有通风量大，冷却效果好的特点，但由于室外自然风的不确定性，风压具有不确定性；与风压通风相比，热压通风换气量比较小，但却更为稳定。图 2-24 所示为热压自然通风。

根据建筑本身以及周围环境的特点，建筑 2、3、4 层北侧利用风压进行通风，建筑 2、3、4 层的南侧及 1 层全部利用热压进行自然通风。在热压通风系统的设计中，结合楼梯间和走廊设置 3 个通风竖井，分别负责不同楼层的热压通风，保证每个楼层的换气次数达到设计值，并在热压通风竖井顶端设计玻璃的集热顶，利用太阳能强化通风。风压通风的设计比较简单，在建筑物表面正压区和负压区的适当部位设置通风开口，使室外空气可以顺畅地贯穿流过建筑内部。

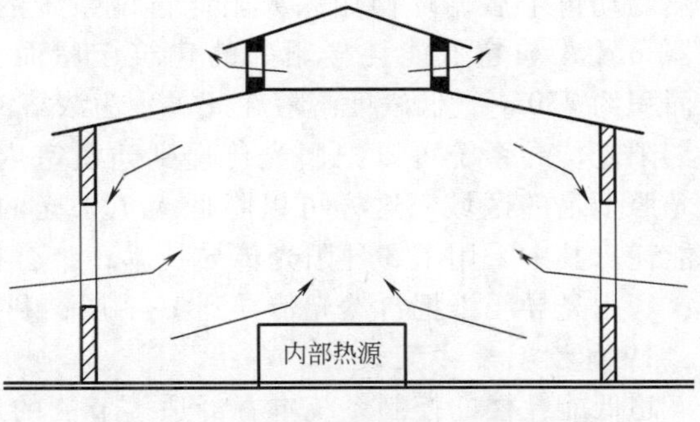

图 2-24　热压通风和阳光传导剖面图

空调系统设计贯彻节能、舒适、模块化的理念。为满足节能的要求，在建筑中采用热湿独立处理的方式，将室内热湿负荷分别处理。新风通过液体除湿设备的处理，提供干燥新风，用来消除室内的湿负荷，同时满足室内人员的新风要求。

室内显热负荷用 18℃ 的冷水消除（常规空调采用 7℃ 的冷冻水），空调系统节能效果显著。同时，热湿独立控制的空调系统通过送干燥新风降低室内湿度，在较高温度下也可以实现同样的热舒适水平，并彻底改变了高湿度带来的空气质量问题。基于多种使用功能及其今后使用过程中的功能变化，在建筑中采用了模块化的空调方案设计，提供灵活的空调末端组合方式，既使建筑内各个区域的使用功能发生变化，也能够满足空调的要求。

具体的空调末端形式根据房间的功能要求采用地板置换通风或个性化送风。地板置换通风的方式可以在地板附近形成新鲜空气区域，人体周围空气质量和空气温度还可以在室内沿高度分层，仅需要控制人员活动区温度，降低了能耗。个性化送风设计可以直接将新风送至人员主要活动区域，保证了空气质量，人员舒适性好，还可以分别调节送风量，实现个性化控制。新风承担了室内的全部湿负荷及其部分显热负荷，其余的显热负荷由温度较高的18℃冷水来承担，建筑内的活动隔墙中布置细水管形成冷辐射隔墙，利用辐射和对流双重换热效果，在室内形成均匀的室内空气温度分布，既满足人体舒适性的要求，也满足节能的要求。

3. 能源系统方案设计

超低能耗楼的能源主要来自太阳能和天然气。天然气通过SOFC固体燃料电池转化为电能、热能、CO_2和水，热能再进一步作为新风温湿度处理的动力。太阳能再生器用于浓缩溴化锂溶液，为新风干燥、杀菌系统提供动力；阳光传导系统可以充分地利用自然光照明；另外，智能化的围护系统也可以最大限度地利用太阳能补充冬季的供暖。能源系统如图2-25所示。

在建筑中采用固体燃料电池热冷电三联供系统，容量为50kW，尖峰电负荷由电网补充，其总的热能利用效率可达到85%，其中发电效率43%，二氧化硫和氮氧化合物可以做到零排放；在燃料电池设备到位以前先使用内燃机作为替代方案。液体除湿系统由燃料电池的废热和太阳能驱动，采用集中再生的方式，并使用溶液蓄能装置把浓溶液送入各架空楼面设备夹层中的新风机除湿器中，对新风进行除湿处理。浓溶液吸收空气中的水分以后变为低浓度的溶液，经太阳能和废热驱动再生后循环使用；太阳能再生系统的再生器布置在与超低能耗楼紧邻的建筑馆屋面上，总面积约250m²，低浓度溶液在此再生为浓溶液。

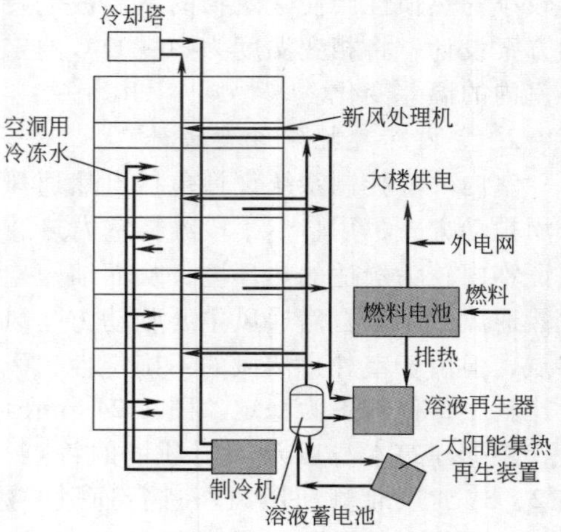

图2-25 能源系统

阳光传导系统可以把阳光传递到建筑室内自然光照不足的区域，这样可以降低人工采光的照明能耗。其中采用了3种阳光传导技术；结合楼梯间利用聚光传导设备把自然光传导到地下层；利用光导纤维把自然光传导到1~3层；利用光导管把自然光传导到4层和生态舱夹层。

4. 自控测量方案设计

超低能耗楼的控制系统本着舒适、节能的原则，根据建筑环境的变化调节建筑物各部分状态，实现建筑智能化控制和实时测量。

控制系统可以自动采集各室外测点的日照情况，根据不同的朝向方位调节遮阳百叶的状态，减少建筑负荷；也可以采集室外气象参数，决定外窗的开启状态和热压通风竖井的开启状态；另外，还可以控制建筑中采光系统、能源输配管理系统、智能新风系统等的工作状态。

测量系统在屋顶布置气象参数测点，测量室外温度、湿度、风速、太阳辐射强度、太阳高度角和方位角等；在建筑的围护结构内布置测点，测量各种围护结构的表面温度、热流、气流等参数；在建筑内部布置测点，测量房间、楼梯间、通风竖井中的温度、湿度、风速等参数。

超低能耗楼的建筑设计是基于各项绿色建筑技术而形成的，所以其建筑形式也遵循了各项技术本身的规律，充分地表达了绿色建筑技术的特点。在设计中对形式不做过多的主观艺术处理，而是客观理性地把各项技术映射到建筑形式上，从而也就塑造了其自身的形式特征。

思 考 题

1. 试阐述建筑节能的必要性、重要性和可操作性。
2. 在节能建筑的设计中，应注意哪些主要问题？
3. 试阐述在节能建筑的设计中，门窗设计和材料选择的重要性。
4. 试阐述太阳能建筑一体化节能设计的意义和主要方法。
5. 试阐述节能建筑与绿色建筑的关系。

参 考 文 献

[1] 清华大学建筑节能研究中心. 中国建筑节能年度发展研究报告（2007~2014）[M]. 北京：中国建筑工业出版社，2007~2013.
[2] 付祥钊. 夏热冬冷地区建筑节能技术 [M]. 北京：中国建筑工业出版社，2002.
[3] 宋德宣. 节能建筑设计与技术 [M]. 上海：同济大学出版社，2003.
[4] 涂逢祥. 建筑节能技术 [M]. 北京：中国计划出版社，1996.
[5] 绿色奥运建筑研究课题组. 绿色奥运建筑评估体系 [M]. 北京：中国建筑工业出版社，2003.
[6] 西安建筑科技大学绿色建筑研究中心. 绿色建筑 [M]. 北京：中国计划出版社，1996.
[7] 薛志峰，等. 超低能耗建筑技术及应用 [M]. 北京：中国建筑工业出版社，2005.
[8] 付祥钊，等. 建筑节能原理与技术 [M]. 重庆：重庆大学出版社，2008.

第 3 章

3

建筑围护结构节能设计

3.1 建筑物构型与建筑节能

在建筑物构型中有许多因素直接影响建筑物供暖空调的负荷，包括建筑物的体形系数、面积、长度、宽度、幢深、层高、层数等。从节能的角度讲，最佳体形应该是：建筑物外围护结构的平均有效传热系数大的面，其相应面积应相对较小；而平均有效传热系数小的面，其相应面积应相对较大。

3.1.1 体形系数与节能的关系

体形系数（Shape Coefficient of Building）就是指建筑物与室外大气接触的外表面积 A_0（m^2）与其所包围的体积 V_0（m^3）的比值。外表面积中，不包括地面和不供暖楼梯间隔墙和户门的面积。在其他条件相同的情况下，建筑物耗热量指标随体形系数的增长而增长。研究表明，体形系数每增大 0.01，能耗指标大约增加 2.5%。从有利于节能出发，体形系数应尽可能地小，一般宜控制在 $0.30m^2/m^3$ 及 $0.30m^2/m^3$ 以下。

如图 3-1 和表 3-1 所示，同体积的建筑会有不同的体形系数，其中以立方体的“表面积/体积”比值为最小。

提出体形系数要求的目的，是为了使特定体积的建筑物在冬季和夏季外界的冷热作用下，从面积因素考虑，使建筑物通过外围护结构部分所损失的热、冷量最少，从而减少冬季的热损失与夏季的冷损失。

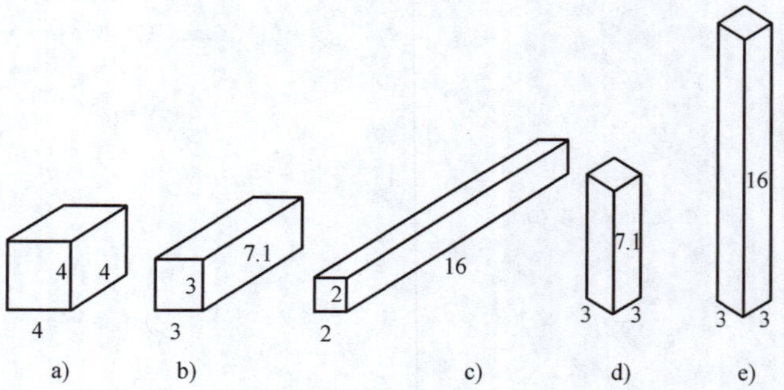

图 3-1 同体积建筑不同的体形系数

表 3-1 同体积不同体形的建筑的体形系数

立体的体形	表面积（五个表面）/m^2	体积/m^3	表面积/体积/（m^2/m^3）
图 3-1a	80	64	1.25
图 3-1b	81.9	64	1.28
图 3-1c	104	64	1.63
图 3-1d	94.2	64	1.47
图 3-1e	132	64	2.01

据此就要求建筑物在平面布局上外形不宜凹凸太多，在相同体积下尽可能地收缩构筑，力求外表面平整，以减少因凹凸太多形成外墙面积大而提高体形系数。最好是将几幢单元建筑物组合在一起，由一个单元建筑物形成一幢楼就有可能增加墙的表面积，使其体形系数超

过 0.30m²/m³。

多层建筑是目前建筑设计中采用最多的形式，且基本上是以不同套型组合的单元式建筑。以套型为 115m²，层高 3m 和层数为 6 层的单元式住宅为例计算（每层两套住宅，取建筑物宽为 10m，长为 23m）。

当一个单元组合成一幢时，体形系数 $\frac{A_0}{V_0}=\frac{1418}{4140}\mathrm{m}^2/\mathrm{m}^3=0.34\mathrm{m}^2/\mathrm{m}^3$

当二个单元组合成一幢时，体形系数 $\frac{A_0}{V_0}=\frac{2476}{8280}\mathrm{m}^2/\mathrm{m}^3=0.30\mathrm{m}^2/\mathrm{m}^3$

当三个单元组合成一幢时，体形系数 $\frac{A_0}{V_0}=\frac{3534}{12420}\mathrm{m}^2/\mathrm{m}^3=0.29\mathrm{m}^2/\mathrm{m}^3$

北方寒冷地区曾对体形系数与耗热量指标做过计算分析，表明在建筑物各部分围护结构传热系数和窗墙面积比不变的条件下，房屋的耗热量指标随体形系数成直线上升。低层和少单元住宅对节能不利，即体积较小的建筑物，其外围护结构的热损失量要占建筑物总热损失量的大部分。当建筑物体积小于 1300m³时，外围护结构的热损失量随体积的减少而迅速增大。对于高层建筑，在建筑面积相近的条件下，高层塔式建筑的耗热量指标比高层板式建筑高 10%~14%。体形复杂、凹凸面过多的塔式建筑对节能更为不利。

但是，体形系数不只是影响建筑物外围护结构的传热损失，它还与建筑造型、平面布局、采光通风等紧密相关。体形系数过小，将制约建筑师的创造性，使建筑造型呆板，平面布局困难，甚至损害建筑功能。因此权衡利弊，兼顾不同类型的建筑造型，尽可能减少房间外围护结构的面积，使体形不要太复杂，凹凸面不要过多。

3.1.2　建筑长度与节能的关系

有关资料显示，住宅建筑的长度与建筑耗热量指标间的关系，如表 3-2 所示。

从表 3-2 中可以看出，以 100m 长为标准，增加住宅建筑的长度可以节能。长度小于 100m，能耗增加较大。例如，从 100m 减至 50m，能耗增加 8%~10%；从 100m 减至 25m，能耗增加 17%~21%。

3.1.3　建筑宽度与节能的关系

一幢 9 层住宅建筑的宽度与耗热量指标间的关系，如表 3-3 所示。

表 3-2　住宅建筑的长度与建筑的耗热量指标比

（以长度为 100m 的建筑的耗热量指标为基准）

住宅建筑长度/m 室外计算温度/℃	建筑耗热量指标比(%)				
	25	50	100	150	200
-20	121	110	100	97.9	96.1
-30	119	109	100	98.3	96.1
-40	117	108	100	98.3	96.7

表 3-3　住宅建筑的宽度与建筑的耗热量指标比

（以宽度为 11m 的建筑的耗热量指标为基准）

住宅建筑宽度/m 室外计算温度/℃	建筑耗热量指标比(%)							
	11	12	13	14	15	16	17	18
-20	100	95.7	92	88.7	86.2	83.6	81.6	80
-30	100	95.2	93.1	90.3	88.3	86.4	84.6	83.1
-40	100	96.7	93.7	91.9	89.0	87.1	84.3	84.2

从表 3-3 中可以看出，对于 9 层住宅建筑，如宽度由 11m 增加到 13m，能耗可减少6%～8%；如增加到 15～16m，则能耗可减少 11%～16%。

3.1.4 建筑幢深与节能的关系

建筑幢深，即建筑物沿纵向轴线方向的总尺寸。对于单幢建筑物来说，当其层数相同，幢深不同时，随幢深的加大，建筑的传热耗热量指标明显降低。这表明加大幢深具有显著的节能效果。表 3-4 是不同体量的建筑在几种幢深下的耗热量指标测定值。从表 3-4 中可以看出，幢深越大，耗热量指标降低幅度越大，且可以看出，较大体量的建筑配以较大的幢深，效果更好。

表 3-4 几种幢深的建筑传热耗热量指标

耗热量指标/(W/m^2) 幢深/m	建筑面积 1000m^2	建筑面积 8000m^2	耗热量指标 差 值
9	41.20	39.98	1.22
10	39.43	38.07	1.36
11	38.01	36.48	1.53
12	36.85	35.23	1.62

3.1.5 建筑层数与节能的关系

对于单幢建筑物来说，当幢深相同而层数不同时，随着层数的增加，由于体量加大而产生的节能效果是十分显著的，见表 3-5。

表 3-5 不同层数时体量加大与耗热量指标降低的关系（幢深 12m）

耗热量指标/(W/m^2) 总层数	从 1000m^2增至 8000m^2的 耗热量指标降/(W/m^2)	与一层耗热量指标降的差值/ (W/m^2)
1	1.62	0
2	3.26	1.64
3	4.89	3.27
4	6.51	4.89
5	8.14	6.52
6	9.78	8.16
10	16.28	14.66

3.1.6 建筑构型与节能措施

1. 控制体形系数

建筑的体形系数还与建筑物的体形是否规整及建筑的体量大小有关。一般来说，控制或降低体形系数的方法主要有以下几点：

1）减少建筑面宽，加大建筑幢深。

2）增加建筑物的层数。

3）加大建筑长度或增加组合体。

4）建筑体形不宜变化过多。

2. 控制表面面积系数

一般来讲，建筑物的南墙面是得热面，扣除南墙面之外其他墙面的热损失称为建筑物的热净负荷。如果假设除墙面之外的其他外表面的热工性能是相同的（事实上存在一些差异），则不难看出，建筑的热净负荷是与其面积大小成正比的。因此，从节能建筑的角度考虑，对建筑节能的效果以外围护结构总面积越小越好这一标准来评价是不够的，而应辅以南墙面足够大，其他外表面尽可能小为标准来评价。为此，引入“表面面积系数”的概念，即建筑物其他外表面面积之和 A_1（m^2）与南墙面面积 A_2（m^2）之比，这一比值更能有效地反映建筑体形对太阳能利用的影响。在上述计算中，地面面积按其30%计入其他外表面面积 A_1。

由前述已知，可以用表面面积系数来比较建筑的体形。而且，从获取更多的日照辐射，降低能耗的观点来看，表面面积系数应越小越好。因此，也可以用表面面积系数来研究建筑体形对节能的影响。图3-2所示是几个体积相同的简单方形体型的建筑的 A_1/A_2 值。由图3-2可以看出，从节能意义上来说，长轴为东西向的长方形体形最好，正方形次之，而长轴为南北向的长方形体形建筑的节能效果最差。

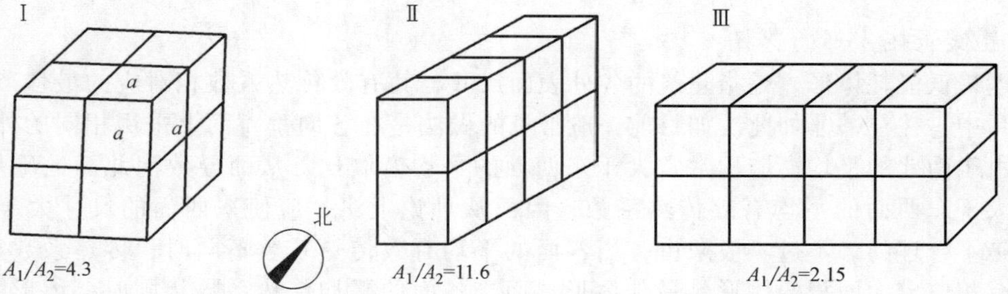

图3-2　体积相同的三种体形 A_1/A_2 值的比较

Ⅰ—正方形　Ⅱ—长轴为南北向的长方形　Ⅲ—长轴为东西向的长方形

3. 考虑日辐射得热量

图3-3所示是将同体积的立方体建筑模型按不同的方式排列成为各种体形和朝向，从日辐射得热量多少的角度，研究建筑体形对节能的影响。由图3-3可以看出，立方体 A 是冬季日辐射得热量最少的建筑体形，D 是夏季得热量最多的体形，E、C 两种体形的全年日照射得热量较为均衡，而长、宽、高比例较为适宜的 B 型，在冬季得热量较多，在夏季得热量最少。

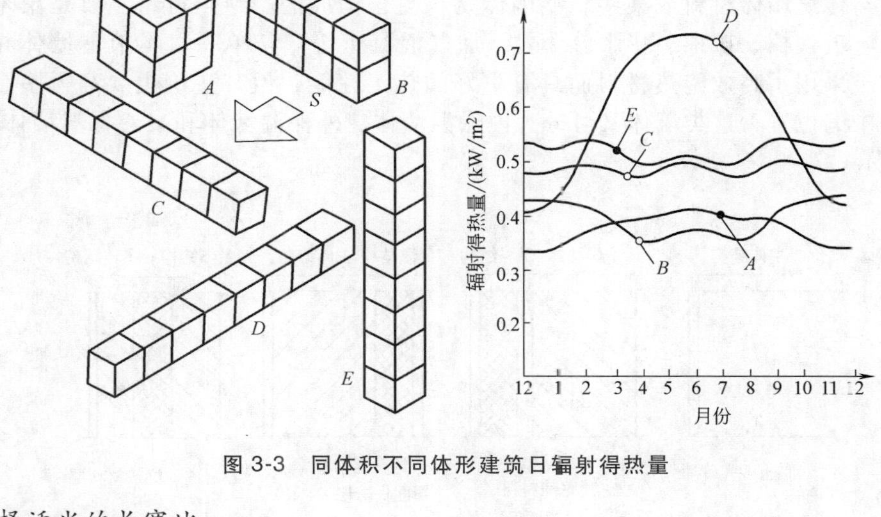

图3-3　同体积不同体形建筑日辐射得热量

4. 选择适当的长宽比

建筑的长宽比对于节能也有很大的影响。对正南朝向来说，一般是长宽比越大得热量也越多。但须注意的是，随着朝向的变化，其得热量会逐渐减少。当偏角达到67°左右时，各种长宽比体形建筑的得热量基本趋于一致。而当偏角为90°时，则长宽比越大，得热量越少。各种体形和朝向的外墙接受辐射的比值见表3-6。

表3-6 各种体形和朝向的外墙接受辐射的比值

长宽比＼朝向	接受辐射的比值					
	0°	15°	30°	45°	67.5°	90°
1∶1	1.00	1.015	1.077	1.127	1.071	1.000
2∶1	1.27	1.270	1.264	1.215	1.004	0.851
3∶1	1.50	1.487	1.441	1.334	1.021	0.851
4∶1	1.70	1.678	1.603	1.451	1.059	0.810
5∶1	1.87	1.850	1.752	1.562	1.103	0.810

5. 最低能耗体形的选择

所谓最低能耗体形，是指建筑的各外表面尺寸与其有效传热系数相对应的最佳节能体形。但在实际中，往往并非如此。如目前一般常见的做法是在各向垂直面上采用相同的外围做法，但是，由于南北的平均窗墙比常常大于东西面的平均窗墙比，从而导致南北面的平均有效传热系数大于东西面的平均有效传热系数，因而从理论上讲，应使东西面的尺寸大于南北面，这当然是不合理的。不过一般来讲，当各面的平均有效传热系数不同时，传热系数相对较小的面具有相应较大面积的体形是最佳体形；而当各面的平均传热系数相同时，体形系数最小的体形是最佳体形。

3.2 建筑物墙体的节能设计

3.2.1 墙体的类型

1）墙体按其主体结构所用的材料分类，目前主要有：加气混凝土墙体、黏土空心砖墙体、黏土（实心）砖墙体、混凝土空心砌块墙体、钢筋混凝土墙体、其他非黏土砖墙体等。

2）墙体按其保温材料分类，可分为单一材料节能墙体、复合节能墙体。复合节能墙体是由绝热材料与传统墙体材料或某些新型墙体材料复合构成的。绝热材料主要是聚苯乙烯泡沫塑料、岩棉、玻璃棉、矿棉、膨胀珍珠岩、加气混凝土等。与单一材料节能墙体相比，复合节能墙体由于采用了高效绝热材料而具有更好的热工性能，但其造价也要高得多。根据绝热材料在墙体中的位置，这类墙体又可分为内保温墙体、外保温墙体和夹心保温墙体三种形式，如图3-4所示。

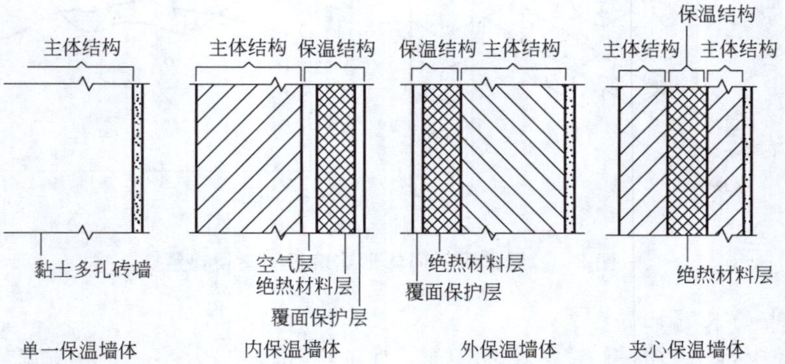

图3-4 节能墙体的几种类型

3.2.2 复合节能墙体的构造及特点

1. 内保温复合节能墙体的构造及特点

（1）内保温复合节能墙体的构造 在这类墙体中，绝热材料复合在建筑物外墙内侧，同时以石膏板、建筑人造板或其他饰面材料覆面作为保护层。

1）主体结构层。它为外围护结构的承重受力墙体部分。它可以是现浇或预制混凝土外墙、内浇外砌或砖混结构的外砖墙以及其他承重外墙（如承重多孔砖外墙）等。

2）空气层。其主要作用是切断了液态水分的毛细渗透，防止保温材料受潮，同时，外侧墙体结构层有吸水能力。其内侧表面由于温度低而出现的冷凝水，被结构材料吸入并不断地向室外转移、散发。另外，设置空气间层还可以增加一定的热阻，而且造价比专门设置隔气层要低。空气间层的设置对内部孔隙连通、易吸水的绝热材料是十分必要的。

3）绝热材料层（即保温层、隔热层）是节能墙体的主要功能部分，可采用高效绝热材料（如岩棉、各种泡沫塑料等），也可采用加气混凝土块、膨胀珍珠岩制品等材料。

4）覆面保护层。其作用主要是防止保温层受到破坏，同时在一定程度上阻止室内水蒸气浸入保温层，可选用纸面石膏板等。

（2）内保温复合节能墙体构造上的热工要求 内保温复合节能墙体在构造上不可避免地形成一些热工薄弱的节点，必须加强保温措施。

1）周边热桥对外墙传热系数的影响。建筑物因抗震需要，每间外墙周边往往需要设置混凝土梁、柱，这些保温隔热性能远低于主体墙体的部位称为热桥。热桥部位必然使外墙传热损失增加。二维温度场模拟计算结果表明，在370mm砖墙条件下，周边热桥使墙体平均传热系数比主体部分传热系数增加10%左右；在240mm砖墙内保温条件下，周边热桥能使墙体平均传热系数比主体部位传热系数增加51%～59%（保温层越厚，墙体平均传热系数增加越大）；在240mm砖墙外保温条件下，这种影响仅占2%～5%（保温层越厚，墙体平均传热系数增加越小）；平屋顶一般都是外保温结构，故可不考虑这种影响，但对于一般砖混结构墙体，其内保温和夹心保温墙体，如不考虑这种情况，则耗热量计算结果将会偏小，或使所设计的建筑物达不到预期的节能效果。近年来，有些国家已开始考虑这一影响。做法主要有两种：一种是考虑周边热桥影响，用外墙平均传热系数来代替主体部位的传热系数；另一种是将周边热桥部位与主体部位分开考虑，周边热桥部位另行确定其传热系数。根据我国的实际情况和现有的工作基础，决定采用前者。

2）消除热桥的措施。单一材料和内保温复合节能墙体不可避免地存在热桥。为减小热桥对墙体热工性能的影响，避免低温和梅雨潮湿季节热桥部位结露，应对热桥做保温处理。

① 龙骨部位的保温：龙骨一般设置在板缝处。以石膏板为面层的现场拼装保温板必须采用聚苯石膏板复合保温龙骨。在一个工程内，非保温龙骨与保温龙骨在板缝处的表面温度降低率见表3-7。

表3-7 表面温度降低率

名 称	编 号	构 造 形 式	室温/℃	板面温度 A/℃	板缝温度/℃	温度降低率
北京有色金属研究总院住宅	1（非保温龙骨）	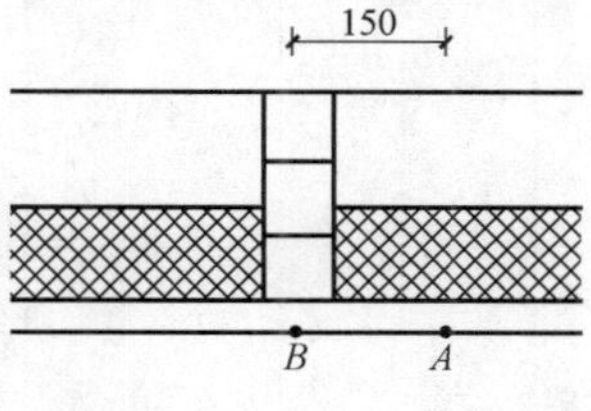	18.2	15.0	13.55	9.7%

（续）

名　称	编　号	构　造　形　式	室温/℃	板面温度 A/℃	板缝温度/℃	温度降低率
北京有色金属研究总院住宅	2（保温龙骨）	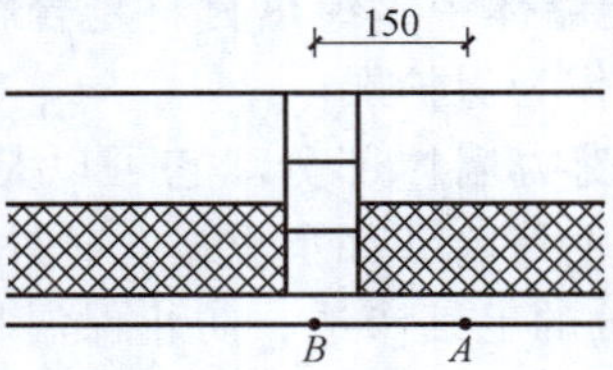	20.8	18.6	18.15	2.4%

② 丁字墙部位：在此处形成的热桥不可避免，但必须采取措施保证此处不结露。解决的办法是保持有足够的热桥长度，并在热桥两侧加强保温。根据图3-5和表3-8所示，以R_a和隔墙宽度S来确定必要的热桥长度L，如果L不能满足表列要求，则应加强此部位的保温做法。

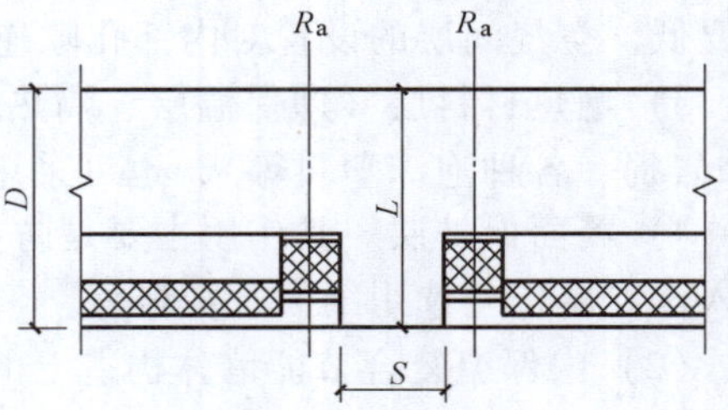

图3-5 确定热桥长度示意图

在一个工程内，R_a为1.12m²·K/W，S为250mm，L没有达到330mm，丁字角处只有10.15℃（接近温度为18℃、相对湿度为60%的空气的露点温度），降低率为35.4%，从构造上对此处加强保温后，降低率可减少到17.9%（表3-9）。

③ 拐角部位：拐角部位温度与板面温度相比较，其降低率是很大的，加强此处的保温后，降低率减少很多，见表3-10。

④ 踢脚部位：踢脚部位的热工特点与丁字墙部位相似，此部位应设置防水保温踢脚板，见表3-11。

表3-8 根据R_a、S选择L值计算表

R_a/(m²·K/W)	S/mm	L/mm	R_a/(m²·K/W)	S/mm	L/mm
1.2~1.4	≤160	290	1.4以上	≤160	280
	≤180	300		≤180	290
	≤200	310		≤200	300
	≤250	330		≤250	320

表3-9 丁字墙加强保温后降低率比较

编号	构　造　形　式	室温/℃	板面温度 A/℃	板面温度 B/℃	丁字角处温度/℃	温度降低率
1	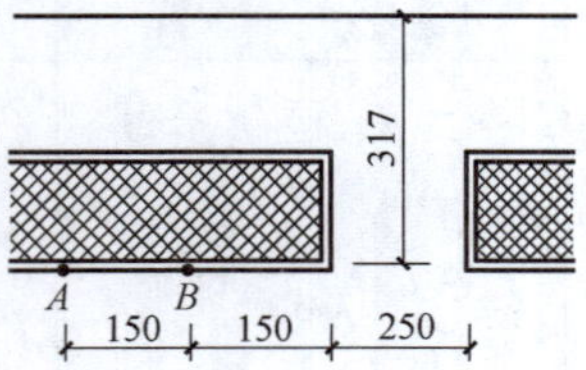	18	15.7	14.05	10.15	35.4%

（续）

编号	构 造 形 式	室温/℃	板面温度 A/℃	板面温度 B/℃	丁字角处温度/℃	温度降低率
2	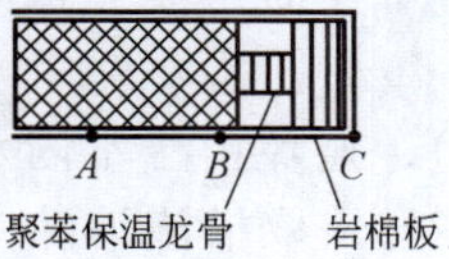	18	15.9	14.5	13.05	17.9%

表 3-10 拐角加强保温后降低率比较

编 号	构 造 形 式	室温/℃	板面温度 A/℃	拐角温度 C/℃	温度降低率
1	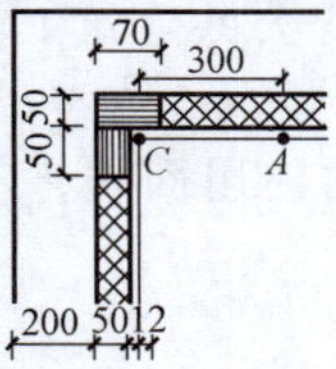	18	15.15	6.35	58.1%
2	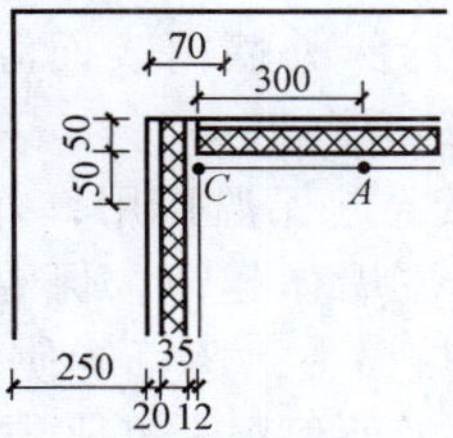	18	15.15	12.05	22%

表 3-11 设置防水保温踢脚板后降低率比较

编 号	构 造 形 式	室温/℃	板面温度 A/℃	踢脚板温度 C/℃	温度降低率
1	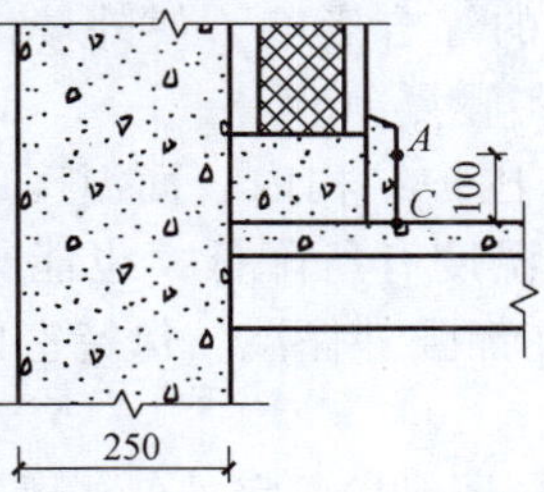	18	15.4	6.6	57.1%
2	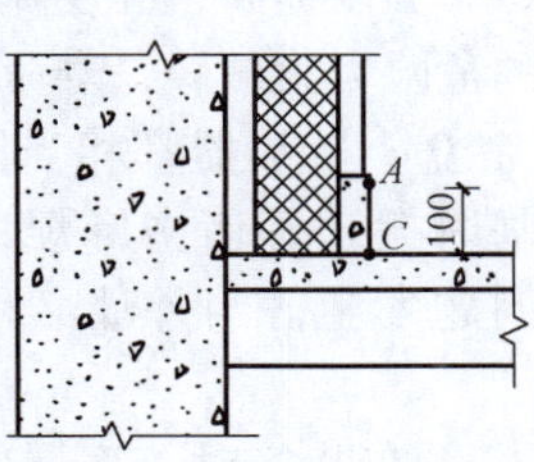	18	16.3	11.25	31%

(3) 内保温复合节能墙体的技术特点

1) 施工方便，室内连续作业面不大，多为干作业施工，较为安全方便，有利于提高施工效率、减轻劳动强度，同时保温层的施工可不受室外气候（如雨季、冬季）的影响。但施工中应注意避免保温材料受潮，同时要待外墙结构层达到可正常干燥时再安装保温隔热层，还应保证结构层内侧吊挂件预留的准确和牢固。

2) 设计中不仅要注意采取措施（如设置空气层、隔气层），避免由于室内水蒸气向外渗透，在墙体内产生结露而降低保温隔热层的热工性能，还要注意采取措施消除一些保温隔热层覆盖不到的部分产生“冷桥”而在室内产生结露现象。这些部位一般是内外墙相交的节点、外窗梁、外窗过梁、窗台板等处。

3) 由于这种节能墙体的内侧保温层密度小、蓄热能力小，因此采用这种墙体时室温波动相对较大，供暖时升温快，不供暖时降温也快。在冬季，宜采取集中连续供暖方式以保证正常的室内热环境；在夏季，由于绝热层置于内侧，晚间墙内表面温度随空气温度的下降而迅速降低，减少闷热感。这种墙体应用在礼堂、俱乐部、会场等公共建筑上较为有利，一旦需要使用，供暖后，室温可以较快上升。

4) 由于这种节能墙体的绝热层设在内侧，会占据一定的使用面积，若用于旧房节能改造，在施工时会影响室内住户的正常生活。

2. 外保温复合节能墙体的特点及构造

(1) 外保温复合节能墙体的技术特点　对外墙进行保温，无论是外表面进行保温，还是在其内表面保温，或者是对其夹心进行保温处理，都能使冷天外墙内表面温度提高，使室内气候环境有所改善。然而，采用外保温则效果更加良好。其原因是：

1) 外保温可以避免产生热桥。过去，外墙既要承重又要起保温作用，外墙厚度较厚。采用高效保温材料后，墙厚得以减薄。但如果采用内保温，主墙体越薄，保温层越厚，热桥的问题就越趋严重。在寒冷的冬天，热桥不仅会造成额外的热损失，还可能使外墙内表面潮湿、结露，甚至发霉和淌水，而外保温则不存在这种问题。由于外保温避免了热桥，在采用同样厚度的保温材料条件下，外保温要比内保温的热损失减少约1/5，从而节约了热能。

2) 在进行外保温后，由于内部的实体墙热容量大，室内能蓄存更多的热量，使诸如太阳辐射或间歇供暖造成的室内温度变化减缓，室温较为稳定，生活较为舒适；也使太阳辐射得热、人体散热、家用电器及炊事散热等因素产生的“自由热”得到较好的利用，有利于节能。而在夏季，外保温层能减少辐射热的进入和室外高气温的综合影响，使外墙内表面温度和室内空气温度得以降低。可见，外墙外保温有利于使建筑冬暖夏凉。

3) 室内居民实际感受到的温度，既有室内温度又有围护结构内表面温度的影响。这就证明，通过外保温提高外墙内表面温度，即使室内的空气温度有所降低，也能得到舒适的热环境。外墙内部温度变化情况如图3-6所示。由此可见，在加强外保温，保持室内热环境质量的前提下，适当降低室温，可以减少供暖负荷，节约能源。

4) 由于采用外保温的结果，内部的砖墙或混凝土墙受到保护。室外气候不断变化引起墙体内部较大的温度变化发生在外保温层内，使内部的主体墙冬季温度提高，湿度降低，温度变化较为平缓，热应力减少，因而主体墙产生裂缝、变形、破损的危险大为减轻，寿命得以大大延长。

5) 采用内保温的墙面上难以吊挂物件，甚至安设窗帘盒、散热器都相当困难。在旧房改造时，由于内侧保温会增加搬动家具、施工扰民、甚至临时搬迁等诸多麻烦，产生不必要的纠纷，还会因此减少使用面积，外保温则可以避免这些问题发生。当外墙必须进行装修或抗震加固时，加做外保温是最经济、最有利的时机。

6) 我国目前许多住户在住进新房时，大多先进行装修。在装修时，房屋内保温层往往遭到破坏。采用外保温则不存在这个问题。外保温有利于加快施工进度。如果采用内保温，房

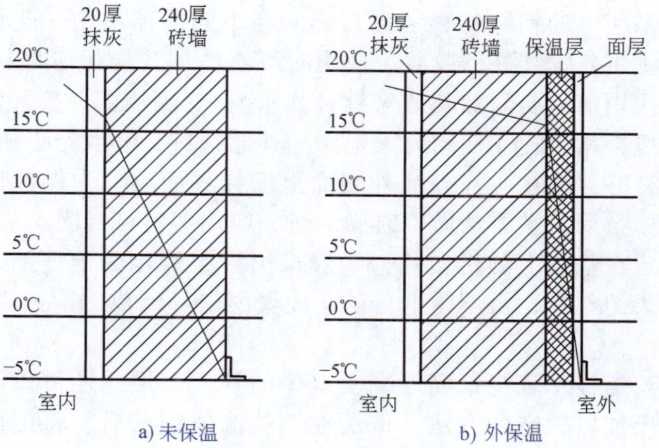

a) 未保温　　b) 外保温

图 3-6　外墙内部温度变化情况

屋内部装修、安装暖气等作业，必须等待内保温做好后才能进行。但采用外保温，则可以与室内工程平行作业。

7）外保温可以使建筑更为美观，只要做好建筑立面设计，建筑外貌会十分出色。特别是在旧房改造时，外保温能使房屋面貌大为改观。

8）外保温适用范围十分广泛。它既适用于供暖建筑，又适用于空调建筑；既适用于民用建筑，又适用于工业建筑；既可用于新建建筑，又可用于既有建筑；既能在低层、多层建筑中应用，又能在中高层和高层建筑中应用。

9）外保温的综合经济效益很高。虽然外保温工程每平方米造价比内保温相对要高一些，但只要技术选择适当，单位面积造价高得并不多。特别是由于外保温比内保温增加了使用面积近2%，实际上是使单位使用面积造价得到降低。加上有节约能源、改善热环境等一系列好处，综合效益是十分可观的。

（2）外保温复合节能墙体的构造　在这类墙体中，绝热材料复合在建筑物外墙的外侧，并覆以保护层。这样，建筑物的整个外表面（除外门、窗洞口）都被保温层覆盖，有效抑制了外墙与室外的热交换。所谓外保温，即外墙外保温，是指在垂直外墙的外表面上建造保温层，该外墙用砖石或混凝土建造，此种外保温，可用于新建墙体，也可以用于既有建筑外墙的改造。该保温层对于外墙的保温效能增加明显，其热阻值要超过 $1m^2 \cdot K/W$。由于是从外侧保温，其构造必须能满足水密性、抗风压以及温湿度变化的要求，不至于产生裂缝，并能抵抗外界可能产生的碰撞作用，还能与相邻部位（如门窗洞口、穿墙管道等）之间以及在边角处、面层装饰等方面，均得到适当的处理。然而，必须注意，外保温层的功能，仅限于增加外墙保温效能以及由此带来的相关要求，而不应指望这层保温构造对主体墙的稳定性起作用。其主体墙，即外保温层的基底，必须满足建筑物的力学稳定性的要求，能承受垂直荷载、风荷载，并能经受撞击而保证安全使用，还应能使被覆盖的保温层和装修层得以牢牢固定。

1）保温层。保温层应采用热阻值高，即热导率小的高效保温材料，其热导率一般小于 $0.05W/(m \cdot K)$。根据设计计算，具有一定厚度，以满足节能标准对该地区墙体的保温要求。此外，保温材料的吸湿率要低，粘结性能要好；为了使所用的粘结剂及其表面的应力尽可能减少，对于保温材料，一方面要用收缩率小的材料，另一方面尺寸变动产生的应力要小。为此，可采用的保温材料有膨胀型聚苯乙烯（EPS）板、挤塑型聚苯乙烯（XPS）板、岩棉板、玻璃棉毡以及超轻保温浆料等。其中阻燃膨胀型聚苯乙烯板应用得较为普遍。

2）保温板的固定。不同的外保温体系，采用的固定保温板的方法各有不同。有的是将保温板粘结或钉固在基底上，有时为两者结合，以粘结为主，或以钉固为主。

将保温板粘结在基底上的粘结材料多种多样。在不同的体系中，此种粘结材料运到工地时的状态有所不同：①事先预拌好的胶浆，使用时不需添加其他任何物料，即不需再行配料，也不必进行搅拌；②使用前需要添加其他物料（如水泥），因而需要事先配料和搅拌；③粉状材料，使用前需加水搅拌均匀；④使用时无须添加其他物料，但事先必须搅拌均匀。

为使保温板粘结良好，往往先在外墙外表面上涂抹界面层。为保证保温板在粘结剂固化期间的稳定性，有的体系用机械方法做临时固定，一般用塑料钉钉固。

使保温层永久固定在基底上的机械件，一般采用膨胀螺栓或预埋筋之类的锚软固件，国外往往用不锈蚀而耐久的材料，由不锈钢、尼龙或聚丙烯等制成，国内常用的钢制膨胀螺栓，应做好防锈处理。

对于用膨胀聚苯乙烯板作现浇钢筋混凝土墙体的外保温层，还可以用将保温板安设在模板内，通过浇灌混凝土加以固定的方法。该法在绑扎墙体钢筋后，将侧面交叉分布有斜插钢丝的聚苯乙烯板，依次安置在钢筋层外侧，平整排列并绑扎牢固；在安装模板、浇灌混凝土后，此聚苯乙烯保温板即固定在钢筋混凝土墙面上。超轻保温浆料可直接抹在外墙外表面上。

3）面层。保温板的表面覆盖层有不同的做法，薄面层一般为聚合物水泥胶浆抹面，厚面层则仍采用普通水泥砂浆抹面。有的则在龙骨上吊挂薄板覆面。

薄型抹灰面层为在保温层的所有外表面上涂抹聚合物水泥胶浆。直接涂覆于保温层上的为底涂层，厚度较薄（一般为4~7mm），内部包覆有加强材料。加强材料一般为玻璃纤维网格布，有的则为纤维或钢丝网，包含在抹灰面层内部，与抹灰面层结合为一体，其作用为改善抹灰层的机械强度，保证其连续性，分散面层的收缩应力和温度应力，避免应力集中，防止面层出现裂纹。网格布必须完全埋入底涂层内，从外部不能看见，以使不致与外界水分接触（因网格布受潮后其极限强度会明显降低）。

不同的外保温体系，面层厚度有一定差别。但总体要求是面层厚度必须适当，薄型的一般在10mm以内，如果面层厚度过薄，结实程度不够，就难以抵抗可能产生外力的撞击；但如果过厚，加强材料离外表面较远，又难以起到抗裂的作用。

厚型的抹灰面层，则为在保温层的外表面上涂抹水泥砂浆，厚度为25~30mm。此做法一般用于钢丝网架聚苯板保温层上（也用于岩棉保温层上），其加强网为网孔50mm×50mm、用ϕ2mm钢丝焊接的网片，并通过交叉斜插入聚苯乙烯板内的钢丝固定。抹灰前在聚苯板表面喷涂界面处理剂以加强粘结。所用水泥砂浆强度应适当，可用425号普通硅酸盐水泥、中砂，1∶3配比。抹灰应分层进行，底层和中层抹灰厚度各约10mm，中间层抹灰应正好覆盖住钢丝网片。面层砂浆宜用聚合物水泥砂浆，厚度5~10mm，可分两次抹完，内部埋入耐碱玻璃纤维网格布，如前所述。各层抹灰后均应洒水养护，并保持湿润。

由抹灰面层特别是厚型抹灰面层的自重形成的荷载，可通过一端固定在抹灰层内，另一端锚固入主体墙内的钢筋作为连杆，传递到主墙体结构层内。连杆可以垂直于墙面，也可以与墙面形成一定的倾角。

为便于在抹灰层表面上进行装修施工，加强相互之间的粘结，有时还要在抹灰面上喷涂界面剂，形成极薄的涂层，上面再做装修层。外表面喷涂耐候性、防水性和弹性良好的涂料，也能对面层和保温层起到保护作用。

有的工程采用硬质塑料、纤维增强水泥、纤维增强硅酸盐等板材作为覆面材料，用挂钩、插销或螺钉等固定在外墙龙骨上。龙骨可用金属型材制成，锚固在墙体外侧。

我国不少低层或多层建筑，用砖或混凝土砌块作为外侧面层，用石膏板作为内侧面层，中间夹以高效保温材料。

4）零配件与辅助材料。在外墙外保温体系中，在接缝处、边角部，还要使用一些零配件与辅助材料，如墙角、端头、角部使用的边角配件和螺栓、销钉等，以及密封膏如丁基橡胶、硅膏等，根据各个体系的不同做法选用。

3.2.3　墙体节能设计要求

1）新标准为了实现节能 65%这一目标，不仅提高了对围护结构的保温要求（表 3-12），而且考虑了抗震柱、圈梁等周边热桥部位对外墙传热的影响，并要求外墙的平均传热系数不应超过相关规范规定的限值。

表 3-12　节能标准对围护结构保温性能的要求

围护结构部位		传热系数 $K/[W/(m^2 \cdot K)]$		
		≤3 层建筑	(4~8)层的建筑	≥9 层建筑
屋面		0.20	0.25	0.25
外墙		0.25	0.40	0.50
架空或外挑楼板		0.30	0.40	0.40
非供暖地下室顶板		0.35	0.45	0.45
分隔供暖与非供暖空间的隔墙		1.2	1.2	1.2
分隔供暖非供暖空间的户门		1.5	1.5	1.5
阳台门下部门芯板		1.2	1.2	1.2
外窗	窗墙面积比≤0.2	2.0	2.5	2.5
	0.2<窗墙面积比≤0.3	1.8	2.0	2.2
	0.3<窗墙面积比≤0.4	1.6	1.8	2.0
	0.4<窗墙面积比≤0.45	1.5	1.6	1.8
围护结构部位		保温材料层热阻 $R/[(m^2 \cdot K)/W]$		
周边地面		1.70	1.40	1.10
地下室外墙(与土壤接触的外墙)		1.80	1.50	1.20

2）围护结构的热桥部位应采取保温措施，以保证其内表面温度不低于室内空气露点温度，并减少附加传热热损失。

3）供暖期室外平均温度低于-5.0℃的地区，建筑物外墙在室外地坪以下的垂直墙面，以及周边直接接触土壤的地面应采取保温措施。在室外地坪以下的垂直墙面，其传热系数不应超过相应规定的周边地面传热系数限值。在外墙周边从外墙内侧算起 2.0m 范围内，地面的传热系数不应超过 $0.30W/(m^2 \cdot K)$。

4）外墙和不供暖楼梯间的隔墙等围护结构，应进行保温验算，其传热阻应大于或等于建筑物所在地区要求的最小传热阻。当有散热器、管道、壁龛等嵌入外墙时，该处外墙的传热阻应大于或等于建筑物所在地区要求的最小传热阻。外墙的构造设计应考虑防潮、隔热要求。

5）外墙的热工性能指标包括外墙主体部位（即窗户、阳台、门、抗震柱、圈梁、窗过梁等除外的部位）的热惰性指标 D 值、热阻 R、传热系数 K_p，以及外墙的平均传热系数 K_m。加气混凝土外墙热工性能指标、黏土空心砖外墙热工性能指标、黏土实心砖外墙热工性能指标、混凝土空心砌块外墙热工性能指标、钢筋混凝土外墙热工性能指标请参阅相关的建筑热工设计规范。在进行节能设计时，可在相关规范中选择外墙种类、构造和保温层厚度，使所选择的外墙平均传热系数小于或等于规范中规定的限值，即为符合要求。规范中没有列入的外墙，设计人员可按有关书籍提供的方法计算外墙的平均传热系数，并使之小于或等于规范中规定的限值，即为符合要求。在计算外墙平均传热系数时，只需选择有代表性的外墙（例如带窗户 1.5m×1.4m、开间为 3.3m、层高为 2.7m 的檐墙）进行计算即可。

3.3 建筑物门窗的节能设计

3.3.1 门窗在建筑节能中的意义

在建筑围护结构的门窗、墙体、屋面、地面四大围护部件中，门窗的绝热性能最差，是影响室内热环境质量和建筑节能的主要因素之一。就我国目前典型的围护部件而言（表3-13），通过门窗的能耗约为墙体的4倍、屋面的5倍、地面的20多倍，约占建筑围护部件总能耗的40%~50%。据统计，在供暖或空调的条件下，冬季单玻窗所失的热量占供暖负荷的30%~50%，夏季因太阳辐射热透过单玻窗射入室内而需消耗的冷量占空调负荷的20%~30%。因此增强门窗的保温隔热性能，减少门窗能耗，是改善室内热环境质量和提高建筑节能水平的重要环节。另一方面，建筑门窗承担着隔绝与沟通室内外两种环境的任务，这一任务又包含着相互矛盾的两个方面，不仅要求它具有良好的绝热性能，同时还应具有采光、通风、装饰、隔声、防火等多项功能，因此，在技术处理上相对于其他围护部件，难度更大，涉及的问题也更为复杂。

从建筑节能的角度看，建筑外窗一方面是能耗大的构件，另一方面也是得热构件，即通过太阳光透射入室内而获得太阳热能，因此，应该根据当地的建筑气候条件功能要求以及其他围护部件的情况等因素来选择适当的门窗材料、窗型和相应的节能技术，这样才能取得良好的节能效果。

表3-13 我国目前典型围护部件的传热系数

部件名称	构造形式	传热系数 K/[W/(m^2·K)]
外墙	黏土、页岩实芯砖240mm	1.95
	黏土、页岩实芯砖370mm	1.57
屋面	混凝土通风屋面	1.45
外窗	单玻金属窗	6.40
地面	土壤	0.30
门	金属门	6.40
	木门	2.70

3.3.2 门窗节能设计要求

门窗节能的主要措施是减少传热量和减少空气渗透量。因此只有门窗保温性能和气密性等达到一定要求以后才能达到良好的节能效果。

1. 门窗保温性能

1）节能标准对门窗保温性能的要求见有关规范。

2）窗户的传热系数和热阻见表3-14。

表3-14 窗户的传热系数和热阻

窗框材料	窗户类型	空气层厚度/mm	窗框窗洞面积比（%）	传热系数 K/[W/(m^2·K)]	热阻 R_0/(m^2·K/W)
钢、铝	单层窗		20~30	6.4	0.16
	单框双玻窗	12	20~30	3.9	0.26
		16	20~30	3.7	0.27
		20~30	20~30	3.6	0.28
	双层窗	100~140	20~30	3.0	0.33
	单层窗+单框双玻窗	100~140	20~30	2.5	0.40

（续）

窗框材料	窗户类型	空气层厚度/mm	窗框窗洞面积比(%)	传热系数 K/[W/(m²·K)]	热阻 R_0/(m²·K/W)
木、塑料	单层窗		30~40	4.7	0.21
	单框双玻窗	12	30~40	2.7	0.37
		16	30~40	2.6	0.38
		20~30	30~40	2.5	0.40
	双层窗	100~140	30~40	2.3	0.43
	单层窗+单框双玻窗	100~140	30~40	2.0	0.50

注：1. 窗户的传热系数应按经国家计量认证的质检机构提供的测定值采用；如无上述机构提供的测定值，则可按表中值采用。
2. 本表中的窗户包括一般窗户、天窗和阳台门上部带玻璃部分。阳台门下部门肚板部分的传热系数，当下部不做保温处理时，应按表中值采用；当做保温处理时，应按计算值采用。本表中未包括的新型窗户，其传热系数应按测定值确定。
3. 本表的依据为《民用建筑热工设计规范》(GB 50176—1993)。

3）门的传热系数和热阻见表3-15。

4）窗户保温性能分级见表3-16。

表3-15　门的传热系数和热阻

门框材料	门的类型	传热系数 K/[W/(m²·K)]	热阻 R_0/(m²·K/W)
木、塑料	单层实体门	3.5	0.29
	夹板门和蜂窝夹芯门	2.5	0.40
	双层玻璃门(玻璃比例不限)	2.5	0.40
	单层玻璃门(玻璃比例<30%)	4.5	0.22
	单层玻璃门(玻璃比例为30%~60%)	5.0	0.20
金　属	单层实体门	6.5	0.15
	单层玻璃门(玻璃比例不限)	6.5	0.15
	单框双玻门(玻璃比例<30%)	5.0	0.20
	单框双玻门(玻璃比例为30%~70%)	4.5	0.22
无　框	单层玻璃门	6.5	0.15

表3-16　窗户保温性能分级

等　级	传热系数 K/[W/(m²·K)]	等　级	传热系数 K/[W/(m²·K)]
1	$K \geq 5.5$	6	$3.5 > K \geq 3.0$
2	$5.5 > K \geq 5.0$	7	$3.0 > K \geq 2.5$
3	$5.0 > K \geq 4.5$	8	$2.5 > K \geq 2.0$
4	$4.5 > K \geq 4.0$	9	$2.0 > K \geq 1.5$
5	$4.0 > K \geq 3.5$	10	$K < 1.5$

注：本表的依据为《建筑外门窗保温性能分级及检测方法》(GB/T 8484—2008)。

2. 门窗的气密性

1）节能标准对门窗气密性的要求见表3-17。

表3-17　节能标准对门窗气密性的要求

建筑层数	原标准		新标准	
	气密性等级	空气渗透量 q_0/[m³/(m·h)]	气密性等级	空气渗透量 q_0/[m³/(m·h)]
低层和多层(1~6层)	Ⅲ	≤2.5	3	≤2.5
中高层和高层(7~30层)	Ⅱ	≤1.5	4	≤1.5

注：空气渗透量 q_0 是指门窗试件两侧空气压力差为10Pa的条件下，每小时通过每米缝长的空气的渗透量。

2）窗户的气密性分级。建筑窗户的气密性是指空气通过窗户（关闭状态）的性能，是表征窗户节能的重要性能指标之一。由于窗户在框与扇、扇与扇、扇框与镶嵌材料之间都存在缝隙，如不加以密封，空气就会自由通过这些缝隙，产生能量损失。因此，提高窗户的气密性是降低门窗能耗的重要方法。国家标准《建筑外门窗气密、水密、抗风压性能分级及检测方法》（GB/T 7106—2008）中，将外窗的气密性分为五个等级，其对应数据 q_0 值参见表 3-18。

表 3-18 外窗空气渗透性能分级

等　级	1	2	3	4	5
空气渗透量 q_0/[m^3/(m·h)]	$6.0 \geq q_0 > 4.0$	$4.0 \geq q_0 > 2.5$	$2.5 \geq q_0 > 1.5$	$1.5 \geq q_0 > 0.5$	$q_0 \leq 0.5$

需要说明的是，上述指标仅反映窗户本身的气密性能，但在建筑工程中，还存在窗框与窗墙之间的缝隙，也需加以密封，这样才能提高窗户的实际气密性。

3）窗户气密性等级。窗户气密性等级见表 3-19，普通单层钢窗 $q_0 < 6.0\text{m}^3/(\text{m}\cdot\text{h})$，属 1 级；普通双层钢窗 $q_0 > 3.5\text{m}^3/(\text{m}\cdot\text{h})$，属 2 级，因此，都不能满足节能要求。在钢窗中，只有制作和安装质量良好的标准型气密窗、国标气密条密封窗，以及类似的带气密条的窗户，才能达到 3~5 级。平开铝窗、塑料窗、钢塑复合窗等能达到 1 级。推拉铝窗、塑料窗能达到 3~4 级。新标准对门窗气密性的要求保持不变，一是因为这样的气密性等级一般已能满足房间最低限度的换气要求；二是因为在技术经济上可行。

表 3-19 窗户气密性等级

窗户类型		空气渗透量 q_0/[m^3/(m·h)]	所属等级	等级范围
实腹钢窗	普通非气密型窗	4.2	1	1~5
	标准型气密窗	1.7	3	
	国标气密条密封窗	0.23	5	
空腹钢窗	普通非气密型窗	4.6	1	1~4
	改进非气密型窗	3.5	2	
	标准型气密窗	2.3	3	
	国标气密条密封窗	0.56	4	
推拉铝窗		2.5	3	2~3
平开铝窗		0.5	5	4~5
塑料窗		1.0	4	2~3

3. 窗墙面积比

节能标准对窗墙面积比的规定见表 3-20。新标准将北向窗户的窗墙面积比由原来的 0.20 改为 0.25，其主要原因是：原来的窗墙面积比 0.20，窗户尺寸约为 1.2m×1.4m。这样大小的窗户对于北向面积稍大一些的房间来说常嫌太小，实践中常被突破；此外，由于新标准中围护结构的保温水平已有较大幅度的提高，寒冷地区一般也已采用双玻璃，因此，北向窗户稍稍开大一些也是合理的。

表 3-20 节能标准对窗墙面积比的规定

朝　向	原标准	新标准
北	0.20	0.25
东、西	0.30	0.30
南	0.35	0.35

3.3.3 节能窗的经济评价

节能窗型在建筑应用中有一个很重要的问题：节能窗与 1980 年住宅通用设计中采用的窗

户对比，能节约多少耗煤量，每个供暖期可节省多少供暖费用，以及因采用节能窗多投资部分在多长时间内可以收回。

1. 评价依据

1）依据《严寒和寒冷地区居住建筑节能设计标准》（JGJ 26—2010）的有关规定。

2）根据北京地区 2016 年房地产管理局进煤价格、供暖费用指标。

2. 节煤量（$\Delta Q_{煤}$）

按外窗传热系数（$K_{0综合}$）差计算，见下式

$$\Delta Q_{煤}=\frac{\Delta K_{0综合}(t_i-t_e)Z\times 24}{q_c\eta_1\eta_2} \tag{3-1}$$

式中　$\Delta Q_{煤}$——外窗采用节能措施后的节煤量［kg 标准煤/(m^2·年）］；

$\Delta K_{0综合}$——外窗采用节能措施前后综合传热系数（包括渗透耗热当量传热系数在内）［W/(m^2·℃)］；

t_i——建筑内部气温（℃），取 18℃；

t_e——室外气温，供暖期日平均气温（℃），取 0.1℃；

Z——供暖期天数，北京地区为 126d；

q_c——煤的热值（kJ/kg），标准煤取 29.3×10^3（kJ/kg）；

η_1——室外管网输送效率，取 0.9；

η_2——锅炉效率，取 0.8。

3. 节能投资（I）

节能投资系指外窗采取节能措施后所增加的费用减去因节能而节省的供暖设备费用。见下式。

$$I=\Delta\omega-B \tag{3-2}$$

式中　I——节能投资（元/m^2）；

$\Delta\omega$——节能前后造价差（元/m^2）；

B——节省的供暖设备投资和相应的土建费用（元/m^2），B 值可按 $3.03\Delta K_{0综合}$ 概算。

4. 节能收益（A）

节能收益为外窗采取节能措施后，每个供暖期所节省的包括燃煤在内的供暖费用。见下式。

$$A=\Delta K_{0综合}(t_i-t_e)Z\times 24\times\frac{a+c}{1000q_c\eta_1\eta_2} \tag{3-3}$$

式中　A——节能收益［元/(m^2·年)］；

a——标准煤价格，根据北京市房管部门购煤价格，折算成标准煤价格为 150 元/t；

c——使用 1t 煤需要的运行费及维修更新费，根据北京地区每平方米建筑面积供煤 28kg，每平方米建筑面积运行维修更新费 6.55 元/m^2计算，为 234 元/t。

5. 节能投资回收期（n、n'）

回收期的含义即采取节能措施后，多支付的基建费用可在这个期限内，从少支付的供暖费用中得到补偿。见式（3-4）和式（3-5）。

回收期
$$n=\frac{I}{A}(静态方法) \tag{3-4}$$

回收期
$$n'=\frac{\lg\left(\frac{A}{A-I_i}\right)}{\lg(1+i)}(动态方法) \tag{3-5}$$

式中　n——回收期（静态方法）（年）；

n'——回收期（动态方法）（年）；

i——节能贷款年利率，取2.4%。

6. 有关参数的取值和计算方法

见式（3-6）、式（3-7）和式（3-8）。

窗型：宽×高 = 1.47m×1.47m，缝长 l = 9.8m

$$K_{0综合} = K_0\varepsilon_{(平均)} + 当量传热系数\ K_{0(当)} \tag{3-6}$$

式中 $\varepsilon_{(平均)}$——平均方向修正系数，取各朝向，并按有阳台和无阳台等情况下不同修正系数的平均值，经计算取0.6。

$$K_0 = \frac{渗透耗热量(Q_{渗})}{面积(A)\times温差(\Delta t)} \tag{3-7}$$

$$Q_{渗} = VBl\rho c\Delta t\,\frac{1}{3.6} \tag{3-8}$$

式中 V——平均渗透量，取建筑各层、各朝向的均值［$m^3/(m^2\cdot h)$］；对于7层建筑计算为2.15；

B——密闭系数；

l——缝长（m）；

ρ——空气密度（kg/m^3）；

c——空气比热容［kJ/(kg·℃)］；

Δt——室内外温差（℃）。

3.4 建筑物屋面与地面的节能设计

3.4.1 屋面的节能设计

1. 屋面的类型

1）屋面按其保温层所在位置分类，目前主要有：单一保温屋面、外保温屋面、内保温屋面和夹芯屋面四种类型，但目前绝大多数为外保温屋面。

2）屋面按保温层所用材料分类，目前主要有：加气混凝土保温屋面，乳化沥青珍珠岩保温屋面，憎水型珍珠岩保温屋面，聚苯板保温屋面，水泥聚苯板保温屋面，岩棉、玻璃棉板保温屋面，浮石砂保温屋面，彩色钢板聚苯乙烯泡沫夹芯保温屋面，彩色钢板聚氨酯硬泡夹芯保温屋面等。

2. 屋面节能设计要点

1）屋面保温层不宜选用堆密度较大、热导率较高的保温材料，以防止屋面质量、厚度过大。

2）屋面保温层不宜选用吸水率较大的保温材料，以防止屋面湿作业时，保温层大量吸水，降低保温效果。如果选用了吸水率较高的保温材料，屋面上应设置排气孔以排除保温层内不易排出的水分。用加气混凝土块作为保温层的屋面，每100m²左右应设置排气孔一个，如图3-7所示。

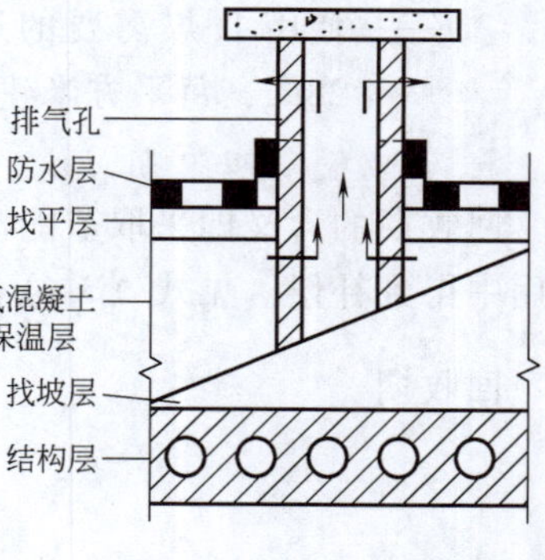

图3-7 排气孔设置

3）在确定屋面保温层时，应根据建筑物的使用要求，屋面的结构形式，环境气候条件，防水处理方法和施工条件等因素，经技术经济比较后确定。

4）设计标准对屋面传热系数限值的规定见相关的设计规范。设计人员可在规范中选择屋面种类、构造和保温层厚度，使所选择的屋面传热系数小于或等于相应规定的限值，即为符合设计要求。

5）在设计规范中没有列入的屋面，设计人员可按有关书籍提供的方法计算该屋面的传热系数，并使之小于或等于规范中规定的限值，即为符合设计要求。

3. 屋面的热工性能指标

1）屋面的热工性能指标主要包括热惰性指标 D、热阻 R、传热系数 K。

2）加气混凝土保温屋面热工性能指标，乳化沥青珍珠岩保温屋面热工性能指标，憎水型珍珠岩保温屋面热工性能指标，聚苯板保温屋面热工性能指标、挤塑型聚苯板保温屋面热工性能指标，水泥聚苯板保温屋面热工性能指标，岩棉、玻璃棉板保温屋面热工性能指标，浮石砂保温屋面热工性能指标，彩色钢板聚苯乙烯泡沫夹芯保温屋面热工性能指标，彩色钢板聚氨酯硬泡夹芯保温屋面热工性能指标，请参阅有关设计规范。

3.4.2 地面的节能设计

1. 地面的分类

地面按其是否直接接触土壤分为两类：

1）不直接接触土壤的地面，又称地板，其中又分为接触室外空气的地板和不供暖地下室上部的地板，以及底部架空的地板等。

2）直接接触土壤的地面。

2. 地面的保温要求

1）节能标准对地面的保温应满足相关规范要求。对于接触室外空气的地板（如骑楼、过街楼的地板），以及不供暖地下室上部的地板等，应采取保温措施，使地板的传热系数小于或等于规范中的规定值。

2）对于直接接触土壤的非周边地面，一般不需做保温处理，其传热系数即可满足规范的要求；对于直接接触土壤的周边地面（即从外墙内侧算起 2.0m 范围内的地面），应采取保温措施，使地面的传热系数小于或等于 0.30W/(m^2·K)。

3. 地面的热工性能指标

1）在楼面、地面节能设计中，几种楼面、地面保温层热导率计算取值，见表 3-21。

表 3-21　保温层热导率计算取值

序号	构造形式	保温层		热导率计算取值/[W/(m^2·K)]
		名称	堆密度/(kg/m^3)	
1	不供暖地下室顶板作为首层地面	聚苯板	20	0.052
2	楼板下方为室外气温情况的楼面(地面)(外保温状况)	聚苯板	20	0.055
3	楼板下方为室外气温情况的楼面(地面)(保温层置于混凝土面层之下的状况)	聚苯板	20	0.052 (聚苯板有效厚度取选用厚度的 90%)

2）几种不供暖地下室顶板作为首层地面的热工指标，见表 3-22。

表 3-22 不供暖地下室顶板作为首层地面的热工指标

类型	部位情况	构 造 做 法	热惰性指标 D	传热系数 K_0/[W/(m^2·K)]
不供暖地下室上面的地面（楼板）	地下室外墙有窗户	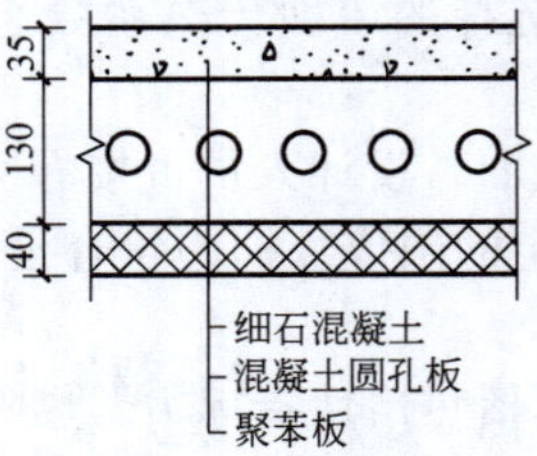	2.82	1.09
	地下室外墙上无窗、楼板位于室外地坪以上	同上图构造，聚苯板厚度 35mm	2.78	1.20
	地下室外墙上无窗、楼板位于室外地坪以下	同上图构造，聚苯板厚度 30mm	2.75	1.37

3）几种楼板下方为室外气温情况的楼面热工指标，见表 3-23。

表 3-23 楼板下方为室外气温情况的楼面热工指标

类型	构 造 做 法	热惰性指标 D	传热系数 K_0/[W/(m^2·K)]
下方为室外气温情况的地面（楼板）	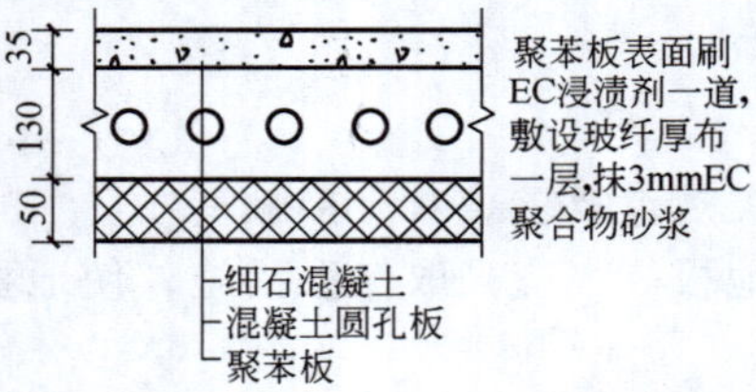	2.85	0.81
	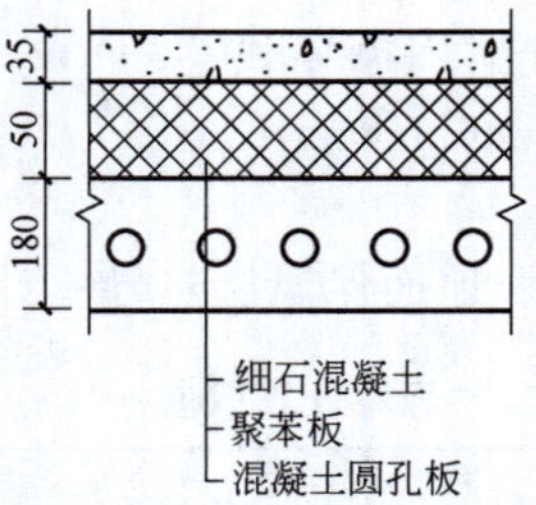	2.85	0.84

3.5 建筑围护结构节能应用技术

3.5.1 复合墙体施工

1. 内保温墙体施工

（1）内贴保温复合板 目前，已有多种保温复合板产品，如浇制石膏聚苯复合板、纸面石膏板聚苯（或岩棉、玻璃棉）复合板、GRC 聚苯复合板、菱镁保温板等。应选用尺寸准确规整、不变形翘曲、板体结合牢固、保温性能良好的产品。其尺寸要与建筑模数协调，板高应与建筑层高一致。

施工要点：

1）保温复合板贮存时必须码放整齐，垫块间距不得大于400mm，且不宜码放太高，以防板面变形，还要注意避免淋雨受潮。

2）复合条板运输时，应打捆包装，小心轻放，避免振动。单块时不得平抬，应用人工将板立抬。

3）保温板的施工，应在屋面防水工程施工完毕后，由顶层开始，自上而下，依次进行，使成品不致被雨水及上层施工时渗下水流浸湿及污染。

4）贴板前墙面必须平整，并清理干净，无灰尘和脏物，以免影响粘贴效果。

5）复合板的安装从阴角开始，向另一面依次推进。

6）粘贴前，复合板四周及中间若干点必须充分刮好粘结剂，然后依次粘贴保温板，用力推挤拍压。下用撬棍撬起，打入要楔，做到板面平直。

7）相邻的复合板刚粘好后，即用大方木制成的木杠拍打，使相邻板面之间齐平一致。

8）复合板间接缝，需用相应材料填嵌密实，避免日后开裂。如板面为带楔边的纸面石膏板，可用KF-80嵌缝腻子内埋穿孔纸带（或玻纤网带）方法嵌缝。

9）板下缝隙，用相应尺寸的高密度聚苯乙烯泡沫块填塞紧密。

10）此种内保温墙，往往在墙体转角处、内外墙交接处以及踢脚线处形成“热桥”，甚至在寒冬时结露滴水。为避免此种情况发生，可根据工程实际在上述部位设聚苯板条，可改善保温效果。

（2）带饰面聚苯保温板施工　带饰面聚苯保温板粘结于混凝土墙或砖墙内表面，其构造如图3-8所示，即用BP粘结剂将30~50mm厚的聚苯板粘在外墙内表面，中间留出20mm空气层。在聚苯板表面刮抹5mm厚饰面石膏浆或饰面水泥砂浆，随即横向满铺玻璃纤维网布，再在网布上刮抹3mm饰面石膏（或饰面水泥砂浆）浆体，即形成硬质面层。在厨房、卫生间等湿度较大的房间，应采用饰面水泥砂浆罩面的做法。

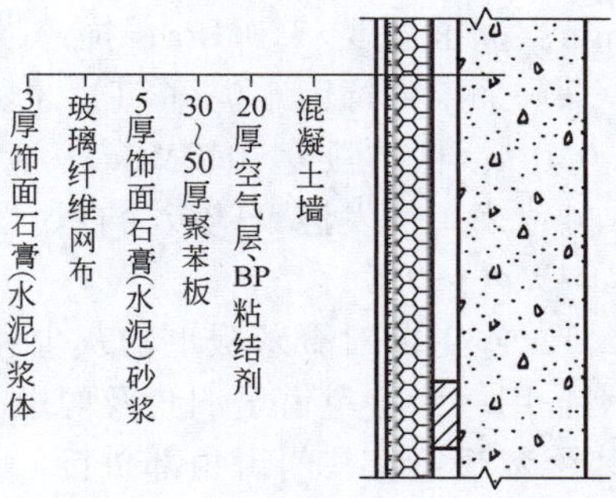

图3-8　带饰面聚苯保温板的构造

在门窗口处，在饰面层内可加铺一层玻璃纤维网带以加强防护；也可用水泥砂浆做成护角，使饰面石膏（饰面水泥）玻璃纤维网布伸入护角内以联成一体。

在外墙与隔墙相交处，也应将饰面石膏（饰面水泥）内的玻璃纤维网布转折伸入隔墙抹灰层内以便结合成为整体。

此种保温墙体的踢脚部位，可有两种做法：一种是用两层饰面水泥砂浆及两层玻璃纤维网布加强，并在空气层处用苯板垫实的踢脚，如图3-9a所示；另一种是改用保温砂浆踢脚，可用预制水泥膨胀珍珠岩块，或在现场支模现浇水泥膨胀珍珠岩（1∶4）做成，也可用其他现成保温踢脚，如图3-9b所示。

至于挂镜线的固定，可用粘钉结合的方法，即在挂镜线位置，大约每隔1.5mm事先在该处聚苯板上凿孔，埋入木块，木块与混凝土墙面之间及木块与挂镜线之间用PM-2胶粘剂粘结，并在挂镜线上用铁钉钉入木块，使彼此结合牢固，如图3-10所示。

材料：

1）采用的BP粘结剂为袋装粉状材料，其性能为：

初凝时间>30min；终凝时间>35min；抗压强度>4.0MPa；抗弯强度>2.5MPa；粘结强度>0.2MPa。

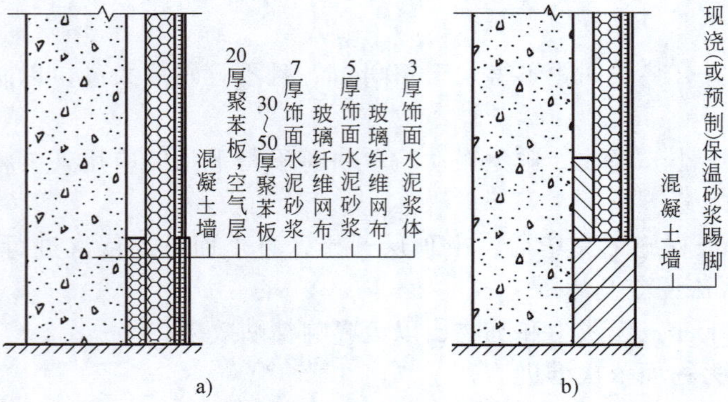

图 3-9 踢脚构造

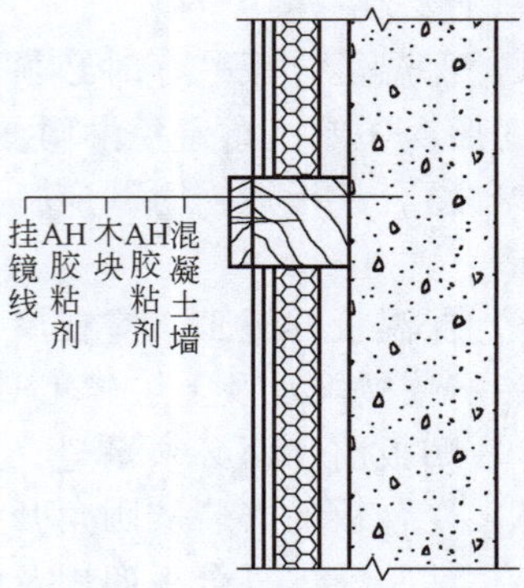

图 3-10 挂镜线的构造

2）采用的饰面石膏（VP）也为袋装粉状材料，其性能为：初凝时间>40min；终凝时间>50min；抗压强度>3.0MPa；抗弯强度>1.5MPa。

3）采用的饰面水泥（ST）也为袋装粉状材料，其性能为：抗压强度>8.0MPa；抗弯强度>2.0MPa；粘结强度>0.2MPa。

4）采用的发泡聚苯板为自熄性板材，其性能要求为：堆密度>16~18kg/m^3；常温热导率<0.04W/(m·K)。

5）施工前对聚苯板上的灰尘和污物，必须清理干净，并按墙面尺寸要求，事先将聚苯板切割备用。为避免窗子四角及门上角部位饰面层产生裂缝，宜将此处聚苯板切成刀把状安设，相邻聚苯板不宜在门窗角部拼接。

施工要点：

1）保温层的施工，应在门窗框、隔墙、穿墙管线、墙上各种预埋件如窗帘杆座、暖气管支座、电线闸盒等安装完毕后进行。

保温层施工的工序关系为：基层处理→做踢脚线、门窗护角→贴聚苯板→抹底层饰面石膏（或饰面水泥）砂浆→满铺玻璃纤维网布→抹面层石膏（或饰面水泥砂浆）。

2）饰面聚苯板内保温施工时的环境温度应在5℃以上、30℃以下。暑天施工时，作为基底的墙面应避免日照过度而影响粘结效果。

3）门窗口与墙体交接处及有管线通过的墙洞，应用1∶2.5水泥砂浆填嵌密实。粘贴聚苯板的基层表面应事先清扫干净，使墙面无灰尘、污垢、油渍、松散颗粒等。如墙面潮湿，需先晾干；如墙面过干，应先稍予湿润。旧墙面则应除去原有松软表面，并清理干净。

4）粘贴聚苯板前，应先检查墙面平整垂直程度，并在墙上角按空气间层厚度粘贴20mm厚聚苯块做出标志，依此挂线。每隔1m左右用同样方法做出同样的厚度标志。待确认标志物平整度符合要求后，方可开始粘贴聚苯板。

5）BP胶粘剂及饰面石膏或饰面水泥粉料在工地加水拌和。搅拌顺序为，先加水于灰槽中，再加入粉料［粉料∶水=2∶1（质量比）］，搅拌2~3min。加水量可根据稠度情况略予调整，但必须严格控制。

搅拌好的BP胶粘剂，饰面石膏及饰面水泥应在初凝前及时用完，BP胶粘剂及饰面石膏的可使用时间不得超过40min。超过可使用时间的灰浆不得使用。严禁用不断加水搅拌的办法延长可使用时间。

6）BP胶粘剂及饰面石膏用的搅拌机及容器在每工作1h后，都必须用清水冲洗干净，以避免罐内或桶内残留的浆料，引起后拌材料过快凝结和产生疙瘩。

7）将拌和均匀的BP胶粘剂，用勺舀到聚苯板面上，抹出直径为80~100mm，厚度为30mm的粘结点，成梅花点状间隔分布，点间距离为300~350mm。

8）将抹有胶粘剂的聚苯板贴到墙上，拍压贴牢，用2cm厚聚苯标志块保证空气间层厚度及墙面平整，聚苯板板缝处也用BP胶粘剂灌满，并使相邻聚苯板靠紧，板缝宽5~8mm。待粘结聚苯板的BP胶粘剂凝结后24h，可进行聚苯板饰面处理。

9）聚苯板饰面的基层采用在聚苯板上满抹一层饰面石膏（或ST水泥）砂浆做法，配合比为饰面石膏：细砂=1：1（体积比）或饰面水泥：细砂=1：2（体积比），厚度为5mm。

10）在基层饰面石膏（ST水泥）砂浆初凝前，将通长的整块玻纤网格布横向铺在饰面石膏（ST水泥）砂浆表面上，并用铁抹子认真按压，使网布与砂浆粘结牢固。

11）在玻璃纤维网布表面，再满抹一层饰面石膏浆料或饰面水泥砂浆，其厚度为3mm，最后用铁抹子以少量清水抹到不留抹痕为止。

12）新抹的饰面石膏（ST水泥）表面应避免穿堂风吹袭，造成失水过快，不能满足石膏硬化所需水分，产生干裂。

13）严禁在贴好聚苯板或做好饰面层后凿洞、钉钉子或安埋件。墙面上应设挂镜线。

2. 外保温墙体施工

施工要点：

1）基底的准备。在旧房改造施工前，对基底的状况要进行调查了解，首先确定它是否适宜采用外保温，并确定此建筑墙面是否需要进行修理以及何处需要修理。此项修理工作应在外保温施工前完成。

墙外侧管道、线路应予拆除。在可能的条件下可改为地下管道或暗线，以适应于后来安设的装修面层。

在既有建筑改造时需要接出一个较宽的窗台，以伸出于装修面层之外。窗台下面需有一个滴水槽，以避免雨水由窗台流到下部墙面或侧壁处。而对于新建建筑应考虑设置一个较宽的窗台。

原有建筑墙面上由于冻害、析盐或侵蚀所产生的损害均应细致地予以修复。对于损坏的砖或砌块应予更换。墙面的孔洞都应填补密实。墙面上疏松的砂浆应予清除。不平的表面应该事先抹平，以免外保温层厚度不一致。宜用与墙面分离的双排脚手架，以避免到事后填塞并修补因脚手架在墙面上造成的孔洞和产生的裂隙。

2）保温板的固定。在安设保温板时以及安设保温板后至少24h内，空气温度及外墙表面温度应高于5℃。

保温板应逐排水平方向依次安设，拉线校核，并逐列用铅锤校直。在阳角与阴角的垂直接缝处保温板应交错排列，如图3-11所示。

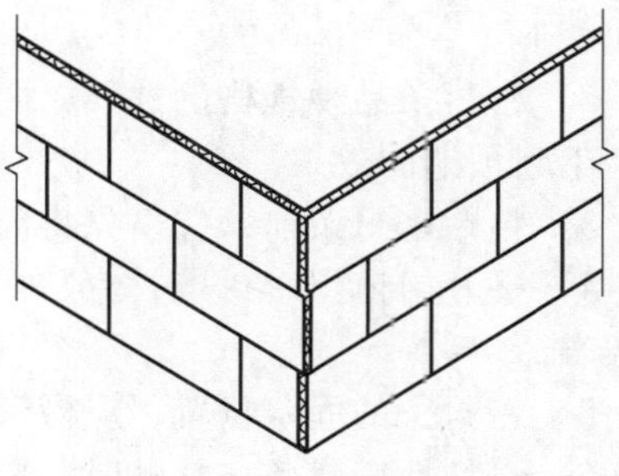

图3-11　阳角处保温板交错排列

应确保保温板有规则地牢固地粘结在外墙表面上，即通过挤压使粘结剂挤紧以便粘结牢固。

3）抹灰。在保温板的整个表面上抹上底层砂浆，其面积宜比该块加强网布的长度和宽度略大一些，厚度要均匀一致，然后及时将加强用玻璃纤维网布全部压埋入内，无外露之处。

底层抹灰砂浆应用抹子抹平以便以后装修。底层抹灰应连续抹过墙角线脚及门窗口侧边，与门窗框或固定在某处的护条紧密相接。

对于外部装修应定期进行维护检查，特别是对于接缝处，与防雨板和窗台接缝处，以及管道、烟道等穿过抹灰层四周的部位更要着重检查，发现问题，及时维修。

3.5.2 门窗密封条施工

门窗密封是经济效益最好的一种建筑节能措施，可节能15%以上。门窗密封还可以改善居住和工作条件，在住宅里，冬天寒风通过门窗缝隙吹入室内，会妨碍老人、小孩建康，而在工作场所，通风过度使人很不舒服，影响工作效率。此外，门窗密封还可以阻挡风沙、蚊蝇进入室内。然而将门窗四周边缘的缝隙密封起来，是一件较为简单的事情。只要选择好适当的密封条，居民自己也可以动手做好。

门窗密封是有必要的。在国外，尽管门窗构造严密，制作安装质量高，仍设有密封条。有些新建房屋的门窗，不只是一道而有两三道密封条。门窗密封条产品品种规格繁多，分别适用于不同场所。但从施工的角度看，一种是条带状产品，可直接安装固定；另一种是膏状产品，封装在小罐内，施工时用挤枪将密封膏挤注到门窗接缝处，待固化后即成密封条。

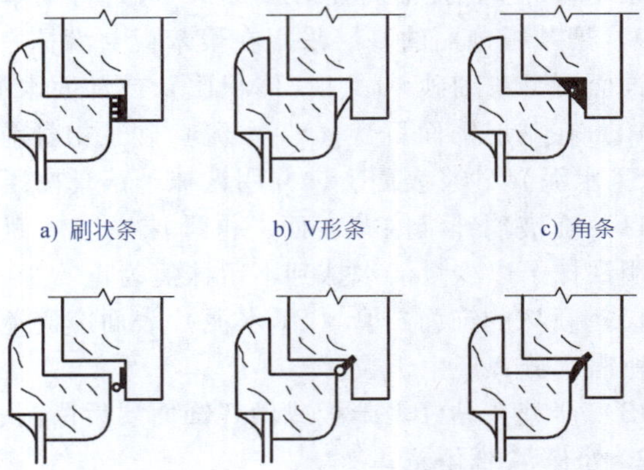

a) 刷状条 b) V形条 c) 角条 d) 管状平条 e) 管状角条 f) 鳍状条

图 3-12 各种压缩性密封条形状及固定位置示意图

1. 安设门窗密封条

此种密封条产品是多种多样的，有的采用橡胶，有的采用塑料，有的则用化学纤维，但弹性和耐久性均佳。密封方法：平开窗用挤压密封，如图 3-12 所示；推拉窗则用摩擦密封。其安设方法：有的是自粘性的，密封条本身一面带胶，可以自行粘固；有的则要另外用胶粘剂粘上；有的要用钉子或螺栓固定；有的则可镶嵌在门窗框预留槽内，此种密封条往往用硬塑料或铝材挤压成固定夹片，在其夹缝中镶入软质材料（如橡胶、软塑料或毛刷）制成。

施工要点：

1）密封条可在生产门窗时在工厂内直接安在门窗上，但在门窗运输时，必须注意防止其翘曲变形。

2）密封条品种规格的选择，要与门窗的类型、缝隙的宽窄以及使用的部位相匹配，否则将达不到预期的效果。

3）粘贴密封条前，应事先将门窗接缝处清理干净，无灰尘和污物，做到干净、干燥。

4）平开门窗用密封条，应贴在门窗缝受压面，不宜贴在受剪切面上，否则会大大缩短密封条寿命。

5）密封条的固定位置，应做到既使接缝完全封住，又要避免门窗关得过紧或过松。

6）自粘性密封条在粘贴时，要用手依次认真按压两遍，务必使其粘结牢固。

7）用胶粘结的密封条，在门窗框扇接缝处涂上胶液后，视胶液种类的不同，往往需要晾置几分钟，待胶液中溶剂挥发，再将密封条粘上，才能牢固。

2. 挤注门窗密封条

将罐装单组密封膏，用挤枪挤注在门窗框扇接缝处，关窗后挤压成型固化，即成门窗密封条。其尺寸厚薄正好与门窗缝隙一致。由于我国大部分钢窗缝隙宽窄变化很大，此种密封条正好适应这种需要，造价又不高，十分实用。但要做好，还必须掌握现场施工方法。

施工要点：

1）将钢窗框扇之间的接缝认真清理好，做到干净、干燥。

2）对钢窗接缝处的非粘结面，贴上单面胶带，其表面再刷上防粘硅油。防粘硅油必须注意刷满，粘结面处不得漏刷。

3）将密封膏罐外口处切一斜口，安上挤枪，对准接缝受压面挤注密封膏。挤注密封膏必须做到厚薄宽窄符合密封要求，均匀一致。

4）根据施工时温湿度情况，24~28h 内膏状密封条固化。此时可推开钢窗开启扇，对已成型的密封条外观不整齐部分，用刀进行修整，如局部挤注厚度不够，可以补充挤注。

5）经最终修整后，除去防粘纸（即单面胶带）。

3.5.3　保温屋面施工

1. 现浇保温屋面施工

现浇膨胀珍珠岩保温层，是用膨胀珍珠岩和不低于 325 号的水泥按要求的配合比搅拌后铺设而成的。

（1）施工方法

1）施工中宜采用人工搅拌。首先将珍珠岩按比例和水泥混合均匀，然后再洒水搅拌。现浇珍珠岩的掺水量以使珍珠岩拌合物用手能握成团不出水，松手后不散为宜。

2）根据设计对屋面坡度和各点厚度要求，首先将屋面各控制点处的保温层铺好，然后根据已铺好的控制点的厚度拉线控制保温层的虚铺厚度（为设计厚度的 130%），进行大面积铺设。虚铺后的保温层用木杠刮平，并按压缩比要求进行按压，按压至设计厚度后，再铺第二层保温层，并按要求进行压实。

3）保温层做好后 2~3 天再做找平层。找平层做好 6 天后对屋面进行试验，用装满砂浆，质量为 400kg 的架子车在屋面上行驶，强度应符合要求。

（2）注意事项

1）珍珠岩保温层吸水性强，在短时间内不会干燥，如遇下雨，保温层内的含水量很高，珍珠岩保温层在找平层上必须设置纵横排气道。可将找平层的分格缝与通气道合并在一起，排气道要同大气相通。

2）为防止在纵横排气道的交叉处发生找平层空鼓并向上翘曲，可在交叉点 10cm×10cm 范围内有 5cm 厚不铺珍珠岩保温层，用水泥砂浆填充，并与找平层一起施工，使找平层和交叉点下的砂浆连为一体。

2. 现浇水泥蛭石保温屋面施工

现浇水泥蛭石隔热保温层，是以膨胀蛭石为材料，以水泥为胶凝材料，按一定比例配制而成的，一般用于屋面和夹壁之间。

（1）使用材料和质量要求

1）水泥。不低于 325 号普通硅酸盐水泥，以用 425 号普通硅酸盐水泥为好。

2）膨胀蛭石。颗粒可选用 5~20mm 的大颗粒级配，这样可使颗粒总面积减少，以减少水泥用量，减轻堆密度，增高强度，在低温环境使用时，其保温性能较好。

其存放地点要避风避雨，搬运时要防止压实，堆放高度不宜超过 1m。

（2）配合比及性能

1）水泥和膨胀蛭石的体积比，一般以 1∶12 为经济合理。现浇水泥蛭石隔热保温层的配合比及性能参见表 3-24。

2）水灰比。由于膨胀蛭石的吸水率高，吸水速度快，水灰比过大，会造成施工水分排出时间过长和强度不高等结果。水灰比过小，又会造成找平层表面龟裂，隔热保温层强度降低等缺点，一般以 2.4~2.6 为宜（体积比）。现场检查方法是：将拌好的水泥蛭石浆用手紧捏成团不散，并稍有水泥浆滴下时为宜。

表 3-24 现浇水泥蛭石隔热保温层的配合比及性能

配合比 水泥：蛭石：水 （体积比）	每 $1m^3$ 水泥蛭石浆用料数量/kg		压缩率（%）	1：3 水泥砂浆找平层厚度/mm	养护时间/昼夜	堆密度/（kg/m^3）	热导率/[W/（m·K）]	抗压强度/MPa
	水泥	膨胀蛭石						
1：12：4	425 号硅酸盐水泥 110	1300	130	10	4.0	290	0.087	0.25
1：10：4	425 号硅酸盐水泥 130	1300	130	10	4.0	320	0.093	0.30
1：12：3.3	425 号硅酸盐水泥 110	1300	130	10	4.0	310	0.092	0.30
1：10：3	425 号硅酸盐水泥 130	1300	130	10	4.0	330	0.099	0.35
1：12：3	325 号矿渣水泥 110	1300	130	15	4.0	290	0.087	0.25
1：12：4	325 号矿渣水泥 110	1300	130	5	4.0	290	0.087	0.25
1：10：4	325 号矿渣水泥 110	1300	130	10	4.0	320	0.093	0.34

（3）施工方法和注意事项

1）宜采用人工拌和。可先将定量的水与水泥均匀调成水泥浆，然后用小桶将水泥浆均匀地泼在定量的膨胀蛭石上，随泼随拌，拌和均匀。

膨胀蛭石用量按下式计算

$$Q=150x$$

式中 Q——$100m^2$隔热保温层中膨胀蛭石的用量（m^3）；

x——隔热保温层的设计厚度（m）。

2）屋面铺设隔热保温层时，应采取“分仓”施工，每仓宽度为 700~900mm。可采用木板分隔，也可采用特制的钢筋尺控制宽度和铺设厚度。

3）由于膨胀蛭石吸水较快，施工时最好把原材料运至铺设地点，随拌随铺，以确保水灰比准确和工程质量。

4）隔热保温层的铺设厚度一般为设计厚度的 130%（不包括找平层），铺后用木拍板（木蟹）拍实抹平至设计厚度。铺设时应尽可能使膨胀蛭石颗粒的层理平面与铺设平面平行。

5）水泥蛭石砂浆压实抹平后应立即抹找平层，两者不得分两个阶段施工。找平层砂浆配合比为：425 号水泥：粗砂：细砂=1：2：1（体积比），稠度为 7~8cm（成粥状）。

6）找平层抹好后，一般情况下可不必洒水养护。

3. 硬质聚氨酯泡沫塑料保温屋面的直接喷涂

直接喷涂硬质聚氨酯泡沫塑料保温屋面，是将液体聚氨酯组合料直接喷涂在屋面板上，使硬质聚氨酯泡沫塑料固化后与基层形成无拼接缝的整体保温层，外设 1：2.5 水泥砂浆保护层（也可采用添加 UEA 的水泥砂浆保护层和贴各种釉面砖的保护层）。

施工要点：

1）直接喷涂硬质聚氨酯泡沫塑料，必须在屋面其他所有工程全部完工后方可施工。穿过屋面的管道、设备或预埋件，应在直接喷涂前安装好。喷涂的基层表面应牢固、平整、干燥，无油污和尘灰、杂物。

2）非结构找坡的屋面（坡度 1%~3%）及檐口、檐沟、天沟的基层排水坡度，必须符合设计要求。结构找坡的屋面檐口、檐沟、天沟的纵向排水坡度，不宜小于 5%，可在基层上由 1：3 水泥砂浆找坡，也可利用水泥砂浆保护层找坡。在装配式屋面上，为避免结构变形将硬质聚氨酯泡沫塑料层拉裂，应沿屋面板的端缝铺设一层宽为 300mm 的油毡条，再直接喷涂硬质聚氨酯泡沫塑料层。

3）屋面与突出屋面结构的连接处（泛水处），喷涂在立面上的硬质聚氨酯泡沫塑料层高度不宜小于 250mm。

4）直接喷涂硬质聚氨酯泡沫塑料的边缘尺寸界限要求：

① 檐口：喷涂到距檐口边缘 100mm 处。

② 檐沟：现浇整体檐沟，喷涂到檐沟内侧立面与檐沟底面交接处；预制装配式檐沟，其沟内两侧立面和底面均要喷涂，并与屋面的硬质聚氨酯泡沫塑料层连接成一体。

③ 天沟：内侧 3 个面均要喷涂，并与屋面的硬质聚氨酯泡沫塑料层连接成一体。

④ 水落口：喷涂到水落口周围内边缘处。

5）水泥砂浆保护层应分格，分格面积不应大于 $9m^2$，分格缝应用防腐木条，其宽度不大于 15mm。

4. 保温屋面板施工

（1）水泥聚苯板　水泥聚苯板是由聚苯板乙烯泡沫塑料下脚料及回收的旧包装破碎的颗粒，加入适量水泥、EC 起泡剂和 EC 粘结剂，经成型养护而成的板材。

施工要点：

1）铺设保温板材、铺浆前先在隔气层上（可用氯丁胶乳沥青）均匀涂刷界面处理剂，其配合比是：水：TY 粘结剂=1：1，然后铺 1cm 的 1：3 水泥砂浆，即可将保温板材平稳地铺压其上，板与板间自然接铺，对缝或错缝铺砌均可，缝隙用砂浆填塞。为防止大面积屋面热胀冷缩引起开裂，施工时按不大于 $700m^2$的面积断开，并做通气槽和通气孔，以确保质量。

2）水泥砂浆找平层。水泥聚苯板上抹水泥砂浆找平层，是在板材铺设 0.5 天后，在板面适量洒水湿润，再在其上刷界面处理剂，其配合比是：水：TY 粘结剂=1：1（可掺加适量水泥）。水泥砂浆找平层两遍成活，砂浆配合比为 1：2.5，第一遍厚 8~10mm，刮杆摊平，木抹压实；第二遍在 24h 后铺抹，厚度为 15~20mm。找平层按纵横向 6m 高分格缝，缝宽 20mm，缝内填塞防水油膏。完工后 7 天内必须浇水养护，以防裂缝。

（2）饰面聚苯板　饰面聚苯板是用聚苯乙烯泡沫塑料板作为保温层，其下面用 BP 粘结剂与屋面基层粘结牢固，其上面抹用 ST 水泥拌制的水泥砂浆，形成硬质表面，并作为找平层，然后便进行上层防水施工。饰面聚苯板的性能见表 3-25。

表 3-25　饰面聚苯板的性能

项目		指标
聚苯板	堆密度/(kg/m³) 热导率/[W/(m·K)]	16~19 0.035
BP 粘结剂	凝结时间/min 抗压强度/MPa 抗弯强度/MPa 粘结强度/MPa	>30 >4 >2.5 >0.3
ST 水泥	凝结时间/h 抗压强度/MPa 抗弯强度/MPa 粘结强度/MPa	>2 8 2 >0.2
饰面聚苯板抗压强度/MPa		>0.95

施工要点：

1）饰面聚苯板铺设前，应先将屋面隔气层清扫干净。若屋面潮湿或雨后，要清除积水并晾干。铺设时间用料铲或刮刀将膏状 BP 粘结剂均匀地抹在隔气层上，厚度控制在 1cm 以内，再用滚子找平，然后将聚苯板满贴其上，并用手压揉拍打使板与基层粘结牢固，缝隙内用 BP 粘结剂塞实抹平，所有接缝处还要用粘结剂贴一条 10cm 宽的浸胶低碱的玻璃纤维布，以增强保温层的整体性。BP 粘结剂与水的质量配合比为 1：0.6，用料槽搅拌，并控制每次的拌合料在 40min 内用完。施工过程要注意防止雨水或露水渗入而造成开胶重贴的损失。保温层的分格断开和通气槽、孔的做法与水泥聚苯板的做法和要求相同。

2）ST 水泥砂浆找平层，可在饰面聚苯板铺贴 4h 后进行。施工时，先将袋装 ST 饰面水泥（包括 BT 粘结剂，由厂家提供）和细砂、水按照 1∶2∶0.5 的配合比倒入搅拌机中，拌合 5min 后，出料尽快使用。ST 水泥砂浆找平层的厚度为 2cm，要一次抹平压光，并站在跳板上操作，以防压裂饰面聚苯板，分格缝及养护要求均同水泥聚苯板。

（3）架空板下设袋装膨胀珍珠岩 膨胀珍珠岩保温效果优良，但屋面施工时易被风吹散。因此，将膨胀珍珠岩装入塑料袋内，作为屋面保温用，其上架空铺设薄钢筋混凝土板即可，如图 3-13 所示。在屋面板上，先铺 1∶6 水泥焦渣，最低处 30mm，并用以找 2%坡度。在找坡层上梅花点式放置 150mm 高加气混凝土方块作为支点，其间用塑料袋装膨胀珍珠岩平铺 100mm 厚，在加气混凝土支点上放置 20mm 厚豆石混凝土板，上面再做 20mm 厚 1∶3 水泥砂浆找平层，最后顶部做防水层。

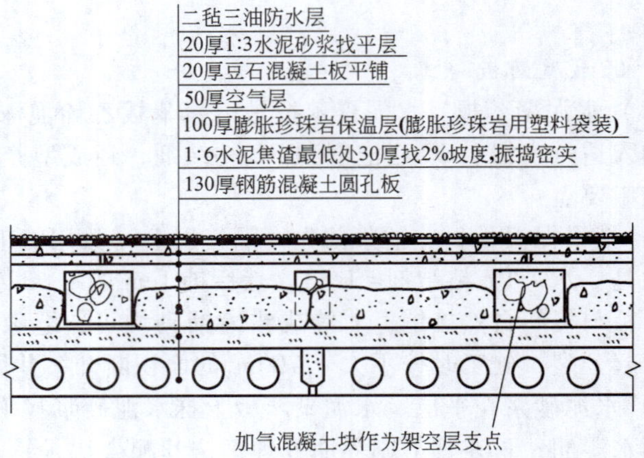

图 3-13 架空板下设袋装膨胀珍珠岩

施工要点：

1）先铺设水泥焦渣找坡层，拍捣密实，表面先抹光，其坡度用挂线找好。

2）切割出高度一致的加气混凝土方块，在屋顶上按 1m 间距排放整齐。

3）用大塑料袋在地面上装好膨胀珍珠岩，装袋勿满，约 2/3 即可，拍出其中空气。依次挤压铺设。上表面大体拍平，使其与混凝土盖板间有一空气间层。

4）铺设豆石混凝土盖板，其四角支在加气混凝土方块上。

5）上铺找平层及防水层，同一般做法。

3.6 低/零能耗建筑设计及应用实例

3.6.1 零/低能耗建筑的定义

“零能耗建筑”一词早在 1976 年就已经出现，丹麦技术大学的 Torben V · Esbensen 等对在丹麦使用太阳能为建筑物进行冬季供暖进行了理论和实验研究，并首次提出“零能耗建筑（住宅）”（Zero Energy House）一词。随后关于零能耗建筑的研究逐渐增多，各国对其定义基准不同。

由于“零能耗建筑”在实现上还较为困难且成本较高，欧洲目前公认可更加广泛实施的为“近零能耗建筑”（nearly zero-energy buildings）。对于“近零能耗建筑”，各国定义不同，如德国的“被动房”（Passive House，也翻译为微耗能建筑、零能耗建筑）、瑞士的“近零能耗房”（Minergie，也称迷你耗能房，或迷你耗能标准）、意大利的“气候房”（Climate House，Casaclima）。综合来看，鉴于欧美建筑的类型特点，“零能耗建筑”一词大多数情况下是指低层（3 层及以下）居住建筑，其能耗计算都以建筑物供暖和供冷能耗为主，部分国家的定义考虑了照明和家电能耗。相关定义中的中（英）文名称、所指建筑类型以及其能耗计算范围的对比见表3-26。

表3-26　“零能耗建筑”及相关定义一览表

国家（联盟）	定义名词		建筑类型			能耗计算范围		
	英文	中文	低层居住建筑	多/高层居住建筑	公共建筑	供暖	供冷	照明、家电、热水
丹麦	Zero chergy house	零能耗住宅	√	×	×	√	×	×
德国	Energy Aulonothous House	无源建筑	√	×	×	√	√	√
德国	Zero-ehergy building	零件耗建筑	√	√	√	√	√	√
德国	Passive House	被动房	√	√	×	√	√	×
瑞士	Minergie	迷你能耗房	√	×	×	√	√	×
意大利	Climale House	气候房	√	×	×	√	√	×
加拿大	Mel zero energy solar communities	零能耗太阳能社区	√	×	×	√	√	√
美国	zero energy home	零能耗住宅	√	×	×	√	√	√
美国	zero energy building	零能耗建筑	×	√	√	√	√	√
美国	zero-nel-energy;commercial building	净零能耗公共建筑	×	×	√	√	√	√
欧盟	nearly zero-energy buidings	近零能耗建筑	√	√	√	√	√	√
英国	Zero-Carbon Home	零碳居住建筑	√	×	×	√	√	√
比利时	Low-energy house	低能耗居住建筑	√	√	×	√	√	×

注：表中“√”表示包括该建筑类型及能耗计算范围；“×”表示不包括该建筑类型及能耗计算范围。

我国对零能耗建筑的定义为：以年为计算周期，以终端用能形式作为衡量指标，建筑物及附近与其相连的可再生能源系统产生的能源总量大于或等于其消耗能源总量的建筑物。

所谓低能耗建筑是指其日常使用（常规能源）能耗低于一定指标的建筑。凡是符合相应建筑节能标准以及绿色建筑或生态建筑标准的建筑，均可被视为低能耗建筑。

3.6.2　低/零能耗建筑设计实例

1. 贝丁顿零碳社区工程项目（零能耗建筑）

2002年建成的贝丁顿零碳社区位于英国伦敦的萨顿市，它建立在一片垃圾回填地面上。该社区占地1.65万m^2，有2500m^2的办公面积和商住面积，还有82套公寓，共有居民210人，工作人员60人。设计者是比尔·邓斯特，其设计理念较为先进，它不仅仅是世界上第一个二氧化碳零排放社区，也是在不牺牲现代生活舒适性的前提下，实现节能和环保低成本的示范性建设项目，被业内奉为经典，2010上海世博会城市最佳实践区中的零碳馆就以此为模型（图3-14和图3-15）。

图3-14　贝丁顿联排建筑

贝丁顿零碳社区在环境方面的收益明显，每年可减少CO_2排放147.1t，每年节约用水1025t。贝丁顿零碳社区的实践无疑是成功的，它集各种成熟的低碳技术和节能环保理念于一身，为低碳建筑的发展做出了巨大的贡献。

图 3-15 屋顶

2. 深圳建筑科学研究院大楼（低能耗建筑）

深圳建筑科学研究院大楼位于深圳市福田区北部梅林片区，总建筑面积 1.82 万 m^2，地上 12 层，地下 2 层，建筑功能包括试验、研发、办公、学术交流、地下停车、休闲及生活辅助设施等。建筑设计采用功能立体叠加的方式，将各功能块根据性质、空间需求和流线组织，分别安排在不同的竖向空间体块中，附以针对不同需求的建筑外围护构造，从而形成由内而外自然生成的独特建筑形态。同时大楼运用了 40 多项节能技术措施，如屋顶上的太阳能光伏板、风力发电机、外墙的遮阳板、光伏幕墙以及多处的空中花园等（图 3-16~图3-18）。经初步测算分析，深圳建筑科学研究院大楼相对常规建筑，每年可减少运行费用约 150 万元，其中节约电费 145 万元，建筑节水率达 43.8%，节约水费 5.4 万元，节约标准煤 600t，每年可减排二氧化碳 1600t，达到了绿色建筑三星级（中国标准）和 LEED 金奖级（美国标准）标准，获得了多个奖项和荣誉——首批国家住房和城乡建设部可再生能源示范项目、深圳市第一批建筑节能和绿色建筑示范项目、深圳市可再生能源利用城市级示范工程项目、华南地区绿色办公建筑室内外综合环境改善示范工程、UNDP（联合国开发计划署）示范楼等。

图 3-16 深圳建筑科学研究院大楼

图 3-17 光热、光电及风力发电系统

图 3-18　免浇水屋顶花园

思 考 题

1. 试阐述建筑构造形式对建筑节能所起的作用。
2. 建筑物墙体节能设计的主要做法有哪些？
3. 建筑物门窗节能设计中应解决哪些主要问题？
4. 建筑节能标准中为何体现出不同地区对建筑围护结构热工性能的不同要求？
5. 试阐述低/零能耗建筑的概念、意义和适用性。

参 考 文 献

[1]　付祥钊. 夏热冬冷地区建筑节能技术 [M]. 北京：中国建筑工业出版社，2002.
[2]　房志勇. 建筑节能技术教程 [M]. 北京：中国建材工业出版社，1997.
[3]　涂逢祥. 建筑节能技术 [M]. 北京：中国计划出版社，1996
[4]　杨善勤. 民用建筑节能设计手册 [M]. 北京：中国建筑工业出版社，1997.

第4章

供暖系统节能技术

4.1 供暖热源节能设计

供暖的目的就是为了提高冬季室内的舒适性，同时保证供暖的安全性。但这种舒适安全的供暖不能以无谓的能源浪费为依托。一个舒适、节能、安全的供暖系统才是合理的、正确的、高效运行的系统。要达到舒适节能的效果，必须从建筑物的围护结构和供暖系统的各个环节着手。只单纯从围护结构节能或只单纯从供暖系统节能都是不可行的，实际上，围护结构节能只是为建筑节能创造了条件，而供暖系统节能才是落实节能的关键。

供暖系统由热源（锅炉房）、热网、换热站和热用户四部分组成，供暖系统的节能也应该从这四个方面进行。本节讨论供暖热源节能设计。

热源是集中供暖的核心，主要有锅炉房、热电厂、地热供暖站等。本节所指的供暖热源指锅炉房，包括热水锅炉房和蒸汽锅炉房。锅炉房涉及的内容比较多，包括燃烧系统（风系统、烟系统、煤系统、灰系统）、水系统和控制调节系统等。在热源的设计中，主要考虑以下几个方面，以达到节能的目的。

1. 供暖规划

随着我国城市建设的不断发展和人民生活的提高，锅炉供暖的范围日益扩大。为了达到合理发展的目的，锅炉供暖规划宜与城市建设的总体规划同步进行。通过分区合理规划，逐步实现联片供暖，减少分散的小型供暖锅炉房，并且为大部分居住建筑将来和城市供暖管网相连接创造条件。

2. 锅炉选型与台数

锅炉的选型应按所需热负荷量、热负荷延续图、工作介质来选择锅炉形式、容量和台数，并应与当地长期供应的煤种相匹配。其次是按投资金额、施工进程、土地使用面积等选择组装锅炉或散装锅炉。

就锅炉产品而言，无论是水管锅炉、烟管锅炉，还是烟水管锅炉（其中包括螺纹烟管锅炉），影响锅炉负荷的重要因素是燃烧设备、炉膛结构形式及其内部的气流组织等炉子部分；对锅筒部分其受热面一般布置较充分，但冲刷是否良好，是否易积灰和保持受热面长期运行期间灰污程度较低，也是影响锅炉负荷的重要因素。

在设计中注意采用分层燃烧技术、复合燃烧技术、煤渣混烧等燃烧技术，并通过加装热管省煤器、空气预热器，改善锅炉系统的严密性，保证锅炉受热面的清洁，防止锅炉结垢，大（中）型锅炉采用计算机控制燃烧过程等措施，提高锅炉效率。

选用锅炉的额定效率不应低于表4-1中规定的数值。

锅炉效率=锅炉得热量/燃煤产热量

根据供暖总热负荷选用新建锅炉房的锅炉台数，建议采用2~3台。如采用1台，偶有故障就会造成全部停止供暖，有可能冻坏管道设备；而且在初寒期及末寒期，锅炉负荷率可能低于50%而造成锅炉运行效率的降低。如采用台数偏多、容量较小的锅炉，则存在小容量负荷率锅炉一般额定效率较低的缺点。

表4-1　锅炉最低额定效率（%）

燃料品种		发热值/(kJ/kg)	锅炉容量/W,(t/h)				
			2.8×10^6 (4)	4.5×10^6 (6.5)	7.0×10^6 (10)	14.0×10^6 (20)	28.0×10^6 (40)
烟煤	Ⅱ	15500~19700	72	73	74	76	78
	Ⅲ	>19700	74	76	78	80	82

从我国的经济条件出发，一般供暖锅炉房不宜设置备用锅炉，供暖锅炉仅在冬季使用，在其他季节可以进行检修工作，此外，仅严寒期需要满负荷运行，而在初寒期和末寒期仅需部分锅炉投入运行，因此也有进行部分检修的余地。

设计时要考虑每一台锅炉本体应能基本保持定流量运行。若用户侧为变流量运行或变流量和定流量混合运行时，为适应锅炉侧和用户侧不同的流量特性，可采用二级泵或一级泵的系统形式，划分为锅炉侧一次水和用户侧二次水系统，不宜采用设置换热器的方式。

3. 鼓风机和引风机

为了燃料在炉内正常燃烧，所配用的鼓风机和引风机与锅炉容量以及除尘器类型等应相匹配。当风机的风量或风压过大时，都会在增加电耗的同时造成炉膛温度的降低、排烟热损失的上升、炉渣含碳量超标等不利后果，鼓风机和引风机的风量、风压及功率不宜超过表4-2所列数值。

表4-2　燃煤锅炉的鼓风机和引风机匹配指标

锅炉容量/W,(t/h)	鼓风机			引风机		
	风量/(m^3/h)	风压/Pa	功率/kW	风量/(m^3/h)	风压/Pa	功率/kW
2.8×10^6 (4)	6000	508	2.2	10590	2225	10.0
4.5×10^6 (6.5)	9750	1362	5.5	17200	2097	13.0
7.0×10^6 (10)	14760	1352	7.5	25200	2097	22.0
14.0×10^6 (20)	29520	1352	17.0	50400	2097	40.0
28.0×10^6 (40)	59040	1352	30.0	100800	2097	75.0

4. 循环水泵

（1）单位电耗　热水供暖系统循环水泵的单位电耗按下式计算

$$\mathrm{DGR}=\frac{\varepsilon}{\sum Q}=\frac{\tau N}{24qA} \tag{4-1}$$

式中　DGR——设计条件下输送单位热量的电耗（量纲一的量）；

ΣQ——全日供暖量（kW·h）；

ε——全日理论水泵耗电量（kW·h）；

τ——全日水泵运行时间（h），连续运行时，$\tau=24$h；

N——水泵铭牌总轴功率（kW）；

q——供暖热指标（kW/m^2）；

A——系统的供暖面积（m^2）。

计算所得单位电耗DGR数值不应超过表4-3所列按不同室外管网主干线供回水管总长度

ΣL 规定的最大值。

表 4-3 DGR 最大值

ΣL/m	200	400	600	800	1000	1500	2000	2500	3000
DGR_{max}	0.0036	0.0042	0.0044	0.0048	0.005	0.0055	0.0062	0.0070	0.0078

（2）台数与容量　根据某既定供暖系统的流量——阻力特性曲线，n 台相同型号离心水泵并联运行状态下的总流量，小于相同型号单台离心水泵运行状态下的流量的 n 倍。从充分发挥每台循环水泵的出力的观点出发，其设计台数一般以 2 台（1 用 1 备）为宜。

初寒期及末寒期间的供暖热负荷远低于严寒期间的供暖热负荷，所需循环流量相应减少。为便于进行量调节，推荐采用大、小循环水泵相结合的配备方案，即在选用 1 台严寒期运行的大泵（流量为 G）的同时，另配备 1 台初寒期及末寒期运行的小泵（流量为 $0.75G$）。以大泵的扬程为 H，则小泵的扬程为 $0.56H$。以大泵的轴功率为 N，则小泵的轴功率为 $0.42N$，即可以节约 58%的电耗。

在分期建成的住宅小区中，其供暖锅炉房的热负荷也分期增加，直至设计满负荷。为节约电耗，应尽量避免“大马拉小车”。经过经济比较，可以考虑在热负荷较小期间选用较小的循环水泵，以后更换为大泵的方案。

5. 补给水

锅炉的初次充水及日后的补给水应经过合格的软化处理，以保证锅炉和供暖系统的水质。在可能条件下，宜设置锅炉给水的除氧设备。

为减少住宅建筑小区中的丢水，建议改变建筑物高点集气罐的手动放风方式，推广采用合格的自动排气阀。在自动排气阀的上游管道上，宜设置关闭阀和 Y 形过滤器以减少排气阀故障并方便检修。

6. 计量与监测仪表

锅炉房内应设有耗用燃料的计量装置和输出热量的计量装置，并对燃烧系统、鼓风机和引风机、循环水泵等设备的运行采用节能调节技术。热水锅炉房宜采用根据室外温度主动调节锅炉出水温度，同时根据压力、压差变化被动调节一次网水量的供暖调节方式。为使供暖锅炉房的运行管理走向科学化，设计中应考虑锅炉房装设必要的计量与监测仪表。

主要计量仪表有：

1）总耗水量的水表。

2）补给水量的水表。

3）动力电表。

4）照明电表。

5）锅炉房总输出的热量计或流量计。

6）供回水温度自动记录仪。

7）中型以上锅炉建议设置燃煤量的计量仪。

中型以上锅炉建议设置以下参数的监测仪表：

1）炉膛温度。

2）炉膛压力。

3）排烟温度。

4）烟气成分。

5）空气过剩系数。

6）排烟量。

锅炉房及供暖系统如图 4-1 所示。

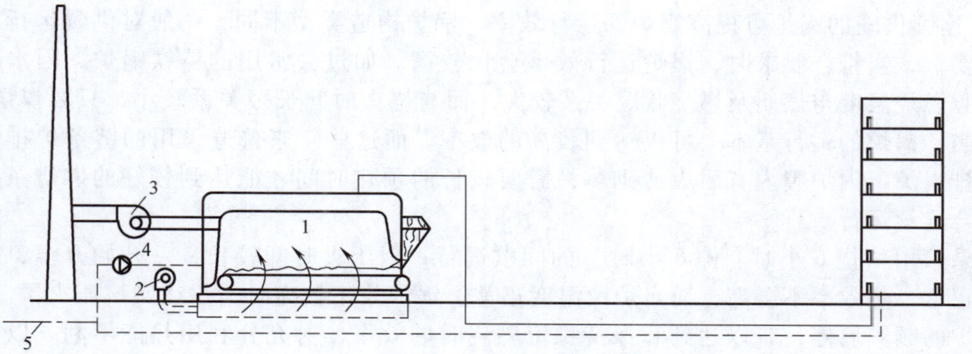

图 4-1 锅炉房及供暖系统

1—锅炉 2—鼓风机 3—引风机 4—循环水泵 5—补给水

设计供暖锅炉房或热力点时需填表 4-4。

7. 连续供暖运行制度

住宅区以及其他居住建筑的供暖锅炉房应采取连续供暖运行制度。居住建筑属全天 24h 使用性质，要求全天的室内温度保持在舒适范围内，夜间允许室温适当下降。

1）按连续供暖设计和运行，可以减少锅炉的设计和运行台数（单台锅炉时可以减小锅炉容量）。间歇供暖与连续供暖的供暖设计热负荷是不相同的。因为间歇供暖时，散热器放出的热量，不仅要补充房间的耗热量，而且还要加热房间内所有已经冷却了的围护结构。而连续供暖时散热器放出的热量只要补充房间的耗热量就可以了。所以间歇供暖时所需要的预热时间的供暖量大于连续供暖的稳定热耗，因此在确定间歇供暖的热负荷时，需要有一定的间歇附加，而且间歇时间越长，附加量就要越大。这说明供暖设计热负荷与供暖运行制度是有关的，如按连续供暖设计，就可以不考虑间歇附加，因而可以节约建设初投资和占地面积。也可以减少锅炉运行台数，节约运行费用，锅炉的负荷率和效率也能提高。

从以往的供暖锅炉房设计来看，一般是按连续设计的，并未考虑间歇附加，但实际上因供暖设计热负荷偏高（如北京，多层砖混结构住宅的设计热负荷值为 70~81W/m^2，实测热负荷值仅为 46~58W/m^2），其热负荷计算中固有的“富裕量”，实际上起了间歇附加的作用。

表 4-4 供暖节能设计登记表

工程名称：________ 供暖面积：________ m^2

设计的供暖方式（打勾）：间歇（ ） 连续（ ）

锅炉	供暖锅炉型号：________ 台数：________ 台 单台锅炉容量：热水锅炉________ $\times 10^6$W（或________ 万 kcal/h） 蒸汽锅炉________ t/h 锅炉额定效率：________ %
风机	鼓风机：型号________ 引风机：型号________ 风量________ m^3/h 风量________ m^3/h 风压________ Pa 风压________ Pa 功率________ kW 功率________ kW
循环水泵	循环水泵型号：________； 循环水泵型号：________ 常用________ 台，备用________ 台；常用________ 台，备用________ 台 单台流量________ m^3/h； 单台流量________ m^3/h 单台扬程________ m； 单台扬程________ m 单台轴功率________ kW； 单台轴功率________ kW 全日理论供暖量________ kJ； 全日理论水泵耗电量________ kW·h； 室外管网主干线供回水管总长度________ m； 按节能设计标准的最大单位热量的电耗值________ kW·h

2）连续供暖的锅炉可提高锅炉的运行效率。锅炉构造类型不同，一般对供暖运行制度有不同的要求，当符合要求时，锅炉运行效率会比较高。如过去常用的铸铁锅炉，因水冷程度高，炉膛燃烧温度与煤质及燃烧状况关系较大，而与烧火时间长短关系较小，只要煤层均匀，鼓风适当，锅炉的运行基本上可以达到较高的效率。而这些年来普遍采用的链条炉排锅炉和往复炉排锅炉，因炉膛内有耐火砖砌体，需要较长的预热时间才能达到较好的燃烧条件，因此最适合连续运行。

如果采用“烧6小时、停6小时”的间歇运行，因压火时间较长，一开始升温，炉膛温度很难正常，热效率不会高，而当炉膛温度正常、锅炉效率较高时，往往又该压火了。这样，由于锅炉的频繁启停，难以达到和保持稳定燃烧时的效率，对充分利用热能不利。以往复炉排热水锅炉为例，当间歇运行时，升温第一个小时的锅炉效率为57%，第二个小时为64.5%，到第三个小时稳定后，锅炉效率才稳定为76%。由此可见，对于目前常用的有砖砌体的供暖锅炉，其运行效率与供暖运行制度关系很大，最好采用连续运行制度。

3）连续供暖有助于提高锅炉负荷率，因而有利于提高锅炉效率。锅炉负荷率（即出力率）是指锅炉实际产热量与锅炉额定产热量之比。在实际运行中，有时单台锅炉所带的供暖面积小，或多台锅炉运行的台数过多，皆会形成“大马拉小车”，即锅炉低负荷运行，此时负荷率低，锅炉有效热量不能充分利用，因此也影响锅炉效率。这是因为，一般来讲，锅炉负荷率高，供暖面积大，燃烧的燃料就多，炉膛温度相对也高，其化学不完全燃烧热损失和炉灰含量都将减少，锅炉效率可以提高，反之亦然。这表明锅炉负荷率和锅炉效率是有关的。

大量运行实践表明，连续供暖有助于提高锅炉的负荷率，我国哈尔滨、长春、沈阳、北京、天津等供暖城市皆有不少锅炉房因实行连续供暖，使每0.7MW（1t/h）的锅炉容量由原来只能供暖4000~5000m^2，提高到供暖8000~10000m^2建筑面积，即提高了锅炉负荷率，锅炉效率也相应提高。

4）按连续供暖设计的室内供暖系统，其散热器的散热面积不考虑间歇因素的影响。管道流量也相应减少，因而，节约初投资和运行费。

5）在小区中采用连续供暖运行制度可以避免远端建筑（和远端房间）的暖气“迟到现象”，保持远近建筑（和房间）受益时间的均衡。

4.2 室外供暖管网设计

室外供暖管网分为区域热网和小区热网。区域热网是指由区域锅炉房联合供暖的管网，小区热网是指由小区供暖锅炉房或小区换热站至各供暖建筑间的管网。室外供暖管网设计要注意以下几个问题。

1. 管网设计的水力平衡

在供暖管网中，水力失调经常会出现，后果就是各支路的流量分配不均匀，产生冷热不均。为了使不利环路建筑达到起码的舒适温度，一般有两种方法：一是加大循环泵的循环水量，结果最不利环路的流量得到了保证，但有利环路的流量会大大超过所需要的流量，不但浪费了热能，还浪费了电能；二是提高整个供暖管网的运行水温，则其他建筑的平均室温往往超过设计温度，从而造成热能的浪费。

为使室外供暖管网中通过各建筑的并联环路达到水力平衡，其主要手段是在各环路的建筑入口处设置手动（或自动）调节装置或孔板调压装置，以消除环路余压。一般关闭阀（如闸阀、截止阀、球阀等）之所以不宜作为调压之用，是因为其“流量-开启度”特性曲线呈非线性关系。为便于进行手动调节流量的阀门应具有接近线性关系的“流量-开启度”特性曲线。

可以作为手动调节装置用的产品有手动调节阀及平衡阀。平衡阀除具有调压的功能外，还可用来测定通过的流量。在初调节时通过平衡调试使各支路的流量达到设计流量的要求，即使网路的工况发生了变化，也能够将新的水量按照设计工况的比例平衡地分配，各个支路的流量同时按比例增减，仍能满足当前气候条件下的部分负荷的流量要求，也就是达到了实际需要的热平衡。

同时，为了更好地满足各支路对流量的需求，可采用通过计算机监测和指导与人工手动调节平衡阀相配合的方法实现小区供暖系统的调节和管理。通过小区管网水压图的绘制，可更精确地调节各平衡阀的开度的大小，为便于人工手动调节，希望各支路的平衡阀有较准确的开度指示。

采用孔板调压装置时，调压孔板用不锈钢板制作，其孔径计算公式如下

$$d=6.36\sqrt[4]{\frac{G^2}{H}} \tag{4-2}$$

式中 d——孔径（mm）；

G——供暖入口流量（m^3/h）；

H——供暖入口要求消除压力（kg/cm^3）。

在调压孔板前的管道上应注意设置除污器，以免堵塞。

2. 改变大流量、小温差的运行方式，提高供水温度和输送效率

目前国内供暖系统，包括一级水系统和二级水系统，普遍采用大流量、小温差的运行方式，运行的供水温度比设计供水温度低10~20℃，循环水量增加20%~50%，循环水泵电耗增加50%以上，管网输送能力下降，并增加了热力站内热交换设备数量。其原因除受热源的限制不能提高供水温度外，主要是因为管网缺乏必要的控制设备，系统存在水力工况失调的问题，为保证不利用户供暖而采取的措施。因此，应该在供暖系统增加控制设备，解决水力工况失调后，将供水温度提高到设计温度或接近设计温度，以提高供暖系统的输送效率，节约能源，并为扩展用户打下基础。

3. 推广热水管道直埋技术，降低基础投资和运行费用

热水管道直埋技术在国内使用已有丰富的经验。《城镇供热直埋蒸汽管道技术规程》（CJJ/T 104—2014）已于2014年10月1日起颁布实施。直埋敷设与地沟敷设比较，有节省用地、方便施工、减少工程投资（$DN\leqslant500$，管径越小越明显）和维护工作量小的优点。用热导率极小的聚氨酯硬质泡沫塑料保温，热损失小于地沟敷设，尤其是长期运行后，地沟管道的保温层会产生开裂、损坏以及地沟泡水而大幅度增加热损失，而直埋管道可避免上述问题。建议在$DN500$以下管道积极推广直埋敷设。

4. 管网冲洗

室外供暖管网在施工完毕、交付使用之前，应按《建筑给水排水及采暖工程施工质量验收规范》（GB 50242—2002）中有关工程验收的规定进行通水冲洗，并做通水冲洗记录。管网冲洗工作对于避免管网施工过程中进入的泥沙杂物造成管道的局部堵塞现象十分必要，建设单位、设计单位，特别是施工单位应予高度重视。

在室外供暖管网进行通水冲洗的基础上，在管网接入每幢建筑物的供水管上设置除污器，有助于避免污物被带入室内供暖系统，对于保证供暖效果有利，值得推荐。

5. 管网保温

室外供暖管网的保温是供暖工程中十分重要的组成部分。供暖的供回水干管从锅炉房通往各供暖建筑的室外管道，通常埋设于通行式、半通行式或不通行管沟内，也有直接埋设于土层内或露明于室外空气中等做法。这部分管道的散热纯属热量的丢失，从而增加了锅炉的

供暖负荷。为节能起见，应使室外供暖管网的输送效率达到90%以上。

输送效率=供暖建筑总得热量/锅炉总输出热量

供暖管道的保温厚度应按《设备及管道绝热设计导则》（GB/T 8175—2008）中经济厚度的计算公式确定。安装在管沟内的供暖管或直埋于土层内的供暖管，其保温厚度应不小于表4-5规定的数值。

表4-5 供暖管道的最小保温厚度 （单位：mm）

保温材料	公称管径/mm	供暖面积	
		<50000m²	≥50000m²
岩棉和矿棉管壳 $\lambda_{(70℃)}=0.0452W/(m\cdot K)$	25~32 40~150 200~300	30 35 45	30 35 55
超细玻璃棉管壳 $\lambda_{(70℃)}=0.041W/(m\cdot K)$	25~32 40~150 200~300	25 30 40	25 30 50
聚氨酯硬质泡沫保温 （直埋管） $\lambda_{(70℃)}=0.03W/(m\cdot K)$	25~32 40~150 200~300	20 25 35	20 25 45

6. 推广管道充水保护技术，防止管道腐蚀

国内部分非常年运行的供暖系统，采取夏季放水检修、冬季投产前充水的做法。由于系统放水后不及时充水，空气进入管道而造成管内壁腐蚀。所以非常年运行的供暖系统应在夏季检修后及时充满符合水质要求的水，既可省去管道投入运行时的充水准备时间，又可防止管内壁腐蚀。

4.3 分户计量节能技术

建筑供暖计量收费由过去按面积收费转向按用热量收费，是节约能源，提高用户用热的舒适度，改善大气质量和生态环境的有效措施。新建筑按分户热计量收费设计的户内供暖系统和按传统设计的户内供暖系统的费用（不含热表）相差不多，它所需费用又可以纳入基建投资解决，容易实现，因此，可以按《民用建筑节能管理规定》的要求按分户热计量收费设计。原有建筑实施分户热计量收费，改造工作量大、改装困难、花钱多，可采用在每一幢楼的单元进口安装热量表，计算该单元的总用热量，然后按每户的供暖面积或热分配表分摊。

4.3.1 新建集中供暖住宅分户热计量供暖系统

新建集中供暖住宅应根据采用的热量计量的方式选用不同的供暖系统形式。当采用热分配表加楼用总热量表计量方式时宜采用垂直式供暖系统；当采用户用热量表计量方式时应采用共用立管分户独立供暖系统。

适于热量计量的垂直式室内供暖系统应满足温控、计量的要求，必要时增加锁闭措施。因此，适宜的系统为垂直单管跨越式系统、垂直双管系统。从克服垂直失调的角度，垂直双管系统宜采用下供下回异程式系统，供回水立管比摩阻宜采用50~60Pa/m。

共用立管分户独立供暖系统，即集中设置各户共用的供回水立管，从共用立管上引出各户独立成环的供暖支管，支管上设置热计量装置、锁闭阀等，便于按户计热的供暖系统形式，是一种既可解决供暖分户计量问题，同时也有利于解决传统的垂直双管式和垂直单管式系统的热力失调问题，并有利于实施变流量调节的节能运行方案。

由进户总阀门、热量表和较长的户内管道、散热器及恒温阀等环节组成的分户独立系统阻力（设户用换热机组时为换热器阻力），远大于传统垂直双管系统单组散热器的阻力。使得共用立管的阻力和自然作用压力占系统总循环阻力的比例相对较小，垂直失调的可能性降低，通过水力平衡计算，可基本消除垂直失调现象。

多户共用立管的位置及热表的设置，均应考虑管理和维修的方便，并尽量避免对住户的干扰，以户外设置为宜。

共用立管分户独立供暖系统可分为建筑物内共用供暖系统及户内供暖系统两部分。

1. 建筑物内共用供暖系统

建筑物内共用供暖系统由建筑物热力入口装置、建筑内共用的供回水水平干管和各户共用的供回水立管组成。

（1）建筑物热力入口装置　在满足户内各环路水力平衡和总体热计量的前提下，应尽量减少建筑物热力入口的数量。

热力入口装置的设置位置：

1）新建无地下室的住宅，宜于室外管沟入口或底层楼梯间隙板下设置小室，小室净高不应低于1.4m，操作面净宽不应小于0.7m。室外管沟小室宜有防水和排水措施。

2）新建有地下室的住宅，宜设在可锁闭的专用空间内，空间净高应不低于2.0m，操作面净宽应不小于0.7m。

3）对补建或改造工程，可设于门洞雨棚上或建筑物外地面上，并采取防雨、防冻及防盗等保护措施。

建筑物热力入口装置做法：

1）户内供暖为单管跨越式定流量系统时，热力入口应设自力式流量控制阀；室内供暖为双管变流量系统时，热力入口应设置自力式压差控制阀。两种控制阀两端的压差范围宜为8~100kPa。

2）热力入口供水管上应设两级过滤器，顺水流方向第一级宜为孔径不大于3mm的粗过滤器，第二级宜为60目的精过滤器。

3）应根据供暖系统的热计量方案，确定热力入口是否设置总热量表。设总热量表的热力入口，其流量计宜设在回水管上，进入流量计前的回水管上应设滤网规格不小于60目的过滤器。

4）供回水管上应设必要的压力表或压力表管口。

5）热力入口供回水管上应设置截止阀，供回水管之间应设旁通管和阀门。

典型的建筑物热力入口装置如图4-2所示。

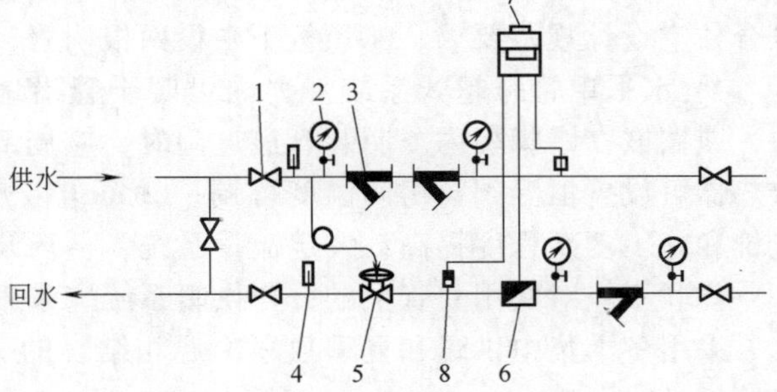

图4-2　典型的建筑物热力入口装置

1—阀门　2—压力表　3—过滤器　4—温度计
5—自力式压差控制阀或流量控制阀
6—流量传感器　7—积分仪　8—温度传感器

（2）共用水平干管和共用立管　建筑物内共用水平干管不应穿越住宅的户内空间，通常设置在住宅的设备层、管沟、地下室或公共用房的适宜空间内，并应具备检修条件。共用水平干管应有利于共用立管的布置，并应有不小于0.002的坡度。

建筑物内各副共用立管压力损失相近时，共用水平干管宜采用同程式布置。建筑物内共用立管宜采用下供下回式，其顶端设自动排气阀。

除每层设置分水器、集水器连接多户

的系统外，一副共用立管每层连接的户数不宜大于3户。

新建住宅的共用立管，应设在管道井内并应具备从户外进入检修的条件。既有住宅改造或补建工程的共用立管，宜设在管道井内或者户外的共用空间内。

2. 户内供暖系统

户内供暖系统应与采用的热计量方式相适应。通常是指采用户用热量表的一户一环的系统形式，由户内供暖系统入户装置、户内的供回水管道、散热器及室温控制装置等组成。

(1) 户内供暖系统入户装置　采用户用热量表计量方式时，户内系统入户装置包括供水管上的锁闭调节阀（或手动调节阀）、户用热量表、滤网规格不低于60目的水过滤器及回水管上的锁闭阀（或其他关断阀）等部件。典型的户内系统热力入户装置如图4-3所示。

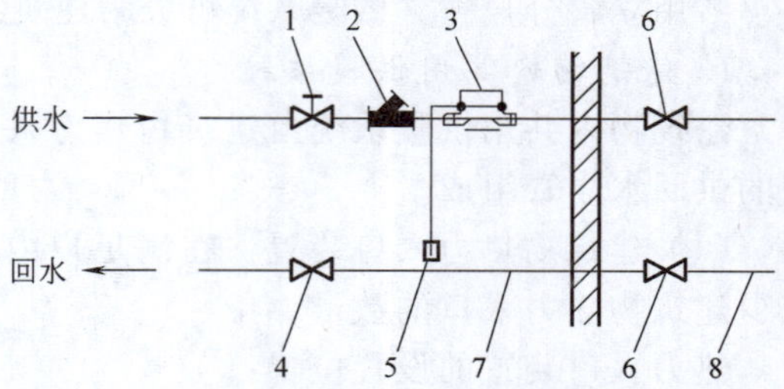

图4-3　典型的户内系统热力入口装置

1—锁闭调节阀　2—过滤器　3—热量表
4—锁闭阀　5—温度传感器　6—关断阀
7—热镀锌钢管　8—户内系统管道

新建住宅的户内系统入户装置，应与共用立管一同设于邻楼梯间或户外公共间的管道井内。管道井应层层封闭，其平面位置及尺寸应保证与之相连的各分户系统的入户装置能安装在管道井内，并具备查验及检修条件。管道井的门应开向户外。

既有住宅改造或补建工程户内系统的入户装置，宜设于安装在楼梯间的热量表箱内。

(2) 户内供暖系统形式　根据住宅建筑平面、装饰标准、施工技术条件的不同，对采用共用立管分户独立供暖系统的户内管道布置，可采用以下几种形式：

1) 放射双管式系统或低温热水地板辐射供暖系统。户内管道暗敷在本层地面垫层内。系统特点：①室温独立调节；②变流量系统，节能；③室内无立管，美观；④可方便地通过散热器手动跑风排气；⑤适合塑料管道无接口安装；⑥地面需设垫层。

2) 下供下回水平双管式系统。户内供、回水干管沿地面明装或暗敷在本层地面下沟槽或垫层内，或镶嵌在踢脚板内。明装管道过门时，应局部暗敷在沟槽内。系统特点：①每组散热器温度相同，散热器可独立调节；②变流量系统，节能；③室内无立管；④可方便地通过散热器手动跑风排气；⑤地面需设垫层，如地面上明装过门不易处理，如下层明装不美观，对邻户有影响。

3) 上供上回水平双管式系统。户内供、回水干管沿本层顶棚下水平布置。系统特点：①每组散热器温度相同，散热器可独立调节；②变流量系统，节能；③管道不出户，易于管理，符合住宅设计规范要求；④顶板下敷设两根明管，影响室内美观。

4) 水平单管跨越式系统。户内供暖干管沿地面明装，或暗敷在本层地面下沟槽或垫层内，或镶嵌在踢脚板内。明装管道过门时，应局部暗敷在沟槽内。系统特点：①采用跨越管，散热器可设置恒温阀，房间温度可调；②每组散热器上设置恒温阀和跨越管，将会使工程的造价和施工复杂程度提高；③定流量系统，循环泵不节能。

并联于一对共用立管上的分户供暖系统应采用相同的布置方式。

采用冬季集中供暖和夏季独立冷源相结合的分户空调系统时，应便于供暖和供冷系统之间的切换。

4.3.2　高层住宅分户热计量系统

高层住宅分户计量供暖系统，采用共用立管分户独立供暖系统时，每副共用供回水立管每层连接的户数不宜大于3户，当每层户数较多时，应增加共用立管数量或采用分集水器连接。

建筑物高度超过 50m 时，共用立管应根据系统水力平衡、散热设备承压能力以及管材的性能等因素进行竖向分区设置，并应考虑管道热补偿问题。户内系统采用金属管道和散热器时，竖向分区应保证各区供暖系统最低层最低点散热器处的工作压力不大于散热器本身的承压能力；户内管道采用塑料或复合管材时，应保证各区供暖系统最低层最低点管道处的工作压力不大于管材的承压能力。对钢制、铜铝复合型或钢铝复合型等工作压力较高的散热器，采取一定措施可以突破该分区限制。当每户采用独立换热机组时，只要换热器承压足够，分区的建筑高度还可加大。

因高层住宅封闭性强，住户复杂，热量表应尽量出户，土建应预留足够的管井空间。

4.3.3　既有集中供暖住宅分户热计量改造

1. 既有住宅供暖系统存在的问题

既有住宅供暖系统形式有双管上供下回式、双管下供下回式、垂直单管跨越式、垂直单（双）管上供中回式、单双管式（多级双管式）、分区供暖等，它们有各自的特点，但存在以下问题：

（1）调控困难、能源浪费严重　无论室内系统还是室外供暖管网，由于缺乏有效的调节手段，多存在严重的水力工况失调，造成热用户冷热不均。一些用户的室温达不到设计要求，影响正常生活；而另一部分用户则室温过高，需要开窗散热，造成热能浪费。供暖部门为了保证尽可能多的用户达到供暖标准，只得加大循环流量，系统以“大流量、小温差”方式运行，致使能耗加大。由于供暖用户缺少有效的调控设备，当居民外出或上班，无法调节室内温度，使热能白白浪费。

（2）供暖费收取不合理，收费困难　由于既有系统无法进行有效热计量，供暖部门按供暖面积计取供暖费，跟用户实际用热多少无关，用户缺乏自主节能意识。达不到室温要求的用户怨声不断，供暖费收缴困难。供暖体制形成恶性循环，极大地阻碍了社会进一步的发展。

（3）系统管理困难　当某一用户欲停止供暖或拒交供暖费，系统缺乏关闭措施。为旧建筑增设供暖系统，当某一用户不配合时，系统本身很难处理。当某一组散热器出现故障需要维修，需多家留人方可进行。自动排气阀的管理困难。

2. 既有住宅供暖系统的分户热计量改造

改造的途径有两个，一是结合室内管道更新，拆除原系统，按满足分户热计量的要求重新设计；二是尽量利用原系统，进行适度改造，满足控温、计量的基本要求。

（1）双管系统改造方案（表 4-6）

（2）单管系统改造方案（表 4-7）

分户热计量改造要点：

单管跨越式系统由于已有跨越管，改造内容可参照表 4-7，视情况增设恒温阀、锁闭阀、热分配表等。

表 4-6　双管系统改造方案

序号	改造内容	图示	特点
1	锁闭阀、恒温阀、热分配表	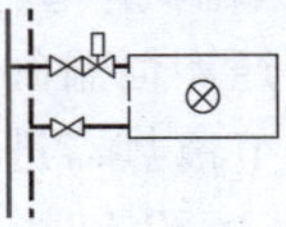	1. 节能效果明显 2. 热量准确计量 3. 收费管理方便 4. 投资较高
2	恒温阀、热分配表	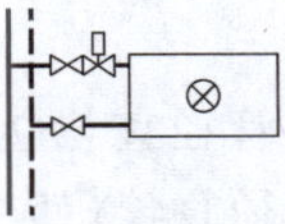	1. 无法强制收费 2. 热量准确计量 3. 收费管理方便

（续）

序号	改造内容	图示	特点
3	锁闭阀、热分配表	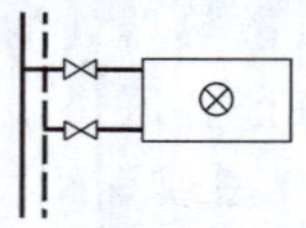	1. 舒适性、节能性差 2. 收费管理方便
4	热分配表	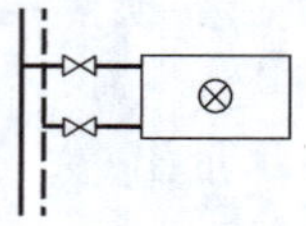	1. 保证收费 2. 造价低
5	恒温阀、热力入口设热量表	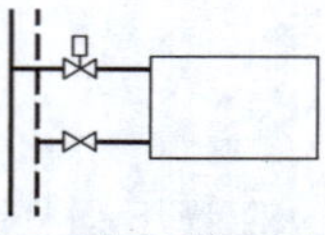	1. 舒适性、节能性好 2. 造价低 3. 不适用于住宅，适用于办公、宾馆等公共建筑

表 4-7 单管顺流式系统改造方案

序号	改造内容	图示	特点
1	增设跨越管、三通锁闭阀、恒温阀和热分配表	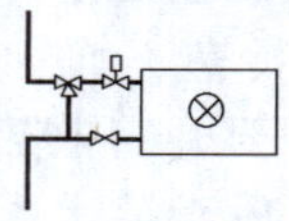	1. 满足计量、温控、锁闭各项要求 2. 造价太高
2	跨越管、恒温阀、热分配表	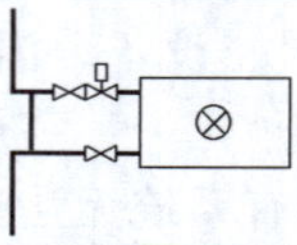	不具有锁闭功能
3	跨越管、热分配表	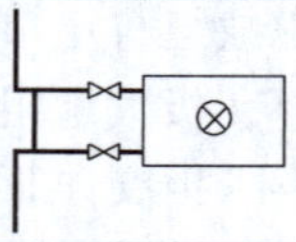	普通手动调节阀或截止阀代替恒温阀，节能效果有限，造价低
4	跨越管、锁闭阀、热分配表	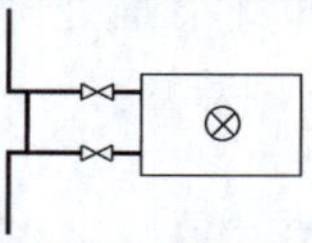	保证热费收缴
5	跨越管、恒温阀、供暖入口设热表	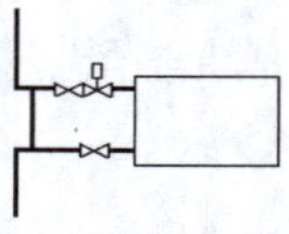	不适于住宅
6	热分配表、供暖入口设热量表	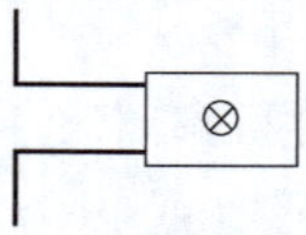	适用于仅要求分户计量收费的住宅

根据室内供暖系统形式确定散热器支管恒温阀或调节阀型号、规格。垂直单管系统应采用低阻力恒温阀，垂直双管系统应采用高阻力恒温阀。垂直单管系统可采用两通型恒温阀，也可采用三通型恒温阀，垂直双管系统应采用两通型恒温阀。

垂直单管系统三通调节阀的主要作用在于调节散热器进流系数，避免“短路”，同时便于管理。当散热器进流系数通过管径匹配可以保证≥30%时，可不设三通调节阀，而采用两通调节阀代替。

当设三通调节阀时，垂直单管系统的跨越管管径宜与立管管径相同，不设三通调节阀时，特别是散热器为串片等高阻力类型时，跨越管管径宜较相应立管管径小一号。

由于以下原因，系统改造时宜将原有的散热器罩拆除：原有垂直单管顺流系统改造为设跨越管的垂直单管系统后，上部散热器，特别是第一、二组散热器的平均温度有所下降；单双管系统改造为设跨越管的垂直单管系统后，散热器水流量减小；散热器罩影响感温元件内置式的恒温阀和热分配表的正常工作；散热器罩拆除后，所增加的散热量基本可以补偿由于系统变化对散热器散热量的不利影响。当散热器罩不能拆除时，应采用感温元件外置式的恒温阀。

既有住宅室内供暖系统实施计量供暖改造后，应对相应的室外管网系统重新进行平衡计算和水压图分析，以保证建筑物热力入口处具有足够的资用压差。

改造系统若采用共用立管的分户独立系统，应按新建系统要求设计。

4.4　供暖系统按热收费办法

如前所述，建筑节能应从提高围护结构保温性能、改善门窗密闭性，以及通过提高供暖系统运行效率来实现。从供暖系统来看，可分为热源、管网及用户三部分。在热源及管网部分，近年来国内许多部门做了大量、有效的工作，在实现节能目标上获得了显著的成绩。但还没有用户自行调节室温的手段，楼内室温不能保持在用户要求的室温范围；供暖费按面积收取，不能激发居民的自觉节能意识。因此，供暖用热计量并向用户收费已经势在必行。我国 1998 年通过试点已取得一定的成效，并开始推广，2000 年在重点城市成片推行，住建部截至 2010 年 9 月的统计显示，全国开展热计量改革的城市有 86 个，占总数的 69%。

要实现供暖系统按热收费，首先要让用户能自主调节室温，这涉及散热器恒温阀；要做到热量计量，需要有热量计量手段及设备，这涉及热（量）表及热量分配表；还要解决水系统由定水量转化为变水量后产生的新问题，本节针对以上问题做初步探讨。

4.4.1　室温调节

要使用户能够自行调节室温，就需要在散热器上安设散热器恒温阀，同时当室内有“自由热”（又称“免费热”，如阳光照射，室内热源——炊事、照明、电器及居民等散发的热量）时，恒温阀能自行调节进水量，保持室温恒定，不仅提高了室内舒适度，而且节能。

1. 散热器恒温阀的构造及工作原理

散热器恒温阀（又称温控阀、恒温器等）是实现供暖房间温度控制和供暖系统节能的重要部件。其形式有直通阀、角阀、三通阀，由恒温控制器和调温器两部分组成，如图 4-4 所示。安装在每台散热器的进水管上，用户可根据对室温高低的要求，调节并设定室温。

恒温阀的恒温控制器是一个带少量液体的充气波纹管膜盒，当室温升高时，部分液体蒸发变为蒸汽，它压缩波纹管关小阀门开度，减少了流入散热器的水量。当室温降低时，其作用相反，部分蒸汽凝结为液体，波纹管被弹簧推回而使阀门开度变大，增加流经散热器水量，恢复室温。这样恒温阀就确保了各房间的室温，避免了立管水量不平衡，以及单管系统上层及下层室温不均问题。同时，更重要的是当室内获得“自由热”而使室温有升高趋势时，恒温阀会及时减少流经散热器的水量，不仅保持室温合适，同时达到节能目的。

恒温阀属于比例控制器，即根据室温与恒温阀设定值的偏差，比例地、平稳地打开或关闭阀门。阀门的开度保持在相当于需求负荷位置处，其供水量与室温保持稳定。相对于某一设定值时恒温阀从全开到全关位置的室温变化范围称之为恒温阀的比例带，通常比例带温度为 0.5~2.0℃。

2. 恒温阀的选择

1）恒温阀应根据供暖系统形式合理选用。一般来说，双管系统（水平、垂直）应采用直

a) 散热器恒温阀外形图　　b) 散热器恒温阀作用原理图

图 4-4 散热器恒温阀

通高阻阀；单管系统设于供水支管时应采用直通低阻阀，设于三通处应采用三通低阻阀；楼层数较多的双管系统应采用带有预设定的恒温阀。

2）恒温阀的比例带表征恒温阀的调节精度，比例带选择过小，调节精度高，但容易造成阀门频繁动作，形成振荡，影响使用寿命；比例带过大，控制的稳定性提高，但调节精度降低。目前我国还没有这方面的规定，欧洲的恒温阀标准采用2K温差，可作为设计参考。

按通过恒温阀的流量和压差选择恒温阀规格。但由于散热器支管管径都较小，一般可按接管公称直径选择恒温阀口径，然后校核计算通过恒温阀的压力降。此时用到阀门的阻力系数 K_v 值。K_v 值是用来表征阀门流通能力的重要参数，定义为：当阀门两端的压差为 1×10^5Pa 时，通过该阀门的流量（m^3/h）。表示为

$$K_v = G/\sqrt{\Delta p} \tag{4-3}$$

式中 G——流经恒温阀的热媒流量（kg/h）；

Δp——流经恒温阀的压力损失（Pa）。

阀门从关闭到全开，K_v 值是变化的。当阀门全开时 K_v 值表示为 K_{vs}。恒温阀厂家应提供 K_v 值和 K_{vs} 值，用于计算流经阀门的压力降。一般全开时恒温阀两侧压力降不超过 0.02MPa。

3）恒温阀温度调节范围可从关闭点（0℃），也可从防冻保护点（6℃或7℃）开始，应具体分析选用。严寒地区，当全关有可能冻坏设备或管道时，要求恒温阀必须具备防冻保护功能，但这时用户无法进行检修关断，所以应在系统上增加检修阀门。当有的地区关闭局部散热器不会引起设备冻坏时，也可选择完全关闭型。

4）垂直双管系统应尽可能通过水力计算由管道系统解决垂直失调问题，利用恒温阀解决垂直失调可能导致阀门两端压差过大，产生噪声。当利用具有预调节功能的恒温阀通过预调节解决垂直失调时，则应注意，由于阀孔减小，对水质的要求更高。如水质不能保证，阀门极易堵塞失效。

3. 恒温阀的安装

散热器恒温阀安装在每台散热器的进水管上，用户可根据对室温高低的要求，调节并设定室温。由于单管系统（不带跨越管）中热水一般自上顺流而下，如果安装了恒温阀，上一层的室温变化引起的热水流量变化会影响到下一层，所以，恒温阀不能简单地直接应用于单管系统，在单管系统中，必须在每组散热器进出口管间安设跨越管后才能应用恒温阀。由于恒温阀原本就是按双管系统应用而设计的，所以在消除管路水力不平衡方面考虑得比较周到，双管系统各层不同的自然循环压力引起的竖向水力失调是可以由恒温阀来解决的。与单管系统相比，双管系统由于每组散热器的进出口水温的温差大（基本上为供、回水温差），水量与

散热量的关系比较敏感。而单管系统中散热器进出口水温差小，水量与散热量的关系不敏感。如水温差为5K时，对于水量由0%增加到30%，散热量已达到90%。而水量由30%增大至100%时，散热量仅增加10%。此外，双管系统设计方便，对于上下层相同负荷的房间，可取相同容量（规格）的散热器，不必像单管系统那样，要做传热系数修正以及散热器容量修正。

同时恒温阀安装时应注意以下几点：

应正确安装恒温阀阀体，使调温器处于水平位置。恒温阀水平安装一是为了防止管道、阀体表面散热影响恒温阀及时正确地动作；二是防止重力作用对恒温阀感温介质的影响。

恒温阀的温包应能正确感受房间内空气的温度，不被暖气罩、落地窗帘、家具等遮挡。否则，应采用带远程温感器或带遥控调节的调温器，并注意其毛细管不能弯折压扁。

恒温阀阀体安装应注意水流方向。阀体安装完毕先用一个螺母罩保护起来，并通过它来操作阀门，直到交付用户使用才可安装调温阀。安装调温阀时，应先将手轮设置在最大开启位置。调温阀安装在阀体上应使标记位置朝上。恒温阀安装时应确保调温器处于水平位置。

恒温阀安装前应对管道和散热器进行彻底的清洗。热力入口必须安装过滤器，并要及时清理保持畅通。

恒温阀安装位置应远离高温物体表面。

4. 散热器恒温阀的节能效益

我国尚未推广应用散热器恒温阀。北京市热力公司近几年在北京市节能示范工程中应用了丹麦供暖系统自控技术，取得了很好的效果。示范工程选在会城门国家计委住宅小区，该小区供暖管网分为东西两区，西区包括两幢高层建筑及两幢低层建筑，总建筑面积4.8万m^2；东区包括七幢多层建筑，总建筑面积6.4万m^2。示范工程选择西区两幢高层（18层）及东区四幢多层（6层）住宅，西区两幢高层供暖系统采用高环及低环单管顺流加跨越管，每幢楼入口处设自动控制设备，东区两幢不采取控制措施，按常规单管顺流式（上供下回）；另两幢采用下供下回双管式，并在每组散热器的入口处设丹麦丹弗斯（Danfoss）散热器温控阀，同时入口设自动控制设备。经供暖季实测，其有关的结论为：①单纯的单管顺流式系统最大室温失调达4℃，带散热器温控阀的双管系统最大失调度仅为1℃，可见温控阀对减轻竖向失调起到了至关重要的作用；②单管顺流式加跨越管减轻垂直失调是行之有效的；③如果供暖系统安装了散热器温控阀，则可节能20%~30%；④安装散热器恒温阀后，不仅提高了室内舒适度，同时能降低能耗。

4.4.2 热量计量

为了实现供暖系统按实际耗热量来收取费用，在供暖系统中必须要有计量热量的仪表，以下做一叙述。

1. 热量计量方式

1）采用分户热量表直接测量供暖系统供给热用户的热量。

2）采用蒸发式或电子式热分配表测量每组散热器的相对用热量，结合楼用总热量表确定用户用热量。

3）采用热水表测量供给热用户的热水流量。造价低廉，但由于未考虑不同用户处的水温差异，误差较大。

4）测量室内外温度并对时间积分计算热用户的热负荷。造价低廉，但无法计量用户开窗散热造成的热损失。

5）测量室内温度及散热器平均温度并对时间积分计算散热器的散热量。缺点与4）相同。

结合我国的国情，从计量的准确性以及可操作性上来讲，采用分户热量表和热分配表的热计量方式是较为合适的做法。根据供暖系统形式不同，采用的热计量方式也不同。共用立管分户独立供暖系统形式，宜采用分户热量表方式；采用垂直双管系统或垂直单管跨越式系统，宜采用每组散热器上分设热分配表方式。前者适用于新建住宅建筑，后者适用于既有住宅分户热计量改造。通过经济技术比较合理时，共用立管分户独立供暖系统也可采用热分配表计量方式。

2. 热量表

热量表是通过对热媒的焓差和质量流量在一定时间内的积分，得出某一系统使用的热量，热量表实质上是一台热水热量积算仪，热水供暖系统的小时供热量可由下式计算，即

$$Q=q_m(h_2-h_1)=\rho q_V(h_2-h_1) \tag{4-4}$$

式中 Q——供热量（kJ/h）；

h_1、h_2——供水和回水的比焓（kJ/kg）；

q_m——水的质量流量（kg/h）；

ρ——水的密度（kg/m^3）；

q_V——水的体积流量（m^3/h）。

由式（4-4）可知，要测得热量，应该测量出水的焓值、密度和体积流量。热水的体积流量可由安装于回水管上的流量计测得（利用电磁原理、超声原理或涡轮的频率信号等），而焓值及密度则为温度的函数，一般用铂电阻温度计测出供回水温度。因此，热量表是由流量传感器、供回水温度传感器及微处理器组成的。

因为流量计测得的是体积流量，所以换算成质量流量时，应考虑水的密度随温度的变化。同理，水的比热容随水温的不同也不同，对于供回水温度不同的两个工况，即使温差相同，所携带的热量也不同。

热量表种类根据计量介质的温度可分为热量表和冷热计量表，统称为热量表；根据流量测量元件不同，可分为机械式、超声波式、电磁式等；机械式又有单流束机心和双流束机心；根据热量表各部分的组合方式，可分为流量传感器和计算机分开安装的分体式，组合安装的紧凑式，以及计算机、流量传感器、供回水温度传感器组合在一起的一体式。

热量表规格的选定，不能以供暖系统入口管径为准。户用热量表与建筑热力入口热量表选择时，应对住户的情况做仔细的分析，了解用户的用热习惯。在此基础上，确定每户及每个系统的额定流量、最大流量、最小流量，结合热网运行情况（如供回水温度的最高及最低温度、最大及最小温差）来选定。

测总热量时，热量表应该安装在每幢楼的入口处，或者小区的总供水管（或几条干管）处，或锅炉房（热力站）的总供水管上。分户计量时，热量表可安装在每户入口管处，如上节所述，这样做还要解决一些技术问题，如室内供暖管系统改为水平串联后的计算方法，室内供暖管网跨过门口的措施。

热量表的测量原理明确，测量数值准确，而且直观、可靠、读数方便，技术比较成熟。我国已有相应的行业标准《热量表》（CJ/T 128—2007），国际上有欧洲标准EN1434（热计量表）。

3. 热量分配表

热量分配表，简称热分配表，有蒸发式和电子式两种。蒸发式热分配表如图4-5所示。

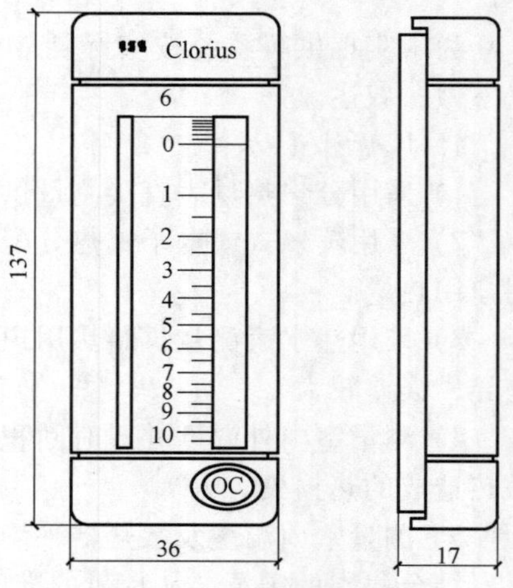

图4-5 蒸发式热分配表

蒸发式热量分配表中安装有细玻璃管，管内充有带颜色的无毒的化学液体，上口有一个细孔，后为一导热板，当分配表紧贴散热器安装后，热量分配表内的测量

液体由于散热器表面的热效应而蒸发。沿着液体管标有刻度，可以读出蒸发量。对于某一确定的测量液体，其蒸发速度与散热器的表面温度密切相关，散热器表面温度越高液体蒸发越快。某一段时间内测量液体的蒸发量表征了散热器表面温度对时间的积分值，实际上也反映了散热器的散热量的相对大小，但是其读数并不能直接得出散热器的散热量值，必须把楼用总热量表的读数及与该热量表连接的所有热量分配表的读数联系起来，才能得到每个散热器的实际散热量。

由于蒸发式热量分配表的测量结果只和散热器的温度和时间有关，其他因素的不同并不能体现出来，因此要对热量分配表的读数进行修正才能参与用户用热量的计算。一般考虑的修正系数包括以下几种：散热器功率修正、传热热阻修正、房间设定温度修正等。

散热器功率修正是用来修正类型相同，但额定功率不同的散热器上热量分配表读数的，它一般为各个散热器在标准状况下的散热量。传热热阻修正是用来修正因散热器形式不同，使得热量分配表与散热器表面传热热阻不同，从而对蒸发液的蒸发量产生影响。房间设定温度修正考虑房间设定温度与热量分配表标定温度（一般为20℃）之间的差别对读数的影响。

另外还要考虑散热器连接方式、每组散热器片数以及不同房间在整座楼的位置等的修正系数。

蒸发式热量分配表造价低廉、易安装、寿命长，对供暖系统无限制。其缺点是测量受散热器类型、规格尺寸、供暖能力、散热器位置等多方面的影响，需要有大量的试验工作；需要考虑以上多种因素来进行热量计算，计算工作量大，结果不直观；其安装位置、安装方法有严格要求，每年需要入户更换每个分配表的玻璃管和进行读表。我国已有相应的行业标准《蒸发式热分配表》（CJ/T 271—2007），国际上有欧洲标准EN835（蒸发式热分配表）。

电子式热量分配表的使用方法与蒸发式相近。它直接测定室内温度及散热器平均温度，将测得的散热器平均温度与室温差值存储于微处理器内，高集成度的微处理器可预先写入程序，也可根据需要进行现场编程。由于采用双传感器测量，使其测量具有较高的精度和分辨率。热量的显示可以现场读表，也可以远传集中读表，而且不必每年更换部件，管理方便。但造价高于蒸发式热量分配表。我国已有相应的行业标准《电子式热分配表》（CJ/T 260—2007），欧洲标准为EN834。

热量分配表应安装于正面的平均温度处（散热器宽度的中间，垂直方向偏上1/3处），安装时采用夹具或焊接螺栓的方式使导热板紧贴在散热器表面。

4.4.3 热计量收费办法

1. 热价组成

热是一种特殊的商品。目前，在我国热价的确定不仅仅是个技术经济问题，还涉及诸多社会问题和政策问题。对于供暖企业，热价包括生产成本和盈利。生产成本是指生产过程中各种消耗的支出，包括供暖设备的投资、折旧，锅炉的煤耗、水泵电耗、软化水的药、水耗，人员工资等，而盈利则包括企业利润和税金两部分。我国目前的热价难以确定，其主要原因之一就是我国的供暖企业95%都为国有，其制热和输配设施的归属与折旧难以确定。对于新建住宅小区的锅炉房，其供暖设施都已包括在房屋的配套费中，也就是说这些供暖设施都是住户的财产，热价的确定比较容易，不含设备折旧、利息和税收，仅包括：消耗的燃料及其运费，系统运行的耗电费，设备的操作、监控和养护，由专业人员对设备的运行可靠性、安全性所进行的定期检查和设定，设备和工作间的清洁维护，环保监测，热费计量装置及使用。

由于供暖系统的特殊性，国外供暖系统发达的国家一般执行两部热价法。其一为固定热费，也称容量热费，即仅根据用户的供暖面积收费而不管用户是否用热或者用热多少收取的费用。其二为实耗热费，也称热量热费，是根据用户实际用热量的多少来分摊计算的热费。

固定热费的收取基于以下理由：

1）为用户供暖兴建的锅炉房、供暖管网等固定资产的年折旧费和投资利息以及供暖企业管理费用等，并不因为使用或停用、用的多少而变化，这部分费用应由用户按建筑面积分摊。

2）建筑物共用面积的耗热量以及公共的供暖管道散热未包括在各户热量表的读值内，此部分热量应由各户分摊。

3）由于热用户所处楼层、位置不同，其外围护结构数量不同，部分用户要多负担屋顶、山墙、地面等围护结构的耗热量，而这些围护结构是为整个建筑、所有用户服务的，应由所有用户分摊。

4）邻室传热的存在，使得某户当关小或关闭室内散热设备时，可以从邻户获得热量，而这部分热量显然未包括在该户的热计量表读值内，需另外收取予以补偿。

固定热费与实耗热费的比例的确定与建筑物性质（如为住宅、商业、办公等）、能源种类（如煤、天然气等）、热源形式（如集中供暖的一次供暖、二次供暖等）等有关。固定热费比例高，有利于供暖企业的收费，但不利于用户的节能。在“欧洲计量供暖协会”的《计量供暖指南》和德国标准 DIN4713 第五部分中都明确界定了这两部分的比例。固定热费应占总热费的 30%~50%，实耗热费应占总热费的 70%~50%。德国规定一般取 50%作为固定部分的上限。我国应根据各地的情况，摸索一个适合当地气候、能源、建筑围护结构状况、供暖企业运行等方面的分配比例。国内一些研究与试点工程在这方面做了一些探索。

2. 热价制订

热费分摊的原则是用热公平、公共耗热量共摊的原则。不同楼层、不同建筑位置但户型相同、面积相同的用户维持相同的室温所缴纳的热费相同，不应受到山墙、屋顶、地面等外围护结构及户间传热的影响。

无论是分户热量表还是热分配表的读值，它们仅反映了用户室内用热量的多少。基于上述原则，耗热量与邻户传热耗热量应计入各户的热费中。这部分耗热量是与各户的建筑面积相关联的，与其相关的热费也应与建筑面积相关。因此，用户的热费应为

$$C_{Ti}=C_{Bi}+C_{mi} \tag{4-5}$$

式中 C_{Ti}——某户的年度供暖费（元/年）；

C_{Bi}——与该户建筑面积相关的基础热费（元/年）；

C_{mi}——按热表读值确定的实耗热费（元/年）。

供暖站所收缴的全部费用应为

$$\sum C_{Ti}=x\sum C_{Ti}+\sum C_{mi} \tag{4-6}$$

式中 $\sum C_{Ti}$——供暖站全部用户所缴纳的费用，理论上等于供暖站总预算 C_T，包括供暖站运营成本及合理盈利；

x——按面积收取的费用占总费用的比例，一般 $x=0.3\sim0.5$

$$x=\sum C_{Bi}/\sum C_{Ti} \tag{4-7}$$

$\sum C_{mi}$——全部用户实耗热费（元/年）

$$\sum C_{mi}=\sum C_{Ti}(1-x) \tag{4-8}$$

由于沿程热损耗等因素，供暖站所供给的总热量 Q_T 与供暖站全部用户热量表读值总和 $\sum Q_i$ 存在一定差额。因此，在计算每 1kW·h 热价时，应考虑予以补偿，即

$$\sum Q_i=\gamma\sum Q_T \tag{4-9}$$

根据不同情况，$\gamma=0.90\sim0.97$。

按各用户热量表读值的计费热价 C［元/(kW·h)］为

$$\begin{aligned}C&=\sum C_{mi}/\sum Q_i=\sum C_{Ti}(1-x)/\sum Q_i\\&=(1-x)C_T/(\gamma Q_T)\end{aligned} \tag{4-10}$$

按各户建筑收取的基本费用 P（元/m^2）为

$$P = x \sum C_{Ti} / \sum A_i \tag{4-11}$$

式中　$\sum A_i$——供暖站各户供暖面积的总和。

各地供暖主管部门可会同物价部门，根据各供暖站提供的年度报表、年度预算等资料，选择具有先进性、代表性的供暖企业的成本，制订出本地区的合理收费指标 x、C 及 P 值。

3. 应用中的问题

虽然热分配表可以客观地表示该组散热器在一个供暖季的散热量，似乎按它来收取供暖费是合理的。但是每户居民在整幢建筑中所处位置不同，即便同样保持室温 18℃，其热分配表上显示的数字却是不相同的。比如顶层住户会有屋顶，与中间层住户相比多了一个屋顶散热面，为了保持同样室温，散热器必然要多散发出热量来；同样，对于有北向外墙的住户会比有南向外墙的住户在保持同样室温时多耗热量。所以，要在我国供暖系统中应用热分配表，要做好两件事：

1）实测两个修正值。一是因散热器类型不同的标准散热量修正，另一个是热分配表中液体温度与散热器中平均水温的关系，这涉及散热器热量传递至热分配表液体的效率问题，用修正系数 C 表示；建立标准的试验台，可以对不同类型的散热器进行测试，获得散热量与温差关系式和 C 值。应该说，得到热分配表两个修正系数的技术问题及测试条件国内已经基本具备。

2）合理收费问题。这个问题涉及面较广，从技术角度来说，应该根据各种不同的住宅设计类型、不同时期建筑的围护结构及门窗的热工性能（传热系数等）、不同朝向，在同样室温（如 18℃）条件下，开发出实用的软件来计算出各户的耗热量，由此确定出热分配表读值的修正数。

4.4.4　系统的控制

散热器恒温阀实现了用户能自行调节室温，热分配表配合热量表可以推算出每户实际耗热量，这是按热量收费必不可少的设备。但由于安设了散热器恒温阀，供暖系统呈现出变水量的特点。如果水泵运行工况不变，当系统中某些环路中的恒温阀关小时，会引起一些环路上恒温阀承受的压差增高，恶化了控制性能；从另一方面来说，系统总水量需求减少，也应该应用（变频）调速水泵节省水泵的电耗。

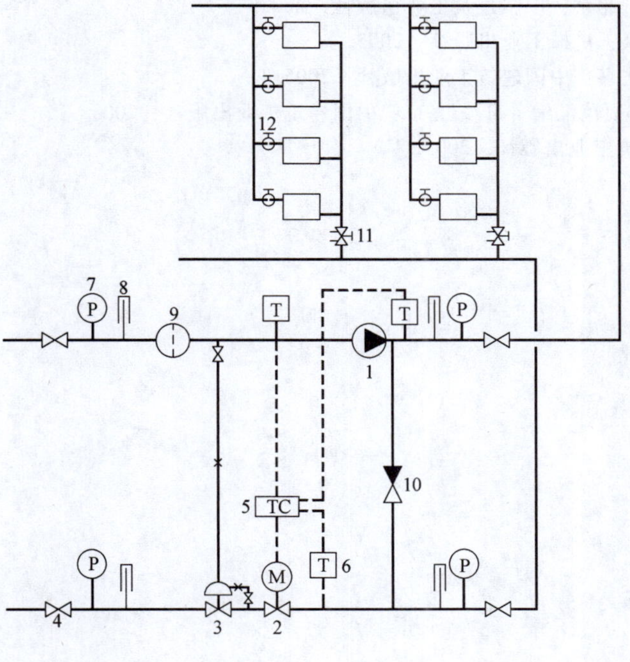

图 4-6　北京会门示范小区建筑入口处及室内供暖系统控制图

1—循环泵　2—电动阀　3—压差控制阀　4—截止阀　5—控制器　6—温度传感器　7—压力表　8—温度表　9—除污器　10—逆止阀　11—平衡阀　12—散热器温度控制阀

另外，建筑逐日的供暖热负荷是随室外气温变化而变化的，从保证供暖品质及节能来说，应该确保锅炉（或热力站）供暖量始终与建筑的需热量保持一致。国内外已开发了这种锅炉量化管理仪表，国外称之为“气候补偿器”，国内称之为“供暖系统量化管理仪”。其原理是通过分析当地不同类型建筑物供暖热负荷随室外空气温度变化的规律，在仪表中储存了若干条供水温度随室外空气温度变化的调节曲线，同时仪表还具有在一定范围内平移及改变曲线倾斜度的功能，以满足不同地区及运行工况的需要。用户根据实际使用情况，可以选择一条合适的曲线。仪表有平均室外气温传感器（或还具有典型房间室温检测传感器），并由室外气温根据上述调节曲线自动显示出此时供暖系统正确的供水温度值。

北京会城门示范小区的热力站实行了自动控制，采用变速泵技术，水泵的转速按小区内最末端建筑入口压差自动控制。图 4-6 所示为北京会城门示范小区建筑入口处及室内供暖系统控制图。

思考题

1. 平衡阀除了有调压的功能，还有什么作用？
2. 从热源方面考虑，如何设计供暖系统才更节能？
3. 分户计量供暖系统为什么比较节能？目前存在的问题是什么？
4. 连续供暖与间歇供暖哪种方式更浪费能源？
5. 从节能角度考虑，室外供暖管网应怎样设计？
6. 分户热计量热水供暖系统有哪些形式？简述其各自的系统特点。
7. 怎样才能保证室外管网的水力平衡？
8. 简述热量表的原理。
9. 简述安装散热器恒温阀的优缺点。
10. 分析锅炉排污水在节能技术方面的应用。

参考文献

[1] 付祥钊. 夏热冬冷地区建筑节能技术 [M]. 北京：中国建筑工业出版社，2002.
[2] 徐占发. 建筑节能技术实用手册 [M]. 北京：机械工业出版社，2005.
[3] 薛志峰. 超低能耗建筑技术及应用 [M]. 北京：中国建筑工业出版社，2005.
[4] 建设部建筑节能办公室. 建筑节能技术标准规范汇编 [M]. 北京：中国建筑工业出版社，2003.
[5] 涂逢祥. 建筑节能 41 [M]. 北京：中国建筑工业出版社，2003.

5

第5章 空调系统节能技术

5.1 空调系统节能的途径

5.1.1 概述

空气调节是将经过各种空气处理设备（空调设备）处理后的空气送入要求空调的建筑物内，并达到室内所要求的空气参数，即温度、湿度、气流速度和洁净度等。不同的建筑特征和工艺要求，采用不同的空调方式（包括空气处理设备和空调系统）。为此，需要消耗的能量很大，据美国对公共建筑和居住建筑能耗的统计，有1/4的建筑能耗用于空调，可见空调节能十分重要。

近年来，我国大城市都在兴建现代化办公楼和综合性服务建筑群（包括商场和娱乐设施）以及住宅小区，这些建筑中大多需要设置空调，因此，空调节能在我国也是一个迫切需要解决的问题。

空调系统很多，概括起来可分为两大类：集中式空调系统和分散式空调系统（包括局部方式），见表5-1。

表5-1 主要空调方式

类别	空调系统形式	空调输送方式
集中式空调系统	全空气系统	定风量方式 变风量方式(即VAV系统) 分区、分层空调方式 空气诱导方式 冰蓄冷低温送风方式
	空气-水系统	新风系统加风机盘管机组 诱导机组系统
	全水系统	水源热泵系统 冷热水机组加末端装置
分散式空调系统	直接蒸发式	单元式空调机加末端设备(如风口) 分体式空调器即VRV系统 窗式空调器
	辐射板式	辐射板供冷加新风系统 辐射板供冷或供热

目前，我国应用最多的空调方式为集中式定风量全空气系统和新风加风机盘管机组系统两种。

空调节能是一个综合性的研究课题，当前的研究方向主要在下列几方面：

1）随着电机、润滑、化工、材料等学科的技术引进和技术创新，制冷技术也将获得长足的发展。压缩机效率将进一步提高，空调制冷系统的能效比随之增加。

2）变频技术的应用，高效的直流变频压缩机结合先进的控制技术，极大降低了空调产品起动时强电流的冲击。

3）先进的软件设计，总体内部流量的精确控制与自动优化，使整个系统中压缩机、换热器以及电子控制元器件等达到最为准确合理的配置和运作，产品节能性将出现明显的进步。模糊控制 FLC 技术在中央空调中也将得到广泛的运用。在控制目标方面从早期的温度控制发展到以 PMV 作为控制基准。

4）耐腐蚀、耐高温、传热效率高、传热面积大、加工工艺性好的高效亲水铝箔与高效传热铜管及材料的研究与运用也将对中央空调产品的使用性能产生较大的推进作用。

5）由于中央空调广泛采用的 CFC 与 HCFC 类制冷剂对臭氧层的破坏和大气温室效应的产生有消极作用，应使得绿色制冷剂的研究和开发成为今后几年世界空调制冷行业的热点问题。

6）空调设备低能耗高效率研究，如能量回收设备、空气处理设备节能以及综合利用等。

7）空调方式综合措施研究，例如，高大容量采用分层空调，比全室空调可节能 30%～50%；采用下送风方式或高速诱导方式、多级喷口送风方式等，均可达到节能效果。

8）空调系统运行的节能，例如，多台机组根据空调部分负荷时调节台数提高运行效率，春秋季多利用室外空气以节约能源，利用自动控制进行多工况控制，减少冷热消耗等均可达到节能目的。

空调节能离不开建筑物的综合节能措施，如果能降低建筑物照明和内部设备的散热，增强建筑本身隔热保温性能，不仅自身得益，而且也相应减少了空气处理的能耗。我国已提出节能节电的要求。因此，空调节能不仅是技术措施，也是与国民经济方针政策密切相关的综合性问题。本节仅对常用空调方式，即空调设备和空调系统目前可采用节能途径的可能性进行分析探讨。

5.1.2 集中式空调节能途径

集中式空调系统是由集中冷热源、空气处理机组（又称组合式空调机组）、末端设备和输送管道组成。由于输送介质参数和方式不同，出现了各种不同的系统形式（表 5-1）。不论何种形式，都必须有空气处理和末端设备，因此，空调设备高效节能是必不可少的措施。

1. 空调设备节能措施

组合式空调机组是集中式空调方式的主要设备，也是主要耗能设备。其技术性能指标有 14 项，主要项目是机组的风量、风压、供冷量和供热量，如果匹配不当，不仅耗能较大，而且达不到预期效果，因此要求：

1）机组风量、风压匹配，选择运行最佳经济点运行，要求生产厂生产风机噪声低、效率高。

2）机组整机漏风要少。根据《组合式空调机组》（GB/T 14294—2008）的规定，机内静压保持 700Pa 时，机组漏风率不大于 3%，用于空气净化空调系统的机组；机组内静压保持在 1000Pa 时，机组漏风率不得大于 2%，洁净度要求不大于 1%。根据国外资料介绍：漏风率 5%，风机轴功率增加 16%；漏风率 10%，风机轴功率增加 33%；漏风率 15%，风机轴功率增加 50%。

目前我国生产的组合式空调机组漏风率一般都在 5%左右，只有少数生产厂生产的机组在 3%以内，这主要是产品结构和密封措施的问题。

3）空气热回收设备的利用。空气热回收设备有显热回收器和全热回收器两种，每种又分为静止式和转轮式。无论哪一种形式都是两种不同状态的空气同时进行热湿交换的设备，它主要用于回收空调系统中排风的能量，并将其回收的能量直接传递给新风。在夏季，利用排风或回风比新风温湿度低来降低新风的温湿度。在冬季则相反，利用排风或回风与新风进行热交换来提高新风的温湿度。该设备可单独设置在空调新排风系统中，也可作为组合式空调机组的一个功能段，一般可节省新风负荷量70%左右。自20世纪70年代初世界能源危机以来，一些工业发达国家把它作为空调行业的节能措施之一，得到了比较广泛的应用。我国从1979年开始研制这种显热和全热换热器（又称热回收器），由于要增加一次投资，国内产品较少，目前尚未广泛使用。随着空调节能技术的发展，今后将会很快得到应用。设备选择计算公式如下：

新风显热效率
$$m_t=\frac{t_1-t_2}{t_1-t_3} \tag{5-1}$$

潜热效率
$$m_d=\frac{d_1-d_2}{d_1-d_3} \tag{5-2}$$

全热效率
$$m_h=\frac{h_1-h_2}{h_1-h_3} \tag{5-3}$$

排风显热效率
$$m_t=\frac{t_4-t_3}{t_1-t_3} \tag{5-4}$$

潜热效率
$$m_d=\frac{d_4-d_3}{d_1-d_3} \tag{5-5}$$

全热效率
$$m_h=\frac{h_4-h_3}{h_1-h_3} \tag{5-6}$$

式中　t_1、d_1、h_1——分别为新风干球温度（℃）、含湿量（g/kg）、比焓（kJ/kg）；

t_2、d_2、h_2——分别为新风通过热回收器后的干球温度（℃）、含湿量（g/kg）、比焓（kJ/kg）；

t_3、d_3、h_3——分别为排风的干球温度（℃）、含湿量（g/kg）、比焓（kJ/kg）；

t_4、d_4、h_4——分别为排风通过热回收器后的干球温度（℃）、含湿量（g/kg）、比焓（kJ/kg）。

根据理论推导和试验，在换热器中两种不同状态的介质进行热湿交换时，满足刘易斯关系，则该设备的全热效率、显热效率、潜热效率三者相等，即 $m_h=m_t=m_d$。

4）尽量利用可再生热源，如太阳能、地热、空气自身供冷能力等。在春秋季，尽量加大新风量，以节省冷量。在设计空调机组时要考虑加大新风量的可能性。

2. 空调系统和室内送风方式

空调系统和末端设备随建筑物特征和要求的不同而不同。

（1）公共建筑如体育馆、影剧院、会堂、博物馆、商场等　这类公共建筑的特点是人员较多，空间高大，有舒适性空调要求。但空调负荷较大，设计时必须考虑节能措施，室内送风可采用下列方式：

1）高速喷口诱导送风方式。由于该种方式送风速度大，一般在4~10m/s，诱导室内空气量大，送风射程长，因而可以加大送风温差，一般可取8~10℃，这样就可以减少送风量，节省能量，其计算方法详见《空气调节手册》。

2）分层空调技术。在高大空间建筑物中，利用空气密度随着垂直方向温度变化而自然分层的现象，仅对下部工作区域进行空调，而上部较大空间（非空调区）不予空调或通风排热，经试验和工程实例证明，这种方式既能保证下部工作区所要求的环境条件，又能有效地减少空调负荷，从而节省初投资和运行费用。相对于全室空调而言，一般可节省冷量30%~50%，空间越大，节能效果越显著。

3）下送风方式或座椅送风方式。由于这种下送风方式是由房间下部或座椅风口向上送风，只考虑工作区或人员所在处的负荷，而又是直接送入需要空调部位，因此，这也是一种节能措施，但这种方式只能应用于一般的舒适性空调，如影剧院等。

(2) 现代化办公和商业服务建筑群、宾馆等 这类建筑常用空调方式如下：

1) 新风机组加末端风机盘管机组是目前应用最广泛的一种空调方式，这种空调方式的最大特点是灵活性大。对于不同建筑平面布置形式，特别是层高较低时，都可以适应，而且可根据不同朝向房间进行就地控制，不使用的房间的空调可关闭，有利于节约能量。但由于这种方式设计时的新风量是按每人最小新风量乘以设计人数而确定的，因此，在春秋季无法充分利用室外空气来降温而节约能源，特别是在寒冷地区更为显著。

2) 变风量空调方式是一种节能空调方式，它是按各个空调房间的负荷大小和相应室内温度变化，自动调节各自送风量，达到所要求的空气参数。它可以避免任何冷热抵消的情况，可以利用室外空气冷却（在春秋过渡季节），节约制冷量。由于变风量空调的冷却量不必按全部冷负荷峰值之和来确定，而是按某一时间各朝向冷负荷之和来确定的，因此，它比风机盘管系统冷却能力减少20%左右。

变风量空调方式在国外20世纪60年代就开始使用，近20年来得到广泛应用，在我国至今还未大量推广，主要原因是价格高昂和维护保养技术复杂，它比风机盘管加新风空调方式价格高2.5倍。

5.2 空调节能技术

5.2.1 空调设备系统的节能

空调系统需要消耗大量的电能和热能，建筑设备的节能很大程度上依赖于空调系统设备的节能。过去，我国建筑物的设计缺乏节能观念，重视初投资，忽视建筑设备的日常运行费用和能耗量。造成在炎热的夏季由于大量使用空调而使电力供应紧张而停电的现象。如今许多单位都切实体会到，如果不降低空调系统的能耗，就有被迫停止使用空调的可能，直接影响生产和生活。因此空调系统设备的有效利用和节能就成为空调事业发展中迫切需要解决的问题。

空调系统的能耗与其他能耗的区别是：空调系统所需能源品位低，且用能有季节性；系统同时存在需要冷（热、湿）量和放出冷（热、湿）量的过程；设计和运行方案的不合理会给系统带来多种无效能耗。因此，应主要从以下几个方面进行空调系统设备的节能工作。

1. 空调系统节能方法

(1) 空调系统能源的有效利用 因为空调系统所需能源品位低，且用能有季节性的特点，所以鼓励使用太阳能、地热能和热回收等能源方式进行供热制冷。

目前比较简单的太阳能供暖通风方式是采用所谓的被动式太阳房。这种方式的特点是直接利用太阳照射到建筑物内部或太阳射线间接地被某围护结构表面所吸收，然后加热室内空气。

(2) 合理降低室内温湿度标准 近年来，各国都在修订室内温湿度标准。表5-2列出了降低舒适性空调房间的室内温度后的节能效果。

表5-2 室内设计参数改动的节能效果 （单位：MJ/m^2）

	夏季			冬季		
室内温度/℃	24	26	28	22	20	18
新风负荷	83.0	61.2	44.0	117.6	78.4	48.6
其他负荷	93.0	83.0	67.5	23.9	18.4	14.2
总计	176.0	144.1	111.5	141.2	96.8	62.9
节约率(%)	0	18.1	36.6	0	31.5	55.5

我国对民用建筑空调房间室内温湿度标准所做出的规定，也结合国情，对节能有所考虑。

由上可见，为了节约能源，选择空调房间室内温湿度基数时，在满足生产要求和人体健康的情况下，例如，在温度 17℃以上、28℃以下，相对湿度 40%以上、70%以下范围内。夏季温度尽可能提高，冬季温度尽可能降低。

（3）室外空气量的控制

1）冬、夏季取用最小新风量，过渡季采用全新风，取用新风冷量。

2）检测 CO_2 浓度，控制室外空气的取入量，根据室内人员的变化，增减室内新风量。

3）采用全热换热器，减少新风冷、热负荷。

4）在预冷、预热时停止取用新风。

（4）空调方式

1）空调系统的合理分区，采用合适的高效率的空调系统。

2）加大冷热水和送风温差，以减少水流量、送风量和输送动力。

3）采用变风量（VAV）、变水量（VWV）空调系统，节约风机和水泵耗电量。

4）降低风道风速，减少系统阻力。

5）采用在额定负荷和部分负荷时效率高的冷、热源设备，停止使用或严格限制再热装置。

6）采用热泵回收系统，回收建筑内多余的能量。

7）采用蓄冷系统。

8）采用计算机最佳控制。根据季节、节假日时间，建筑物的蓄冷蓄热效果，合理控制启动和停止空调系统运行时间。

9）室内照明。适当降低照度，充分利用日光照明，考虑顶棚照明的排热利用。

10）维护管理。定期清扫、检查、保养，提高设备的使用效率。

2. 空调设计中采用部分负荷分析

设计部门一般按设计负荷选择较大容量的设备，而设备经常在低于设计负荷工况下运行，工作效率低。为了解决这个问题，应对全年负荷进行统计和分析，作出全年负荷的时间频率图，如图 5-1 所示。由图 5-1 可以看出，各种比例的负荷全年出现的累计小时数，从而可以选择多台不同容量的设备，运行时进行合理控制和匹配，使设备多在高效区运行，节省能耗。

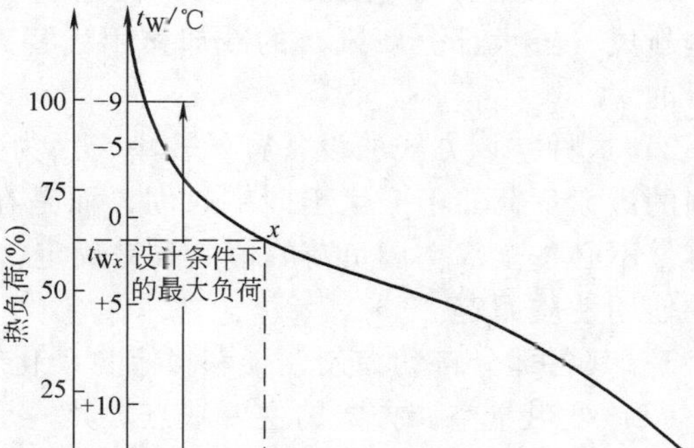

图 5-1　全年负荷的时间频率图

3. 建筑设备自动化系统

随着计算机应用技术的发展，以计算机为基础的集中检测监控系统——建筑设备自动化系统（Building Automation System，BAS）在能量管理方面得到了广泛应用。国外已广泛采用计算机控制技术对建筑空调系统进行全面控制，以达到最佳运行效果。我国一些大型建筑工程也已采用计算机联网控制。

建筑设备自动化系统（BAS）可将建筑物的空调、电气、卫生、防火报警等进行集中管理和最佳控制。它包括冷热源的能量控制、空调系统的焓值控制、新风量控制、设备的启停时间和运行方式的控制、温湿度设定控制、送风温度控制、自动显示、记忆和记录等。它可以通过预测室内外空气状态参数（温度、湿度、焓、CO_2 浓度等）以维持室内舒适环境为约束条件，把最小耗能量作为评价函数来判断和确定所需提供的冷热量、冷热源和空调机、风机、水泵的运行台数，工作顺序和运行时间，即空调系统各环节的操作运行方式，以达到最佳节能运行效果。

建筑设备自动化系统（BAS）造价相当于建筑物总投资的0.5%~1%，年运行费用的节约率约为10%，一般4~5年可回收全部投资费用。

5.2.2 变风量空调方式

以前曾广泛采用的一种空调方式是单风道定风量再加热系统，其原理是将全部送风的温度冷却到适应空调冷负荷最大的某个分区的需要（一般约13℃），同时为其他几个分区用末端的再加热器将送风温度分别升高到适应这些分区的负荷。这种空调方式虽然具有非常灵活的优点，但却严重浪费能量，因为它包含大量的冷热能量抵消。另一种也曾广泛采用的空调方式是双送风道系统，其原理是空调器出口设一个冷风干管和一个热风干管，每个空调分区根据需要调节送入该分区的冷风与热风的混合比例。它同样是一种耗能量大的空调方式。在普遍倡导节能的今天，凡是浪费能量的空调方式均将必然被淘汰。

此后，在美国、西欧和日本等发达国家，一种节能的空调方式——变风量空调方式自20世纪70年代开始得到推广使用。

（1）变风量空调方式的原理　由集中式空调器提供某一设定温度的送风（根据最不利条件确定）给所有空调空间，而各自的送风量按其负荷大小自动调节达到室温的平衡。从冷热负荷与耗能平衡的角度来看，这种空调方式是很合理的。

（2）变风量空调方式的优点

1）在避免任何冷热能量抵消的情况下，实现不同负荷变化特点的各空调空间的温度自动调节。

作为一种全空气类型的空调方式，它也可以在春秋过渡季充分利用有利的室外自然条件，以全新风（或大部分新风）的冷却作用代替人工制冷的运行方式，以达到节约大量制冷能源的目的。

2）这种空调方式的设备容量较小，因为其集中式空调器同时为若干空调空间服务，但各空间的最大负荷并不产生于同一时间，而是在时间上有一定参差。因此，集中式空调器的设备容量不必按全部空调负荷峰值之和来确定，而是可以乘以一个“同时使用系数”，根据建筑物的使用性质而定。

3）其各部分自动控制便于和楼宇自动化管理的计算机相连接，实现中央监控和调节。

（3）变风量空调方式的主要缺点　其一是经济方面的，其二是功能方面的。

据有关资料统计，变风量空调方式的初投资比风机盘管加新风空调方式高2.5倍左右。其价格昂贵无疑是在我国大量推广采用的主要障碍。其功能方面的主要缺点是如何保证必要新风量问题。一般空调设计都是要求在冬季或夏季的满负荷条件下，集中式空调器的新风阀开度正好可以满足室内所需的最小新风量。但是，从建筑物的全年供暖空调期、供冷空调期的负荷变化分析可知，不论是冬季还是夏季，大部分时间内空调系统并不在满负荷条件下运行，而是在部分负荷条件下运行。也就是说，变风量空调的各个空间在大部分时间内所得到的送风量均小于设计送风量。此时，除非调大新风阀开度，否则进入室内的新风量会随送风量的减少而同步减少，室内人员实际得到的新风量就会低于人体所需的最小新风量，而且负荷越小，新风量不足的问题越严重，造成室内人员的头疼、头晕等不舒适感。据美国华盛顿世界观察研究所的一份报告报道，目前全世界至少有30%的新建办公楼患有“新建筑综合症”，其主要表现为在封闭的大楼里，污浊空气和室内产生的污染性物质（如油漆和家具散发出来的有毒气体）无法排放到符合人体卫生的程度。为了解决这个问题，变风量空调方式的自动控制系统中必须增加一套装置，使在调节减少送风量的同时按一定比例逐步开大新风阀，这样自然会相应地增加自控装置的造价。

除此以外，当变风量空调方式的总送风量随时间变化时，风道内的静压也相应地变化，对于整个风道系统的风量分配产生一定的干扰。因此，有必要配备一套风量稳定设施来抵消风道静压变化所产生的干扰作用，这又会相应地增加了造价。

5.2.3 低温送风空调方式

从集中空气处理机组送出温度较低的一次风，经高诱导比的末端送风装置送入空调房间，构成低温送风系统。低温送风方式的一次风送风温度一般在3~11℃。它与常规空调方式相比，低温送风降低了送风温度，减少了一次风量，也就减少了一次风的空气处理设备，其初投资可降低；又由于冰蓄冷制冷系统的发展，能提供1.1~3.3℃的低温冷冻水，为低温送风方式创造了条件。这是目前国内外十分关注的空调系统节能方式。

1. 低温送风空调方式的特点

1）在与冰蓄冷相结合条件下，低温送风与常规全空气送风方式比较，具有初投资少、运行费用低、节省空间等特点，见表5-3。

表5-3 低温送风与常规空调方式比较

项目	低温送风方式	常规空调方式
送风温差/℃	10~20	8~10
送风温度/℃	3~11	10~15
空调机组尺寸减少比例(%)	20~30	0
风管尺寸减少比例(%)	30	0
风机功率减小(%)	30~50	0

2）降低运行费用。由于低温送风与冰蓄冷系统相结合，风机大多在电力峰值时间运行，低温送风方式又减少送风量，因此，采用低温送风可以进一步减小峰值电力需求，从而降低运行费用。当送风量温度越低、建筑规模越大时，低温送风消耗功率相对越小，全年运行电耗也减少。

3）节省空间，降低建筑造价。由于送风量减少，相应的空调设备和风道尺寸均减小，所占空间也减小，将可使建筑物层高降低近100mm。这对高层建筑增加使用面积有较大好处。

2. 低温送风的特殊问题

由于低温送风系统送风温度低，一般为3~11℃，比常规空调系统的12~15℃要低，因此在风口、风管、末端送风装置的表面很容易结露，所以应特别加强这些地方的保温；要高度重视结露问题，无论是设计和施工都要有严格要求。保温好也可减少热损失。低温送风空调系统中的水管内流动的是低温水，一般在1.4~5℃，所以水管壁结露问题也要同风管结露问题一样引起特别重视。这也是减少热损失不可缺少的一环。

由于低温送风空调系统送风温差大，也就是送风温度低，所以当送风量小时，必须防止低温空气直接进入工作区，或是空调房间内温度不均匀而导致舒适感差的后果。由于在低温送风空调系统中，设计的重点往往放在低温送风上而忽视了冬季送热风问题，影响冬季室内人体舒适感，所以设计人员在设计低温送风空调系统时，应顾及冬季送热风问题。

室内热源的位置也会影响低温送风的效果，在工程设计中应采取相应的措施。在低温送风空调系统中，风管的制作必须严格符合密闭性要求。医为风管泄漏不但会造成冷空气损失，而且泄漏的低于室内空气露点温度的空气，会使风管表面结露，使风管长期潮湿而腐蚀，并且还会凝聚成水滴从天花板上滴落。

对于单一应用低温送风空调系统的末端装置不采用二次盘管，因为低温送风末端装置主要是卷吸部分室内空气，提高送风温度，避免送风时的结露现象产生。如果二次盘管使用不当，就会失去低温送风末端装置的意义。据有关资料介绍，二次盘管通入的冷冻水是几经处理设备的回水，这样就提高了进入二次盘管的进水温度，而且进水开关由自动控制系统控制。设计和使用的合理，可减小新风管道尺寸和一次风处理设备的尺寸。

冰蓄冷低温送风中，不冻液的供应温度随冰蓄冷系统类型的不同而有所差异。如制冰滑落式、冰泥式可达1℃，而冰盘管式一般为2~4℃。但在融冰末期桶内剩余的冰量减少时，供应温度可升至3~5℃。如果系统中再加上换热器，则冷冻水的温度还要增加1~2℃。

如果要使蓄冷装置保持较低的冷冻水供给温度，可根据要求增加蓄冰桶的蓄冷量或延长融冰时间，延续融冰速度，或设置主机在下游，即蓄冷装置优先等措施来解决。

正确地选择冷却盘管是低温送风系统设计中很重要的一环，选择冷却盘管时考虑的因素包括传热性能、盘管表面风速、风扇布置位置等。低温送风系统所使用的盘管通常为8~12排，翅片间距每片不超过2.1mm，铜管径小于12.7mm。在设计中，尽量减小冷冻水流量以减小泵的功率，并获得最大温升。在某些部分储冷的储冷系统中，具有高回水温度的冷冻水先通过主机降温后，再进入储冷槽降温，以得到最低的冷冻水供应温度。冷冻水温升主要取决于翅片间距、铜管材质及盘管的排数，在设计上，常常高达10~16℃。

盘管的表面风速主要取决于空调箱的冷却容量、送风量和盘管尺寸。表面风速低则出口温度也低，表面风速高则要减少盘管的换热面积，以节省盘管费用。通常，传统空调系统盘管的表面风速限制在3m/s以下，最好在1.6~2.3m/s，最大不超过2.5m/s，以免过高的风速携带盘管表面的水珠，使低温送风系统的除湿量增大。风机和盘管间的相对位置布置会影响低温送风系统的效果。如果将风机安排在盘管之前与安排在盘管之后做一比较，会发现后者由于将电动机的发热量带入送风的空气中，使送风温度比前者高出1~1.5℃。但风机置于盘管之前不利于气流均匀分布，除非风机和盘管之间的距离大于风扇直径的3~5倍。

3. 几种低温送风方案比较举例

某建筑为单层办公建筑物，建筑面积6373m^2，空调面积5760m^2，最大制冷量为774.4kW。方案1采用常规全空气空调方式，一般变风量末端设备；方案2和3采用带风机混合箱；方案4和5采用空气-水系统，除方案1外，均有蓄冷空调。表5-4为几种方案的比较情况。

1）从表5-4中可以看出，部分蓄冰的空气-水系统初投资和运行费均为最低，系统的空调能耗比方案1常规全空气空调方式少51%，回收期不到半年。

表5-4 几种低温送风方式方案比较

项目 \ 方案		1	2	3	4	5
系统形式		全空气无蓄冰	全空气 部分蓄冰	全空气 全蓄冰	空气-水 部分蓄冰	空气-水 全蓄冰
送风温度/℃		12.8	4.4	4.4	4.4	4.4
一次风风量/(m^3/h)		147460	84100	84100	31680	31680
蓄冰量(%)		—	46	100	46	100
用电时间		昼夜	昼夜	昼夜	昼夜	昼夜
高峰制冷量/kW		930	490	390	890	450
高峰空调用电量/kW	制冷/水系统	284	115/107	17/292	102/107	25/292
	空气分布系统	137	101	101	59	59
白天总耗电量/kW		421	216	118	161	84
年空调电费相对值		1	0.70	0.69	0.49	0.53
系统初投资相对值		1	0.97	1.18	0.89	1.06

2）部分蓄冰和全蓄冰空气-水系统比较（即方案4和5），前者年用电费用减少29%，初投资减少8%，空气-水系统的总能耗比全空气系统（方案1）的总能耗减少46%。

3）比较部分蓄冰全空气系统和全蓄冰空气-水系统，由于部分蓄冰全空气系统白天风机及制冷机的用电量较高，因此其年空调电费比全部蓄冰的空气-水系统增加31%，当峰谷电价差加大时，这种差别还会加大。

低温送风空调是随着蓄冷技术的发展而发展起来的一种空调方式，国外已应用于实际工程，并取得了丰富的经验。在我国，低温送风空调刚刚被认识和起步，其发展还需得到国家有关部门的支持，并针对我国具体情况进行分析研究、技术经济比较、产品开发，应用于实际工程。随着我国经济的发展，这项技术会在我国空调行业发挥其应有的作用。

5.2.4 变制冷剂流量空调系统

变制冷剂流量系统是指制冷剂流量根据室内负荷的变化而变化的冷剂式空调系统，如图5-2所示。系统通过制冷压缩机的变频技术或采用双缸旋转式压缩机改变制冷剂的质量流量，调节室内温湿度。该系统以其模块化结构组成灵活多变的系统，可以解决集中式空调系统存在的送风管道断面尺寸大、建筑物层高增加、机房面积加大、维护费用高等难题。变制冷剂流量系统由室外机、室内机、制冷剂管道及附件和自动控制系统等组成，可分为热回收、热泵型和单冷型三种形式的系统，控制方式主要有三种，即变频控制、变容量控制和两种兼有的控制方式。

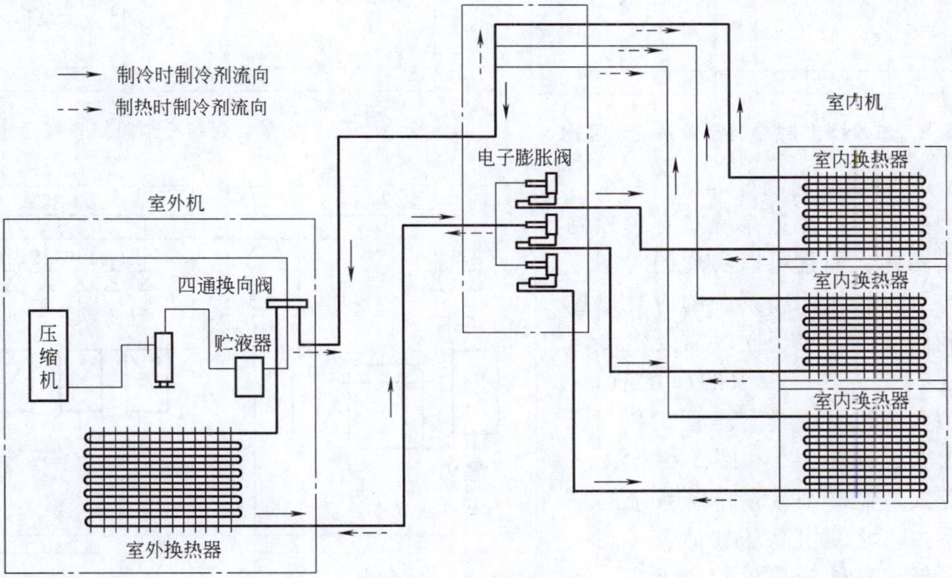

图5-2 变制冷剂流量系统示意图

1. 工作原理

制冷剂通过室内侧换热器直接与空气换热，室内温度传感器根据室内空调负荷控制室内制冷剂管道上的电子膨胀阀，通过感应室内回风温度、蒸发器进出口处制冷剂的过热度，由控制器确定膨胀阀的开度，调节进入各室内机的流量，以适应不同的室内温度的要求。室外机与环境空气直接换热，通过制冷剂压力的变化对室外机的压缩机进行控制，调节分为两个阶段：第一阶段是调节压缩机的容量，以适应冷负荷的变化；第二阶段是当冷负荷继续下降时，通过控制制冷剂旁通阀，使室外机的制冷剂循环流量减小，降低系统供冷量。

2. 变制冷剂流量系统的分类

根据室内机、室外机的组成和工作特点，变制冷剂流量系统可分为单冷型、热泵型和热回收型三种形式。

（1）单冷型变制冷剂流量系统　单冷型变制冷剂流量系统的系统结构与普通单冷空调器基本相同，不同点仅在于在蒸发器侧并联设置多个室内蒸发器，并在每个蒸发器前分别设置膨胀阀，以控制蒸发器的状态。单冷型变制冷剂流量系统示意图如图5-3所示。

（2）热泵型变制冷剂流量系统　当系统制冷运行时，室外机电子膨胀阀全开，系统其他部件和控制方式同单冷型多联式空调系统；当系统制热运行时，室外机电子膨胀阀控制室外机热交换出口制冷剂的过热度，室内机电子膨胀阀控制室温和室内换热器出口制冷剂的过冷度。

热泵型室外机由可变容量的压缩机、可用作冷凝器或蒸发器的换热器、风扇和节流机构组成。制冷运行时作为风冷压缩冷凝机组使用，热泵运行时其风冷冷凝器作为冷却空气的蒸发器使用。设计试验时需要兼顾风冷压缩冷凝机组和热泵室外机组的工作要求。热泵型变制冷剂流量系统示意图如图5-4所示。

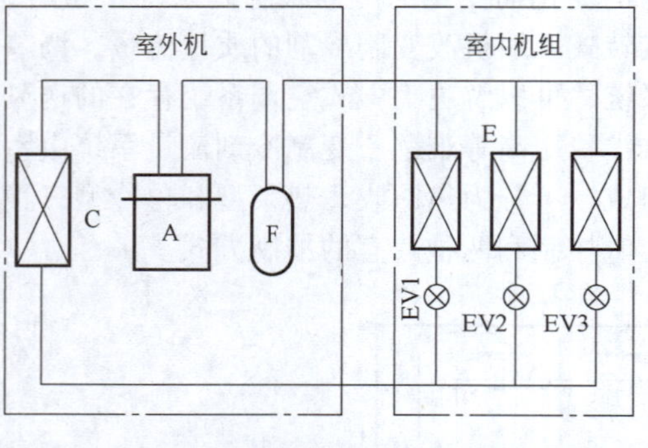

图5-3　单冷型变制冷剂流量系统示意图

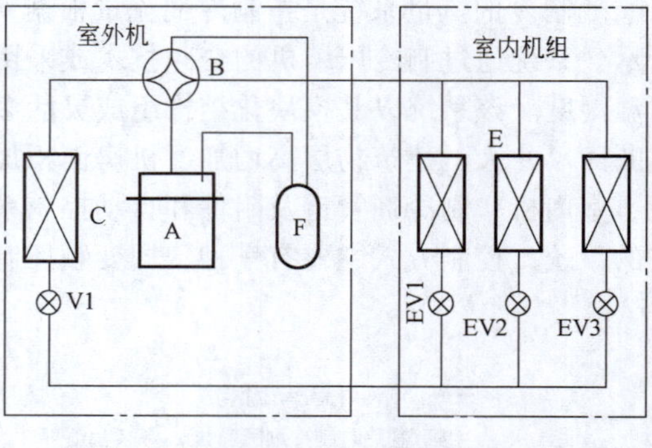

图5-4　热泵型变制冷剂流量系统示意图

（3）热回收型变制冷剂流量系统　热回收型变制冷剂流量系统具有单独制冷和制热功能，而且可以实现同时制冷与制热，可以利用制冷系统的冷凝热提高能源利用效率，对于同时需要供冷与供暖的建筑物，具有极大的应用前景。热回收型多联机系统具有三管式和两管式两种形式，如图5-5和图5-6所示。

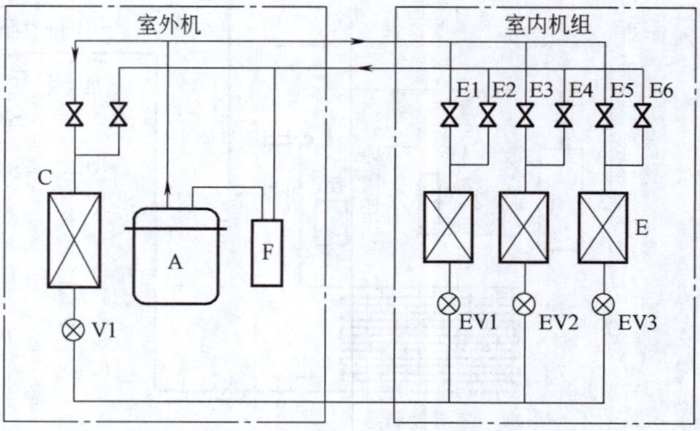

图5-5　热回收型三管式变制冷剂流量系统示意图

三管式变制冷剂流量系统系统的室外机与室内机之间由高压气体管、高压液体管和低压气体管三根管道组成。高压气体管将高温高压制冷剂蒸气送入用于供暖的室内机，制冷剂在室内机内放热冷凝，流入高压液体管，制冷剂再从高压液体管进入制冷运行的室内机中蒸发吸热，通过低压气体管返回压缩机。室外换热器则用于平衡各室内机的冷热负荷，根据室内机的工作模式和冷、热负荷的大小，既可以作为冷凝器使用，也可以作为蒸发器使用。

两管式变制冷剂流量系统由室外机、分流控制器和室内机组成。分流控制器由气液分离器、电子膨胀阀、回热器、高低压气体转换阀组等组成。室外机与分流控制器之间由高压气体管和低压气体管两根管道相连。当需要同时供冷、供暖运行时，通过控制室外换热器风扇转速，使制冷剂蒸气不全部冷凝，部分高温蒸气引入分流控制器内并和液体在气液分离器中分离，蒸气部分进入室内机供热，液体部分则和供暖室内机中冷凝后的液体合流后进入室内机供冷，液态制冷剂吸热蒸发后，经回气管返回压缩机。

3. 变制冷剂流量系统的特点

1）设备少，管路简单，节省建筑面积与空间。变制冷流量系统采用风冷方式，并将制冷剂直接送入室内，不需要冷冻水和冷却水系统，省去了循环水泵、冷却塔等设备及管道系统，而且不需要庞大的风管系统，减少了占用的建筑面积，可以降低楼层高度。室外机直接装设在室外或屋面上，不占用制冷机房，也不需要空调机房。

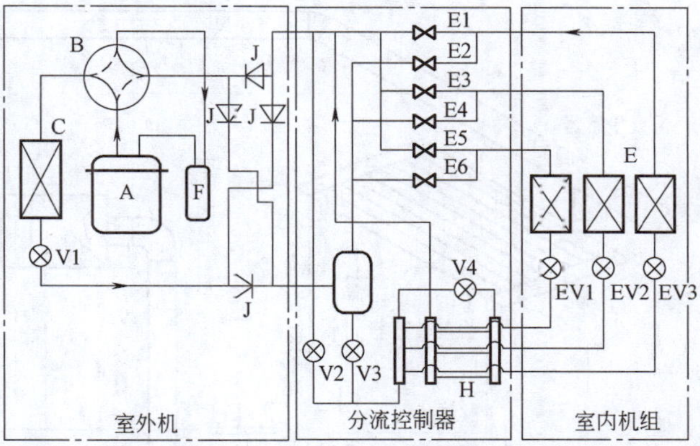

图5-6　热回收型两管式变制冷剂流量系统示意图

2）布置灵活。室内机可以根据建筑物的用途、负荷、装饰风格等灵活选择。制冷剂配管很长，也可以有较大的高度差，布置安装灵活方便，可以满足各种建筑物的要求。

3）具有显著的节能效益。变制冷剂流量系统的容量可以在5%~100%之间调节，完全可以满足不同季节、不同负荷的要求，同时提高机组的运行经济性。制冷剂直接送入室内，无二次换热，提高了能源利用率。室内机可以单独控制，不需要空调的房间可以关闭室内机，减少了能源浪费。不同房间可以设置不同的温度，既提高了舒适度，又避免了集中控制造成的无效能源浪费。

4）运行管理方便，维修简单。变制冷剂流量系统具有多种控制方式，室内可选用有线或无线遥控器，也可以与楼宇自控系统联网，实现计算机统一管理。系统具有故障诊断功能，可以自动显示故障的类型和部位，方便迅速维修，不需要专人管理，提高了检修效率。

5）初投资高，运行费用低。变制冷剂流量系统的初投资约比一般的集中式中央空调系统高30%，但运行费用约为风冷冷水机组系统的70%，可节约30%的运行费，而且其安装费、维修费和能源消耗均较低，根据测算，变制冷剂流量系统的总寿命成本仅为冷水机组系统的86%左右。

5.2.5　辐射吊顶-独立新风系统

辐射吊顶-独立新风系统的工作原理如图5-7所示。辐射冷却系统“干工况”运行，即表面温度控制在室内露点温度以上，这样室内热环境和湿环境、空气品质的控制被分开。辐射冷却系统负责去除室内显热负荷、承担将室内温度维持在舒适范围内的任务。通风系统负责新鲜空气的输送、室内湿环境的调节以及污染物的稀释和排放任务。这样的独立控制策略，使得该复合系统对热、湿、新风的处理过程均能实现最优。其节能优势主要体现在以下几个方面：

1）送风量的减少降低了输送空气的能量消耗。与传统空调系统相比，其送风量减少60%~80%，因此大大节省了风机耗能，降低了输送空气的能量消耗。

2）用水代替空气来消除热负荷，可大幅度降低输送冷量的动力能耗。辐射吊顶-独立新风系统中大部分的冷负荷由冷水系统承担，与空气相比，水具有高热值和高密度的特点，其热传输能力约是空气的4000倍。

3）辐射供冷降低人体实感温度，减少了系统能耗。在达到相同表征人体冷热感的评价指标（Predicted Mean Vote，PMV）的前提下，夏季室内空气温度可以提高2~3℃，冬季室内空气温度可以降低2~3℃，因此，可进一步地减少总冷量或总热量。

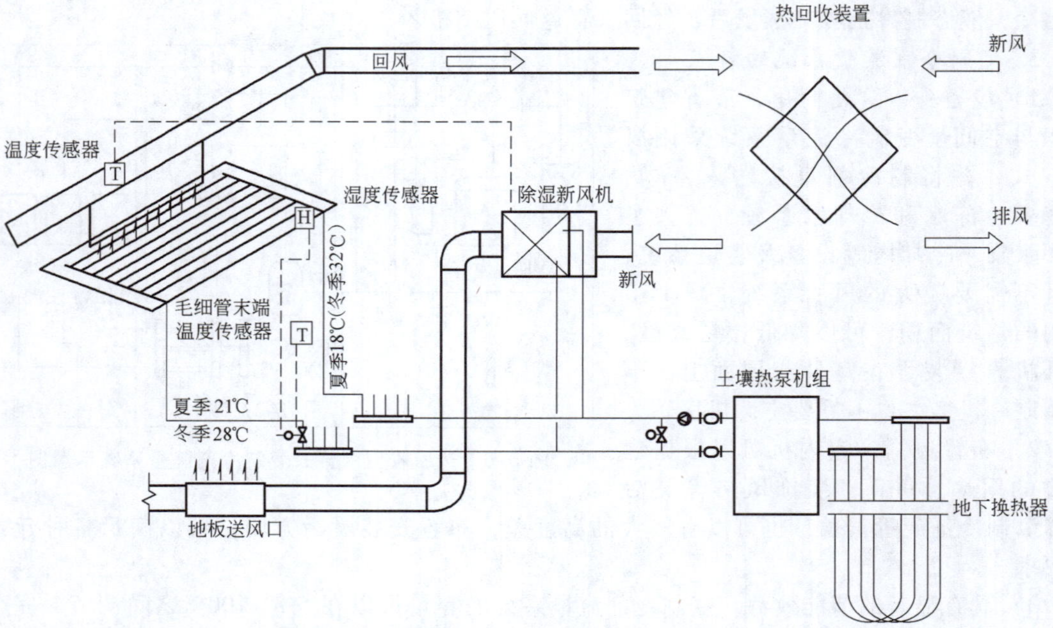

图 5-7 辐射吊顶-独立新风系统的工作原理

4）高冷冻水温允许采用天然冷源和在部分季节使用自然冷却直接供冷。

辐射吊顶常见的形式有混凝土板预埋管冷吊顶、毛细管网栅冷吊顶和金属辐射板冷吊顶三种类型。混凝土预制辐射板是将特制的塑料管或不锈钢管在楼板浇筑之前排布并固定在钢筋网上，浇筑混凝土后，就形成了“水泥核心”结构，如图5-8所示。这种辐射板结构工艺较成熟，造价相对较低；毛细管网栅冷吊顶是将毛细管网栅水平敷设在房间的顶棚上，顶棚可做成石膏吊顶或是直接用水泥砂浆抹平，也可做成金属吊顶，如图5-9所示。毛细管网栅为毛细管的模块化产品，网栅可以根据安装应用需求，做成相应的尺寸，安装灵活多变，既可以用于新建建筑，也可以用于既有建筑的改造，其材质为聚丙烯。金属辐射板冷吊顶单元是以金属为主要材料的模块化辐射板产品，如图5-10所示。金属冷吊顶适合安装于各种常用规格的金属顶棚板内，也可用于开放式系统或是与龙骨式吊顶相结合。金属冷板单元单位面积供冷量大，运行成本低，但金属冷板单元质量大，耗费金属多，初投资高，另外冷板表面温度不均匀。

图 5-8 混凝土预埋管冷吊顶

水系统的合理设计与控制是辐射吊顶-独立新风系统设计的重要问题之一。合理的水系统设计需要兼顾整个空调系统的一次投资、能耗和运行费用。根据辐射吊顶和新风机组是否共用冷源，水系统可分为两种：第一种是辐射吊顶和新风机组共用一组制冷机，采用一套水系统；另一种是各自独立使用制冷机，采用两套水系统。相关研究表明，采用冷却吊顶水系统和新风水系统相独立的供水方式可以充分发挥冷却吊顶系统冷水温度高的优势，提高冷水机组的性能系数，节能效益显著。水系统控制方法有三种：变流量、定水温控制法，定流量、变水温控制法和联合控制法。对于大房间或多区系统，应采用变流量、定水温控制法，安装费用低。对于小房间或单区系统，应采用定流量、变水温控制法。对于多区建筑，宜采用两种方法结合的联合控制方法。

a) 直接抹灰吊顶　　b) 石膏板吊顶　　c) 金属吊顶

图 5-9　毛细管网栅冷吊顶

图 5-10　金属辐射板冷吊顶

5.2.6　多联机空调系统

多联机空调系统，简称多联机，是为了适应空调机组集中化使用需求，在分体式空调基础上发展起来的一种新型冷剂式空调系统。其主导思想是“变制冷剂流量、一拖多和多拖多”，即一台室外空气源制冷或热泵机组配置多台室内机，通过改变制冷剂流量以适应各房间负荷变化。多联机空调系统采用制冷剂直接蒸发式制冷，减少了输送能耗（以制冷剂作为热传送介质，传送的热量是205kJ/kg，约为水的10倍、空气的20倍，不需要庞大的网管和水管系统，减少了输送耗能及冷媒输送中能量的损失）和能量损失（采用制冷剂直接蒸发制冷，无须像传统中央空调系统中将水作为载冷剂，需先把冷量传给水，再由冷水传给室内空气，减少了一个能量传递环节，从而减少了能量的损耗)。多联机根据室内负荷变化，瞬间进行制冷剂流量调整，使多联机在高效工况下运行，节能效果显著。另外由于室内机可单独控制，故不需要空调的房间可以根据使用者的要求关闭室内机，减少了能源的浪费。

1. 多联机的组成及工作原理

变制冷剂流量多联分体式空调由多个室内机和一个（或多个）室外机构成，室外主机包括室外侧风冷换热器、压缩机和其他制冷附件，室内机由直接蒸发式换热器、风机和电子膨胀阀等组成，通过调节风机转速、电子膨胀阀的开启度来调节换热能力。一台室外机通过管路能够向若干个室内机输送制冷剂，通过控制压缩机的制冷剂循环量和进入室内各换热器的制冷剂流量可以适时地满足室内冷、热负荷要求。系统的制冷原理及系统管路配置示意图分别如图5-11和图5-12所示。

2. 多联机的分类

按改变压缩机制冷剂流量的方式，可分为变频式和定频式两类。对于变频式压缩机，当室内冷（热）负荷发生变化时，可以通过改变压缩机频率来调节制冷剂流量，在部分室内机开启的情况下（50%~80%的使用率），能效比要比满负荷时高；而对于定频式压缩机，当室内负荷变化时，通过压缩机输送旁通等方法来调节制冷剂流量。在部分室内机开启的情况下，能效比要比满负荷时低。

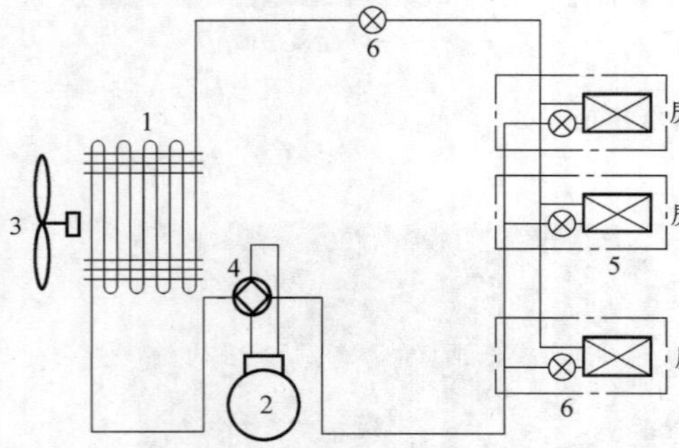

图5-11 制冷系统原理图

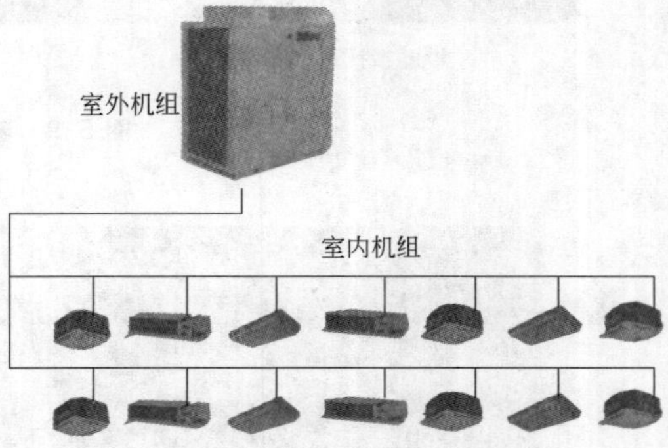

图5-12 系统管路配置示意图

按系统的功能可分为单冷型多联机系统、热泵型多联机系统、热回收型多联机系统和蓄热型多联机系统四种类型。单冷型多联机系统仅向室内房间供冷；热泵型多联机系统在夏季向室内供冷，冬季向室内供暖；热回收型多联机系统可实现同时向室内供冷和供暖，它用于有内区的建筑，因内区全年有冷负荷，热回收型多联机系统可实现同时对周边区供暖和内区供冷，实现了回收内区的热量；蓄能型多联机系统可利用夜间电力将冷量（热量）贮存在冰（水）中，改善多联机白天运行的性能，以实现节能与移峰填谷。

按多联机制冷时的冷却介质可分为风冷式和水冷式两类。风冷式系统是以空气为换热介质（空气作为单冷型系统的冷却介质，作为热泵型系统的热源与热汇），当室外天气恶劣时，对多联机系统性能影响很大；水冷式系统是2005年日本大金工业株式会社推出的，它是以水作为换热介质，与风冷式系统相比，多一套水系统，系统相对复杂一些，但系统的性能系数较高。

3. 多联机的控制

多联机空调系统的控制目的是通过一定的调节手段来实现系统功能，平衡各种扰动对系统运行状态的影响，按需分配制冷剂流量，实现系统的安全、稳定、节能运行。从功能的角度而言，多联式空调系统的室外机保证系统的运行状态，并提供各室内机需要的制冷量或制热量，各室内机则是把室外机所提供的制冷量或制热量分配给不同的房间以满足其对冷或热条件的需求。从调节和扰动因素的角度而言，室内机的调节手段为风阀和电子膨胀阀开度，而扰动因素则是由于室内冷负荷变化而引起的室内温、湿度的变化，人为调节室内机风量以及室内启停等。室外机的调节因素主要为压缩机容量（频率、容量、台数以及其他变容量措施）和室外机换热器的容量（包括风量、换热器面积），而扰动因素主要为室外空气温度、湿度变化。

5.3　空调蓄冷技术

5.3.1　概述

1. 空调蓄冷

电能难以储存，单靠供电机构本身的设备难以达到“削峰填谷”的目标，无法尽量在电力低谷期间使用电力。当然，有些电力公司由于电网调峰能力不足，建设抽水蓄能电站进行调峰，但其初投资高、运行费用大，不宜推广。因此，大多数供电机构都采用各种行政和经济手段，迫使用户各自将用电高峰削平，并尽量将用电时间转移至夜间，蓄冷系统就是在这种情况下发展起来的。

蓄冷系统就是在不需冷量或需冷量少的时间（如夜间），利用制冷设备将蓄冷介质中的热量移出、进行蓄冷，并将此冷量用在空调用冷或工艺用冷高峰期。蓄冷介质可以是水、冰或共晶盐。因此，蓄冷系统的特点是：转移制冷设备的运行时间，这样，一方面可以利用夜间的廉价电，另一方面也减少了白天的峰值电负荷，达到电力“削峰填谷”的目的。

空调系统是现代公用建筑与商业用房不可缺少的设施，其耗电量很大，而且基本处于电负荷峰值期。例如，饭店和办公楼每平方米建筑面积的空调峰值耗电量为 40~60W，以北京为例，目前公用与商用建筑的空调用电负荷约为 60 万 kW，约为高峰电负荷的 16%，因此，空调负荷具有很大的削峰填谷潜力，国家已将空调蓄冷作为重点节能技术措施之一在全国推广。

2. 全负荷蓄冷与部分负荷蓄冷

除某些工业空调系统以外，商用建筑空调和一般工业建筑用空调均非全日空调，通常空调系统每天只需运行 10~14h，而且几乎均在非满负荷下工作。图 5-13 中的 A 部分为某建筑典型设计日空调冷负荷图。如果不采用蓄冷，制冷机组的制冷量应满足瞬时最大负荷的需要，即 q_{max} 应选制冷机组的容量。

蓄冷系统的设计思路通常有两种，即全负荷蓄冷和部分负荷蓄冷。

（1）全负荷蓄冷　全负荷蓄冷或称负荷转移，其策略是将电力高峰期的冷负荷全部转移到电力低谷期。如图 5-13 所示，全天所需冷量 A 均由用电低谷或平峰时间所蓄存的冷量供给，即蓄冷量 $B+C$ 等于 A，在用电高峰时间制冷机不运行。这样，全负荷蓄冷系统需设置较大的制冷机和蓄冷装置。虽然，其运行费用低，但设备投资高、蓄冷装置占地面积大，除峰值需冷量大且用冷时间短的建筑以外，一般不宜采用。

（2）部分负荷蓄冷　部分负荷蓄冷就是全天所需冷量部分由蓄冷装置供给。如图 5-14 所示，夜间用电低谷期利用制冷机蓄存一定冷量，补充用电高峰时间所需部分冷量；即蓄冷量 $B+C$ 等于 A_1，而全天需冷量为 A_1+A_2。部分负荷蓄冷系统可以按典型设计日制冷机基本为 24h 工作设计，这样，制冷机容量最小，蓄冷系统比较经济合理，是目前所采用的方法。当然，有些城市地区对高峰用电量有所限制，这时就需要根据峰期可使用的限制电量设计部分负荷蓄冷系统，此时，制冷量容量和蓄冷装置容量均比较大。

5.3.2　蓄冷设备

（1）蓄冷设备的分类　美国制冷工业协会（ARI）1994 年出版的《蓄冷设备热性能指南》，将蓄冷设备广义地分为显热式蓄冷和潜热式蓄冷，见表 5-5。

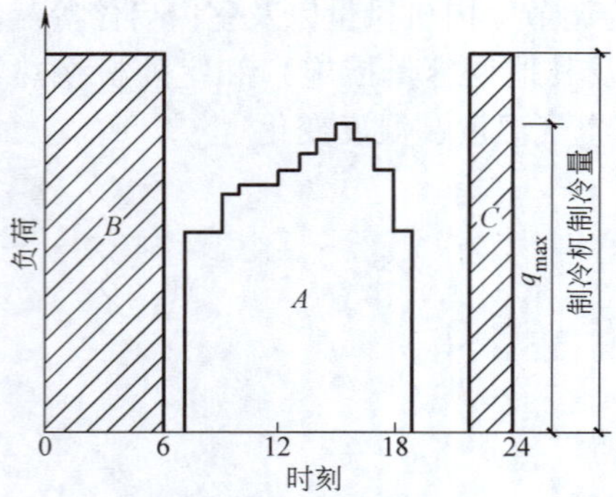

图 5-13 全负荷蓄冷

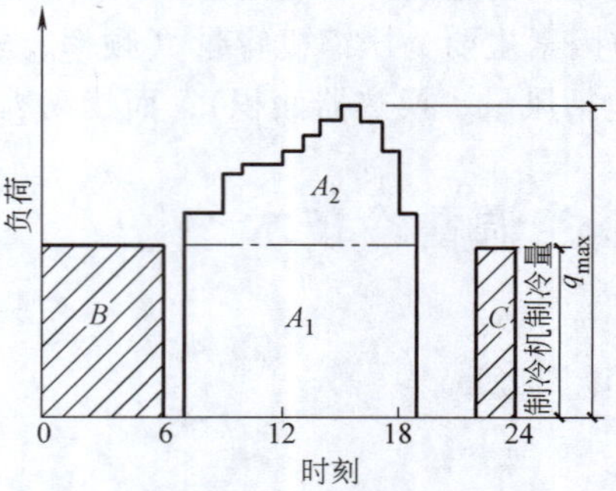

图 5-14 部分荷蓄冷

表 5-5 显热式蓄冷与潜热式蓄冷

分类	类型	蓄冷介质	蓄冷流体	取冷流体
显热式	水蓄冷	水	水	水
潜热式	冰盘管（外融冰）	冰或其他共晶盐	制冷剂	水或载冷剂
			载冷剂	
	冰盘管（内融冰）	冰或其他共晶盐	载冷剂	载冷剂
			制冷剂	制冷剂
	封装式	冰或其他共晶盐	水	水
			载冷剂	载冷剂
	片冰滑落式	冰	制冷剂	水
	冰晶式	冰	制冷剂	载冷剂
			载冷剂	

注：载冷剂一般为乙烯乙二醇水溶液。

最常用的蓄冷介质有水、冰和其他相变材料，不同蓄冷介质具有不同的单位体积蓄冷能力和不同的蓄冷温度。

1）水。显热式蓄冷以水作为蓄冷介质，水的比热容为4.184kJ/(kg·K)。蓄冷槽的体积取决于空调回水与蓄冷槽供水之间的温差，对于大多数建筑的空调系统来说，此温差可为8~11℃。

水蓄冷的蓄冷温度为4~6℃，空调常用冷水机组可以适应此温度。此外，水蓄冷空调系统的设计，应异于常规空调系统的设计，就是说应该尽可能提高空调回水温度，以充分利用蓄冷水槽的体积。

蓄冷水槽的体积受蓄冷水和回水之间保持分层程度的影响。一般蓄冷温差为8℃，每蓄冷1冷吨㊀时（RTH）需0.417m^3[或0.118m^3/(kW·h)]；如温差为11℃，则蓄冷水槽可减为0.303m^3/RTH[0.086m^3/(kW·h)]。

2）冰。冰蓄冷则是利用冰的融解潜热335kJ/kg。蓄冰槽的体积取决于冰占水的百分比，一般蓄冰槽的体积为0.068~0.085m^3/RTH[0.02~0.025m^3/(kW·h)]。

冰蓄冷的蓄存温度为水的凝固点——0℃。为了使水冻结，制冷机应提供-3~-7℃的温度，它低于常规空调用制冷设备所提供的温度。当然，蓄冰装置可以提供较低的空调供水温度，有利于提高空调供回水温差，以减小配管尺寸和水泵电耗。

3）共晶盐。为了提高蓄冷温度，减少蓄冷装置的体积，可以采用除冰以外的其他相变材料。目前常用的相变材料为共晶盐，即无机盐与水的混合物。对于用作蓄冷介质的共晶盐有如下要求：

㊀ 冷吨表示1t 0℃的饱和水在24h冷冻到0℃的冰所需要的制冷量。

① 融解或凝固温度为5~8℃。

② 融解潜热大，热导率大。

③ 密度大。

④ 无毒，无腐蚀。

（2）盘管式蓄冰装置　盘管式蓄冰装置是由沉浸在水槽中的盘管构成换热表面的一种蓄冰设备。在蓄冷过程中，载冷剂（一般为质量百分比为25%的乙烯乙二醇水溶液）或制冷剂在盘管内循环，吸收水槽中水的热量，在盘管外表面形成冰层。取冷过程则有内融冰和外融冰两种方式，各具特点。

1）外融冰方式。温度较高的空调回水直接送入盘管表面结有冰层的蓄冰水槽，使盘管外表面的冰层自外向内逐渐融化，故称为外融冰方式。由于空调回水与冰直接接触，换热效果好，取冷快，来自蓄冷槽的供水温度可低至1℃左右。此外，空调用冷水直接来自蓄冰槽，故不需要二次换热装置。但是，为了使外融冰系统能达到快速融冰放冷，蓄冰槽内水的空间应占一半，也就是说蓄冰槽的蓄冰率（IPF）不大于50%，故蓄冰槽容积较大。同时，由于盘管外表面冻结的冰层不均匀，易形成水流死角，而使冰槽局部形成永不融化的冰层，故需采取搅拌措施，以促进冰的均匀融化。

2）内融冰方式。来自用户或二次换热装置的温度较高的载冷剂（或制冷剂）仍在盘管内循环，通过盘管表面将热量传递给冰层，使盘管外表面的冰层自内向外逐渐融化进行取冷，故称为内融冰方式。冰层自内向外融化时，由于在盘管外表面与冰层之间形成薄的水层，其导热系统仅为冰的25%左右，故融冰换热热阻较大，影响取冷速率。为了解决此问题，目前多采用细管、薄冰层蓄冰。

目前常用的盘管式蓄冰装置有三种类型，即蛇形盘管、圆形盘管和U形盘管，分别如图5-15、图5-16和图5-17所示。

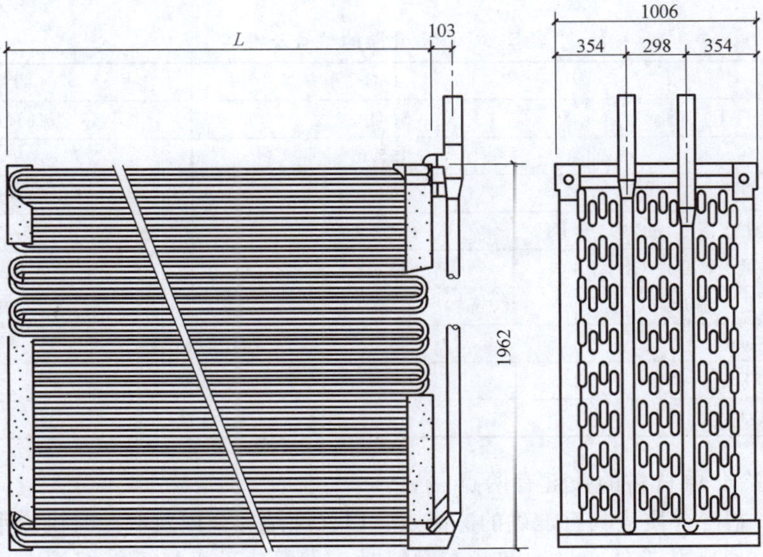

图5-15　蛇形盘管

（3）封装式蓄冰装置　将蓄冷介质封装在球形或板形小容器内，并将许多此种小蓄冷容器密集地放置在密封罐或开式槽体内，从而形成封装式蓄冰装置，如图5-18所示。运行时，载冷剂在球形或板形小容器外流动，将其中蓄冷介质冻结、蓄冷，或使其融解、取冷。封装在容器内的蓄冷介质有两种，即冰和其他相变材料（主要是共晶盐）。以美国Transphase公司为例，其蓄冷介质以五水硫酸钠化合物为主，充注在高密度聚乙烯板式容器内，其型号及性能见表5-7。

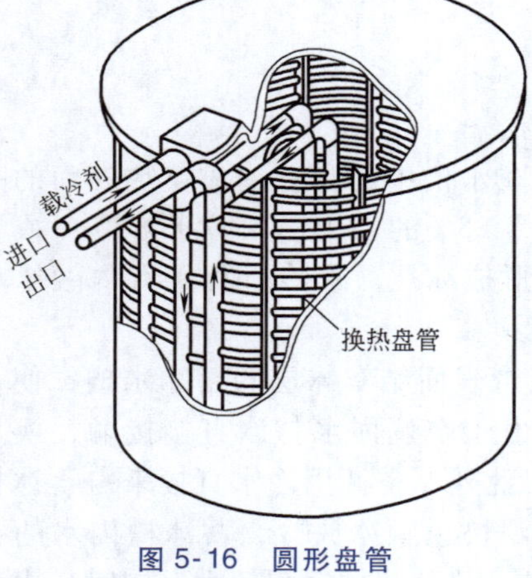

图 5-16 圆形盘管

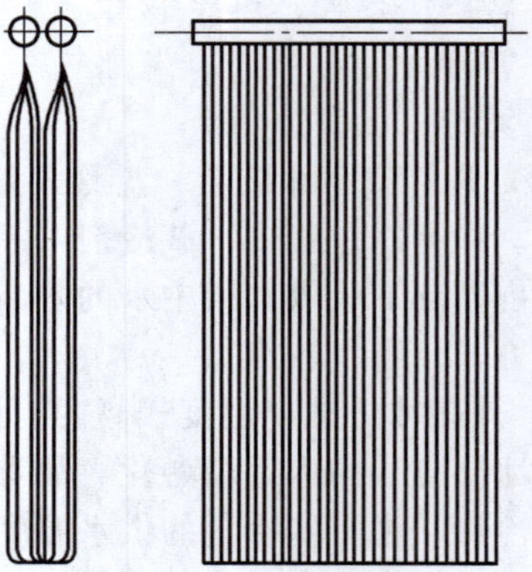

图 5-17 U 形盘管

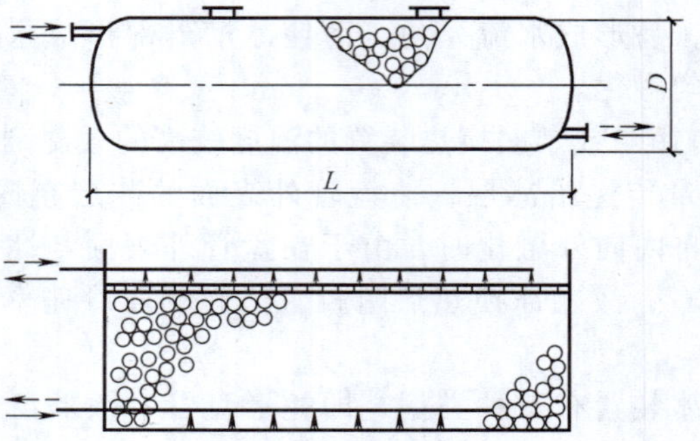

图 5-18 封装式蓄冰装置

表 5-6 蓄冷介质的型号及性能

型 号	T-41	T-47
冻结融解温度/[℃(℉)]	5(41)	83(47)
融解潜热/(kJ/kg)	125.6	95.5
每片融解潜热/kJ	640	485
一次水进出口温度(蓄冷)/℃	1.5~4	5~7.5
二次水进出口温度(取冷)/℃	11~6	14~9
每冷吨小时蓄冷所需片数	20	28
尺寸/mm	410×203×44	
质量/kg	5.6	
容积/L	4.2	

高温相变蓄冷介质材料的关键有两点：

1）不过冷。蓄冷介质应具有准确的冻结点，以保冻结完全以及取冷时供冷水温不致过高。

2）不层化。通常共晶盐在过饱和状态融解时，一部分无机盐可能沉淀在容器的底部，而使部分液体浮在容器上部，此种现象称为“层化”。层化现象可使共晶盐在反复冻结与融解以后，融解潜热大幅度降低，这样将大大降低蓄冷装置的蓄冷能力。影响层化的因素很多，主要是共晶盐种类、核化方法以及封装容器的厚度。

目前高温相变蓄冷的缺点是造价较高，冻结融解温度为 5~6℃ 的相变材料尚待进一步开发研究。

（4）片冰滑落式蓄冰装置 上述两种蓄冰装置所蓄冰层或冰球系一次冻结完成，故称为静态蓄冰。蓄冰时，冰层冻结的越厚，制冷机的蒸发温度越低，性能系数也越低。如果控制冻结冰层的厚度，每次仅冻结薄层片冰，而进行高运转率地反复快速制冰，则可提高制冷机的蒸发温度（-4~-8℃），比采用冰盘管时提高 2~3℃。片冰滑落式蓄冰装置就是在制冷机的板式蒸发器表面上不断冻结薄片冰，然后滑落至蓄冰水槽内，进行蓄冷的，此种方法又称为动态制冰。图 5-19 所示为片冰滑落式蓄冰装置的典型示意图。

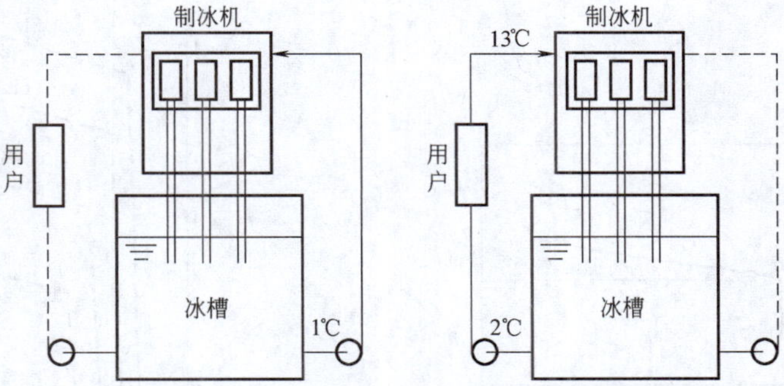

图 5-19　片冰滑落式蓄冰装置的典型示意图

片冰滑落式蓄冰装置，取冷供水温度低，融冰放冷速率极快，特别适合尖峰用冷。但是，这种蓄冰装置初投资较高，而且需要较高的机房。

（5）冰晶式蓄冰装置　冰晶式蓄冰装置是通过冰晶制冷机将低浓度的乙二醇水溶液冷却至低于 0℃，然后，将此状态的过冷水溶液送入蓄冰水槽，溶液中即可分解出 0℃ 的冰晶。这种过程犹如自然界降过冷状态的雨，着地立即形成“雨冰”；又如冬季凌晨过冷状态的雾与树木接触，在其上形成冰层，即所谓“树挂”。如果过冷温度为-2℃，即可产生 2.5%的直径约 100μm 的冰晶。

由于单颗粒冰晶十分细小，冰晶在蓄冰水槽中分布十分均匀，水槽蓄冰率约 50%。结晶化的溶液可用泵直接输送。

5.3.3　空调蓄冷系统

1. 水蓄冷系统

水蓄冷系统投资低，运行可靠，运行效率高，有利于提高现有空调制冷系统的制冷能力，而且，蓄冷水池可兼作消防蓄水池。但是，由于单位体积蓄冷量较小，故蓄冷水池体积较大，与冰蓄冷相比冷损失较大，因此，蓄水池容积越大，其经济性越好，一般来说，经济容积约为 760m^3，或者蓄冷能力为 2000RTH。水蓄冷系统的主要技术问题是保持热回水与蓄存的冷水处于分离状态，就是说，应避免热回水与冷水相混合。为了达到这种分离状况，可采用分层技术、多池系统、隔膜或迷宫和折流板，其中分层技术简单、有效，是保证水蓄冷系统最为经济和高效的方法。

（1）分层　水的密度与温度有关，温度越低、密度越大，直到水温低至 4℃；水温低于 4℃，则密度减小，直至冻结。因此，4~6℃ 的冷水应该稳定地聚积在水池的最低部位，而 12℃ 以上的热回水应聚积在水池的高部位。所谓“分层”就是仅利用密度的影响将热水与冷水分隔开。为了使蓄冷水池达到分层，就要在上部热区和下部冷区之间创造和保持一个温度剧变层，依靠稳定的温度剧变层阻止下部的冷水与上部的热水相互混合。如图 5-20 所示，在水池 1m 深度处形成温度剧变层，该层将 4℃ 的冷水和 13℃ 的热水分开，温度剧变层的厚度越薄越好，一般不希望超过 0.5m。

蓄冷水池应通过水流分布器从池中取水和向池中送水，水流分布器可使水缓慢地流入水池和从水池流出，以尽量减少湍流和扰乱温度剧变层。这样，才能如图5-21所示，当蓄冷时，随着冷水不断从下部送入水池和热水不断从上部被抽出，温度剧变层稳步上升。反之，当取冷时，随着热水不断从上部流入和冷水不断从下部被抽出，温度剧变层逐渐下降。好的分层的蓄冷水池所蓄存能量的90%可以有效地用于供冷。

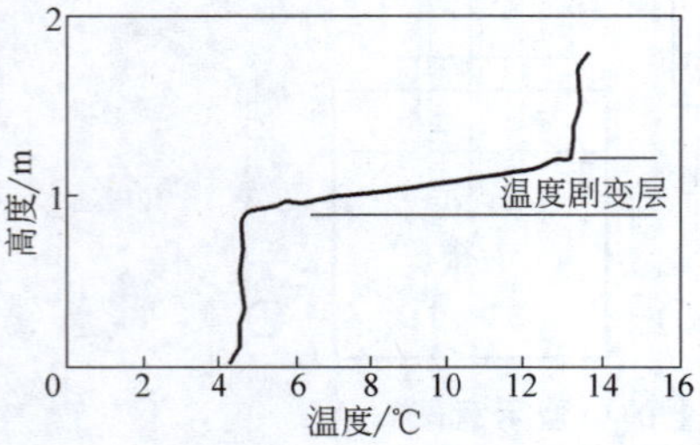

图5-20 分层示意

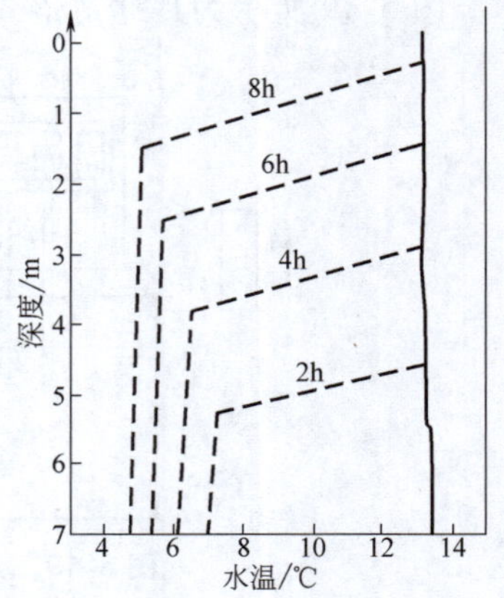

图5-21 蓄冷与取冷

(2) 蓄冷水池　蓄冷水池可为钢制或钢筋混凝土制，形状可为圆形或矩形。蓄冷水池最好的形状是平底立式圆柱形，圆柱形水池外表面与体积之比小于同体积的矩形水池。再者，对圆柱形蓄冷水池的高径比有一定限制，因为，增加高径比可以减少温度剧变层所占据的水池容积，可提高蓄冷效率，但是，水池造价将有所增加，所以，钢筋混凝土蓄冷水池的高径比一般为0.25~0.5。

也可采用其他形状的蓄冷水池，但必须注意避免由于水流垂直运动所造成的冷热水混掺。不希望采用卧式圆柱形蓄冷水罐，因为它难以解决分层问题。

蓄冷水池的体积可按下式计算

$$V=\frac{\text{蓄冷量}(\text{kW}\cdot\text{h})\times 3600[\text{kJ}/(\text{kW}\cdot\text{h})]}{\Delta t\times 998(\text{kg/m}^3)\times 4.2[\text{kJ}/(\text{kg}\cdot ℃)]\times\eta} \tag{5-7}$$

式中　V——蓄水池的体积（m^3）；

Δt——蓄冷水温差（℃），一般取6~11℃；

η——蓄冷水池效率，一般为0.85~0.9。

当然，实际蓄冷水池的体积应大于上述计算值，因为要考虑水面距池顶的空间。

(3) 水流分布器　水流分布器由开孔圆管构成，位于蓄冷水池的上部（热水）和底部（冷水）。圆形蓄冷水池的水流分布器可做成八角形，如图5-22所示；矩形蓄冷水池的水流分布器可做成树枝形，如图5-23所示。热水从水流分布器圆管向上的孔口从分布器上部进入或流出；冷水从水流分布器圆管向下的孔口从分布器下部进入或流出。这样，可以使水流缓慢且均匀。

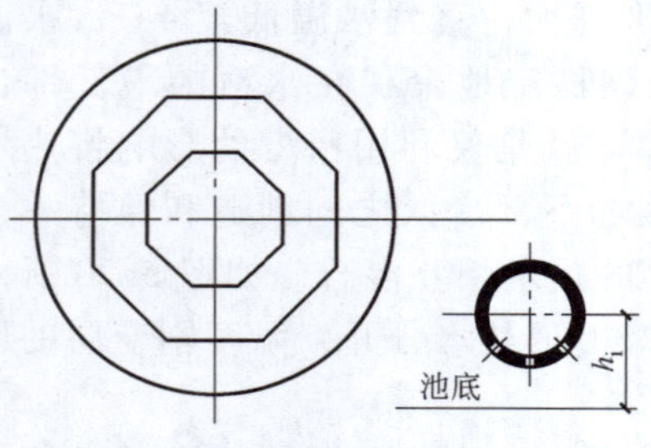

图5-22 圆形水流分布器

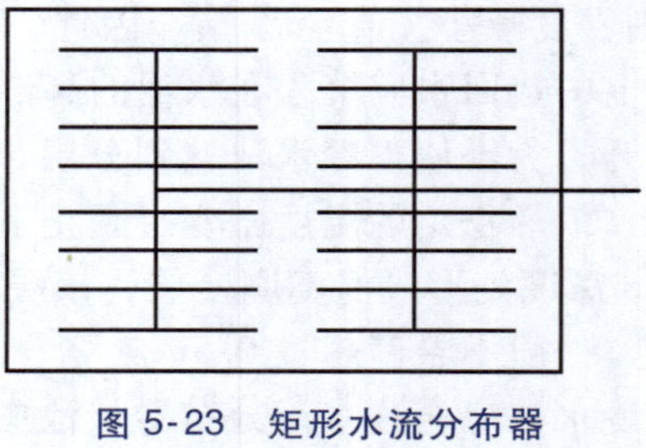

图5-23 矩形水流分布器

为了使取冷时从上部进入的热水和蓄冷时从下部进入的冷水主要依靠密度差而不是依靠惯性力横向流动，设计水流分布器时应保证弗劳德数 Fr 约为1，绝不大于2。

弗劳德数 Fr 为惯性力与浮力之比，由下式计算

$$Fr=\frac{G/L}{[gh_i^3(\rho_i-\rho_a)/\rho_a]^{1/2}} \tag{5-8}$$

式中 G——最大流量（m^3/s）；

L——分布器有效管长（m）；

g——重力加速度（m/s^2）；

h_i——最小入口高度［分布器管底距池底的距离（m）］；

ρ_i——进水密度（kg/m^3）；

ρ_a——周围水的密度（kg/m^3）。

再者，为了尽量减少温度剧变层上下部分水的混合，应保证蓄冷水池进水流的雷诺数 Re 不超过一定范围。Re 为惯性力与黏性力之比，可用下式计算

$$Re=\frac{G/L}{\nu} \tag{5-9}$$

式中 ν——水的运动黏度（m^2/s）；

对于很小的水池，希望 Re 小于200，一般来说，建议 Re 不超过850。分布器孔口的水流出速度希望限制在0.3~0.6m/s，孔口之间的距离小于 $2h_i$。

(4) 水蓄冷系统的组成　蓄冷水池为开式水池，而空调冷水系统一般均采用闭式系统，两者如何相连是水蓄冷系统应解决的问题。图5-24给出了一种具有蓄冷水池的管道系统连接图。该系统设有4个电动蝶阀（V_1~V_4）用于启闭，1个电动调节阀 V_5，1个阀前压力调节阀 V_6，系统共设3台水泵，水泵 P_1 为冷冻机供冷用水泵；水泵 P_2 为蓄冷用水泵，该泵流量可大于 P_1，以减小进出水温差，有利蓄冷；水泵 P_3 为取冷用水泵。

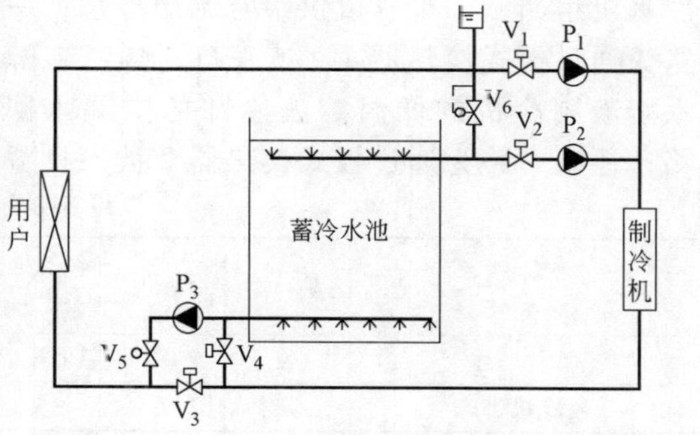

图5-24　有蓄冷水池的管道系统连接

该系统可以有四种运行模式，即蓄冷工况、冷冻机供冷工况、蓄冷水池供冷工况以及冷冻机与蓄冷水池同时供冷工况，见表5-7。值得强调的是，只要采用蓄冷水池供冷，必须依靠 V_6 保证阀前压力为膨胀水箱维持的系统静水压力，这样，可保证系统全部充满水，以便进行可靠的运行。

表5-7　水蓄冷系统四种运行模式

工　况	冷冻机	P_1	P_2	P_3	V_1	V_2	V_3	V_4	V_5	V_6
蓄　冷	开	关	开	关	关	开	关	开	关	关
冷冻机供冷	开	开	关	关	开	关	开	关	关	关
蓄冷水池供冷	关	关	关	开	关	关	关	关	调节	调节
冷冻机与蓄冷水池同时供冷	开	开	关	开	开	关	开	关	调节	调节

2. 冰蓄冷系统

冰蓄冷系统的制冷主机和蓄冷装置所组成的管道系统可以是各种形式，但是，基本可分为并联系统和串联系统。不过，对于冰蓄冷系统来说，必须考虑一个问题，就是夜间（即电力低谷期）是否需要供冷，所需供冷量占所需最大供冷量的百分比是多少。

有许多建筑，特别是宾馆、饭店等商用建筑，夏季夜间仍需要一定数量的供冷量，以保证整个建筑维持一定的空气温度。由于夜间是蓄冷时间，制冷机需要产生用于蓄冰的0℃以下的低温水，如果同时有空调供冷要求，则需将0℃以下的载冷液经换热器供出约7℃的空调用冷水，这样，制冷系统运行效率低。为了提高运行经济性，应设基载冷水机组，直接供应7℃左右的冷水，以保证夜间或蓄冰时期空调所需冷量。对于夜间供冷负荷比较少的建筑，此基载冷水机组主要在夜间使用；如果夜间供冷负荷较大，此基载冷水机组可全天使用，以减少初投资。当然，如果夜间建筑所需供冷量很少，也不宜设置基载冷水机组，可由蓄冰用低温载冷液负责承担。

(1) 并联系统 并联系统如图5-25所示。全系统由两部分组成，一部分为空调用冷水系统，介质为水；另一部分为乙烯乙二醇水溶液系统（图中点画线框内部分），可进行蓄冷或供冷。

乙烯乙二醇水溶液系统则由制冷主机、蓄冰槽、板式换热器（与空调用冷水系统的分界面）和泵、阀门等组成。各种运行工况汇总见表5-8。

空调用冷水共有三个回路。一路为基载冷水机组回路，可昼夜供给空调用冷水；一路为通过板式换热器1，被来自乙烯乙二醇水溶液制冷机的低温溶液冷却的空调水回路；还有一路为通过板式换热器2被来自蓄冰槽的低温乙烯乙二醇水溶液冷却的空调水回路。

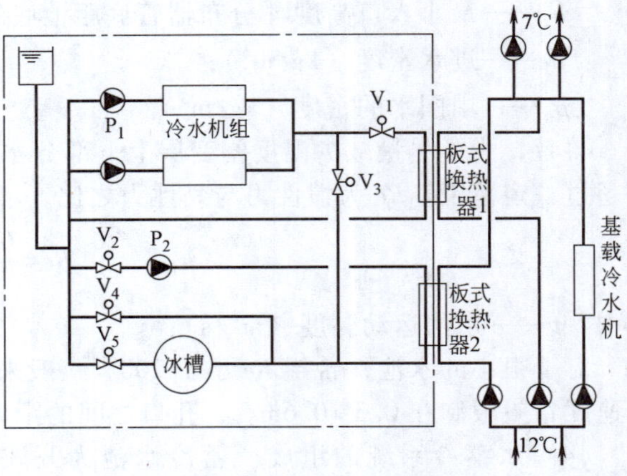

图5-25 并联系统

表5-8 运行工况汇总表

工况	阀 V_1	阀 V_2	阀 V_3	阀 V_4	阀 V_5	制冷机水温/℃		蓄冰槽水温/℃	
						供水	回水	出水	进水
蓄冰	关	关	开	关	开	−5.0	−1.7		
制冷机供冷	开	关	关	关	关	5.6	10.6		
蓄冰槽供冷	关	开	关	调节	调节			5.6	10.6
制冷机与蓄冰槽同时供冷	开	开	关	调节	调节		10.6	5.6	10.6

注：表中水温值为示例。

蓄冰时，阀门V_1、V_2、V_4关闭，开启阀门V_3、V_5，制冷机向蓄冰槽供应低温乙烯乙二醇水溶液，使蓄冰槽中蓄冷介质冻结。蓄冷过程乙烯乙二醇水溶液温度不断降低。

供冷时可以有三种运行模式：

1）制冷主机单独供冷。除阀门V_1开启以外，其余阀门全部关闭，将来自制冷主机的温度较低的乙烯乙二醇水溶液供至板式换热器1，以产生空调用冷水。为了提高运行效率，应尽量减少板式换热器的传热温差，一般取1~2℃。本示例空调供回水温度为7℃和12℃，所以，制冷主机供回水温度取5.6℃/10.6℃。当空调冷负荷减少时，可采用台数控制，或调节制冷主机的供冷能力。

2）蓄冰槽单独供冷。关闭阀门V_1和V_3，将阀门V_2、V_4、V_5开启，并起动蓄冰槽泵P_2，从蓄冰槽融冰取冷，通过板式换热器2，冷却空调用水。根据空调供水或回水温度，调节阀门V_4和V_5，控制蓄冷槽融冰取冷量。

3）制冷主机与蓄冰槽联合供冷。起动泵P_1和P_2，关闭阀门V_3，即可使制冷主机与蓄冰槽联合供冷。至于联合供冷时是以制冷主机为主还是以蓄冰槽为主，则需根据最优控制策略决定。如果以主机为主，当制冷主机满载运行仍不能满足用户所需冷量，则调节阀门 V_4 和 V_5，从蓄冰槽取出一定冷量，以保证需要。如果以蓄冰槽取冷为主，则应关闭阀门 V_4、开启阀门 V_5，使蓄冰槽融冰取冷量为最大，同时，调节制冷主机供冷能力以补足不足。

图 5-26 所示是另一种形式的并联系统，适用于采用封装式蓄冰罐的冰蓄冷系统。该系统为二次泵系统。由于封装式蓄冰罐的流动阻力比较小，因此不另设蓄冰罐泵。再者，如图 5-26a所示，利用二次泵 P_2，夜间蓄冷期可同时供冷，但需调节阀门 V_1、V_3，以保证板式换热器乙烯乙二醇水溶液的供水温度大于 0℃。如果夜间需要供冷，而需用量很小，可如图 5-26b所示，另设夜间供冷泵 P_3 和阀门 V_5、V_6。开起泵 P_3，调节阀门 V_5 和 V_6，一则控制所需冷量，再则，不使供至板式换热器的乙烯乙二醇水溶液温度低于 0℃，以防冻结。

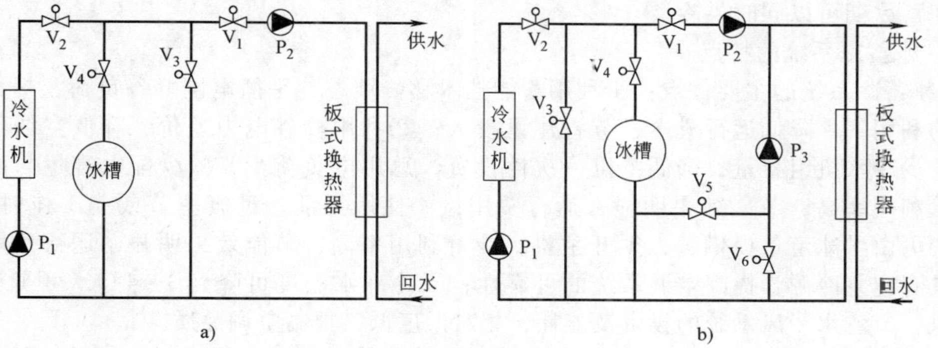

图 5-26　另一形式的并联系统

（2）串联系统　如图 5-27 所示为串联系统。图中点画线框内部分为乙烯乙二醇水溶液系统，由乙烯乙二醇水溶液制冷主机、蓄冰槽、板式换热器以及泵、阀门等串联组成；利用温度比较低的乙烯乙二醇水溶液通过板式换热器冷却空调用水。对于串联系统来说，制冷主机可位于蓄冷槽上游，此时，制冷主机出水温度较高，蓄冰槽进出水温度较低，因此，制冷主机效率高、电耗较小，而融冰温差小，取冰效率较低。如果制冷主机位于冰槽下游，则情况正好相反。一般多采用“主机上游”布置。

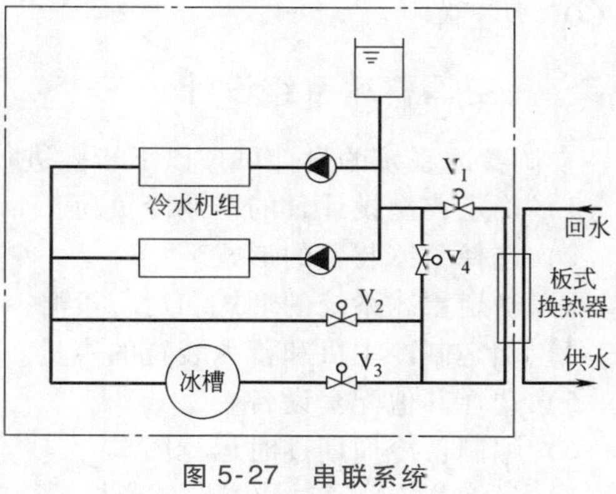

图 5-27　串联系统

串联系统与并联系统一样，除蓄冰工况以外，也可以制冷主机单独供冷、蓄冰槽单独供冷或制冷主机与蓄冰槽联合供冷。各种运行模式的阀门状态和参考水温值见表 5-9。

表 5-9　运行工况汇总表

工　况	阀 V_1	阀 V_2	阀 V_3	阀 V_4	制冷机水温/℃		蓄冰槽水温/℃	
					供水	回水	出水	进水
蓄　冰	关	关	开	开	−5.0	−1.7		
制冷机供冷	开	开	关	关	6.0	11.0		
蓄冰槽供冷	开	调节	调节	关	11.0	11.0	6.0	11.0
制冷机与蓄冰槽同时供冷	开	调节	调节	关	6.8	11.0	4.0	6.8

设计串联系统时，应注意乙烯乙二醇水溶液泵的容量与系统水温分布的确定。蓄冰工况和制冷主机单独供冷工况，泵流量应按制冷主机空调负荷确定。但是，当制冷主机与蓄冰槽

联合供冷时，由于负荷增大，系统供回水温差必然大于5℃，而达到7~8℃，因此，采用串联系统时，因制冷主机或蓄冰槽的供水温度较低，会影响系统供冷能力，应适当提高空调用水的供回水温差。在蓄冰工况和制冷主机单独供冷工况下，系统阻力较小；而制冷主机与蓄冰槽联合供冷时，需依次克服制冷主机蒸发器、蓄冰槽和板式换热器的阻力，因此，按最不利工况确定泵扬程，在绝大多数运行工况下势必要增加泵的电耗。采用串联泵，如图5-28所示，可以解决此问题。开起泵 P_1 和 P_2，调节阀门 V_1 和 V_2，该系统在夜间蓄冰期可以同时供冷。

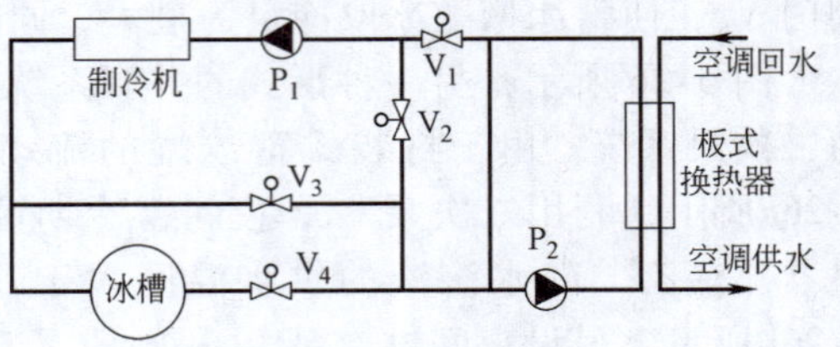

图5-28 串联泵示意

(3) 冰蓄冷系统的特点

1) 冰蓄冷系统的主要优点：①利用蓄能技术移峰填谷，平衡电网峰谷负荷，提高电厂发电设备的利用率，降低运行成本，节省建设投入；②利用峰谷电力差价，降低空调年运行费用；③减少冷水机组容量，降低主机一次性投资，总用电负荷少，减少配电容量与配电设施费，减少利用率高，节能效果明显，运行费用；④使用灵活，过渡季节或非工作时间加班，使用空调可由融冰定量提供，无须开主机，冷量利用率高，节能效果明显，运行费用大大降低；⑤具有应急冷源，提高空调系统的可靠性；⑥冷冻水温度可降到1~4℃，可实现大温差低温送风，节省水、风系统的投资及能耗，相对湿度低，提高空调品质。

2) 冰蓄冷系统的主要缺点：①对于冰蓄冷系统，其运行效率将降低；②增加了蓄冷设备费用及其占用的空间；③增加水管和风管的保温费用；④冰蓄冷空调系统的制冷主机性能系数COP要下降。

5.3.4 空调蓄冰系统设计

空调蓄冰系统的设计可按以下步骤进行：

1) 确定典型设计日的空调冷负荷。

2) 选择蓄冰装置的形式。

3) 确定蓄冰系统的形式和运行策略。

4) 确定制冷主机和蓄冰装置的容量。

5) 选择其他配套设备。

6) 编制蓄冷周期逐时运行图。

7) 经济分析。通过装置设备费与运行费的计算，求得与常规制冷系统相比的投资回收期。

1. 典型设计日冷负荷

日负荷图是每日24h的逐时冷负荷。常规空调系统是依据峰值冷负荷选定冷水机组和空调设备，而空调蓄冰系统则需要根据典型设计日的总冷负荷［单位可为兆焦（MJ）、千瓦时（kW·h）或冷吨小时（RTH）］和运行策略（即全负荷蓄冷还是部分负荷蓄冷，以及每天的控制策略）设计。因此，设计空调蓄冰系统时，应能比较准确地提供典型设计日的日负荷图。

典型设计日的逐时负荷应根据典型日逐时气象数据、建筑围护结构、人流、内部设备以及运行制度，采用动态负荷计算法计算。关键在于人流、内部设备、新风量等随机负荷的确定，这常常需要大量的统计数据。至于典型日室外逐时干球温度可按以下公式计算

$$t = t_{wp} + \beta \Delta t_r \tag{5-10}$$

式中 t——夏季典型设计日的逐时室外干球温度（℃）；

t_{wp}——夏季典型设计日室外平均干球温度（℃）；

Δt_r——夏季典型设计日的平均日温差（℃）；

β——室外温度逐时变化系数，见表 5-10。

表 5-10 室外温度逐时变化系数

时刻	1	2	3	4	5	6	7	8	9	10	11	12
β	-0.35	-0.38	-0.42	-0.45	-0.47	-0.41	-0.28	-0.12	0.03	0.16	0.29	0.40
时刻	13	14	15	16	17	18	19	20	21	22	23	24
β	0.48	0.52	0.51	0.43	0.39	0.28	0.14	0.00	-0.10	-0.17	-0.23	-0.29

$$\Delta t_r = \frac{t_{wg} + t_{wp}}{0.52} \tag{5-11}$$

式中 t_{wg}——夏季空气调节室外计算干球温度（℃）。

逐时室外空气湿球温度可按等露点温度近似计算。

在初步设计过程或设计者难以进行典型设计日逐时负荷计算时，可采用系数法或平均法根据峰值负荷估算典型设计日逐时冷负荷或典型设计日日总冷负荷。

（1）系数法 表 5-11 给出了三种类型建筑的逐时负荷系数，可依此计算典型设计日逐时冷负荷。表中以峰值小时负荷为 1。这样，计算或估算出峰值小时负荷以后，就可根据建筑物类型取表中所列数值得出典型设计日逐时冷负荷。但是，影响逐时冷负荷的因素较多，即使完全相同的建筑，朝向不同，其逐时负荷分布也不相同；再者，我国各地区各类建筑空调逐时运行负荷尚未全面调查统计，因此，表中所列数据仅供估算参考。

表 5-11 逐时负荷系数表

时间	写字楼	宾馆	商场	时间	写字楼	宾馆	商场
1		0.16		13	0.91	1.00	0.94
2		0.16		14	0.96	1.00	0.96
3		0.25		15	1.00	0.92	1.00
4		0.25		16	0.95	0.84	0.96
5		0.25		17	0.85	0.84	0.85
6		0.50		18	0.64	0.74	0.80
7	0.6	0.59		19		0.74	0.64
8	0.65	0.67	0.40	20		0.50	0.5
9	0.78	0.67	0.50	21		0.50	0.4
10	0.81	0.75	0.76	22		0.33	
11	0.82	0.84	0.80	23		0.16	
12	0.85	0.90	0.88	24		0.16	

（2）平均法 日总冷负荷 Q 应按下式计算

$$Q = \sum_{i=1}^{24} q_i = nmq_{max} = nq_p \tag{5-12}$$

式中 q_i——i 时刻空调冷负荷；

q_{max}——峰值小时冷负荷；

q_p——日平均冷负荷；

n——典型设计日空调运行小时数；

m——平均负荷系数，等于日平均冷负荷与峰值小时冷负荷之比。

由式（5-12）可以看出，利用平均负荷系数可以估算出典型设计日的空调日总负荷，依此可以进行蓄冰系统的方案设计或初步设计，确定制冷主机和蓄冰槽容量。一般平均负荷系数为 0.75~0.85。

2. 蓄冷周期逐时负荷分布图

(1) 装置容量的确定 由于部分负荷蓄冰方式可以削减空调制冷系统高峰耗电量，而且初投资比较低，所以目前采用较多。

在确定部分负荷蓄冰系统的装置容量时，思路应为：“充分发挥制冷主机的作用，使其昼夜运行，以达到制冷主机装机容量为最小。”这样，最佳平衡计算式应为

$$q_c = \frac{Q}{n_1 + c_f n_2} = \frac{\sum_{i=1}^{24} q_i}{n_1 + c_f n_2} \tag{5-13}$$

$$Q_s = n_2 c_f q_c \tag{5-14}$$

式中 q_c——以空调工况为基点的制冷机制冷量（kW 或 RT）；

Q_s——蓄冰槽容量（kW·h 或 RTH）；

n_1——白天制冷主机在空调工况下的运行小时数（h），由于白天制冷主机不一定均为满载运行，计算时，该值可取（0.8~0.9）n；

n_2——夜间制冷主机在蓄冰工况下的运行小时数（h）；

c_f——冷水机组系数，即冷水机组蓄冰工况制冷能力与空调工况制冷能力的比值，一般活塞式与离心式冷水机约为 0.65，螺杆式冷水机约为 0.70，它取决于工况的温度条件和机组型号。

这样，利用式（5-13）和式（5-14）就可以得出应配置的冷水机组的制冷能力和蓄冰槽容量。

[例 5-1] 某建筑物典型设计日空调逐时冷负荷见表 5-12，如果该建筑采用部分负荷蓄冰系统，试计算冷水机组和蓄冰槽的容量。

表 5-12 负荷表

时间	空调负荷/RT	冷水机制冷量/RT		蓄冰槽取冷量/RT	冰槽蓄冰量/RTH	取冷率(%)
		蓄冰工况	空调工况			
1		294			607	
2		294			901	
3		294			1195	
4		294			1489	
5		294			1783	
6		275			2077	
7	85		85		2352	
8	469		420	49	2352	2.08
9	526		420	106	2303	4.51
10	627		420	207	2197	8.80
11	672		420	252	1990	10.71
12	550		420	130	1738	5.53
13	503		420	83	1608	3.53
14	722		420	302	1525	12.84
15	895		420	475	1223	20.20
16	895		420	475	748	20.20
17	625		420	205	273	8.72
18	469		420	49	68	2.08

（续）

时　　间	空调负荷/RT	冷水机制冷量/RT		蓄冰槽取冷量/RT	冰槽蓄冰量/RTH	取冷率(%)
		蓄冰工况	空调工况			
19	341		341		19	
20	341		341		19	
21	227		227		19	
22	99		99		19	
23		294			19	
24		294			313	
总计	8046RTH	2333RTH	5713RTH	2333RTH		99.2

解：由于空调系统夜间不运行，所以不设置基载冷水机。

根据表5-12，可得，$\sum q_i=8046\text{RTH}$。空调运行小时数 $n=16\text{h}$，由于仅有11h的空调小时负荷超过峰值小时负荷的50%，故取白天制冷主机在空调工况下满载运行小时数 $n_1=0.85\times n=13.6\text{h}$。夜间制冷主机在蓄冰工况下的运行小时数 $n_2=8\text{h}$。采用螺杆式冷水机组，取冷水机组系数 c_f 为0.7。这样，根据式（5-15）可得出所需冷水机组空调工况制冷量为

$$q_c=\frac{Q}{n_1+c_f n_2}=\frac{8046}{13.6+0.7\times 8}\text{RT}=412.06\text{RT}\approx 420\text{RT}$$

根据式（5-14）可求出所需蓄冰槽容量为

$$Q_s=8\times 0.7\times 420\text{RTH}=2352\text{RTH}$$

（2）蓄冰周期逐时负荷分布图　某建筑物典型设计日蓄冰周期逐时负荷分布见表5-12。在该表中列出典型设计日逐时空调冷负荷，根据最佳平衡计算式（5-13）和式（5-14）算出的制冷主机与蓄冷槽容量所得出的逐时制冷主机的运行工况和制冷量，以及逐时所需取冷量和蓄冰槽冷量。

该表是选取冷水机组、蓄冰槽等设备的依据，所选定的设备容量必须满足表中所列出的要求，同时，还要考虑蓄冰槽的冷损失和适当的余量。

3. 载冷剂和设备选择

（1）乙烯乙二醇　冰蓄冷系统所用的载冷剂多为乙烯乙二醇水溶液。乙烯乙二醇［$C_2H_4(OH)_2$］是无色、无味的液体，挥发性低，腐蚀性低，容易与水和许多有机化合物混合使用。乙烯乙二醇相对分子质量为62.07，凝固点为-12.7℃，溶解潜热（-12.7℃）为187kJ/kg。不同体积分数的乙烯乙二醇水溶液的密度、比热容、热导率、黏度和凝固点见附表5-1~附表5-5。

蓄冰系统乙烯乙二醇水溶液的凝固点应低于最低运行温度3~4℃。此外，虽然乙烯乙二醇对普通金属的腐蚀性比水低，然而，乙烯乙二醇的水溶液则呈现水的腐蚀性，随着使用过程，乙烯乙二醇氧化呈酸性，因此，乙烯乙二醇水溶液中应加入添加剂。添加剂包括防腐剂和稳定剂。防腐剂可在金属表面形成阻蚀层；而稳定剂可为碱性缓冲剂硼砂，使溶液维持碱性（pH>7）。溶液中添加剂的添加量为800~1200ppm（$\times 10^{-6}$）。乙烯乙二醇水溶液的密度稍大于水，黏度大于水，而比热容小于水，所以在计算载冷剂流量和管道系统阻力时应予以注意。

（2）制冷主机的选择　空调蓄冰系统用冷水机组需要适应空调工况和蓄冰工况，可供选择的类型有活塞式冷水机组、螺杆式冷水机组和二级或三级离心式冷水机组，其制冷量适宜范围和性能系数见表5-13。从表中可以看出，离心式冷水机组性能稍优。对于空调蓄冷系统用离心式冷水机组最好采用中温中压制冷剂，如R22、R134a等；如果采用高温低压制冷剂，在蓄冰工况下蒸发器的真空度过高。一般空调蓄冰系统多采用螺杆式冷水机组。

表 5-13 制冷量适宜范围和性能系数

类　型	空调工况制冷量/RT	性能系数/(kW/RT)	
		空调工况(6.7℃)	蓄冰工况(-5.6℃)
活塞式冷水机组	10~240	0.85~1.1	1.10~1.30
螺杆式冷水机组	80~1000	0.70~0.85	0.95~1.15
离心式冷水机组	160~2000	0.65~0.75	0.90~1.10

同时，在设计空调蓄冰系统时还应掌握冷水机组在不同工况下运行时的制冷量变化，当然，这需求助于各制造厂提供的机组性能特性资料。在没有厂家的具体数据时，可按下列数据进行设计：

1）对于空调工况，空调用供水温度为7℃，冷却水进水温度为32℃，采用质量分数为25%~30%的乙烯乙二醇水溶液为载冷剂时，其制冷量约为以水为载冷剂的97%。

2）冷却水进水温度每降低（或增加）1℃，机组制冷量约增加（或降低）1.3%。

3）空调用供水温度每降低1℃，机组制冷量的降低量为：活塞式与离心式机组约为3%，螺杆机组约为2.6%。

当然，在选择制冷机组容量时还应考虑增加5%~10%的余量。

此外，在选定空调蓄冰系统的制冷主机时，必须确定蓄冰期载冷剂的供水温度。蓄冷期所需制冷主机供水温度除与所选定的蓄冰装置类型有关以外，还取决于蓄冰冻结小时数，如图5-29所示为某种盘管式蓄冰槽蓄冰冻结时间与载冷剂供水温度的关系。从图中可以看出，如果冻结时间可长达12h，其最终所需供水温度为-5℃；如果冻结时间只能是8h，则冻结终结时的供水温度将低至-6.4℃。

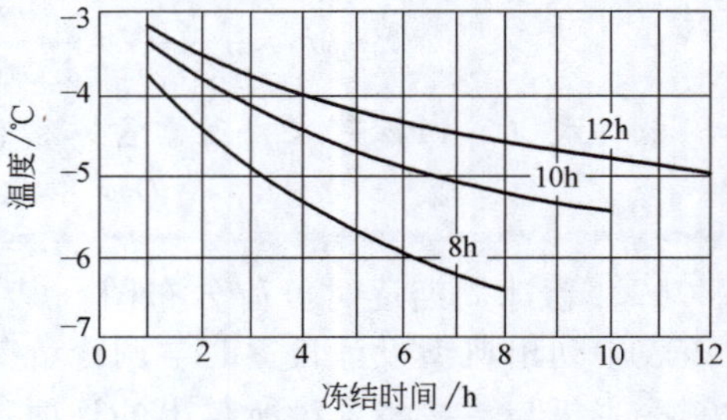

图 5-29 冻结时间与供水温度的关系

下面仍以例5-1为示例说明冷水机组的选定。

1）所需机组空调运行工况的制冷量为420RT。如果采用并联系统，其空调供水温度为5.6℃，回水温度为10.5℃，冷却水进水温度为32℃。由于载冷剂为质量分数为25%的乙烯乙二醇水溶液，因此，如按载冷剂为水、空调供水温度为7℃选择螺杆式冷水机，则制冷量应为

$$\{420/0.97/[1-0.026\times(7-5.6)]\}\text{RT}=450\text{RT}$$

2）核算蓄冰期机组制冷能力能否满足要求。如果蓄冰槽蓄冰特性如图5-29所示，蓄冰冻结期为8h，则应根据图中8h蓄冰期的供水温度曲线，逐时计算制冷主机可达到的制冷能力，见表5-14。从表中可以看出，8h蓄冰期的总制冷量为2382RTH，与所需取冷量相比，裕量为2%，恰好满足冰槽的冷损失。

表 5-14 蓄冰期机组制冷能力

时间	负荷/RT	制冷机冷量/RT		所需取冷量/RT	蓄冰量/RTH		制冷机水温/℃		蓄冰槽水温/℃			蓄冰槽	
		蓄冰工况	空调工况		总计	每台	回水	供水	回水	供水	可达到的供水	总流量/(m^3/h)	阻力/kPa
1		302			850	53.1		-4.8				274.0	84.0
2		297			1150	71.9		-5.2				274.0	84.0
3		294			1445	90.3		-5.5				274.0	84.0
4		289			1737	108.6		-5.9				274.0	84.0
5		287			2024	126.5		-6.1				274.0	84.0
6		285			2309	144.3		-6.3				274.0	84.0

（续）

时间	负荷/RT	制冷机冷量/RT		所需取冷量/RT	蓄冰量/RTH		制冷机水温/℃		蓄冰槽水温/℃			蓄冰槽	
		蓄冰工况	空调工况		总计	每台	回水	供水	回水	供水	可达到的供水	总流量/(m³/h)	阻力/kPa
7	85		85		2592	162.0	7.7	6.7				274.0	84.0
8	469		420	49	2590	161.9	10.6	5.6	7.3	6.8	<2.2	31.4	1.1
9	526		420	106	2539	158.7	10.6	5.6	7.8	6.7	<2.2	61.8	4.3
10	627		420	207	2431	151.9	10.6	5.6	8.6	6.4	<2.2	105.6	12.5
11	672		420	252	2222	138.9	10.6	5.6	8.9	6.2	<2.2	122.8	16.9
12	550		420	130	1968	123.0	10.6	5.6	8.0	6.6	<2.2	73.2	6.0
13	503		420	83	1836	114.8	10.6	5.6	7.6	6.7	<2.2	50.2	2.8
14	722		420	302	1751	109.4	10.6	5.6	9.3	6.1	2.3	140.9	22.2
15	895		420	475	1447	90.4	10.6	5.6	10.6	5.6	4.2	242.4	65.7
16	895		420	475	970	60.6	10.6	5.6	10.6	5.6	5.6	310.0	106.5
17	625		420	205	493	30.8	10.6	5.6	8.6	6.4	5.8	239.1	64.0
18	469		420	49	286	17.9	10.6	5.6	7.3	6.8	5.7	100.0	11.2
19	341		341		235	14.7	9.9	5.8					
20	341		341		233	14.6	9.9	5.8					
21	227		227		231	14.4	8.9	6.2					
22	99		99		229	14.3	7.4	6.6					
23		319			226	14.1		-3.3				274.00	84.0
24		309			543	33.9		-4.2				274.0	84.0
总计	8046 (RTH)	2382 (RTH)	5713 (RTH)	2333 (RTH)									

（3）蓄冰装置的选择　选定蓄冰装置的容量以前，首先确定蓄冰系统形式、典型设计日峰值小时负荷、载冷剂流量以及制冷主机和蓄冰槽的进出口温度。其次，根据逐时所需取冷量以及空调供回水温度，计算蓄冰槽逐时进出水温度。再次，根据所选定的蓄冰槽形式及可能的总取冷量计算所需蓄冰槽的型号和台数。最后，校核所选定的装置能否满足逐时所需取冷量和取冷供水温度。

下面仍以例 5-1 为示例说明蓄冰槽的选定。

1）由于已确定蓄冰空调系统为并联系统，为保证峰值负荷时空调供/回水温度为 7℃/12℃，选定峰值时蓄冰槽的进/出水温度为 10.6℃/5.6℃。由于峰值所需取冷量为 475RT，故通过蓄冰槽的乙烯乙二醇水溶液流量为 310m³/h。

2）如果采用空调供水温度控制，即运行时保证空调供水温度恒为 7℃，则可以根据逐时所需取冷量、所选定的板式换热器传热温差，计算蓄冰槽逐时进/出水温度，并填在表5-14内。

3）采用图 5-30 所示取冷特性的蓄冰槽。取冷时间按 8h 计算（典型设计日取冷时间乘以 0.7～0.75，蓄冰槽出水温度为 5.6℃，每个蓄冰槽可能取冷量为 150RTH。考虑蓄冰槽的冷损失，典型设计日总蓄冷量

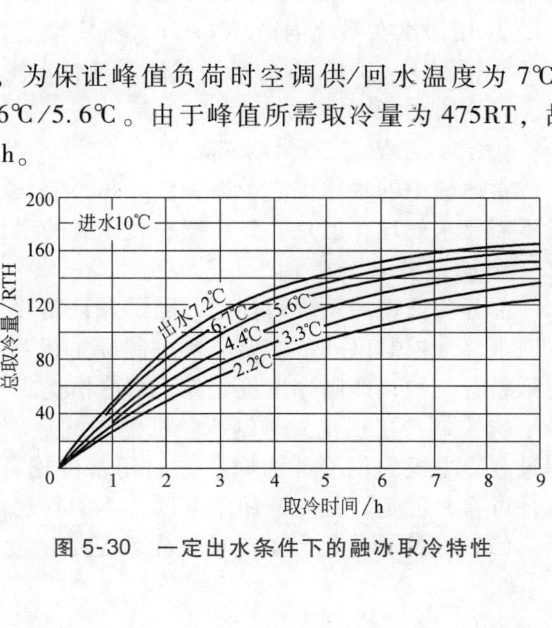

图 5-30　一定出水条件下的融冰取冷特性

为 2382RTH，这样，所需蓄冰槽台数为 16 台。总蓄冷能力为 16×162(=2592) RTH（单台潜冷蓄冷能力为 162RTH)。并根据逐时蓄冷量和取冷量填入表 5-14，每小时冷损失为 2RT。

4）校核蓄冰槽取冷量和取冷温度。根据表 5-14 所列逐时蓄冰槽已取冷量和该时所需取冷量，从图 5-30 可查出在满足该时取冷量的条件下，蓄冰槽可能达到的供水温度，依次填入表 5-14 中。从表 5-14 中可以看出，选取 16 台该型号的蓄冰槽恰好满足要求。这样，就可以根据逐时取冷量和蓄冰槽实际进出水温差（回水温度减去可能达到的出水温度)，计算出该时通过蓄冰槽的乙烯乙二醇流量，并查找有关资料得出该时蓄冰槽的流动阻力。

(4) 其他设备的选定　冰蓄冷空调系统除配置有制冷主机、蓄冰槽以外，还设有板式换热器、泵、膨胀箱、阀与管件等。

1）膨胀箱。与常规供热和供冷水系统相同，在闭式系统最高点应设置膨胀箱。对于盘管式蓄冰装置以及冰球内留有水在冻结时膨胀空间的冰球式蓄冰装置，膨胀箱的体积 V_E 可按下式计算

$$V_E=\frac{V_s[(\rho_1/\rho_2)-1]}{1-(\alpha_1+\alpha_2)} \tag{5-15}$$

式中 V_E——膨胀箱的体积（m^3）；

V_s——在蓄冰期最低温度 t_1 条件下，系统中载冷剂的体积（m^3）；

ρ_1——t_1 条件下，载冷剂的密度（kg/m^3）；

ρ_2——最高温度条件下，载冷剂的密度（kg/m^3）；

α_1——在 t_1 状态下，低液位时，膨胀箱的剩余空间系数，一般取 10%。

α_2——在最高温度下，高液位时，膨胀箱上部气体空间系数，一般可取 20%。

当在冰球、冰板等封装容器内蓄冰时，如果封装容器内没有预留水在冻结时的膨胀空间，而是依靠封装容器的体积增大补偿水冻结的体积膨胀时，膨胀箱的容积应考虑封装容器体积膨胀所排挤的载冷剂。由于冰水相变时体积膨胀率约为 9%，所需容纳载冷剂的箱体体积颇大，应特别给予注意。

2）管道系统。管道系统阀门的密封性要良好，不应有内漏或外漏。泵轴部位的密封性要好。乙烯乙二醇水溶液管道不允许采用镀锌钢管，因为锌与乙烯乙二醇可以发生化学作用。

施工时应特别注意管道内部清洁，以防造成板式换热器或蓄冰盘管堵塞。施工完毕应仔细清洗管道系统，清除铁锈及其他杂物。对于金属管的清洗过程为：

① 用清水在系统内循环 1~2h，然后排空。

② 将浓度为 10g/L 的环元偏磷基苏打水注入系统，循环 2h。

③ 用清水多次漂洗。

④ 注入乙烯乙二醇水溶液。

蓄冰槽中的水质也应予以关注。虽然在冰点温度附近，水的结垢和腐蚀作用均很小，一般不需要水处理，但是，要注意控制藻类的生长和铁细菌的扩展。

4. 蓄冷系统的控制

部分负荷蓄冷系统的控制，除了保证蓄冷工况与供冷工况之间的转换操作以及空调供水或回水温度控制以外，主要应解决制冷主机和蓄冷装置之间的供冷负荷分配问题。常用的控制策略有三种，即制冷主机优先、蓄冷槽优先和优化控制。

(1) 制冷主机优先　制冷主机优先就是尽量使制冷主机满负荷供冷。只有当空调冷负荷超过制冷主机的供冷能力时，方启用蓄冷槽，使其承担不足部分。这种控制策略实施简单，运行可靠，但是，蓄冷槽使用率低，不能有效地削减峰值用电，节约运行费用。

(2) 蓄冷槽优先　蓄冷槽优先就是尽量发挥蓄冷槽的供冷能力，只有在蓄冷槽不能完全

负担时，方启动制冷主机，以解决不足部分。这种控制策略既要保证弥补最大负荷时制冷主机供冷能力的不足，又要最大限度地利用蓄冷槽，因此，实施颇为复杂，需要对空调供冷负荷进行一定的预测。

（3）优化控制　优化控制就是根据电价政策，最大限度地发挥蓄冷槽的作用，使用户支付的电费最少。这种控制策略对于非典型设计日具有较大的经济性。以北京的电价结构来说，保留一定数量的蓄冷，供晚高峰使用，将是优化控制中的一种策略。根据分析，采用优化控制比采用制冷主机优先控制，可以节省运行电费 25%以上。

5.4　热泵节能技术

热泵是暖通空调节能的一条重要途径。所谓热泵，就是靠高位能拖动，迫使热量从低位热源流向高位热源的装置。顾名思义，热泵也就是可以把不能直接利用的低位热能（如空气、土壤、水、太阳能、工业废热等）转换为可利用的高位能，从而达到节约部分高位能（煤、石油、天然气、电能等）的目的。因此，在矿物能源逐渐短缺的当今世界，利用低位能的热泵技术已引起人们的兴趣和重视，这是一条极重要的节能途径。

热泵始于 1852 年，当时威廉·汤姆逊提出所谓“热量放大器”装置，即为最早的热泵装置。他指出制冷机也可以高效地用于供暖。此后，热泵技术经历了一段漫长而曲折的发展过程，在目前无疑已经得到突破，热泵技术在许多工业发达国家得到了突飞猛进的发展，热泵装置已进入了家庭、公共建筑、厂房，以提供暖通空调所需的热量，而且也已在工农业的一些工艺过程中得到应用。目前热泵主要用来解决 100℃以下低温用能。据估计，欧洲在 100℃以下低温用能方面的耗能量占总耗能量的 50%左右。因此，用热泵为暖通空调提供 100℃以下的低温用能具有重大的现实意义，是有更大的节能潜力的一项新技术。同时，热泵在暖通空调中的应用不会对环境产生污染。由于这两点，热泵在暖通空调中的应用已得到大力发展和推广。

5.4.1　热泵的基本工作原理与经济性的评价

1. 热泵的基本工作原理

热泵的工作原理与制冷机相同，都是按热机的逆循环工作的，所不同的是工作温度范围不同，使用的目的也不同。制冷机利用吸收热量而使对象变冷，达到制冷的目的；而热泵则是用排放热量，向对象供暖，达到制热的目的，如图 5-31 所示。

图 5-31a 表示热泵装置，它从环境中吸取热量，传递给高温物体，实现供暖目的；图 5-31b 表示制冷机，它从低温物体吸取热量传递给环境中去，实现制冷目的；图 5-31c 表示同时供冷供暖的联合循环机，它从低温物体吸热，实现制冷，同时又把热量传递给被加热的对象，实现供暖目的。由此可见，热泵系统的组成，应包括以下三个主要部分：

1）热泵的驱动能源（电能、汽油、柴油、煤气、煤等）和驱动装置（电动机、燃料发动机、蒸汽轮机等）。

2）热泵的工作机。一般来说，制冷机可作为这种热泵系统的工作机，制冷机的冷凝器中释放的热量不是简单地向大气排放，而要加以利用，通过供暖系统向热用户供热。

3）低温热源（空气、水、地热、工业废热、太阳能等）。热泵从低温热源吸取热量，使其温度品位升高，转变为可利用的热能。

图 5-32 所示为最简单的热泵供暖系统原理图。由压缩机、冷凝器、蒸发器和节流机构构成一个最简单的热泵装置，这个装置作为供暖系统的热源。它通过蒸发器从低温热源（如河水）吸取热量 Q_e，在冷凝器中放出热量 $Q_c=Q_e+W$，将热量 Q_c 供给供暖系统。这种供暖系统只要消耗少量高位能 W，便可得到满足房间供暖所需要温度的能量 Q_c。

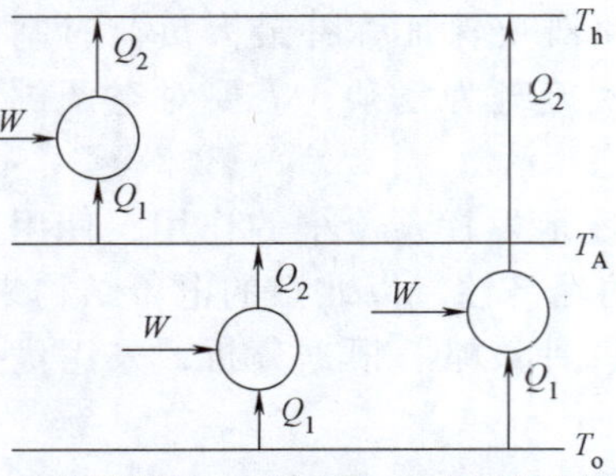

a) 热泵装置　b) 制冷机　c) 同时供冷供暖的联合循环机

图 5-31　制冷机与热泵的基本能量转换关系

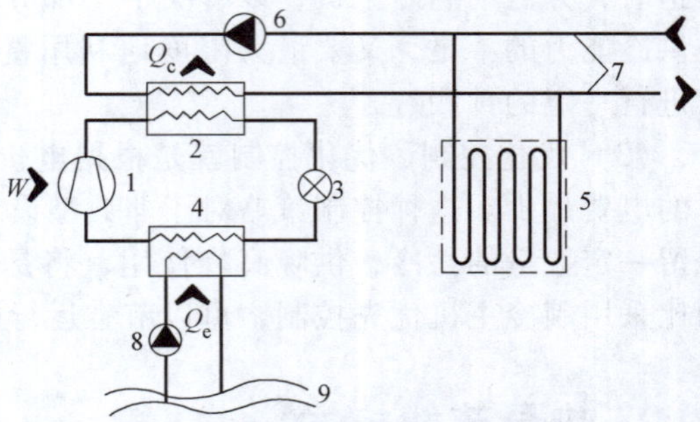

图 5-32　热泵供暖系统原理图

1—压缩机　2—冷凝器　3—节流机构　4—蒸发器　5—地板辐射供热　6—热网的循环水泵　7—热网　8—低温热源水的循环泵　9—河水

2. 热泵经济性的评价

在暖通空调工程中采用热泵节能的经济性评价问题十分复杂，影响因素很多，其中主要有负荷特性、系统特性、地区气候特性、低位热源特性、设备价格、设备使用寿命、燃料价格和电力价格等。但总的原则是围绕着“节能效果”与“经济效益”两个问题。

（1）热泵的制热性能系数　热泵将低温热源的热量品位提高，需要消耗一定的高位能，因此，热泵的能量消耗是一个重要的技术经济指标。用热泵的制热性能系数来衡量热泵的能量效率。制热性能系数的定义为

$$\varepsilon_h = \frac{Q_c}{W} = \frac{Q_e + W}{W} = \frac{Q_e}{W} + 1 \tag{5-16}$$

制热性能系数 ε_h 是量纲为 1 的量，它表示了热泵的制热量是消耗功率的 ε_h 倍。由式(5-16)可知，热泵的制热性能系数 ε_h 永远大于 1。因此，用热泵供暖比用热泵驱动能源直接供暖要节约高位能。

（2）热泵的能源利用系数 E　热泵的驱动能源通常为电能、液体燃料、气体燃料等。电能、液体燃料、气体燃料虽然同是能源，但其价值不一样，电能通常是由其他初级能源转变而来的，在转变中必定有损失。因此，对于有同样制热性能系数的热泵，若所采用的驱动能源不同，则其节能意义及经济性均不同。为此提出用能源利用系数 E 来评价热泵的节能效果。能源利用系数 E 定义为

$$E = \frac{\text{热泵的供热量}}{\text{消耗的初级能量}} \tag{5-17}$$

（3）热泵的㶲效率　由热力学可知，如果热力过程为不可逆过程，则不可逆损失称之为“㶲损失”。因此，引入“㶲效率”来评价各种形式热泵循环节能方面的经济性，即对各种循环的热力学完善度做出公正的评价。热泵的㶲效率 η_{ex} 定义为

$$\eta_{ex} = \frac{\text{收益的㶲}}{\text{消耗的㶲}} = 1 - \frac{\text{㶲损失}}{\text{消耗的㶲}} = 1 - \frac{\text{炁}}{\text{消耗的㶲}} \tag{5-18}$$

（4）热泵经济效益评价　一般来说，热泵是节能的，但同时增加了设备投资费用。因此，必须寻求热泵经济效益评价方法，综合评价各种因素，以判断热泵在暖通空调中的应用是否“省钱”，帮助人们在不同的方案比较中做出正确的选择。通常，用投资回收年限法。投资回收期 β 可用简单公式定义

$$\beta = \frac{I}{AQ_E} \tag{5-19}$$

式中　β——投资回收期（年）；

I——热泵系统所需的投资（元）；

A——燃料价格（元/J）；

Q_E——热泵系统与传统的系统相比，年节约能量（J/年）。

一般回收年限应在 3~5 年之内为宜。

5.4.2　常见的热泵系统简介

1. 空气源热泵冷（热）水机组

空气源热泵机组的耗电量较大，价格也高，选型时应优选机组性能系数较高的产品，以降低投资和运行成本。此外，先进、科学的化霜技术是机组冬季运行的可靠保障。机组冬季运行时，换热盘管温度低于露点温度时，表面产生冷凝水，冷凝水低于 0℃ 就会结霜，严重时会堵塞盘管，明显降低机组效率，为此必须除霜。除霜方法有多种，包括原始的定时控制、温度传感器控制和近几年发展起来的智能控制。最佳的除霜控制应是判断正确，除霜时间短。但要做到完美是很难的。设计选型时应进一步了解机组的除霜方式，通过比较后确定机组名义工况的制冷性能系数（COP）不应低于国家现行标准的要求。机组多数安装在屋面，应考虑机组噪声对周边建筑环境的影响，尤其是夜间运行，若噪声超标不但会遭到投诉，还会被勒令停止运行。

我国幅员辽阔、气温差异较大，对空气源热泵的应用应以可靠性和经济性为原则，结合当地的综合条件而确定。总的来说应符合以下规定：

1）制冷性能系数高，具有高效、可靠的化霜控制。

2）噪声较低，对周边环境不会产生噪声污染。

3）在冬季寒冷且潮湿的地区，需连续运行或对室内温度有较高要求的空调系统，应按当地平衡点温度确定辅助加热装置的容量。

4）在北方寒冷地区采用空气源热泵机组是否合适，根据一些文献分析和对北京、西安、郑州等地实际使用单位的调查，选择原则如下：①日间使用，对室温要求不太高的建筑可以采用；②室外温度低于-10℃ 的地区，不宜采用；③当室外温度低于空气源热泵最佳平衡点温度（即空气源热泵供热量等于建筑耗热量时的室外计算温度）时，应设置辅助热源。在辅助热源使用后，应注意防止冷凝温度和蒸发温度超出机组的使用范围。

以上仅从技术角度指出了空气源热泵在寒冷地区的使用，设计时还需从经济角度全面分析。在有集中供热的地区，就不应采用。

国外一些公司已推出适用于低温环境（-10~15℃）运行的机组，为在寒冷地区推广应用空气源热泵创造了条件。同时，空气源热泵还可以拓宽现有的应用途径，例如，与水源热泵串联应用，为低温热水辐射供暖系统提供热源等。

2. 地下水、地表水为水源的水源热泵机组

机组所需水源的总水量应按冷（热）负荷、水源温度、机组和板式换热器性能综合确定；水源供水应稳定，满足所选机组供冷、供暖时对水温和水质的要求，当水源的水质不能满足要求时，应相应采取有效的过滤、沉淀、灭藻、阻垢、除垢和防腐等措施；采用集中设置的机组时，应根据水源水质条件确定水源直接进入机组换热或另设板式换热器间接换热；采用分散小型单元式机组时，应设板式换热器间接换热。

水源热泵机组采用地下水为水源时，地下水应全部回灌，并确保回灌水不得对地下水资源造成污染。

关于采用地下水，国家早有严格的规定，除《中华人民共和国水法》《城市地下水开发利用保护管理规定》等法规外，2000 年国务院颁发了《要求加强城市供水节水和水污染防治工作的通知》，要求加强地下水资源开发利用的统一管理；保护地下水资源，防止因抽水造成地

面下沉，采取人工回灌工程等。由于几十年的大范围抽取地下水，对水资源管理不规范，回灌技术差，已造成我国地下水资源被严重破坏。因此，在设计时，应把回灌措施视为重点工程，这项工作不做好，有朝一日，采用地下水的水源热泵也就会在国内逐渐消亡。

水源热泵系统采用地下埋管换热器和地表水盘管换热器时，其埋管和盘管的形式、规格与长度，应按冷（热）负荷、土地面积、土壤结构、土壤温度、水体温度的变化规律和机组性能等因素确定。

采用地下埋管换热器的水源热泵因为节能，对建筑环境热污染和噪声污染小，避免了采用地下水、地表水系统所必需的水质处理、回灌和设置板式换热器等一系列装置。所以在欧美国家受到重视，作为研究重点的还是这种系统。

一般设计方法为先根据建筑周边土地确定布置方案，地下埋管换热器可以为立式（U形单、双管，并联或串联）和卧式（单管、双管和四管），然后计算流量、管径和长度。

这种系统的设计和计算是比较复杂的，土壤的热物性（密度、含水率、空隙比、饱和度、比热容、热导率等）是设计的基本参数。土壤传热特性、温度及其变化，冻结与解冻规律等是计算的重要依据。这些数据可通过计算和测试解决，在美国已有较系统完整的设计手册、计算方法及计算软件，还有各城市地下土壤温度选择数据，使地下埋管换热器的设计和计算既方便又准确。这一新技术在我国还处于开发研究阶段，当前设计上还缺乏可靠的土壤热物性有关数据和正确的计算方法。在工程实施中宜由小型建筑起步，不断总结完善设计与施工的经验。地下埋管换热器和水下盘管换热器一般采用高密度聚乙烯管和聚丁烯管。

关于地表水换热器就是在水体中放入盘管的闭式环路水源热泵系统，在国内还未应用过，投资比开式系统要高，设计计算的关键是掌握水体不同深度全年温度的变化曲线。

3. 水环热泵空调系统

循环水水温宜控制在15~35℃；循环水系统应通过技术经济比较，确定采用闭式冷却塔或开式冷却塔；使用开式冷却塔时，应设置中间换热器；辅助热源的供热量，应根据冬季白天高峰和夜间低谷负荷时的建筑物的供暖负荷、系统可回收的余热等，经热平衡计算确定。

循环水的温度范围是根据热泵机组的正常工作范围、冷却塔的处理能力和使用板式换热器时的水温升确定的。为使水温保持在这个范围内，需设置温度控制装置，用水温控制辅助加热装置和排热装置的运行。

由于热泵机组换热器对循环水水质有较高的要求，一般不允许直接采用与大气直接接触的开式冷却塔。采用闭式冷却塔能够保证水质且系统简单，但价格较高（为开式冷却塔的2~3倍）、质量较大（为开式冷却塔的4倍左右），目前我国产品较少采用换热器和开式冷却塔的系统，虽然也可以保证流经热泵机组的水质，但多一套循环水系统，系统较复杂且增加了水泵能；因此需经技术经济比较后确定循环水系统方案。一般认为系统较小时可采用闭式冷却塔。

水环热泵空调系统的最大优势是冬季可减少热源供热量，但要考虑白天和夜间等不同时段的需热和余热之间的热平衡关系，经分析计算确定其数值。

5.4.3 暖通空调工程采用热泵节能是建筑节能发展的必然结果

1. 热泵作为暖通空调热源的能源利用系数 E 要比传统的热源方式高

1）小型锅炉房的供热系统的 E 值为0.5。

2）中型锅炉房 $E=0.65\sim0.7$。目前有的锅炉房供暖的能源利用系数更低。

3）热电联合供暖方式。一般来说，电站锅炉损失10%，发电机冷却损失2%，发电为23%，供热量为65%，则 $E=0.88$。

4）电动热泵作为暖通空调热源。电站锅炉损失10%，冷凝废热50%，发电机损失5%，输配电损失5%，电动热泵性能系数取3，则电动热泵供暖方式有效供热量占一次能源的90%。即$E=0.9$。

5）燃气驱动的热泵作为暖通空调热源。燃气驱动热泵，首先从周围环境吸取58%的热量，并提高其温度。其次采用发动机冷却水和排气热量进行辅助加热。所以该种方式能源利用系数E可达1.41。

显然，从能源利用观点看，热泵作为暖通空调的热源优于目前传统的热源方式。

如果假定电动热泵与区域锅炉房的E值相同，发电总效率为0.27。将不同E值时的电动热泵所具有的制热性能系数ε_h值列入表5-15中。由表5-15可明显看出，电动热泵的制热性能系数ε_h只要大于3，从能源利用观点看，热泵就会比热效率为80%的区域锅炉房用能要经济些。

表5-15 不同E值时的制热性能系数

区域锅炉房E	0.6	0.65	0.7	0.75	0.8
电动热泵相应的制热性能系数ε_h	2.2	2.4	2.6	2.8	2.96

2. 热泵系统合理地使用了高位能

合理使用高位能的问题是十分重要的，因为实际的能量利用过程有两个特性：量的守恒性和质的贬值性。任何用能过程，实质上是能的量与质的利用过程。要使热能得到合理利用，必须合理使用高位能，必须做到按质用能。因此，由燃料直接提供给暖通空调所需的低温热量，即使在不损失热量的条件下，室内所得到的热量最多为燃料发热量的100%，也应该认为是一种巨大的浪费。因为在这种情况下，贮藏在燃料中的化学能所具有的做功能力未加合理利用而被贬值了。然而，热泵供暖系统利用高位能W推动一台动力机（如电动机），然后再由动力机来驱动工作机（如制冷压缩机）运转，工作机像泵的作用一样从低温热源（如水）吸取热量Q_e，并把Q_e的温度升高，向暖通空调系统供出热量$Q_h=Q_e+W$，因此，热泵使用高位能是合理的。

此外，可以通过㶲效率来评价热泵与传统的供暖方式中有用能的损失情况，以判断各种不同供暖方式的热力完善情况。有关文献中给出一些供暖方式的㶲效率，见表5-16。由表5-16可知，热泵供暖比火炉供暖、电加热器供暖在节能方面有效得多，有用能损失小。

表5-16 不同供暖方式的㶲效率η_{ex}（%）

供暖方式	火炉供暖	电加热器供暖		供热站或热化电站供暖	电动压缩式热泵	
		火 电	水 电		火 电	水 电
η_{ex}	3.8	2.4	5.3	7.7	7.1	15.6

3. 热泵热源是解决传统热源中矿物燃料燃烧过程对生态环境污染的有效途径之一

我国因供暖锅炉吨位小、效率低、燃烧点严重分散等造成了大气的严重污染。因此，在一些大城市和特殊地区，环保部门限制使用燃煤和燃油锅炉，以保护大气环境。为保护大气环境，也应积极开展热泵在暖通空调中的应用研究工作。热泵在暖通空调中的应用将会带来环境效益，对降低温室效应也有积极作用。与燃煤锅炉相比，使用热泵平均可减少30%的CO_2排放量；有资料介绍，它与燃油锅炉相比，CO_2排放量减少68%，排热量也减少。

4. 暖通空调用热是热泵的理想用户

众所周知，热泵节能量的大小与它的制热性能系数ε_h有关。它的制热性能系数ε_h越大，则热泵节约燃料量也越大。例如，当锅炉效率$\eta_b=0.7$，发电热效率$\eta_e=0.3$，输变电效率$\eta_e=0.91$，供热量为4.18GJ/h，年运行7000h，热泵为不同制热性能系数时，其节煤量见表5-17。从表5-17中可明显看出，提高热泵的ε_h值对年节煤量的影响。

表 5-17 热泵节煤量与 ε_h 关系

热泵制热性能系数	3	4	5	6	7	8	9	10
年节煤量/t	208	513	697	819	907	972	1023	1113

在应用热泵时，应注意提高热泵的制热性能系数。热泵的制热性能系数 ε_h 随着供暖温度的降低或低温热源温度的升高而增加。暖通空调用热一般来说都是低温热量。如风机盘管只需要 60~50℃的热水。同时，建筑物排放的废热总量很大，品位也较高。如空调的排风均为室温。这为使用热泵创造了一定的条件。也就是说，在暖通空调工程中采用热泵，有利于提高它的制热性能系数 ε_h。因此，暖通空调是热泵应用中的理想用户之一。

5.4.4 空调工程采用热泵节能

1. 热泵技术在空调工程中的应用

近年来，热泵空调机组与热泵系统在民用与公共建筑空调工程中的应用日益广泛。其应用主要在以下几方面。

（1）热泵式房间空调器　在我国用得最多的空气-空气热泵是可以进行全年空调的热泵式房间空调器。这种空调器有整体式（如窗式空调器 KCR-22、KCR-30 等）和分离式（如 KFR-25GW、KFR-45GW、KFR-65GW 等）两类。这些房间空调器适用于一个房间的全年空调。其中有的产品装有辅助电加热器（如 KFRd-20GW 等），可在室外空气温度降低时补充加热。热泵型房间空调器通过换向阀门的变换，在夏季实现制冷循环，在冬季实现制热循环。当向室内提供同样热量时，热泵型空调器的耗电量只有电热型房间空调器的 25%~50%，并且一机两用，提高了设备利用率。除此以外，热泵型房间空调器还具有安装方便、自动化程度高、操作简单、容易购买等优点。因此，它是国内发展很快的一种热泵空调器。自 20 世纪 60 年代我国研制了第一台热泵型窗式空调器和水冷式热泵空调机组以来，已有一批厂家生产热泵式空调器。目前，热泵型房间空调器主要用于实验室、宾馆客房、医院和办公楼的分散空调上。但是在使用中应注意，供暖时，室外温度不能太低，一般要高于−5℃，在 0℃以上使用供热效果才佳。

（2）集中式热泵空调系统　集中式热泵空调系统的所有空气处理设备和空气输送设备都集中在空调机房。一套制冷设备可夏季制冷、冬季供热，一机两用。它也是集中布置的。这种集中式热泵空调系统常用在全年空调的大、中型建筑物中。

图 5-33 所示为苏联黑海沿岸一公共建筑物用海水作为热源的全年空调水-水热泵系统。

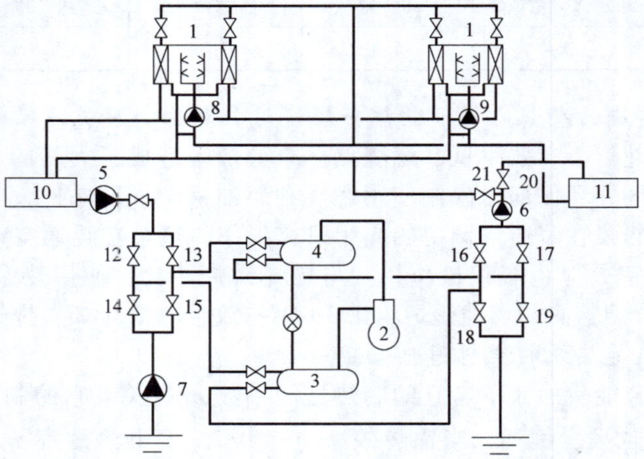

图 5-33 用海水作为热源的全年空调水-水热泵系统

1—空调机 2—压缩机 3—蒸发器 4—冷凝器 5~9—水泵 10—温水箱 11—冷水箱 12~21—截止阀

该系统的运行参数和特性列于表5-18中。从表5-18中可看到，压缩机在热泵运行和制冷运行的容积效率和能量效率基本上一样。这也说明可以利用制冷设备来组成热泵系统。系统平均制热性能系数达4。如果生产1000kW·h的热量，用热泵只需250kW左右的电能，相当于需要100kg标准煤。而用锅炉供暖，则需要180~230kg标准煤。这样，采用热泵后大大节省了燃料，而且避免了锅炉供暖时对环境的污染。

表5-18　系统的运行参数和特性

项　目	夏　季		冬　季	
	最大负荷的计算值	平均值	最大负荷的计算值	平均值
海水温度/℃	30	26	8	12
室外温度/℃	32	25	-2	6.8
循环淡水温度/℃	6	10	50	45
R 12蒸发温度/℃	1	5	1	7
R 12冷凝温度/℃	35	30	55	50
制冷量/kW	160	185	115	150
制热量/kW	193	220	140	180
耗功率/kW	46	53	43	45
性能系数	3.48(制冷)	3.49(制冷)	3.26(制热)	4.0(制热)
压缩机容积效率	0.76	0.8	0.67	0.75
压缩机指示效率	0.75	0.79	0.68	0.72
压缩机总效率	0.66	0.69	0.60	0.63

（3）热泵用于建筑中热回收　在一些现代的大型建筑中，往往可以将建筑物划分为周边区和内区两大部分。内区即使在冬季也需要供冷，即把内区中的灯光、人员、设备（如复印机、打印机等）的热量提取到周围环境中去。另外建筑物中的排风系统也会把热量排到周围环境中去。如果把这些本来排到周围环境中去的热量加以有效利用，则称为热回收。热回收可以通过换热器直接回收，如用转轮式或板式换热器使排风与新风直接进行热交换，也可以利用热泵回收热量。实际上，用作热回收的热泵也就是以建筑物内部热量作为热源的热泵。热回收热泵的使用条件是：

1）最好同时有制冷和供暖的需要，而且排出热量与需热量接近。

2）需要供暖的场所接近回收热量的场所。

3）回收热量所增加的设备费用在近期内得到回收。

4）热量回收与热量利用应互不影响。系统控制简单、安全性高。

目前，在建筑物中回收内部热量的热泵系统有：

1）用双管束冷凝器的热回收热泵系统。

图5-34所示是采用双管束冷凝器，具有热回收功能的热泵型空调系统原理图。

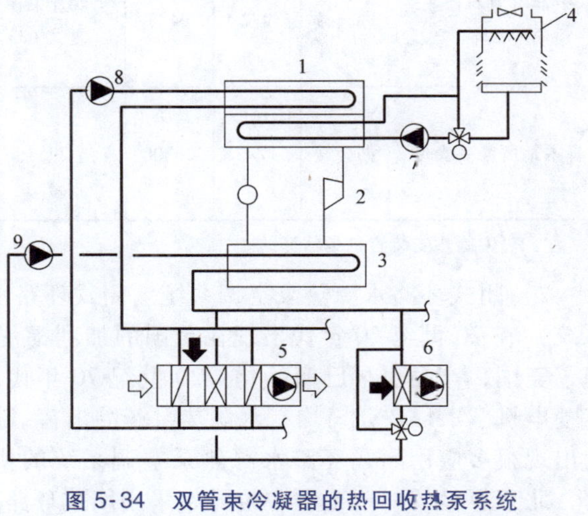

图5-34　双管束冷凝器的热回收热泵系统

1—双管束冷凝器　2—压缩机　3—蒸发器　4—冷却塔
5—空气处理机组　6—回收排风热量的机组　7、8、9—水泵

系统中设有若干台空气处理机组，分别用于内区和周边区的空调。空气处理机组设有新风预热、冷却去湿和再加热设备，根据空调区的需要，开动其中的处理设备。在冬季，周边区的空气处理机组只需加热，而内区的空气处理主要是冷却及新风加热；系统中还设有

若干台回收排风系统热量的机组，大楼的排风经冷却后排入大气。因此，通过这个系统，将内区的热量以及排风的热量转移到周边区中或用于加热新风。在春秋或夏季，周边区的需热量逐渐减少，而冷量的需求量增加，这时开启冷却塔 4，排走一部分或全部热量，回收排风热量的机组 6 关闭。这个热泵系统全部利用内区热量及排风热量，而无外热源，因此，具有较高的供热性能系数。系统中一般还设有辅助加热器和蓄热槽。这样，这种系统既提供冷水用于空调，又利用冷凝器制得的热水供暖，故可减少或者省掉锅炉等热源设备，它适合用于内部区发热量大、过渡季和冬季也需供冷的大型办公楼等建筑。双管束冷凝器的热泵空调系统在 20 世纪 50 年代末期就有实用例子。表 5-19 给出了几个使用双管束冷凝器的热泵机组的热回收空调系统的实例概况。

表 5-19 采用双管束冷凝器的热泵机组的热回收空调系统的实例概况

建筑物名称	用途	层数	面积 $/\mathrm{m}^2$	机组安装容量/kW		空调系统形式	辅助热源/kW	蓄热槽 $/\mathrm{m}^3$
				制冷	制热			
Rohm&Haas 工程办公楼（美国）	办公楼	2	5600	1196	1614	边区周：低速集中系统，房间再热 内区：诱导系统	电锅炉 300	38
东京 IBM 大厦（日本）	办公楼	22/2	38000	双管束 2637 普通 1582	3560	周边区：四管风机盘管系统 内区：各层机组	电锅炉 400	15
芝加哥 IBM 广场大厦（美国）	办公楼	52	168000	双管束 5274 普通 8790	7120	周边区：诱导系统 内区：分区再热	电锅炉 16000	
三和银行（日本东京）	办公楼	24/2	40370	9494	12800	周边区：四管风机盘管系统 内区：变风量和定风量系统	电锅炉 1116	复式蓄热槽 4600
中部电力局营业所（日本）	办公楼	9/2	9443	双管束往复式 633		周边区：四管风机盘管系统 内区：变风量系统	电锅炉 400	复式蓄热槽 800
日本地所第一大厦	办公楼	12/2	26300	2954	3987	周边区：风机盘管及诱导器 内区：单风道系统	油锅炉 3767	复式蓄热槽 1778

注：表中制热安装容量是估算的。

2）闭式环路水源热泵空调系统。闭式环路水源热泵空调系统（国内习惯称水源热泵空调系统）在 20 世纪 60 年代出现在美国的加利福尼亚，故也称加利福尼亚系统。该系统迅速传遍了美国，产品也早已商品化。20 世纪 70 年代，这种系统在日本的应用和发展很快，东芝、三菱电机、PMAC 公司均有水源热泵产品出售。东京、名古屋、横滨等城市在 20 世纪 70 年代初出现很多应用闭式环路水源热泵空调系统的实例。20 世纪 80 年代以来，我国在深圳、上海、北京等地的一些工程中也开始采用闭式环路水源热泵空调系统。

图 5-35 所示为典型闭式环路水源热泵空调系统的原理。该系统由四部分组成：①室内水源热泵（HP）；②闭式水循环回路（管路、循环泵等）；③辅助设备（冷却塔、加热设备、蓄热装置等）；④新风与排风系统。

所有这些小型室内水源热泵都并联在一封闭的水系统上。根据空调场所的需要，按制冷工况运行的机组（如南区的机组），将房间的余热连同机组的输入功率一起都转移到水系统中去，而按制热工况运行的机组（如北区的机组），从水中提取热量。这样热量从有多余的区域（南区）转移到需要热量的区域（北区）。

楼内的每个房间新鲜空气由集中的新风处理系统供应。排风在排出前应与室外新风进行热交换，回收热量或冷量。

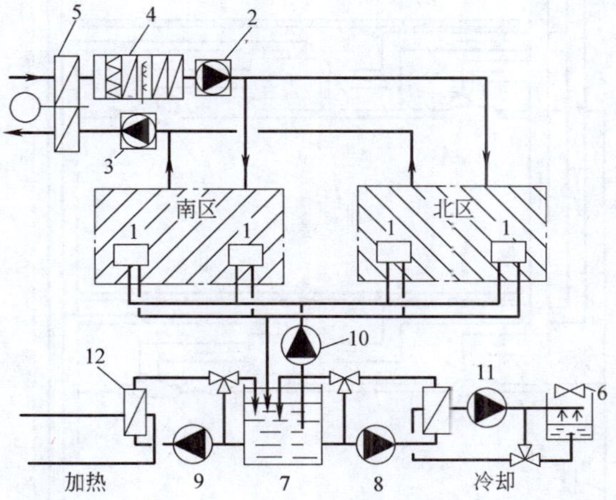

图 5-35 典型闭式环路水源热泵空调系统的原理

1—室内水源热泵 2—新风机 3—排风机 4—新风处理机组 5—热回收装置
6—冷却塔 7—蓄热水池 8、9、10—水泵 11、12—换热器

封闭循环的水系统维护在一温度范围内（15~35℃），高于上限温度（35℃）时，冷却塔开启，将系统多余的热量排放到大气中去。当水温低于下限温度（15℃）时，由加热设备向系统补充热量。由于从南区向北区转移的热量不可能每时每刻都是平衡的，因此系统中还设有蓄热水箱，暂存多余的热量。

这种系统具有如下特点：

① 调节方便。用户根据室外气候的变化特点和各自的要求，在一年内的任何时候可随意进行房间的供暖或供冷调节，以保证室内的舒适条件。也便于各房间单独计价。

② 虽然循环水管是双管系统，但与四管制风机盘管一样，可以达到同时供冷、供暖的效果。

③ 建筑物热回收效果好。这种系统适用于有内区与外区的大中型建筑物，适用于大部分时间内有同时供冷、供暖需要的场合。

④ 系统布置紧凑，简洁灵活。由于没有体积庞大的风管、冷水机组等，故可不设空调机房或机房面积很小，从而增大了使用面积及有效空间；环路水管可不设保温，并可与消防喷洒系统共用。

⑤ 设计方便，设计周期短，只要布置好室内水源热泵和计算水循环系统即可。设计周期只是常规空调系统的一半。

⑥ 施工及运行管理简便。

现以工程实例分析它的节能效果。

[例 5-2] 法兰克福某学院的闭式环路水源热泵空调系统。

该学院的第一期工程已于1972年完成设计。22间教室，空调面积为5800m^2，实施空调的建筑空间为22300m^3，空气量为50000m^3/h，冬季需热量为280kW，夏季需冷量为520kW。

图5-36所示为该学院的闭式环路水源热泵空调系统原理图。装有86台天花板型水源热

泵、送风机、排风机、排风热回收装置、冷却塔以及容量为 67m^3 的蓄水箱，蓄水箱内装 480kW 电加热器。与普通集中空调系统相比较，仅水源热泵技术节能 21%。

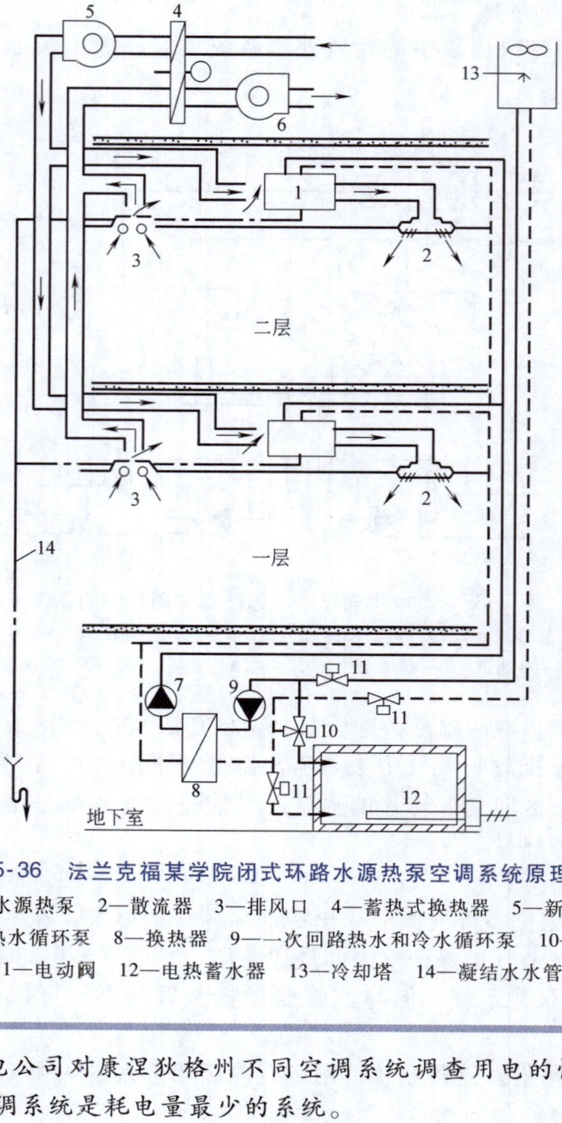

图 5-36 法兰克福某学院闭式环路水源热泵空调系统原理图

1—天花板式室内水源热泵 2—散流器 3—排风口 4—蓄热式换热器 5—新风机 6—排风机 7—二次回路热水循环泵 8—换热器 9—一次回路热水和冷水循环泵 10—三通调节阀 11—电动阀 12—电热蓄水器 13—冷却塔 14—凝结水水管

[例 5-3] 美国供电公司对康涅狄格州不同空调系统调查用电的情况见表 5-20。从表 5-20 中可见，水源热泵空调系统是耗电量最少的系统。

表 5-20 不同空调系统用电情况

空调系统	单位面积用电量/(kW·h/m^2)
中央全空气系统	363.83
双风道空调系统	795.48
变风量系统	400.43~461.79
屋顶空气/空气热泵	488.7
水源热泵空调系统	278.79~313.24

除此之外，它的投资费用和运行费用与其他空调系统相比，也具有一定的竞争能力。

① 投资费用。一般来说，闭式环路水源热泵空调系统的投资低于四管制风机盘管、双风道中央空调（供冷供热）系统的投资费用。在美国，一个设备齐全的水源热泵空调系统的一次投资为 32~59 美元/m^2；英国水源热泵空调系统的一次投资为 74.75 英镑/m^2（100%），四

管制风机盘管系统为94英镑/m^2（126%）；日本水源热泵设备费若为100%，则四管制风机盘管为120%，双风道中央空调为130%。

② 运行费用。运行费用的大小应取决于当地气象条件，建筑物内外区面积大小、建筑物功能等因素是个有争议的问题。但一般来说，运行费用低是水源热泵空调系统优点之一。日本水源热泵空调系统年运行费用若为100%，则二管制风机盘管为110%，四管制风机盘管系统为130%，双风道空调系统为140%，单风道空调系统为120%；英国水源热泵空调系统运行费用为13.2英镑/m^2（100%），四管制风机盘管系统为15.98英镑/m^2（121%）。

通过上述分析，可以认为闭式环路水源热泵空调系统具有许多优点，在国外许多工程中取得了成功，是一种回收建筑物内区（或南区）余热的很有前途的节能型空调系统，应在我国暖通空调领域中大力研究与发展。

2. 热泵空调在我国的发展与应用

热泵空调在我国起步比较早。天津大学在20世纪50年代就进行了热泵式空调机的开发与研究，并做了车辆热泵空调的试验；1963年上海开始研制热泵式房间空调器，很快形成产品；1965年原哈尔滨建筑工程学院与原哈尔滨松哈机械厂共同研制成LHR-20恒温恒湿热泵空调机组，其流程新颖，较日本同类流程产品早8年之久。但是，由于我国能源价格的特殊性，以及其他一些因素的影响，热泵空调在我国的应用与发展始终很缓慢。直至20世纪70年代末期，才又为热泵空调的发展与应用创造了机遇。近几年来，热泵空调在我国的应用日益广泛，发展速度很快。主要表现在三方面：

1）热泵空调器在我国有广阔的消费市场，产品不断更新换代。各厂家研制的热泵空调机，采用全新的制冷系统，改进了热泵融霜、热启动、防冻结等功能。但是，发展速度过快，各厂家竞争十分激烈。

2）空气源热泵式冷热水机组新产品、新技术不断涌现，应用日益广泛。

3）闭式环路水源热泵空调系统在我国得到应用。

（1）空气源热泵式冷热水机组在我国的发展与应用　用空气源热泵式冷热水机组作为空调系统的冷热源的这种形式，20世纪80年代后期在我国逐步开始使用，90年代便得到广泛应用。现在国内生产厂家近几年的销售额已达几亿元。

空气源热泵式冷热水机组在我国得到迅速发展与广泛应用的原因主要是：

第一，空气源热泵式冷热水机组具有许多优点。

1）用空气作为低位热源，取之不尽，用之不竭，处处都有，可以无偿地获取。

2）空调系统的冷源与热源合二为一。夏季提供冷水，冬季提供热水，一机两用。

3）要求尽可能将空气源热泵式冷热水机组布置在室外，如布置在裙楼屋顶上、阳台上等。这样可以不占用建筑物的有效面积。

4）安装简单，运行管理方便。

5）设备的保护和控制系统齐全而完善，使设备的可靠性不断提高。具有完善的保护和控制措施（制冷系统高低压保护，防热保护，防冻保护，油压保护，水流量控制，干燥系统控制，环境温度控制，油温控制，电路中电流、电压过载保护，压缩机高温保护等）。

第二，我国部分地区的气候是夏热冬冷，适合于应用空气源热泵式冷热水机组。根据国家标准《建筑气候区划标准》（GB 50178—1993），Ⅲ区是夏热冬冷，该区包括上海、浙江、江西、湖南、湖北全境，江苏、安徽、四川大部，陕西、河南南部，贵州东部，福建、广东、广西北部，甘肃南部的部分地区。这些地区1月平均气温为0~10℃；7月平均气温为25~30℃；年日平均气温大于25℃的日数为40~110天；年日平均气温小于5℃的日数为90~100天。

由于近年来我国经济的迅速发展，在这些地区的民用建筑中常要求夏季供冷，冬季供暖。

因此，在这些地区选用空气源热泵式冷热水机组解决空调供冷与供暖问题是较为合适的选择。例如，在上海地区，用空气源热泵式冷热水机组作为办公楼、宾馆的冷热源，冬季季节性能系数在3以上，其能量利用系数 E 也在0.81以上，要优于用锅炉供暖和区域锅炉房集中供暖。有关文献建议，在上海地区中小型建筑中要广泛使用空气源热泵式冷热水机组。

第三，在这些地区的某些大城市中，由于地区的限制或环境污染问题，不准设置锅炉房作为空调热源。这种情况下，选用空气源热泵式冷热水机组作为空调冷源显得更为合理。

第四，产品质量的不断提高，解决了冬夏使用存在的一些问题，基本解决了低温起动、融霜等问题，促进了空气源热泵式冷热水机组在我国的推广应用。我国研制的计算机控制双螺杆型空气源热泵式冷热水机组等新产品，其性能已达到国外同类产品水平。我国空气源热泵作为空调冷热源装置广泛投入运行，运行效果也较好。

但是，在使用中，应注意以下几个问题：

1）当室外空气相对湿度大于70%，温度在3~5℃时，设备结霜最严重。也就是说，在我国南方使用时，仍然存在结霜问题。因此，选择设备时，一定注意设备应有良好的除霜措施。

2）使用空气源热泵式冷热水机组时，应设置适当容量的辅助热源。

3）设备尽可能布置在室外通风良好的地方，但注意排风不能受到阻挡，避免造成气流短路。

4）设备台数不宜太多，有关资料建议，宜在4~5台以下为好。

5）在设计和使用中，应注意提高空气源热泵式冷热水机组的制热性能系数和可靠性。

（2）闭式环路水源热泵空调系统在我国的发展与应用　20世纪80年代初，我国在一些外商投资的建筑中采用了闭式环路水源热泵空调系统。目前，在深圳、上海、北京等地均有工程实例。例如，北京天安大厦、上海锦江第4号楼、上海锦明大厦、上海金城大厦、西安建国饭店、青岛华侨饭店、深圳国贸大厦、深圳光通大厦、惠州大酒店、泉州大酒店等工程中都采用了闭式环路水源热泵空调系统。它作为一种典型的节能空调系统，在我国的应用和发展将会有广阔的前景。但是应用中应注意，我国地域辽阔，南北气候条件相差很大，建筑物的形式和功能又各不相同，不做全年运行的模拟分析，就采用闭式环路水源热泵空调系统将会具有一定的盲目性。为此，在做闭式环路水源热泵在我国各地运行的计算机模拟分析、预测在全国各地采用水源热泵时，要注意其气象条件、建筑形式、规模、建筑物内部的负荷等因素对水源热泵系统运行能耗的影响，以便指导闭式环路水源热泵空调系统在我国的推广与应用。

5.4.5 同时供冷供暖的联合机组

1. 应用风冷冷热器作为恒温恒湿机组的二次加热器

这种恒温恒湿机组的流程是由原哈尔滨建筑工程学院暖通空调教研室在1965年提出的，由哈尔滨建筑工程学院和哈尔滨空气调节机厂联合设计的，1969年由哈尔滨空调机厂生产出第一台样机，并被命名为LHR-20A型热泵恒温恒湿机组（后改型为HR-20恒温恒湿机组）。夏季制冷量为23.25kW(20000kcal/h)，冬季供热量为13.95kW(12000kcal/h)。

HR-20空调机工作流程如图5-37所示。

其特点为：

1）在夏季，机组利用冷凝废热作为恒温恒湿空调的二次加热器的热源，这样既节省了电能，又节省了水。运行实践表明，对冷凝热量进行二次加热后，机组可以达到±1℃的恒温要求。

2）在冬季，机组通过四通换向阀，变为水-空气热泵机组，向室内供暖。

2. 调温式冷冻除湿机

调温式冷冻除湿机的工作原理如图5-38所示。

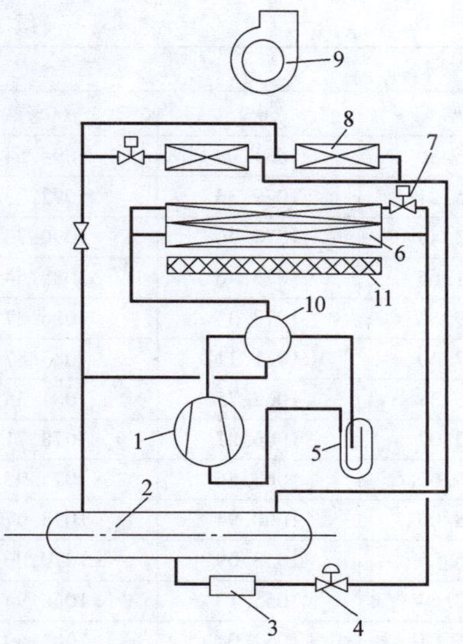

图 5-37　HR-20 空调机工作流程

1—压缩机　2—水换热器　3—干燥过滤器　4—双向膨胀阀　5—液体分离器　6—空气换热器　7—电磁阀　8—二次加热器 9—风机　10—四通换向阀　11—空气过滤器

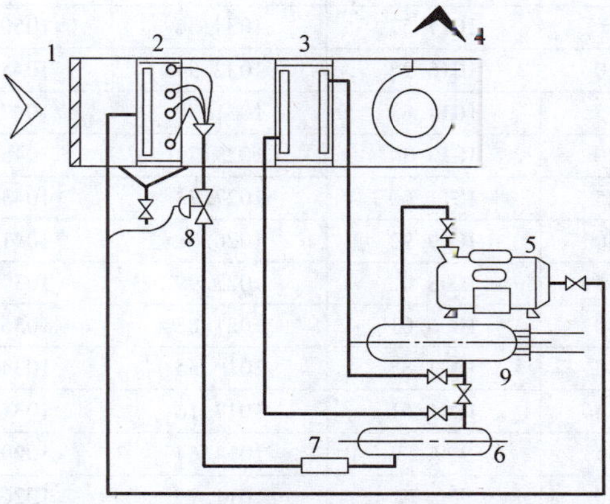

图 5-38　调温式冷冻除湿机的工作原理

1—空气过滤器　2—蒸发器　3—风冷冷凝器　4—风机　5—制冷压缩机　6—贮液桶　7—干燥过滤器　8—热力式节流阀　9—水冷冷凝器

由图可见，这种除湿机有三种功能：①水冷冷凝器不通冷却水时，有除湿升湿功能。即以冷冻机作为冷却手段，将湿空气进行冷却除湿，再直接用其冷凝热进行等湿加热。②不使用风冷式冷凝器，只使用水冷冷凝器，则有除湿降温功能。③水冷式冷凝器通部分冷却水，则有除湿调温功能。冷却水开大一些，出风温度就低一些；反之，关小一些，出风温度就高些。

通过对上述两个例子的分析，发展制冷系统同时供冷供暖技术是十分有意义的。但是，通常情况下，空调冷源的冷凝废热未充分利用，目前常采用冷却塔排放到大气中去。这样不仅白白排掉大量的冷凝废热，而且要消耗电能和水。空调系统越大，浪费也越大。空调冷源的冷凝废热虽然品位不高（32～37℃），但其数量却是可观的。因此，在空调冷源供冷的同时，如何回收冷凝热是实现大型建筑物节能的重要途径。在空调设计和运行中，应时刻注意解决好空调制冷系统同时供冷与供暖的问题。

5.5　附表

附表 5-1　乙烯乙二醇水溶液的密度　（单位：kg/m^3）

温度/℃	乙二醇体积分数					
	10%	20%	30%	40%	50%	60%
-35					1089.94	1104.60
-30					1089.04	1103.54
-25					1088.01	1102.36
-20				1071.98	1086.87	1101.06
-15				1070.87	1085.61	1099.64
-10			1054.31	1069.63	1084.22	1098.09
-5		1036.85	1053.11	1068.28	1082.71	1096.43

（续）

温度/℃	乙二醇体积分数					
	10%	20%	30%	40%	50%	60%
0	1018.73	1035.67	1051.78	1066.80	1081.08	1094.64
5	1017.57	1034.36	1050.33	1065.21	1079.33	1092.73
10	1016.28	1032.94	1048.76	1063.49	1077.46	1090.70
15	1014.87	1031.39	1047.07	1061.65	1075.46	1088.54
20	1013.34	1029.72	1045.25	1059.68	1073.35	1086.27
25	1011.69	1027.73	1043.32	1057.60	1071.11	1083.87
30	1009.92	1026.02	1041.26	1055.39	1068.75	1081.35
35	1008.02	1023.99	1039.08	1053.07	1066.27	1078.71
40	1006.01	1021.83	1036.78	1050.62	1063.66	1075.95
45	1003.87	1019.55	1034.36	1048.05	1060.94	1073.07
50	1001.61	1017.16	1031.81	1045.35	1058.09	1070.06
55	999.23	1014.64	1029.15	1042.54	1055.13	1066.94
60	996.72	1011.99	1026.36	1039.61	1052.04	1063.69
65	994.10	1009.23	1023.45	1036.55	1048.83	1060.32
70	991.35	1006.35	1020.42	1033.37	1045.49	1056.83
75	988.49	1003.34	1017.24	1030.07	1042.04	1053.22
80	985.50	1000.21	1014.00	1026.65	1038.46	1049.48

附表 5-2 乙烯乙二醇水溶液的比热容 ［单位：kJ/（kg·K）］

温度/℃	乙二醇体积分数					
	10%	20%	30%	40%	50%	60%
-35					3.068	2.844
-30					3.088	2.866
-25					3.107	2.888
-20				3.334	3.126	2.909
-15				3.351	3.145	2.931
-10			3.560	3.367	3.165	2.953
-5		3.757	3.574	3.384	3.184	2.975
0	3.937	3.769	3.589	3.401	3.203	2.997
5	3.946	3.780	3.603	3.418	3.223	3.018
10	3.954	3.792	3.617	3.435	3.242	3.040
15	3.963	3.803	3.631	3.451	3.261	3.062
20	3.972	3.815	3.645	3.468	3.281	3.084
25	3.981	3.826	3.660	3.485	3.300	3.106
30	3.989	3.838	3.674	3.502	3.319	3.127
35	3.998	3.849	3.688	3.518	3.339	3.149
40	4.007	3.861	3.702	3.535	3.358	3.171
45	4.015	3.872	3.716	3.552	3.377	3.193
50	4.024	3.884	3.730	3.569	3.396	3.215
55	4.033	3.895	3.745	3.585	3.416	3.236
60	4.042	3.907	3.759	3.602	3.435	3.258
65	4.050	3.918	3.773	3.619	3.454	3.280
70	4.059	3.930	3.787	3.636	3.474	3.302
75	4.068	3.941	3.801	3.653	3.493	3.324
80	4.077	3.953	3.816	3.669	3.512	3.345

附表 5-3 乙烯乙二醇水溶液的热导率 [单位:W/(m·K)]

温度/℃	乙二醇体积分数					
	10%	20%	30%	40%	50%	60%
-35					0. 328	0. 307
-30					0. 333	0. 312
-25					0. 339	0. 316
-20				0. 371	0. 344	0. 321
-15				0. 377	0. 349	0. 325
-10			0. 415	0. 383	0. 354	0. 329
-5		0. 460	0. 422	0. 389	0. 359	0. 333
0	0. 511	0. 468	0. 429	0. 395	0. 364	0. 336
5	0. 520	0. 476	0. 436	0. 400	0. 368	0. 340
10	0. 528	0. 483	0. 442	0. 405	0. 373	0. 343
15	0. 537	0. 490	0. 448	0. 410	0. 377	0. 346
20	0. 545	0. 497	0. 453	0. 415	0. 380	0. 349
25	0. 552	0. 503	0. 459	0. 419	0. 384	0. 352
30	0. 559	0. 509	0. 464	0. 424	0. 387	0. 355
35	0. 566	0. 515	0. 469	0. 428	0. 391	0. 358
40	0. 572	0. 520	0. 473	0. 431	0. 394	0. 360
45	0. 577	0. 525	0. 477	0. 435	0. 397	0. 363
50	0. 583	0. 529	0. 481	0. 438	0. 399	0. 365
55	0. 588	0. 534	0. 485	0. 441	0. 402	0. 367
60	0. 592	0. 538	0. 488	0. 444	0. 404	0. 369
65	0. 596	0. 541	0. 491	0. 466	0. 406	0. 371
70	0. 600	0. 544	0. 494	0. 449	0. 408	0. 372
75	0. 603	0. 547	0. 496	0. 451	0. 410	0. 374
80	0. 606	0. 549	0. 498	0. 452	0. 411	0. 375

附表 5-4 乙烯乙二醇水溶液的动力黏度 (单位: mPa·s)

温度/℃	乙二醇体积分数					
	10%	20%	30%	40%	50%	60%
-35					66. 93	93. 44
-30					43. 98	65. 25
-25					30. 50	46. 75
-20				15. 75	22. 07	34. 28
-15				11. 74	16. 53	25. 69
-10			6. 19	9. 06	12. 74	19. 62
-5		3. 65	5. 03	7. 18	10. 05	15. 25
0	2. 08	3. 02	4. 15	5. 83	8. 09	12. 05
5	1. 79	2. 54	3. 48	4. 82	6. 63	9. 66
10	1. 56	2. 18	2. 95	4. 04	5. 50	7. 85
15	1. 37	1. 89	2. 53	3. 44	4. 63	6. 46
20	1. 21	1. 65	2. 20	2. 96	3. 94	5. 38
25	1. 08	1. 46	1. 92	2. 57	3. 39	4. 52
30	0. 97	1. 30	1. 69	2. 26	2. 94	3. 84
35	0. 88	1. 17	1. 50	1. 99	2. 56	3. 29
40	0. 80	1. 06	1. 34	1. 77	2. 26	2. 84
45	0. 73	0. 96	1. 21	1. 59	2. 00	2. 47
50	0. 67	0. 88	1. 09	1. 43	1. 78	2. 16

（续）

温度/℃	乙二醇体积分数					
	10%	20%	30%	40%	50%	60%
55	0.62	0.81	0.99	1.29	1.59	1.91
60	0.57	0.74	0.90	1.17	1.43	1.69
65	0.53	0.69	0.83	1.06	1.29	1.51
70	0.50	0.64	0.76	0.97	1.17	1.35
75	0.47	0.59	0.70	0.89	1.07	1.22
80	0.44	0.55	0.65	0.82	0.98	1.10

附表 5-5 乙烯乙二醇水溶液的凝固点

乙烯乙二醇	质量分数（%）	0	5	10	15	20	25	30	35	40	45	50	55	60
	体积分数（%）	0	4.4	8.9	13.6	18.1	22.9	27.7	32.6	37.5	42.5	47.6	52.7	57.8
凝固点/℃		0	-1.4	-3.2	-5.4	-7.8	-10.7	-14.1	-17.9	-22.3	-27.5	-33.8	-41.1	-48.3

思考题

1. 为什么说蓄冷空调是“省钱不节能”？常用的蓄冷介质有哪几种？简述空调蓄冷原理。
2. 集中式空调系统是不是新风量越小越节能？为什么？
3. 夏季舒适性空调室内温度一般控制在多少度为宜？
4. 变风量空调系统目前存在的问题有哪些？
5. 分析辐射吊顶空调系统的特点、节能性及适用场所。
6. 辐射吊顶空调系统与常规中央空调系统的设计有何不同？
7. 变风量空调系统的控制方式有哪些？
8. 多联式空调系统的室内机与室外机容量如何匹配？
9. 分析变风量空调系统的适用范围。
10. 简述热泵技术节能原理。

参考文献

[1] 付祥钊．夏热冬冷地区建筑节能技术[M]．北京：中国建筑工业出版社，2002.
[2] 徐占发．建筑节能技术实用手册[M]．北京：机械工业出版社，2005.
[3] 薛志峰．超低能耗建筑技术及应用[M]．北京：中国建筑工业出版社，2005.
[4] 建设部建筑节能办公室．建筑节能技术标准规范汇编[M]．北京：中国建筑工业出版社，2003.
[5] 涂逢祥．建筑节能[M]．北京：中国建筑工业出版社，2003.

第6章 供暖系统运行监控与量化管理节能技术

6

本章首先讲述供暖系统节能技术发展与现状，发现国内供暖企业节能运行管理存在多种问题，基于此，本章创新性地提出“供暖系统运行监控与量化管理节能技术”，以精确热负荷预测为基础，计算机监管技术平台为依靠，分析调控优化为手段，为供暖企业节能运行管理提供理论与实践体系支撑，保证供暖系统科学化、高效化、节能化运行。

6.1 供暖系统节能技术发展与现状

供暖系统在供暖期对建筑物供暖时，在任何室外条件下，都应当保证建筑物室内温度符合用户的要求，使房间温度保持在一定范围内，如（20±2）℃。要达到这一要求，不但需要正确的设计，而且还需要根据热用户的热负荷实际需求，对供暖系统的供热量进行合理地调节，即按需供暖，以保证室内温度满足用户要求。

在通常情况下，供暖系统在建成投入运行后，总有一些用户的室温达不到设计要求，比如设计问题、供暖区域的扩建改建问题、维修维护调整等，都会使供暖系统的流量不能按需分配，即存在不同程度的水力失调现象。所以要求在供暖系统投入运行初期，利用预先安装的调节阀门，对管网各支路的流量进行合理调节，使各用户的流量合理分配。这种初调节对供暖系统运行管理至关重要。

运行调节可以根据调节地点不同分为集中调节、局部调节和个别调节。集中调节在热源处进行；局部调节在用户引入口进行，如分户计量用户根据室温自行调节；个别调节在散热设备处进行，如手动或温控阀调节。

在运行过程中，建筑物热负荷会随着室外气象条件的变化而变化，所以对热源的供热量也应进行相应的调节，目的在于使热用户散热设备的散热量与其热负荷的变化相适应。这种调节方法称为运行调节，即供暖调节。

在运行调节过程中，传统的调节方法是以系统的供回水温度和循环水量为调节依据的，即根据供暖热负荷调节公式，按照室外气象条件来控制系统的供、回水温度或流量，以满足建筑物室内温度的要求。采用上述调节方法是一种间接调控手段，系统在实际运行过程中难以操作，也不易达到按需供暖的理想状态。其原因如下：

1）供暖系统的计量监控技术还没有得到普遍应用，计量手段或计量仪表也不普及，所以只能通过监测管网温度或循环水量的间接方法来间接控制供暖系统的供热量，如质调节、质量-流量调节、间歇调节等。

2）传统观念的影响。对于大多数供暖系统的管理者来说，只有温度和流量的概念，没有明确的热量概念，如瞬时供热量或热负荷、累计供热量等。

由此可见，尽管传统的调节方法本质上也是控制供热量，但是，长期以来，由于上述原因致使供暖系统运行管理和供暖调节局限于理论计算为指导，当室外气温较高时，降低系统供水温度；当室外气温较低时，提高供水温度。基本采用经验式管理方式，而且这种管理方法一直被人们所接受。而供暖效果是以用户不投诉或少投诉为准。

直到20世纪80年代初，我国才开始使用热量计量装置，少数供暖系统采用热量计进行示范研究。经过示范工程应用，积累了一些成功的经验，取得了一定的效果。在此基础上，国家和地方有关职能部门也制定了相应的法规政策和建筑节能管理办法，从而推动了供暖事业的快速发展，热量作为一种商品也逐步被消费者所认识。进入20世纪90年代，我国热量表的研制开发工作正式启动，一些企业单位开始研制相应的产品，先后以多种形式进行热计量仪表装置的研制开发。现在，我国热量表的研制开发已经走上了正轨，从而为供暖系统运行调节实行量化管理按热收费打下了良好的基础。由此可见，我国的供暖行业在运行管理供暖调节方面完全能从根本上改变传统的管理模式，可以采用热量计量仪表实行“热量调节法”实行科学的量化管理，从而能大大提高供暖系统运行管理水平，使供暖质量得到保障，同时还可以按需供暖，减少能源的浪费，降低能耗，节省运行成本。

供暖系统运行调节实行量化管理的主要任务是：通过监测计量仪器或计算机监控系统，对供暖系统进行温度、流量、热量、能耗等监测计量，根据室外气象条件及用户相应的热负荷，按要求来控制系统的瞬时供热量（热负荷）和每天所要求的供热量（按需供暖），在保证供暖质量的前提下，尽量减少能量的无效损耗，提高供暖效率，节约能源。根据运行记录数据，分析供暖系统的供暖质量和供暖效率，统计实际能耗（燃煤或燃油、燃气的消耗量以及耗电、耗水量等），计算实际供暖指标，进行经济技术分析和效益核算，并做好下一供暖期的运行管理计划和准备工作。

就目前我国供暖现状来看，完全采用“热量调节法”实现量化管理模式还有一定困难。其原因如下：

1）对于量化管理模式，消费者还需要一个认识和接受过程，同时管理人员的技术水平有待进一步提高，必须进行专门的岗位技术培训才能实现规范化管理。

2）我国的热量计量仪表还需要不断完善，目前还处于发展过渡阶段，关键技术尚待改进提高。如大面积推广使用，生产企业还需要树立品牌形象，同时通过广泛宣传，使用户更多地了解和认识节能的好处和意义。

3）国家还需要制定切实可行的相关政策。

6.2 供暖系统运行管理存在的问题

就传统的供暖系统而言，其采用的供暖调节方法在一般供暖系统实际运行过程中难以控制，特别是锅炉供暖系统运行调节难以实现，至少是供热负荷控制不准确。即使考虑了多余的散热器和大流量问题，以及锅炉每天运行时间，供暖系统运行过程控制也不能做得很理想。其原因有以下几个方面。

1. 热媒温度控制问题

供暖系统在运行过程中，特别是锅炉供暖采用质调节供暖，供暖用户一定，网路供、回水温度取决于锅炉燃烧状态和室外气象条件。一般说来，锅炉在运行过程中，其瞬时供热量（出力）经常在变化，当然网路供水温度也随之改变。即使锅炉运行状态调节得较好，给煤量和鼓引风量也不变，但由于燃煤结焦、拔火（层燃炉）或清灰等原因，加之室外温度变化的影响，供水温度仍在不断变化。所以司炉工很难准确地控制供、回水温度，即供热量只能大致控制在一个范围内，误差较大。

2. 运行管理调控问题

随着室外温度的变化，要求网路供、回水温度也要相应变化，也就是说，锅炉的供热负荷要相应变化，以适应供暖建筑热负荷的变化。如果要求锅炉的供暖负荷改变，就必须改变锅炉给煤量和鼓引风量。具体地说，根据质调节的原理，随着室外日平均温度的变化，每天去调节锅炉给煤量和鼓引风量，来满足网路所要求的供、回水温度，在运行中难以实现。即使有专人每天去调节，也很难以供、回水温度为依据准确地掌握每天所要求的供暖量。

3. "间歇"运行，热量控制问题

就目前情况来看，大部分供暖系统都是锅炉设备大，用户负荷小，所以在运行过程中锅炉不得不"间歇"运行，即使在冬季最冷时也只能这样。有的系统每天按三班制运行，每天停火若干次。可见，系统在运行过程中，锅炉频繁起火、压火，网路供、回水温度总是在不断变化。如果按间歇调节的方式来控制锅炉运行时间和供水温度，那么锅炉运行在起火和压火过程中的供暖量是无法估计的。这样必然导致系统热用户时冷时热，冷热不均或造成不必要的浪费。

4. 循环水量调控问题

实际上，人们认可的比较经济合理的分阶段改变流量质调节的供暖调节方法也是很难实现的。因为供暖系统在运行中，除了供、回水温度不易控制外，大多数锅炉供暖系统没有流量监测仪表，系统的流量也无法确定，所以无法实现分阶段改变流量的调节方法。通常的控制方法是，室外温度较低时运行大泵或多台泵，室外温度较高时运行小泵或减少水泵台数。显然，这种分阶段改变流量来调节供热负荷是不确切的。此外，由于大多数供暖系统管网失调比较严重，如管网的实际流量按设计流量运行，则会出现严重的热力失调现象。这就是大多数供暖系统采取大流量、小温差运行的主要原因。

6.3　供暖系统运行管理节能措施

随着科学技术的发展和供暖市场的需求，我国热量计量仪表和自动控制产品逐步形成了市场，从而为供暖系统实现供暖调节提供了可靠保证。针对上述问题，采用一种简单易行的调节方法——热量调节法来实现供热负荷的调节。这种调节方法从根本上解决了上述供暖调节存在的问题。因为传统的供暖调节（质调节、量调节、分阶段改变流量质调节和间歇调节），其目的就是通过控制网路供/回水温度、流量、运行时间来调节供热量以适应热用户热负荷的变化。这些调节方法只是一种理论计算法，其条件是系统必须连续、稳定运行，且设计负荷（即相应的散热器面积）、循环水量应与实际需要值一致。这与系统实际运行过程和现状相差较大，所以难以实现。

热量调节法是通过热量监测装置根据热用户的要求直接控制供暖负荷和供热量，系统的循环水量要视管网的水力失调程度而定，一般不应大于设计值。而热媒温度是随供暖系统热平衡关系自然形成的现象，不必人为控制。为了适应人们的习惯，运行过程中仍然给出网路在稳定状态下的温度值。

实行热量调节方法，需要在系统中安装流量计、供/回水温度计和热量监测仪。在运行过程中，根据室外气象条件，给定每天（或每班）的供热负荷、累计供热量和供暖系统的运行时间即可。同时还可以给出网路参考供、回水温度和概算能耗（煤、气、油），以便指导管理人员计量供热量，按需调节。

采用热量调节法，只要系统能按照给定的供暖指标并在规定时间内运行，并且达到要求的累计热量，用户室温即可达到要求。即使供暖系统运行状态控制得不稳定也无关紧要，关键是使供暖系统如何优化运行，即在保证供暖质量的前提下，提高供暖效率，减少能耗。

对于锅炉供暖系统，所谓优化运行，主要考虑锅炉负荷率与运行热效率的关系，锅炉运行时间和供暖效果的关系，锅炉间歇运行与热效率的关系，循环水量与动力电耗的关系（改变循环水泵台数或变频控制）。

对于热力站供暖系统来说，供暖调节相对比较容易控制，特别是热电站供暖系统，在热力站直接控制蒸汽量或一次管网系统的温度和流量，系统运行调节可以稳定连续工作。但是大多数热力站，如一次管网是高温热水，一般不允许使用者根据气候变化情况调节一次管网的流量，至少要限制一次管网回水温度在一定范围内。这也就限制了热用户调节的可能性。如一次管网流量和供水温度不变，二次管网的供热量在很大程度上取决于换热器的多少，在一定范围内，调节二次管网的流量时换热量的变化不大。这也是热力站目前普遍存在的问题。

6.4 供暖系统量化管理节能技术

为使供暖系统在运行过程中更好地保证供暖质量，有效地提高能源利用率，使动力设备尽可能地在满负荷、高效率的状态下工作，使网路系统在良好的水力工况下运行，首先通过理论分析计算，并根据供暖系统现状，即现有设备、管道和建筑物的特点、用途及所在地区等制订节能技术方案及相应的技术措施。

6.4.1 供暖系统量化管理节能技术理论计算

1. 热负荷计算

(1) 供暖系统建筑热指标及概算热负荷　供暖系统建筑热指标是指各类建筑物在设计工况下（最冷时）单位体积、室内外温差为1℃时的热负荷或单位面积的热负荷，所以它是一个最基本的数据。这个数据决定了节能技术方案的制订、动力设备的选择、供暖管道的大小、散热设备的多少，并且关系着系统的使用效果及经济效益等问题。在节能技术方案制订之前进行理论计算，首先应根据系统建筑围护结构的热工性能、外形尺寸、用户要求，以及当地室外气象条件等因素，对供热负荷进行概算。

供暖系统热负荷通常采用体积热指标法和面积热指标法进行概算。体积热指标法比较准确，但计算麻烦，需要详细了解建筑物的结构、用途、建筑面积、建筑层高、几何形状、围护结构传热系数，以及当地气象条件等，所以在实际计算过程中难以实现。国内外多采用面积热指标法进行概算，即

$$Q'_i = q_i F_i \tag{6-1}$$

式中　Q'_i——供暖建筑概算热负荷（W）；

F_i——供暖建筑物建筑面积（m^2）；

q_i——供暖建筑面积热指标（W/m^2）。

q_i表示每平米建筑面积的供暖概算热负荷，它与室内外计算温度、建筑物结构、热工性能等有关，供暖建筑总热负荷 Q'_n为

$$Q'_n = \sum q_i F_i = \overline{q} \sum F_i \tag{6-2}$$

式中　Q'_n——供暖建筑总热负荷（W）；

$\overline{q}$——供热建筑平均面积热指标（W/m^2）；

F_i——供暖建筑物建筑面积（m^2）。

应该指出，建筑物的供暖耗热量，主要是通过垂直围护结构（墙、门、窗等）向外传递热量。屋顶、地面传热量所占比例较小，所以面积热指标不是直接取决于建筑面积的。但和体积热指标法相比，面积热指标法简易方便，所以在城市住宅建筑供暖规划设计和运行管理中被普遍使用。

(2) 运行热负荷 Q_y　供暖系统在冬季运行期间，当室外气象条件改变，如温度升高时，围护结构耗热量就随之减少，所以锅炉供热量也应该相应减少。通常可以忽略室外风速、风

向和太阳辐射对热负荷的影响，认为热负荷与室内外温差变化成正比，则

$$\frac{Q_y}{Q'_n}=\frac{t_n-t_w}{t'_n-t'_w} \tag{6-3}$$

即

$$Q_y=Q'_n\frac{t_n-t_w}{t'_n-t'_w} \tag{6-4}$$

式中 Q_y——供暖建筑总运行热负荷（W）；

Q'_n——供暖建筑总热负荷（W）；

t_w、t'_w——室外实际日平均温度（℃）与室外设计温度（℃），可根据当地气象台站预报值计算；

t_n、t'_n——室内实际日平均温度（℃）与室内设计温度（℃）。

其他符号意义同前。

（3）供暖期总供热量 Q_a　供暖期总供热量应该根据概算热负荷、供暖期室外平均温度和采暖天数来确定，即

$$Q_a=8.64\times10^{-2}Q'_nN\frac{t_n-t_{wp}}{t_n-t'_w} \tag{6-5}$$

式中 Q_a——供暖期总供热量（GJ/年）；

N——供暖天数（室外日平均温度≤5℃的天数）（天）；

t_{wp}——供暖期室外日平均温度（℃）。

其他符号意义同前。

2. 能耗计算

供暖系统能耗主要考虑燃料（煤、燃气、燃油和电）或用汽量（热电厂供热），以及动力用电等消耗量。

（1）耗煤量计算　根据锅炉热效率计算公式，即

$$\eta=\frac{Q}{Q_{dw}B}\times100\% \tag{6-6}$$

$$B_d=\frac{Q_d}{Q_{dw}\eta} \tag{6-7}$$

式中 η——锅炉热效率（%）；

Q——某一时间内累计供热量（kJ）；

Q_{dw}——煤的低位发热量值（kJ/kg）；

B——煤的消耗量（kg）；

B_d——每天耗煤量（kg）；

Q_d——每天供热量（kJ）。

煤的低位发热值 Q_{dw} 一般要通过热量计来测定。但是取样时要注意，应使所取煤样能有代表性，即煤样发热值为整个煤场燃煤的平均发热值。而锅炉热效率 η 是指锅炉运行的平均效率，包括锅炉起火、压火过程。锅炉运行平均效率一般采用现场测试的方法来确定。如没有测试数据，可参考锅炉设计热效率，考虑锅炉实际运行状态和运行负荷率，通过考察以往的供暖效果，锅炉结构特点、容量、使用年限，以及应用煤种等，来确定锅炉可能达到的平均效率，但不能以锅炉设计热效率来计算耗煤量。

根据供暖期总供热量、锅炉估算热效率和燃煤热值，计算供暖期全年耗煤量 B_a（t），即

$$B_a=\frac{Q_a}{Q_{dw}\eta} \tag{6-8}$$

为了便于统一计量，耗煤量应折算成标准煤 B_b（t），计算公式如下

$$B_b = \frac{B_a Q_{dW}}{Q_b} \tag{6-9}$$

式中 Q_b——标准煤发热值，$Q_b = 29308\text{kJ/kg}$。

（2）燃油燃气量计算 如果供暖系统热源采用燃油或燃气锅炉，则燃油（或燃气）耗量与燃煤量计算方法相同，只是锅炉的热效率比较高，一般 $\eta>80\%$。如果供暖系统采用电锅炉供暖，则电耗只考虑热效率即可（$\eta>98\%$）。但是，对于集中供暖系统，如不采用蓄热方式，一般不应直接用高品位电能来供暖。

3. 循环水量计算

供暖系统循环水量取决于系统所需的热负荷，设计计算供、回水温差，并考虑网路的漏水系数。实际上，就供暖现状来看，循环水量有时并不能完全按照理论计算来确定。因为，按理论计算的流量运行，由于系统各用户设计热负荷不一致，部分热用户往往出现上热下冷（上供下回系统）的热力失调和末端用户室温偏低的现象。这是因为大多数供暖系统设计热负荷比实际需要量多30%~60%，如果按照设计流量运行，必然使部分热用户供、回水温差增大，导致用户系统内部热力失调。其次，对于一个已经投运的系统，由于没有比较可靠的调节设施（如调节阀等），大部分用户引入口只装有闸阀，所以即使多次反复调整，也很难完全达到要求，总有个别用户的流量不足，室温偏低，特别是末端用户。所以采用适量加大总量的办法相应改善系统部分热用户热力失调状况，具有一定的作用。

循环水量可按下式计算

$$G = K\frac{0.86Q'_n}{\Delta t}\varphi\times10^{-3} \tag{6-10}$$

式中 G——循环水量（t/h）；

Q'_n——供暖系统总热负荷（W）；

Δt——供暖系统计算总供、回水温差（℃）；

K——网路散热和漏损系数，一般取1.05；

φ——流量附加系数，在设计工况下，φ 取1，对已经投运的系统，考虑用户系统之间热负荷不一致性和网路水力失调等因素 φ 取1.0~1.3。

循环水量确定以后，可进行循环水泵的校核或选择计算，以及流量计的选择等。

4. 循环水泵的选择与校核计算

对于一个已经投运的供暖系统，校核循环水泵是否与网路系统相匹配，其实际流量和扬程是多少，工作效率如何，首先要根据系统的概算热负荷、相应的流量和网路的阻力，并结合系统网路的管径、供暖半径、管道敷设及室内系统形式等情况，来确定系统所需要的实际流量和实际阻力，然后根据现有水泵的特性进行分析计算，校核其运行流量和阻力，如与实际需要值不符合，要进行调整或更换合适的水泵。

（1）循环水泵流量计算 供暖系统循环水泵流量 q_V（m^3/h）可根据式（6-10）计算。在热负荷确定的条件下，可按设计供回水温差［如 $\Delta t=(96-70)℃=25℃$］计算，再乘以流量附加系数，并换算成体积流量，即

$$q_V = K\frac{0.86Q'_n}{\Delta t\rho}\varphi \tag{6-11}$$

式中 ρ——水的密度（kg/m^3）；

其他符号意义同式（6-10）。

（2）循环水泵出口压力的计算 循环水泵的出口压力 p（Pa）用来克服热媒在系统管道

和设备中流动的阻力，以保证流量在系统中合理分配。这个阻力主要包括室外管网阻力，用户系统阻力和热源内部阻力等，即

$$p=(p_r+p_w+p_y)K \tag{6-12}$$

式中　p_r——锅炉房内部的压力损失（Pa）；

p_w——室外网路供、回水干管的压力损失，由网路水力计算确定（Pa）；

p_y——用户系统压力损失（Pa）；

K——裕量系数，选择计算时 $K=1.15$，校核计算时可取 $K=1$。

锅炉房内部的压力损失一般取（10～15）$\times10^4$Pa，但要根据锅炉房内部设备和管道布置情况确定。比如锅炉房只有一台锅炉，或多台锅炉只运行一台，其他锅炉全部关闭，而运行流量又比设计流量大，则锅炉房阻力就大。然而，有的锅炉房有多台锅炉，虽然只运行一台，但是其他锅炉的阀门全开着，加之总管道又大。因此，锅炉房内部阻力就小，有的甚至不到 10×10^4Pa。热力站也有同样的问题，故热源内部阻力要根据具体情况来定。

室外网路阻力一般是根据现有管道布置情况，通过网路水力计算来确定，也可以进行估算，一般可按每米管段压力降 $R=30\sim70$Pa 来估算，再加局部阻力的百分数，即

$$p_w=RL(1+\alpha) \tag{6-13}$$

式中　p_w——管网总阻力（Pa）；

R——估算比摩阻，取 30～70Pa/m；

L——管网长度（m）；

α——局部阻力与沿程损失的比例百分数，一般取 $\alpha=0.2\sim0.3$。

用户系统压力损失可按压力损失最大的用户考虑，或以主干管线靠近末端压力损失较大的用户来计算。一般来说，与网路直接连接的供暖系统取 $1\sim2\times10^4$Pa；暖风机供暖系统为 $2\sim5\times10^4$Pa；水平串联的单管散热器采用 $3\sim6\times10^4$Pa；换热器取 $5\sim15\times10^4$Pa。事实上，室内系统由于选用管径都偏大，所以实际阻力都比较小，有的甚至只有 3000～5000Pa，网路的水力稳定性较差，所以网路中其他热用户流量改变时，室内系统流量也有较大的变化。

（3）循环水泵的效率计算　供暖系统实际运行过程中，循环水泵效率是隐含指标，看不见也摸不着，但对于供暖系统节能运行意义重大。水泵运行效率高效区为 70%～80%，但实际运行过程中，大部分供暖系统水泵效率运行普遍为 50%～60%，甚至更低（30%～40%），造成电资源的极大浪费。水泵运行效率低的原因是多方面的，主要是水泵的选择与系统的匹配不合理，造成水泵工况点远离高效区，也可能是因为水泵长时间运行，性能工况下降，导致水泵性能曲线工作点发生改变。为此，判定水泵的实际运行效率尤为重要。水泵效率的计算公式如下

$$\eta=\frac{9.81QH\rho}{3600N}=2.73\frac{QH\rho}{N} \tag{6-14}$$

式中　η——水泵效率（%）；

ρ——水的密度（kg/m^3），取 $\rho=1000kg/m^3$；

Q——循环流量（m^3/h）；

H——水泵扬程（mH_2O）；

N——水泵轴功率（kW）。

（4）循环水泵的效率测试　由式（6-14）可知，水泵的效率主要测试参数：水泵扬程、流量、轴功率（现场测试是电功率）。其操作步骤如下：

1）扬程测试。其计算公式为

$$H=\frac{10^6(p_2-p_1)}{\rho g}+(z_2-z_1)+\frac{v_2^2-v_1^2}{2g} \tag{6-15}$$

式中 H——泵的扬程（m）；

p_1——泵进口压力值（MPa）；

p_2——泵出口压力值（MPa）；

ρ——液体的密度（kg/m^3）；

g——重力加速度（m/s^2）；

z_2——泵进口测压点到泵水平中心线的垂直距离（m）；

z_1——泵出口测压点到泵水平中心线的垂直距离（m）；

v_1——泵进口法兰截面处液体平均流速（m/s）；

$$v_1=\frac{Q}{900\pi D_1^2} \tag{6-16}$$

D_1——泵进口法兰处管道内径（m）；

Q——泵的流量（m^3/h）；

v_2——泵进口法兰截面处液体平均流速（m/s）；

$$v_2=\frac{Q}{900\pi D_2^2} \tag{6-17}$$

D_2——泵进口法兰处管道内径（m）。

2）流量测试。如果供暖系统中安装了流量仪表，流量参数可直接进行读取，在水力稳定的情况下，取2h内流量的平均值。对于未安装有流量仪表的供暖系统，应采用便携式超声波测量，测试步骤应严格按照《水泵流量的测定方法》（GB/T 3214—2007）中的相关规定，测试过程中应注意如下事项：

① 便携式超声波流量计原则是不应安装在管段的最高处。流体在管道运行过程中会释放气体，这些气体会在管道的最高处聚集，不易排走，如果流量计安装在此处，在测量过程中会产生较大的误差，因此不易安装在最高处。

② 便携式超声波流量计宜安装在低区或者满管流位置，以保证流量计监测数据的准确性。

③ 如果管段中的流体含有大量杂质，并且在流速不是很大的情况下，便携式超声波流量计宜安装在垂直管段上，防止沉积的污泥损害流量计，也大大地提高了监测的准确性。

④ 便携式超声波流量计尽可能地安装在均匀流的管段上、直管段或者水平管段，尽量远离阻力设备的干扰，如果因场地等原因无法找到合适的位置，但一定要距前阻力设备10倍直径距离，距后阻力设备5倍直径距离。

3）电动机输入功率（N_1）测试。具备测试条件时，应用符合要求的仪表对三相或单相电动机进行输入功率测试。对于不宜直接测试的高压电动机，可利用现场的电流互感器和电压互感器进行电动机参数的测量、换算。采用设备为钳式功率计，如图6-1所示。

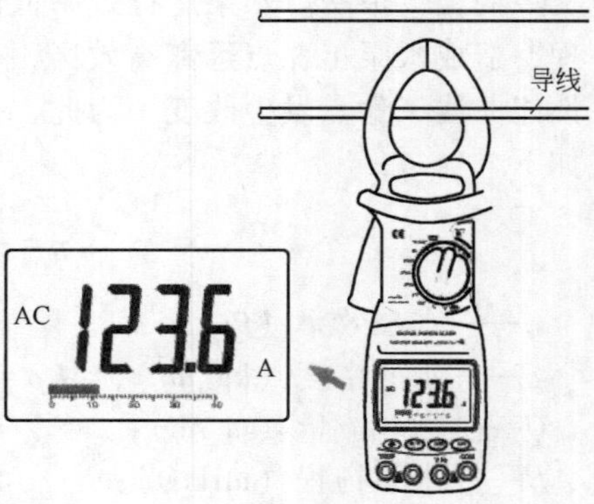

图6-1 钳式功率计

4）水泵轴功率的测试计算。其计算公式为

$$N_2=N_1\eta_d\eta_e \tag{6-18}$$

式中 N_2——泵轴功率（kW）；

N_1——电动机输入功率（kW），现场用功率表测试；

η_d——电动机运行效率（%）；

η_c——传动效率或变频装置效率（%）。

对于电动机运行效率 η_d 以及传动效率 η_c，实际测量复杂且具有相当大的难度，为此，一般进行估算，取90%~100%。

这样就可按式（6-14）计算出水泵效率。如现场不具备测试水泵流量和扬程的条件，就采用电功率测试法，利用水泵实测耗电功率，查水泵样本可以近似获得水泵的实际流量、扬程和效率。

（5）循环水泵的变频控制　由式（6-4）可知，供暖系统的运行热负荷根据室外温度变化而改变，在热负荷需求较低的情况下，如果供暖系统水泵仍为定流量运行，供、回水温差势必将降低，管网"大流量小温差"运行，造成不必要的输送电能浪费。因为，系统流量与水泵能耗是三次方的正比关系，即流量减少20%，其运行能耗减少接近50%。为保证管网低负荷合理的"小流量大温差"运行模式，需对水泵进行变流量控制。对于地板供暖系统，保证供、回水温差 $\Delta t=6\sim8℃$；对于散热器供暖系统，保证供、回水温差 $\Delta t=15\sim20℃$ 为好。建筑物的热负荷需求与流量呈线性正比关系，根据运行负荷的变化调整水泵运行频率，水泵频率与流量关系如下

$$\frac{f}{f_m}=\frac{n}{n_m}=\frac{G}{G_m}=\left(\frac{H}{H_m}\right)^{\frac{1}{2}}=\left(\frac{P}{P_m}\right)^{\frac{1}{3}} \tag{6-19}$$

式中　f、f_m——水泵运行频率（Hz）、额定频率（Hz）；

n、n_m——水泵运行转速（r/min）、额定转速（r/min）；

G、G_m——水泵运行流量（m^3/h）、额定流量（m^3/h）；

H、H_m——水泵运行扬程（mH_2O）、额定扬程（mH_2O）；

P、P_m——水泵运行功率（W）、额定功率（W）。

当室外平均温度逐渐升高时，水泵的频率会大幅度下降，根据式（6-19）可知在该频率下水泵提供的扬程也会大幅度下降，会导致管网的压力工况发生很大的变化，管网的水力失衡现象会更加明显。为此，在对水泵频率进行变化时，要及时监测管网的压力、流量状况，以及用户室内温度情况，最终来确定水泵运行的最佳频率，建议水泵的频率在30~50Hz的范围内进行调节。

5. 补水泵的选择计算

在热水供暖系统中，补给水泵的作用是补充系统的漏水或保持系统补水点的压力（定压作用）。

（1）补水量确定　热水供暖系统是一个封闭的系统，正常的补水量主要取决于系统的自然漏泄和排污泄水量。系统的单位时间漏水量和系统的规模大小、施工质量、所用设备和阀门质量以及运行管理水平有关。

在正常情况下，漏水量一般应为系统总水容量的0.1%~0.5%，如系统水容量为200m^3（大约6万m^2供暖面积）时，每天补水量为5t，不应超过12t。但在选择补水泵时，补水量的确定还应考虑事故补水和系统初次充水等，所以必须加大补水量。

补水泵的流量一般可按系统水容量或循环水量的5%~10%计算。补水泵流量不宜太大，否则在运行过程中不但耗电多，而且容易使水泵起动频繁，容易损坏水泵和电气设施，影响其使用寿命。特别是对系统压力影响较大，使压力经常处于大幅度波动状态，有时造成系统超压、散热器破裂现象。

（2）补水泵扬程的确定　补水泵的扬程 H（m）是用来克服系统补水点的压力和补水管径的阻力，即

$$H=(p_b+p_s)\times9.8\times10^3-h \tag{6-20}$$

式中 H——补水泵的扬程（m）；

p_b——系统补水点压力（Pa），一般采用系统静水压力值；

p_s——补水泵进、出水管的阻力（Pa）；

h——补给水箱最低水位高出系统补水点的高度（m）。

补水点的位置一般设在循环水泵入口处（系统压力最低点），不要设在循环水泵的出口处（系统压力最高点），更不要从锅炉房直接往膨胀水箱里补水。补水泵一般选择两台，其中一台备用。

通过上述计算，校核系统所用补给水泵是否符合要求，如果相差较大应及时更换或调节。

热水供暖系统补水不应采用手动控制的办法，应该使用压力或水位自动控制仪器来自控补水，以免经常出现亏水、倒空、溢水或超压问题，这一点非常重要。有条件最好使用变频补水控制。

根据以上热负荷、耗煤量和循环水量等计算结果，结合供暖系统的特点和现有设备条件，通过校核计算，制订相应的技术方案，提出具体节能改造措施。根据概算热负荷确定所用锅炉（或换热器）容量及台数；根据计算流量和系统总阻力匹配选用循环水泵的规格和台数；根据锅炉或换热设备、管道布置情况和计算循环水量，确定流量变送器的规格、型号及安装位置，以及总供、回水温度测点位置；根据室外网路布置和用户分布情况，确定各用户多点测温，然后，根据各系统规模和特点选用微机监测计算仪。从而为供暖系统实行量化管理创造必要的条件。

6.4.2 供暖系统量化管理节能技术方案

供暖系统节能技术方案主要是根据系统现状和概算热负荷、计算耗能量、循环水量以及现有设备及其使用情况和用户具体要求来制订的。节能技术方案的正确与否直接关系系统实行量化管理是否能达到理想的效果，同时还关系经济效益和社会效益等问题。所以在全部掌握原供暖系统的规模、锅炉及其配套设备、管道、运行状况、供暖效果、能源消耗，司炉维修和管理人员及有关制度等的情况下，通过理论计算和技术经济比较，在进行可行性研究后，制订出节能技术方案和具体节能措施。

1. 基本情况调查

在制订节能技术方案之前，首先要求应用单位提供锅炉房工艺设计施工图和室外供暖管线图以及设计变更图等，然后须详细了解下列情况：

（1）建筑规模及特点　主要包括供暖建筑面积，建筑物的用途，各类建筑物的建筑面积，建筑结构特点（外墙、外窗、外门、层高和保温等），建筑物最大高度，室内系统主要有哪些形式（单管还是双管系统，是上供下回，还是下供下回等），系统主要使用哪种规格的散热器等。根据上述情况和该系统所在地区的气象条件来确定供暖面积热指标。

（2）热源现状

1）热源现有锅炉（或换热器）台数、型号、性能、配用鼓引风机型号和电动机功率，以及设备生产厂家。锅炉使用情况，一般运行几台，每天运行几小时，运行效率（要求进行现场测定），使用年限及维修情况。此外还有上煤、除渣方式，其设备使用情况以及锅炉电气控制等。

2）热源现有循环水泵台数、型号、性能，电动机功率及生产厂家等，以及系统运行期间循环水泵使用情况。

3）水处理方式。所用设备规格、型号，补水泵台数、性能等，补水点位置，系统定压方式，膨胀箱的位置、高度，膨胀管与系统的连接位置，补水控制方式。

4）热源仪器、仪表使用情况，如热量计、流量计、水表、电表等装置，以及自动控制、安全报警装置是否能正常工作。

(3) 室外管网情况 主要包括管道敷设方式，管道平面布置及走向，分支环路数，供热半径，各供、回水管管径，管道保温情况。对地沟敷设系统采用通行或半通行，还是不通行地沟，是否有泄漏和跑水现象或管道淤埋问题，各用户引入口是否有检查井，检查井是否有压力表、温度计和阀门等。

(4) 供暖系统运行情况 供暖系统实际运行天数、起止日期。在运行期间，供暖效果如何（用户室温），是否存在近热远冷、冷热不均现象，最高或最低室温是多少；是否经常有存气现象，是否有倒空（缺水）或膨胀箱溢水问题。

此外，通常热源总供、回水温差及最高供水温度是多少，锅炉、循环水泵进出口压力，每天正常补水量，锅炉是否结垢以及定期排污情况，主要存在哪些问题等。

(5) 能耗情况 主要包括以往每年系统总耗煤量，单位面积耗煤量，使用煤种及其发热值，每年耗电量、耗水量以及煤价、电价、水价等。

(6) 司炉工配备及管理情况 锅炉操作管理有无专业技术人员，司炉技术如何，是否具有锅炉房设备维护、维修技能。锅炉运行实行几班制，每班多少人，有无运行管理有关规章制度和奖惩办法等。

根据上述调查，确定供暖系统的基本情况和存在的主要问题，针对系统具体情况，提出明确的要求和建议。对不符合要求的设备、管道、仪表、阀门等，必须进行改造或更换，使锅炉房和室内外系统正规化、规范化，从而实行科学化管理，提高供热质量，减少能耗。

此外，供暖系统实现科学的量化管理，首先要对司炉和管理人员进行技术培训，使他们熟练地掌握并能有效地使用这项技术，以保证节能技术的正确实施。

2. 节能技术方案制订

(1) 概算热负荷 根据应用单位提供的基础资料及基本情况，结合现场调查资料，按照式（6-4）和式（6-5）计算出供热系统运行热负荷和供热量。

(2) 锅炉的选择与匹配 根据系统概算热负荷和原系统锅炉配置情况，校核所用锅炉是否合理，即在最不利情况下，尽量使锅炉在满负荷高效率的状态连续运行。例如某一供暖系统，供暖面积为 8.5 万 m^2，配备 3 台 2.8MW（4t/h）锅炉。系统概算热负荷为 5.1MW。如果各台锅炉能达到其额定出力，则在最冷时选用两台锅炉运行即可。这样计算锅炉出力 1t 可供 1 万多平方米的建筑供暖。当室外温度升高时，可适当减少锅炉运行时间，以免锅炉负荷太小影响锅炉效率，在供暖初期和末期还可以运行一台锅炉。

(3) 循环水泵的选择 循环水泵应根据计算循环水量和网路系统的总阻力来确定。采用式（6-11）和式（6-12），结合系统现状，考虑现有设备情况，校核水泵实际运行工况，以便确定水泵台数或选用新的规格型号。

一般说来，制订方案时，尽量利用原有设备。有条件时，最好采用现场测定的办法，测出系统的总流量和总阻力，计算出系统的总阻力数，然后利用作图或曲线拟合计算的方法来校核、选择水泵。

(4) 流量变送器的选择及安装 在热水供暖系统的监测计量中，流量变送器常采用涡轮流量计、涡街流量计、孔板流量计、超声波流量计、弯管流量计等。选用时应根据供暖系统的特点和用户的要求来确定，用于水质比较干净的系统可采用涡轮流量计，否则采用其他种类的流量计，超声波流量造价较高，弯管流量计比较便宜。

流量变送器一般都安装在主环路和分支环路上，有时也可以装在用户入口处，在流量变送器前一般应装过滤器。

流量变送器是根据管段的流量和管径来确定的。各种流量计都有一定的流量范围，应使计算流量在流量计流量范围之内偏大一点，有利于提高计量精度。

（5）测温点布置与设计

1）设定总供、回水温度测点。首先在热源确定总供、回水温度测点，测温点的位置必须能够反映系统总供、回水温度的实际值，而且不受替换锅炉运行的影响。一般不要设在分水器和集水器上，应该在总供、回水管上。

2）设定多点测温位置。多点测温的布置与设计，可根据供暖系统平面图和用户规模及其所在位置来进行，要求尽可能地反映主要用户的供暖情况，一般设在用户引入口和分支环路的回水管上。

（6）微机监测系统的设计与选择　微机监测系统是用来监测供暖系统的锅炉、外网、用户的各项运行参数，显示其运行状态。通过采集的参数计量和记录系统供热量、循环水理、耗煤量等。根据系统的规模，使用流量计数量，多点测温分布情况和所用锅炉的特点以及用户要求来选择不同型号的微机监测仪和各种测温元件、测压元件、流量变送器等。

（7）室外管网校核计算与改造　为了消除系统热力失调，有效地进行热力平衡调整，必须对网路系统进行校核计算，分析各环路、各用户的水力工况，根据网路水力计算，分别进行调整。要求系统所有用户引入口必须设置检查井，在供、回水管上安装压力表、温度计和调节阀等，如图6-2所示。

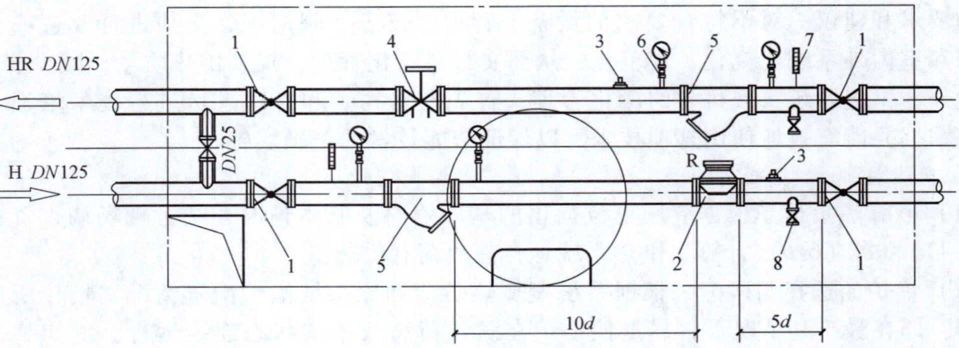

图6-2　热用户引入口示意图

1—关断阀　2—热量表　3—温度传感器　4—调节阀
5—过滤器　6—压力表　7—温度计　8—泄水阀

根据上述节能技术方案，供暖系统在运行过程中进行供暖调节，实行按需供暖，计量能耗，实现量化（数字化）管理。

先进的技术需要科学的管理，按需供暖的节能技术促进了供暖系统管理水平的提高，而科学的管理保证了这项技术的应用。在加强对供暖系统科学管理的同时，要因地制宜，因势利导，制定、健全各项规章制度，实行正规化操作，规范化管理；搞好技术培训，不断提高管理人员和司炉工的素质，使他们对供暖系统运行管理的基本任务做到心中有数；熟练掌握运行管理基本技能，熟悉网路所有用户系统的特点和所用设备的规格、性能，并掌握设备操作、调试、维护、维修等技术。

实行量化管理，必须有一套完整的技术资料，主要包括热源的工艺设计图，锅炉及其辅助设备图样和说明书，室外网路及各用户系统设计图，供暖系统量化管理供暖指标及运行参数表，运行管理记录等。

制定运行管理规程，明确各级人员的职责、权限和任务，建立运行管理及维护人员的岗位责任制。实行量化管理必须有专人负责。这些都是做好锅炉供热量化管理的重要条件。

6.4.3　供暖系统室外平衡调整

在供暖系统中，通常都希望网路系统中的流量能按设计要求在各热用户之间进行合理分配，在用户系统内部，则希望流量能按规定值在各散热设备之间进行正确分配。一般说来，不论设计多么仔细，在水力计算时也进行了水力平衡工作，但在建成投入运行后，总有些用户的流量达不到要求（流量偏大或偏小），某些用户的室温不符合规定值（室温过高或过低），即所谓冷热不均的热力失调现象。特别是扩建或改建系统，若施工后在系统运行初期也不进行重新调整，热力失调现象更为严重。有的系统，虽然水力失调不太严重，流量基本能够按要求的量在各用户之间进行分配，但是由于系统各用户的建设处于不同的时期，设计年代不同，设计人员也不同，设计负荷有时相差很大，所以，采用同一热源，同一热媒温度供暖，同样会引起热力失调现象。

上述问题必须通过系统初调整，即网路水力工况平衡调整来解决。可是大多数供暖系统热用户引入口没有流量计。在这种情况下，如何对系统进行初调整，使各用户的流量合理分配，这是一个普遍感到极为困难的问题。有的单位甚至不惜代价，投入大量的财力、物力（如按各用户引入口安装自动调节阀、微机控制调节装置等）来解决这一问题，但是大面积使用难以实现。对于室内用户系统，解决热力失调的问题其困难显然更大，特别是住宅楼，加之人为的因素，这个问题尤为突出。

下面介绍一种简而易行的平衡调整方法——等温降调整法。

1. 平衡调整原理

所谓“等温降”调整法，就是在系统各用户设计负荷基本一致的条件下，如不考虑管道散热影响，要使其流量达到规定值，必须使其温降趋于相等的原理来进行水力工况平衡调整。根据

$$Q=Gc(t_g-t_h)=Gc\Delta t \tag{6-21}$$

各用户的相对流量为

$$\overline{G}=\frac{Q_s\Delta t_s}{Q_g\Delta t_g} \tag{6-22}$$

式中　Q——用户热负荷（W），即热源供给热用户的热量；

G——用户流量（kg/h）；

c——水的比热容[J/(kg·℃)]；

t_g、t_h——用户供、回水温度（℃）；

$\overline{G}$——用户相对流量，即用户的实际流量和规定流量之比；

Q_s、Q_g——用户的实际供热量和规定供热量（W）；

Δt_s、Δt_g——用户的实际供、回水温差（℃）和规定供、回水温差（℃）。

系统在运行过程中，总希望用户的实际供热量与规定供热量相符合，即 $Q_s=Q_g$，则

$$\overline{G}=\frac{\Delta t_s}{\Delta t_g} \tag{6-23}$$

式中，用户供、回水温差理论上也等于热源总供、回水温差。所以在系统运行过程中，要使各用户流量按规定的数量进行分配，以达到规定供热量，其供、回水温差必须和热源总供、回水温差相一致。也就是说，只要使各用户供、回水温降或热源总供、回水温降在热力稳定状态下一致，则可以认为用户流量达到规定值，实际供热量和室温也必然达到了用户的要求。

对于原设计热负荷不同的用户，在平衡调整时，适当使其供、回水温差增大或缩小。如果其用户设计热负荷（即散热器片数或面积）比同类型建筑热负荷大，则在调整时，使其供、回水温差加大，反之，如设计热负荷小，则使其供、回水温差缩小。供、回水温差增大或缩小值应

根据用户室内温度实测情况来定。如室内温度偏低，则减小其供、回水温差，如室内温度偏高，加大其供、回水温差。通过不断调整用户引入口阀门，使其室内温度逐步达到规定值。

总之，无论原供暖系统是何状态，或采用哪种调整措施，最终目的是通过不断调整使用户室内温度逐步达到要求值。

2. 平衡调整措施

(1) 调整前准备　在各用户引入口设置检查井，在各环路、各用户供/回水管安装压力表、温度计和调节阀。在系统运行初期，根据各环路、各用户供/回水压力表，供、回水温差和热源总供、回水温差，分别进行调整。

(2) 调整顺序　当系统运行达到热力稳定后，记录各环路、各用户的供/回水温度和供/回水压力及热源总供/回水温度。找出供、回水温差大于和小于热源总供/回水温差的环路或热用户，按其规模大小和温差偏离程度大小确定平衡调整顺序，先对规模较大且温差偏离程度较大的环路或热用户进行调整。

(3) 调整依据　通过各环路或用户供/回水阀门来调节流量，使其供、回水压力差达到新的数值，即

$$\Delta p = \Delta p_y \left(\frac{\Delta t_y}{\Delta t_r}\right)^2 \alpha \tag{6-24}$$

式中　Δp——调整后某环路或某热用户的供、回水压力差（Pa）；

Δp_y——调整前记录的某环路或某热用户的供、回水压力差（Pa）；

Δt_y——调整前记录的某环路或某热用户的供、回水温差（℃）；

Δt_r——调整前记录的热源总供、回水温差（℃）；

α——压差修正系数，对于小于热源总供、回水温差的环路或热用户，$\alpha = 0.95 \sim 0.98$；温差偏离程度较小的取较大值，反之取较小值；对于大于热源总供、回水温差的环路或热用户，$\alpha = 1.03 \sim 1.06$，温差偏离程度较大时取较大值，反之取较小值。

(4) 调整方法及步骤　为了提高调整效率，在运行初期最好能使网路供水温度达到60℃左右，并能保持恒定不变。当热源总供、回水温度也不再变化，即系统达到热力稳定状态，记录热源总供/回水温度、各环路或各用户供/回水温度及其供/回水压力（用户内部压力，指用户引入口供水回水阀用户一侧）。根据式（6-24）计算所得压力差，分别对各环路或各用户引入口供水或回水管阀门进行顺序调整。如果热用户供水压力较大，而建筑层数少，其系统充水高度不大，在平衡调整过程中，节流时调节供水管阀门，开启时调节回水管阀门。但是，如果热用户供水压力不大，而建筑层数多，其系统充水高度较大，在调整过程中，节流时调节回水管阀，开启时调节供水管阀门，以免系统出现倒空现象。总之，对小于热源总供、回水温差的环路或热用户，节流其供水或回水管阀门，反之，对大于热源总供、回水温差的环路或热用户，开大其供水或回水管阀门。

对于供暖半径不太大（小于1000m），且网路保温性能较好的系统，各用户供水温度降不大（小于1℃），则可用各用户回水温度和热源总回水温度进行比较作为计算依据。对大于热源总回水温度的热用户关小其引入口阀门，对小于热源总回水温度的热用户开大阀门。这样便于采用远距离微机遥测，可以在热源快速有效地进行测试各环路和各用户的供暖状态，有目的地对各环路或各用户进行平衡调整。

由于热水供暖系统是由热源、热网和热用户构成的一个复杂的密闭系统，系统中各环节的水力工况变化都是相互制约的，无论任何部位的状态发生变化，即阻力改变，都会引起一系列的变化，导致各用户之间的流量再分配。因此，在第一次平衡调整后，考虑热水供暖系统惰性较大的因素，必须经过较长时间（2h以上），等系统达到新的热力稳定状态，即散热

器表面温度和系统供、回水温度达到新的热力平衡，再进行调整。要反复多次进行调整，直到各热用户供、回水温差和热源总供、回水温差的差额不超过 2℃，则可认为系统网路的水力工况基本良好。对于特殊热用户，如设计负荷和其他用户不一致，必须根据室内温度值再进行局部调整。

上述“等温降”平衡调整法可使网路流量在各用户之间合理分配，解决了网路水力失调问题。但是用户内部系统各立管之间以及各散热器之间也存在流量分配不均的矛盾，只有在所用用户系统的平衡调整工作做好以后，才能保证全系统的供暖质量。所以对用户系统也必须进行平衡调整，使所有用户室温都达到要求。

与网路平衡调整相比，用户系统的平衡调整由于缺少检测仪表，加之用户系统比较复杂，调整又不方便，所以带有很大的盲目性，难度较大。因此，为了保证用户系统内各散热设备的流量达到合理分配，在设计中设法提高用户系统的水力稳定性，以利于平衡调整工作的进行。对于原有室内系统，同样利用等温降的原理，依靠表面温度计测定各立管及各散热器回水管温度，分别进行调整。

对于用户系统不同的形式，应采取相应的调整措施。对同程式系统，先关小温降小的立管阀门和温降较大立管其附近的其他立管的阀门。有时在环路中间立管容易出现滞流现象，在调整时应注意。对异程式系统，必须关小环路较短的立管或散热器上的阀门开度，环路越短，其阀门开度就越小，直至各立管回水温度趋于一致。对双管系统，由于上层散热器的重力压头较大，流量偏大，故应关小上层散热器上的阀门开度，致使各房间温度符合要求。

综上所述，供暖系统热力平衡调整工作是一项细致而复杂的工作，而且要反复多次进行，需要花费很多时间，所以应该组织专人进行。供暖系统热力平衡，流量在各用户之间合理分配，是实行量化管理、保证供暖质量的基本条件。

6.5 供暖系统监管平台应用技术

“集中供暖系统量化管理节能服务平台”是针对集中供暖系统（煤、气、油锅炉或热力站）用能管理需求，运用供暖节能技术、量化管理技术、计算机网络技术和自控技术等，通过对建筑供暖系统运行监测、数据分析、自动调控技术、运行管理等关键技术环节的优化集成，开发的综合性能源管理服务工具。该系统总结了国内先进的运行管理方法、节能优化技术和智能化工程经验，采用了国际先进的自动化系统原理和网络系统架构，实现了集中供暖监控系统按需供暖高效运行。平台的应用可以为供暖系统运行和管理人员提供灵活多样的技术管理工具，提高供暖系统的运行效率，改善系统的运营管理水平。该技术监管平台已在多个供暖系统中应用，获得了良好效果和用户好评。

6.5.1 监管技术平台的设备组成

供暖系统监管技术平台的设备组成见表 6-1，其系统构架如图 6-3 所示。

表 6-1 监管技术平台的设备组成

设备地点	系统使用功能	需要安装的设备
数据中心	监测、操作平台	服务器组、UPS 电源、防火墙、交换机、操作系统、数据库软件、杀毒软件
供暖系统	建筑信息管理	分布式计算机、网络连接设备
	用能管理	电、热、气、水等能源的计量仪表，仪表通信设备
	节能策略	根据具体节能方案安装传感器、控制器等设备
	系统自控	需要安装比较全面的楼宇自控设备

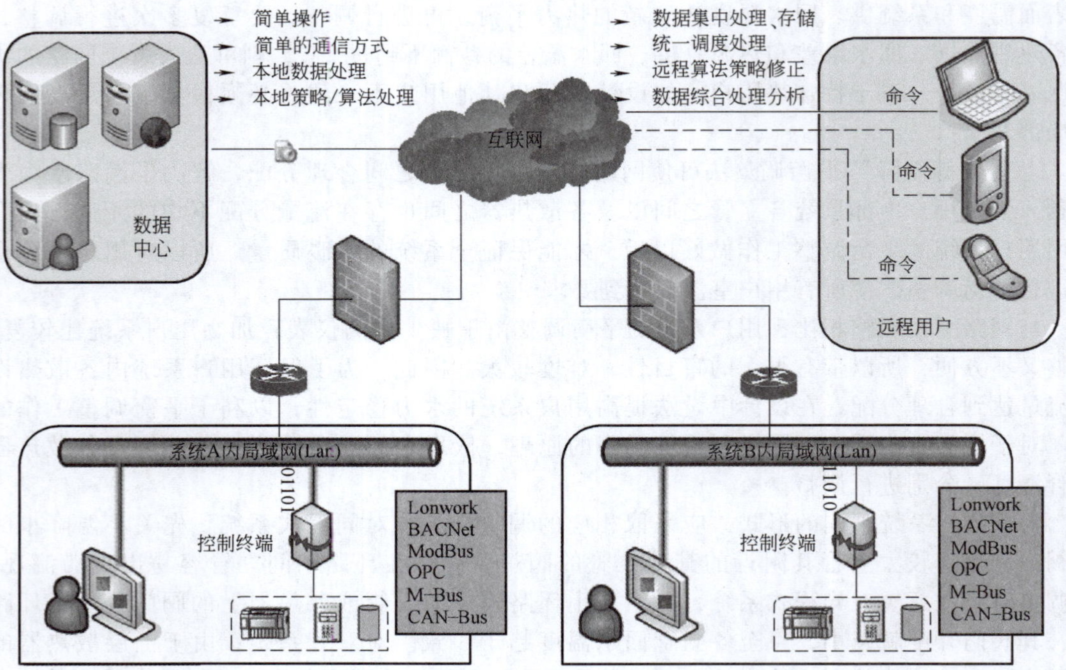

图 6-3 供暖系统量化管理节能服务平台系统架构

6.5.2 监管技术平台功能模块介绍

监管技术平台功能模块主要包括管理模块和技术模块。其中，管理模块的定位为供暖系统数据信息的监测、记录、统计、分析等。技术模块的定位为供暖系统数据信息的深度分析处理以及调节反馈。管理模块和技术模块的无缝链接，实现全方位、多角度控制整个供暖系统的运行管理，实现人机合一的智能化操控。

1. 管理模块

(1) 基本信息模块

1) 功能：记录供暖系统的全面信息，用户可执行添加、查询、修改等操作。

2) 内容：热源、换热站、管网、供暖建筑的基本信息和详细信息等。

(2) 设备管理模块

1) 功能：对供暖系统的所有用能设备进行统一的、系统的、全周期的管理。

2) 内容：设备基本信息、设备购置信息、设备使用信息、设备维护信息、设备报废信息。

(3) 系统监测模块

1) 功能：对系统运行参数进行监测、记录，实现历史运行数据的查看。

2) 内容：监测内容包括系统各个组成部分（热源、换热站、管网、热用户）的能耗和运行参数。

(4) 成本管理模块

1) 功能：供暖系统运营成本的统计分析。

2) 内容：统计内容包括能源成本、材料成本、维修成本、人工成本、管理成本等。

(5) 用户服务模块

1) 功能：实现对报修、咨询、收费、投诉等客户服务工作的信息化、标准化管理。

2）内容：包括设备维修、用户投诉、收费管理等。

（6）系统评价模块

1）功能：建立量化的系统评价体系，结合系统信息、能耗分析、运行状况等，综合评价主要用能系统。

2）内容：给出系统评价标准，对各个系统的能耗、效率、维护、合理性等方面进行评价。

2. 技术模块

（1）能耗分析模块

1）功能：对供暖系统各项能耗进行统计，结合具体情况给与分析，对用能情况做出评价。

2）内容：对用能数据进行统计分析，提供修正、同比、环比、对标等处理，综合分析系统用能情况。

（2）运行策略模块

1）功能：根据用能系统的运行参数分析系统运行状态，提供优化的运行控制算法。

2）内容：节能策略的设定、模拟、效果分析、运行和运行监控。

运行策略见表 6-2。

表 6-2　运行策略

策略名称	策略内容
锅炉房按需供暖策略	根据气象数据调整锅炉供热量，实现按需供暖（在锅炉具备联动的条件下，可实现自动控制）
气候补偿控制策略	根据室外温度及供热曲线，利用电动三通阀调节一次水流量，达到按需供暖的效果
分时分区控制策略	对于小区内住宅及公共建筑可从热源处进行划分的供暖系统，可加装分时分区控制设备，对不同类型的建筑实施不同的运行策略，从而达到合理用热及节能的目的
室温调控技术	由于建筑物的功能不同，故其对室温的要求不一样（如幼儿园、医院的手术室等对室温的要求较高），故可在供暖管上加装温控阀，对室内温度进行调控
一次网变流量策略	在供暖季初末寒期，根据供暖需求实现一次网水泵变流量调节，确保一次网基本维持较大温差运行
二次网定流量策略	在二次网水力平衡调试的基础上，根据二次网水力热力工况，确定最优的二次网定流量运行方案
循环水泵变频控制策略（分布式系统）	为实现一次及二次系统的运行调节，达到最佳工况，需要对一、二次循环水泵进行变频控制。在外网水力调节平衡的前提下，通过水泵变频控制也可达到节能的效果

（3）故障诊断模块

1）功能：实现对系统硬件故障、操作问题、节能问题等的自动诊断和解决建议。

2）内容：对系统设备的运行状态进行评估，对性能恶化及故障进行判断，及时发现系统问题，采取解决措施。

6.5.3　监管技术平台交互界面

监管技术平台交互界面主要包括：运行监测界面（图 6-4）、操作界面（图 6-5）、能耗分析界面（图 6-6）等，运行管理人员只需在操控中心，就可控制供暖系统的监管运行，操作简单方便，自动化程度高，系统运行良好稳定，真正做到集数据采集、分析、调控、反馈于一体的系统集成。

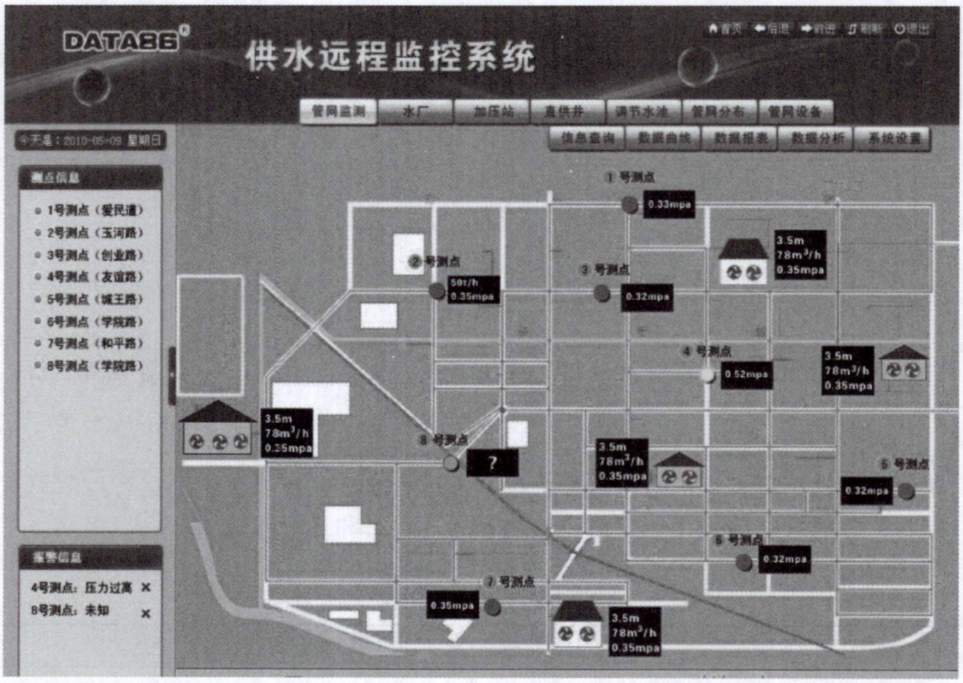

图 6-4 运行监测界面

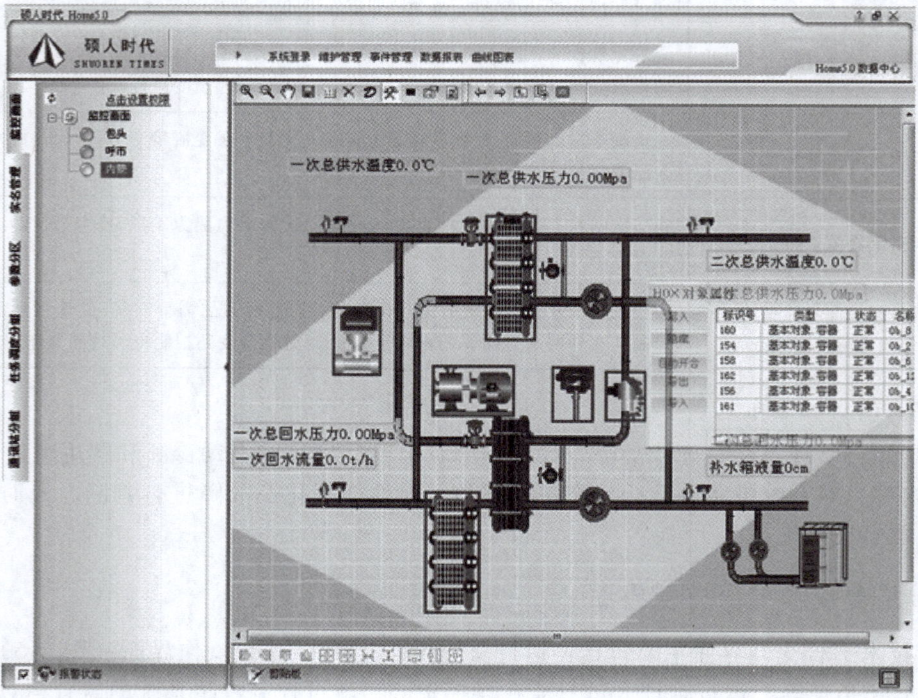

图 6-5 操作界面

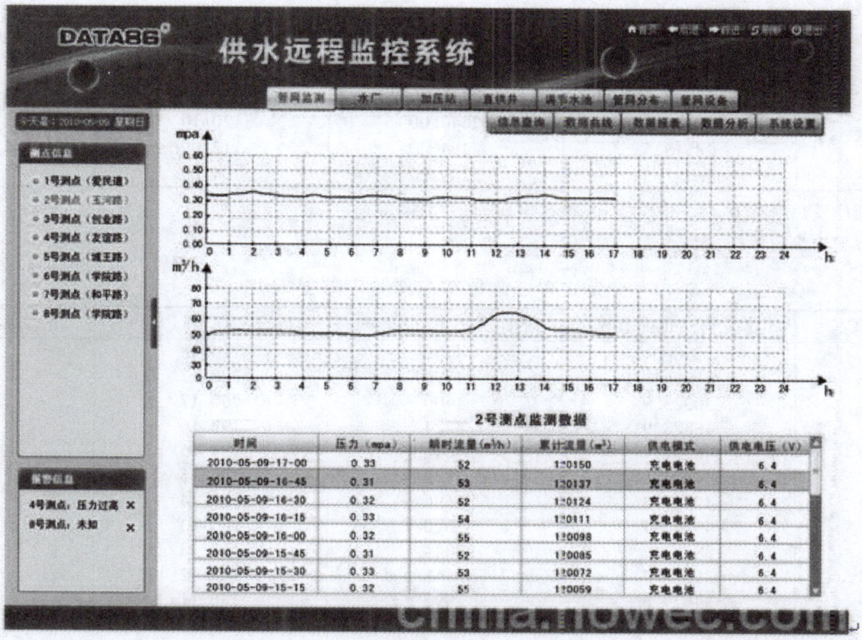

图 6-6　能耗分析界面

6.6　供暖系统量化管理应用实例

供暖体制改革，实施供热计量、按热收费目的在于打破福利供暖，打破大锅饭，用户可以根据自己的舒适需要，随时调节供热量，以减少过热浪费，这是用户需求方的调节。然而，热量是来自热源，即热量供应方的。实际上热量供需关系是决定因素，供暖单位可根据室外气候变化情况和热用户使用规律实行总量控制，按需供暖，合理分配，然后进行分户调节，以满足用户热舒适要求。关键是供热量如何控制，控制依据是什么？换句话说，热源的热负荷是过程控制的关键所在。每天应该供多少热量，实际又供了多少热量？实行“量化管理、热量调节”的总量控制方法是满足用户需求和节能的关键技术。

北京某供暖系统供暖面积为 110 万 m^2，使用 3 台 28MW 的燃煤锅炉；一次网配置 2 台 75kW 的循环水泵（一用一备）。室外供暖计算温度为-9℃，室内供暖计算温度为 18~22℃。锅炉房根据建筑所需实行量化管理供暖。考虑管网的热损失，热源设计工况下供热指标取 50W/m^2。2016 年该锅炉房每天的供热量随室外温度的变化关系见表 6-3，循环水泵变频控制参数见表 6-4。

表 6-3　锅炉供热量化管理运行调节参数

室外温度/℃	建筑物热负荷/kW	累计供热量/(GJ/d)	折合标煤量①/(t/d)	实际耗煤量②/(t/d)
-9	55000.0	4752.00	216.18	275.14
-8	52963.0	4576.00	208.17	264.95
-7	50925.9	4400.00	200.17	254.76
-6	48888.9	4224.00	192.16	244.57
-5	46851.9	4048.00	184.15	234.38
-4	44814.8	3872.00	176.15	224.19
-3	42777.8	3696.00	168.14	214.00
-2	40740.7	3520.00	160.13	203.81
-1	38703.7	3344.00	152.13	193.62
0	36666.7	3168.00	144.12	183.42

（续）

室外温度/℃	建筑物热负荷/kW	累计供热量/(GJ/d)	折合标煤量[①]/(t/d)	实际耗煤量[②]/(t/d)
1	34629.6	2992.00	136.11	173.23
2	32592.6	2816.00	128.11	163.04
3	30555.6	2640.00	120.10	152.85
4	28518.5	2464.00	112.09	142.66
5	26481.5	2288.00	104.09	132.47

① 燃煤的低位发热值按 Q_{dw} = 23027kJ/kg（5500kcal/kg）计算。

② 锅炉运行平均热效率按 75%计算。

表 6-4 循环水泵变频控制参数

室外温度/℃	建筑物热负荷/kW	累计供热量/(GJ/d)	折合标煤量/(t/d)	水泵运行频率/Hz
-9	55000	4752	216.18	50.0
-8	52963	4576	208.17	48
-7	50925.9	4400	200.17	46
-6	48888.9	4224	192.16	44
-5	46851.9	4048	184.15	42
-4	44814.8	3872	176.15	41
-3	42777.8	3696	168.14	39
-2	40740.7	3520	160.13	37
-1	38703.7	3344	152.13	35
0	36666.7	3168	144.12	33
1	34629.6	2992	136.11	32
2	32592.6	2816	128.11	30
3	30555.6	2640	120.1	28
4	28518.5	2464	112.09	26
5	26481.5	2288	104.09	24

注：循环水泵运行效率为 65%~70%。

该系统在运行过程中通过锅炉供热运行调节实施热量总量控制、分户调节方法，并根据供暖系统量化管理运行调节参数，实现按需供暖，高效运行。这样可以指导运行管理人员依据室外温度的变化，按照表 6-3 中的每日供热负荷和供热量进行供暖调节。同时在完成管网水力平衡调节后，按照表 6-4 进行变流量输配调节控制，随时调整运行工况，以满足热用户需求，从而便于管理人员及时掌握供暖系统的实际能耗和能效状况，达到按需供暖、经济运行的目的。根据系统实际运行监测的计量数据，一个供暖期每平方米热能消耗 0.25GJ，一次管网输送电耗 0.2kW·h，节能效果显著。

思 考 题

1. 说明供暖系统运行管理热量调节方法及基本公式。
2. 供暖输配系统水力平衡有哪几种调节方法？
3. 供暖系统运行过程中热量计量基本计算公式有哪些？
4. 什么是水力失调，什么是热力失调？
5. 说明循环水泵效率如何测定及计算的？
6. 供暖系统全年能耗和能效如何测定及计算？

参 考 文 献

[1] 李德英. 锅炉供暖量化管理与节能技术［M］. 北京：中国建筑工业出版社，1992.
[2] 李德英. 供热工程［M］. 北京：中国建筑工业出版社，2004.
[3] 涂逢祥. 建筑节能［M］. 北京：中国建筑工业出版社，2004.
[4] 陆亚俊. 暖通空调［M］. 北京：中国建筑工业出版社，2002.
[5] 朱颖心等. 建筑环境学［M］. 北京：中国建筑工业出版社，2001.
[6] 方修睦. 建筑环境监测技术［M］. 北京：中国建筑工业出版社，2002.

第 7 章 空调系统运行调节与管理节能技术

7

7.1 空气处理系统与风系统的运行调节

空调系统的空气处理方案和处理设备的容量是在室外空气处于冬、夏设计参数以及室内负荷为最不利时确定的。尽管空调系统在投入使用前已经调试过，在当时特定的室外参数和室内负荷条件下满足了预定的设计要求，但是，在我国大部分地区，全年室外空气参数是按春、夏、秋、冬周而复始地变化着，即在绝大多数时间内，室外空气参数是处于冬、夏设计参数之间；此外，室内冷（热）湿负荷也是经常变化的，在这种情况下，如果空调系统在运行过程中不做相应的调节，则不仅浪费了能量（设备供冷量和供热量），而且还会使室内空气参数偏离设计要求。因此，在空调系统设计和运行时，必须根据室外气象参数和室内冷（热）湿负荷的变化情况对空调系统进行全年运行工况的分析，从而提出合理的调节方案，以保证在全年（不保证时间除外）内，用最经济的运行方式运行，以满足室内温湿度的设计要求。

空调房间所要求的温湿度设计参数，一般允许有一定的波动范围，也称温湿度精度。允许的温湿度上下限可构成一个温湿度波动区。空调系统运行时，应该保证室内空气状态点始终处于这一波动区之内。

在空调系统的运行过程中，往往同时存在室外空气参数的变化和室内负荷的变化，为便于分析，下面分别讨论室外空气参数变化时和室内负荷变化时的运行调节问题。

7.1.1 室外空气状态变化时的运行调节

室外空气状态的变化可以引起送风状态的变化和建筑外围护结构传热量的变化。这两种变化均会影响空调房间内的热湿环境。本节在假定室内负荷不变的前提下，讨论当室外空气状态变化时，保证送风状态不变的全年运行调节方法。

根据室外空气状态的变化情况，在 h-d 图上可划分成若干个气象区域，每对应一个区域就有一种空气处理方式，称为工况，而区域则称为空调工况区。在每一个区域采用不同的运行调节方法，这样，全年就可按工况区进行调节。空调工况区划分的原则是在保证室内温湿度要求的前提下，力求系统运行经济、简便。同时还应考虑室外空气参数在某个区域内出现的频率高低，如果频率很低，则可将该区域合并到其他邻区，以减少调节的环节。

空调系统运行调节中常用的是“露点控制”调节法，它是通过控制喷水室（或表面冷却器）后的露点状态来控制送风状态的。露点控制调节法虽然控制简单，性能可靠，应用广泛，但由于全年各区域经常出现需把空气先冷却到露点，然后再加热的现象，这样就造成冷热量相互抵消，浪费了能量，所以，它并不是最经济的运行调节法。为节约能量，可采用无露点控制调节法，即把空气直接处理到要求的送风状态，以避免冷热量的抵消。后面介绍的一种分区运行工况，即属无露点控制调节法。

值得提出的是，随着空调节能问题逐渐被重视，以及自动控制理论和设备的不断完善，有可能在确定空调设计方案和组织空调全年运行调节时，根据当地气象特点，将空调工况区域划分得更细更合理，使空调系统在各区域按相应的最佳运行工况（即最小运行费用的热湿处理工况）运行（称空调多工况节能运行），以达到最大限度节约能量的目的。

各工况区最佳运行工况的确定，主要考虑以下原则：

1）条件许可时，不同季节尽量采用不同的室内环境设定参数以及充分利用室内被调参数的允许波动范围，以推迟用冷（或用热）的时间。

2）尽量避免冷热量抵消的现象。

3）在冬、夏季，应充分利用室内回风，保持最小新风量，以节省冷量或热量。

7.1.2 室内冷（热）、湿负荷变化时的运行调节

由于室内人体、照明和工艺设备的散热、散湿量随人员的出入和工艺过程而变化，以及房间围护结构的传热量随室外气象参数而变化，因而室内冷负荷（余热量为正值）或热负荷以及湿负荷随时都可能变化。为了保证室内温湿度要求，必须根据室内冷（热）湿负荷变化情况，对空调系统进行相应的调节。

1. 调节再热量

1）室内余热量变化，余湿量不变。采用定露点调节再热量的方法。如图7-1a所示，将送风状态由L加热到O之后，送入室内，就能使室内状态点保持在温湿度允许的范围内。

这种情况的一个特例是，当室内仅有余热量而没有余湿量或余湿量极小时，热湿比ε总是接近或等于∞，这时，随着余热量的减少，可调节加热量使送风状态温度沿着等d_N逐渐提高，即可满足室内温湿度要求，如图7-1b所示。

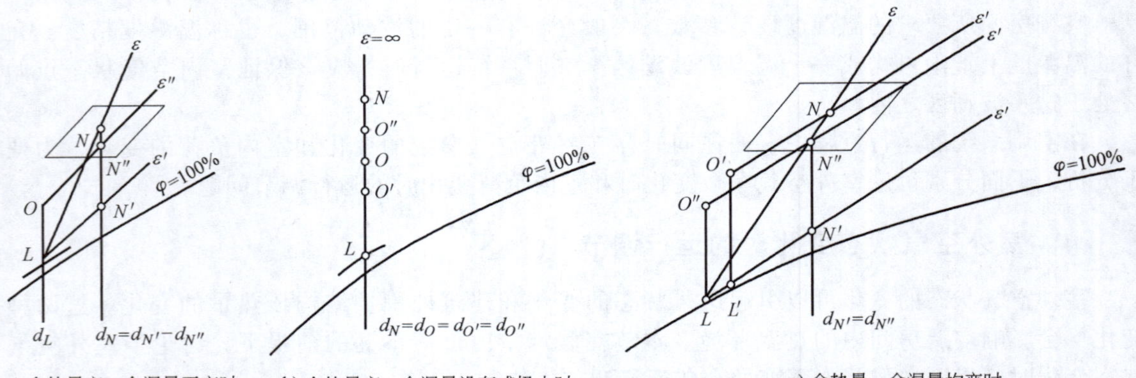

a) 余热量变、余湿量不变时　b) 余热量变、余湿量没有或极小时　c) 余热量、余湿量均变时

图7-1 调节再热量

2）室内余热量和余湿量均变化。采用变露点调节再热量的方法。如图7-1c所示，当热湿比由ε变化到ε'后，若仍按原送风状态送风，则室内状态将为N'，要想使室内状态仍满足N，则必须使送风状态点由L变为O'，显然$h_{O'}>h_L$、$d_{O'}>d_L$，由此可见，为了处理得到这样的送风状态，不仅需要改变再热量，而且还须改变露点（L'）。变露点的方法有以下几种：①调节余热器加热量；②调节新风、回风混合比；③调节喷水温度。

2. 调节一、二次回风比

对于带有二次回风的空调系统，可以采用调节一、二次回风比的调节方法。当室内负荷变化时，可不同程度地利用回风的热量来代替再热量，以达到为满足室内空气状态要求所应有的新送风状态。

如图7-2a所示，在设计工况时，空气调节过程为

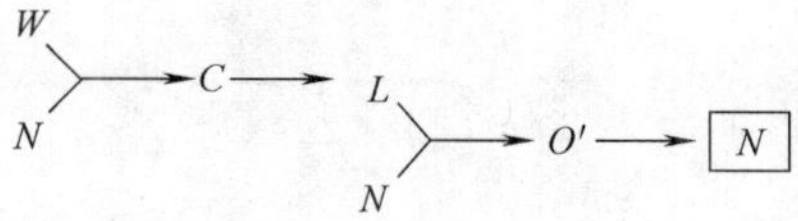

当室内余热量减少时（为简单起见，假设室内仅有余热量变化而余湿量不变），则室内热湿比由 ε 变为 ε′，这时可调节一、二次回风联动阀，在总风量保持不变的情况下，改变一、二次回风比，使一次回风量减小，二次回风量增大，送风状态点就从 O 点提高到 O'点，然后送入室内到达 N 点。如图 7-2b 所示，此时空气调节过程为：

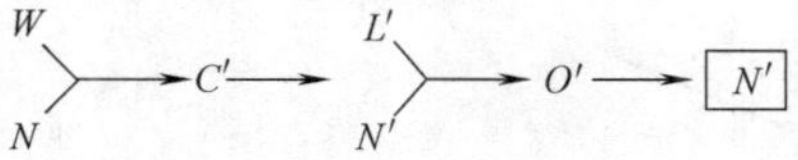

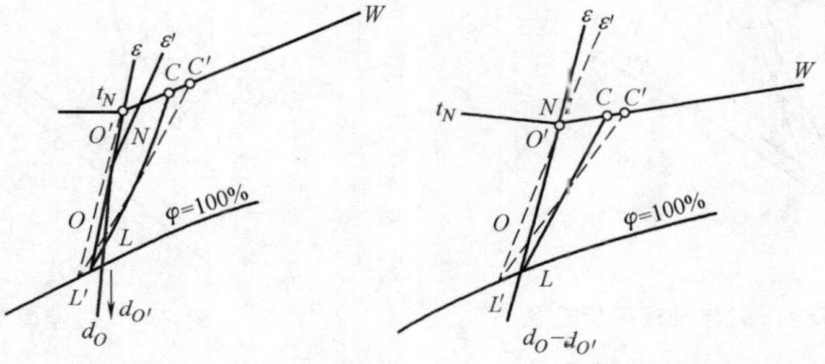

a) 不改变露点　　b) 改变露点

图 7-2　调节一、二次回风比

在图 7-2a 中，机器露点之所以由 L 变成 L'，是由于通过喷水室（或表面冷却器）的风量减少的缘故。同理，当室内余热量和余湿量均变化时，同样可调节二次回风量和机器露点以保证所需的室内空气参数。由于调节一、二次回风比的方法可省去再热量，因此，该方法得到了广泛的应用。

3. 调节旁通风与处理风混合比

对于设有旁通风门的空调箱，新风与室内回风混合后，除部分经过喷水室或表面冷却器处理外，其余部分流经旁通风门，然后该两部分空气混合后送入室内。根据室内负荷的变化，可调节旁通风与处理风的联动阀，以改变旁通风的混合比来改变送风状态，使其达到室内要求的空气参数。如图 7-3 所示，在设计工况时，旁通风门全关，空气调节过程为

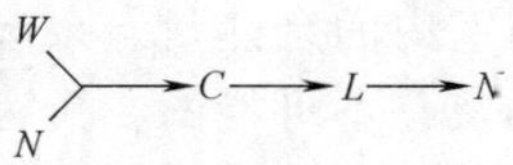

当室内冷负荷减少（为简单起见，假设室内余湿量不变）时，室内热湿比由 ε 变为 ε′，这时可开启旁通风门，并调节联动阀，使旁通风与处理风混合后的送风状态提高到 O 点，然后送入室内到 N 点（N'点在室内温湿度允许范围内）。此时空气调节过程如图 7-3 所示。

由图 7-3 可看出，该调节方法要求处理风的露点较低，因此，会由于要求冷水温度低而影响制冷机效率；此外，由于部分室外空气未经降温减湿处理就经旁通风门进入室内，所以，室外空气参数对室内空气参数影响较大。但是，该调节方法类似一、二次回风比调节方法，也可避免或减少冷热量的抵消，因而可节省能量，尤其是在过渡季节，则更为显著。如图 7-4 所示，该调节方法是部分空气经绝热加湿到 L，再与经旁通的部分空气混合到 O 点，然后送入室内到 N。此时空气调节过程为

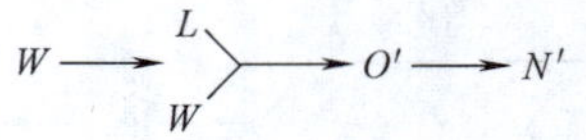

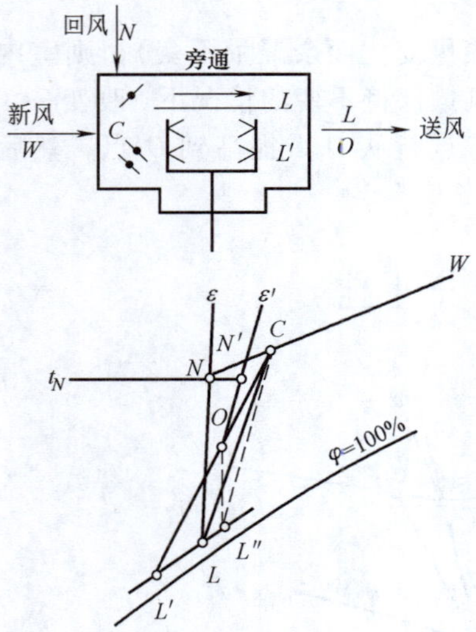

图7-3 调节旁通风与处理风混合比

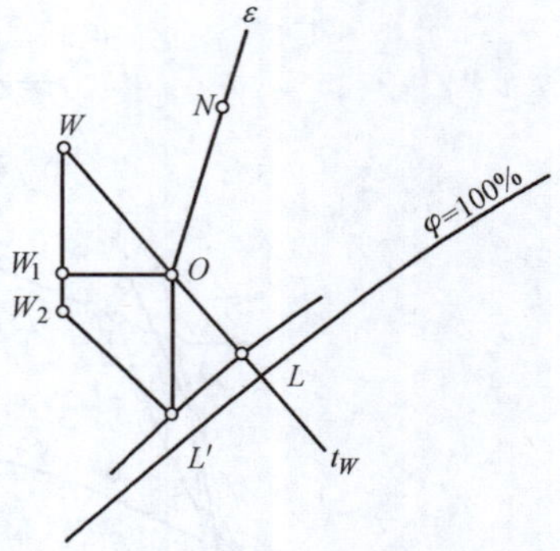

图7-4 过渡季节调节方法

改变旁通风与处理风湿合比的调节方法可不开制冷机和加热器，因而节约能量。

4. 调节送风量

变风量调节不能同时保证温度和湿度两个参数（t_N和d_N）不变，只能保证其中一个参数不变，而另一个参数还须通过其他方法加以调节才能保证。例如，如图7-5所示，当室内的余热量和余湿量均变化时，热湿比也发生了变化，由ε变为ε'或ε''，如果用变风量的调节方法保持（t_N-t_O）不变，则为保证N状态不变，必然要求一个新的（$d_N-d_{O'}$）或（$d_N-d_{O''}$），即要求一个新的$d_{O'}$或$d_{O''}$，而这样就须配合以改变露点的调节方法才能达到。当然，如果不改变露点，仍按送风状态O送风，室内状态变成N'和N''，此时，虽室内相对湿度有所增减，但若在室内相对湿度允许范围内，亦即认为满足要求，否则，就必须配合以改变露点的调节方法。同理，如果保持（d_N-d_O）不变，则为保证N状态不变，必然要求一个新的（$t_N-t_{O'}$）或（$t_N-t_{O''}$），即要求一个新的$t_{O'}$或$t_{O''}$，而这就须配合以改变再加热量的调节方法才能达到，如图7-6所示。由以上分析可知，当室内的余热量、余湿量不按比例变化时，企图单用变风量的调节方法同时保证恒温和恒湿确实是不可能的。换言之，只是在仅有恒温或仅有恒湿要求的场合，才能使用单一的变风量调节方法。尚需注意，在使用变风量调节方法时，风量不能被调得过小，以免处理设备处理不出所需的过干的d_O和过冷的t_O。同时，风量过小还会导致室内气流组织恶化和正压降低，从而影响空调效果。

5. 直接调节送风状态含湿量

直接改变送风状态的含湿量，冬、夏季可有不同的方法。冬季可采用喷蒸汽加湿法；夏季除采用前面叙述的调节喷水室（或表面冷却器）旁通风量的方法以及调节喷水（或进水）的水温或水量的方法外，一般可采用吸湿剂（固体或液体）减湿。

在冬季，以一次回风空调系统为例，采用喷蒸汽加湿法时，为达到新的送风状态，除喷蒸汽外，还需用加热器配合以改变加热量，这可以有两种情况，即先加热后喷蒸汽和先喷蒸汽后加湿。它们均不必把空气先处理到露点状态，然后再加热到送风状态，而只要相应地改变加热量和喷蒸汽量，就能得到所需的送风状态，以满足室内空气参数的要求。

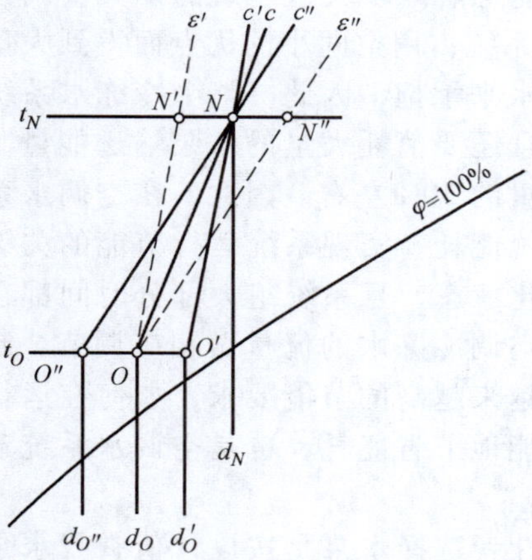

图 7-5 保持 t_N-t_O 不变的变风量调节方法

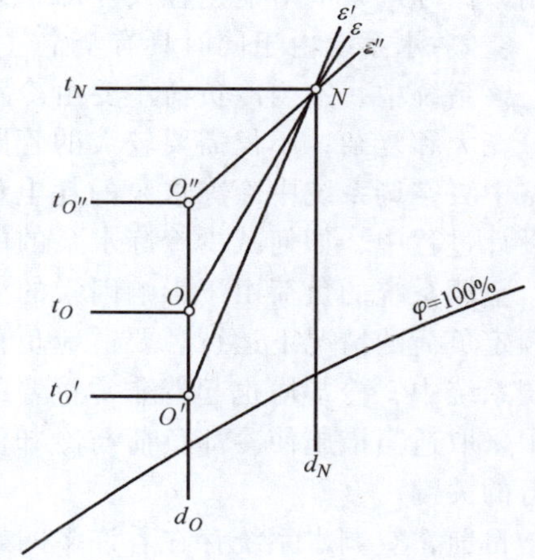

图 7-6 保持 $d_N-d_{O'}$ 不变的变风量调节方法

7.2 空调水系统的节能

7.2.1 空调水系统概述

空调水系统是一个大型的热交换装置，它以水作为介质，在建筑物内部或建筑物之间传递冷量或热量。如图 7-7 所示，冷源以适当的流量供冷冻水到末端装置，以满足末端冷负荷的需求。空调水系统分为冷冻水系统和冷却水系统。

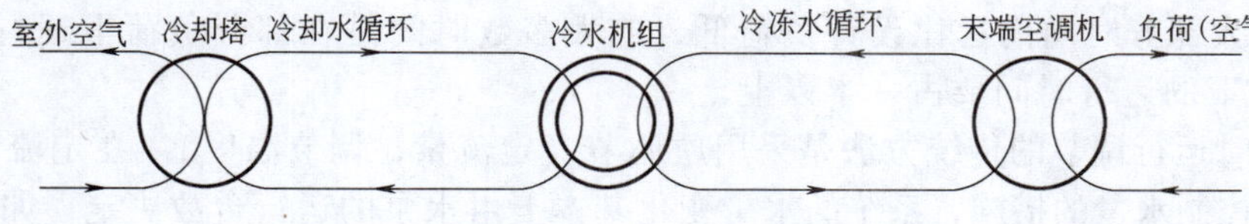

图 7-7 水冷式冷水机组的空调制冷循环

冷冻水系统由集中的冷冻站和冷水机组对各分散的空调用户供应冷量。以冷水作为输送冷量的介质，由泵及管道输送至各用户点，使用后的回水经管道返回冷水机组的蒸发器中，如此循环，构成冷冻水系统。

冷却水系统是冷冻站或冷水机组的冷凝器的冷却用水。在机组运行时，经过冷凝器后水温将升高，经水泵及管道输送至冷却塔，经冷却塔冷却后水温下降，然后经管道重新返回主机组冷凝器中利用。如此循环，构成一个冷却水系统。

7.2.2 空调水系统的节能意义及节能途径

一般空调水系统的输配用电，在冬季供暖期间占整个建筑动力的 20%～25%，夏季供冷期间占 12%～24%，这是一个可观的数字。另外从空调系统能耗分配情况来看，输送动力能耗占整个空调系统能耗的 50%以上，如何降低这部分能耗是空调节能的重要环节之一。因此空调水系统的节能具有重要意义。在空调水系统设计时，冷冻水系统和冷却水系统可以设计成不同的类型。人们应该从节能的角度出发，综合考虑设计中各个方面的问题，包括系统的流量控制，循环水泵的节能途径及冷却水系统中冷却塔的节能等。许多大型建筑的中央空调系统中，空气-水系统由于同时具有全空气通风换气好和全水系统占用空间小的优点而得到大量采用。该系统中，室内冷负荷主要由冷水机组提供的冷冻水来承担，因此，整个冷冻水系统就十分庞大和复杂，不仅需要较大的管路和设备投资，而且还要消耗大量的水泵输送能量。大中型中央空调系统中冷冻水泵的耗电量占整个系统耗电量的30%左右。因此，在空调水系统的设计过程中，如何减少冷冻水泵的能耗是节省整个系统能耗、实现系统运行节能的关键之一。空调系统的负荷由于影响因素的变化而总是处于变化状态，且系统绝大部分时间都在低于额定负荷的情况下运行。要适应负荷的变化，必须对空调冷冻水的流量做相应调节。制冷空调系统中，冷却塔也起着非常重要的作用。为了适应越来越高的节能要求，如何在运行过程中采取适当措施使冷却负荷与冷却能力相匹配，尽可能地节省能耗，也是空调水系统节能运行的关键。

目前，空调水系统存在着许多问题，如：①有些设计者选择水泵是按设计值查找水泵样本的铭牌参数确定，而不是按水泵的特性曲线选定水泵型号的；②有些设计者不对每个水环路进行水力平衡计算，对压差相差悬殊的回路也未采取有效措施。因此，水力、热力失调现象严重；大流量、小温差现象普遍存在。设计中供、回水温差一般均取5℃，但经实测夏季冷冻水系统供、回水温差较好的为4℃，较差的只有2~2.5℃，造成实际水流量比设计水量大15倍以上，使水系统电耗大大增加。水系统节能应从如下方面着手：设计人员应重视水系统设计，认真进行水系统各环路的设计计算，并采取相应措施保证各环路水力平衡；认真核对和计算空调水系统相关系数，切实落实节能设计标准的要求值，积极推广变频调速水泵和冬、夏两用双速水泵等节能措施。

7.2.3 空调水系统的几种节能方法

1. 变流量水系统

在水系统设计中，冷冻水泵的容量是按照建筑物最大设计负荷选定的，但是实际空调负荷在全年的绝大部分时间内远比设计负荷低，绝大多数时间是在部分负荷下运行的，而且负荷率在50%以下的运行时间要占一半以上。

部分负荷时运行调节的传统方法是采用质调节（定流量，调节温度）。在定流量水系统中，没有任何自动控制水量的措施，系统的水量变化基本上由水泵的运行台数决定，如图7-8所示。这种方法存在的问题是随着负荷的减少不仅不能减低系统的能耗，而且当存在再热、混合等损失时，能耗反而增加。与之相对应的量调节（交流量调节）不仅可防止或减少运行调节的再热、混合等损失，而且由于流量随负荷的减少而减少，使输送动力能耗大幅度降低。

变水量的四种基本控制方法如图7-9所示。用三通阀的控制方式对于空气处理设备虽可实现变水量，但对整个水系统而言，则是定水量方式，因此，水泵的动力不可能节省；用双通阀的控制方式是改变管路性能曲线，以使系统的工作点发生变化，结果是流量减少，压力增加，水泵的动力降低有限。转速控制是改变水泵性能的方法，随着转速下降，流量和压力均降低，而水泵动力以转速比二次方的比例减少。所以这种方式具有极好的节能性。台数控制是目前采用较多的控制方式。它简便易行，其节能及经济效果十分显著。此外，还可以采用相互结合的控制方式，如台数+转速控制等。

图7-10所示是某一周边区空调系统采用不同变流量控制方法的节能效果。从图中可以看出任何形式的变流量系统都要比定流量系统节省电力。

通常所说的变流量水系统是指在水路系统空调末端使用电动二通调节阀，根据室温的变化调整其开度或状态，从而引起冷水系统流量的变化。它是与水路系统空调末端使用三通控

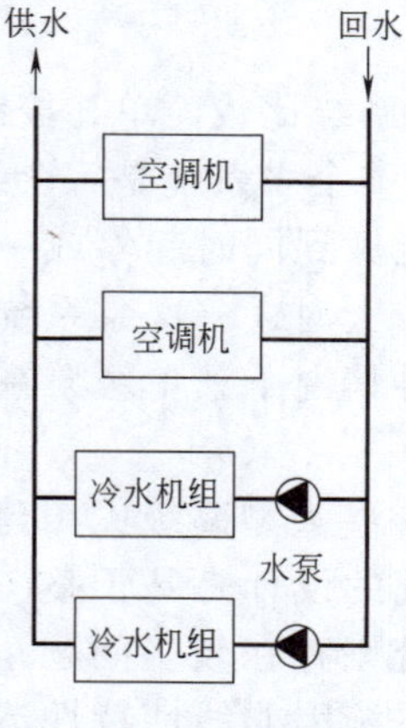

图 7-8　定流量系统

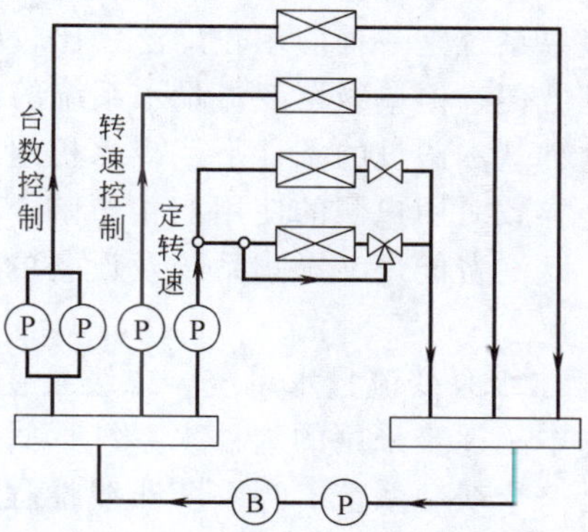

图 7-9　变水量的四种基本控制方法

制阀的“定流量系统”相对而言的。所谓变流量与定流量均是指输送冷冻水的水路系统的流量，而不是通过末端的流量，经过末端装置的流量在上述两种方式下均是变化的。变流量的目的是要使由冷源输出的流量，其所载冷量与经常变化着的末端所需冷量相匹配，从而节约冷源输送动力和冷源的运行费用。工程设计中，经常采用的变流量水系统包括单级泵变流量水系统和二级泵变流量水系统。

（1）单级泵变流量水系统　单级泵变流量系统是目前我国民用建筑采用最广泛的空调水系统。它实质上是指负荷侧（有时也称用户侧）在运行过程中，水量不断改变的水系统。一次泵变流量系统如图 7-11 所示。

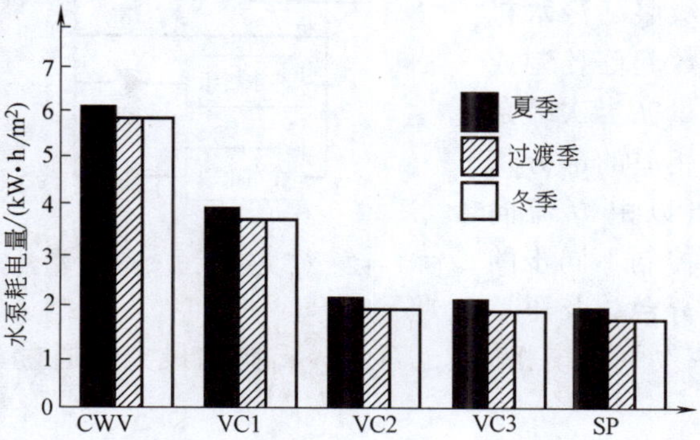

图 7-10　不同变水量方式时水泵耗电量比较

CWV—定水量　VC1—1 台水泵台数控制　VC2—2 台水泵台数控制

VC3—3 台水泵台数控制　SP—变速水泵

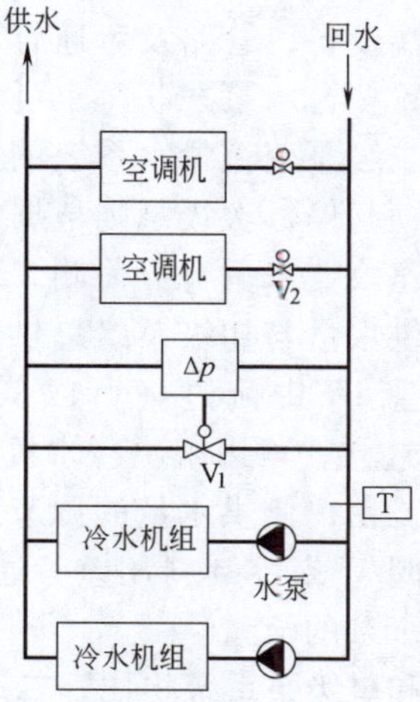

图 7-11　一次泵变流量系统

一次泵变流量系统工作的基本原理是：在空调系统处于设计状态下，所有设备都满负荷运行，压差旁通阀开度为零，此时无旁通水流量。压差控制器两端接口处的压力差即用户侧供、回水压差 Δp 即是控制器的设定压差值。当末端负荷变小后，末端的两通阀关小，供、回水压差 Δp 将会提高而超过设定值，在压差控制器的作用下，旁通阀将自动打开。由于旁通阀与用户侧水系统并联，它的开度加大将使总供回水压差 Δp 减小至达到 Δp_0 时才停止继续开大，部分水从旁通间流过而直接进入回水管，与用户侧回水混合后进入水泵及冷水机组。在此过程中，基本保持了冷冻水泵及冷水机组的流量不变。

单级泵系统是一种应用较广泛、比较成熟的变水量系统。该系统比较简单，控制元件少，运行管理方便。但单级泵变流量水系统的设计必须基于一点，即整个水系统是一个线性系统。只有在这种基本假设的条件下，冷水机组与对应的冷冻水泵才能做到同时起停或一一对应运行而不会导致对用户侧的使用产生影响。当系统的非线性程度较大时，一次泵系统存在较多的问题，既浪费能量又影响系统及设备的正常使用，因而在这种情况下，单级泵系统是不适用的。

（2）二级泵变流量水系统 二级泵变流量水系统是目前在一些大型高级民用建筑或多功能建筑群中正逐步采用的一种水系统形式。一次泵交流量水系统的设计是基于整个空调水系统的，是一个线性系统。当系统非线性程度较大时，一次泵系统则存在较多问题，既浪费能量又影响系统及设备的正常使用。二次泵系统是以节能和解决系统因非线性特性造成的用户侧与冷水机组水量控制不同步问题为基础的。

根据具体情况，二级泵系统可以设计成为多种形式，如单栋式、多栋式和一、二级泵混合式。图7-12所示是一种常见的二级泵变流量系统。该系统的负荷和冷源侧分别设置水泵。在这一系统的机房侧管路中，由旁通平衡管*AB*将水泵分为两级，即初级泵和次级泵。初级泵克服平衡管*AB*以下的水管水流阻力，包括冷水机组，初级水泵及其支路附件的阻力。次级泵克服平衡管*AB*以上的环路阻力，它包括用户侧水阻力。在这一系统中，次级泵与初级泵是串联运行的。初级泵与机组和旁通管构成一次环路。负荷侧末端设备、管路及旁通管构成二次环路，在二次环路中可设置多台水泵并联，也可设置变速水泵。

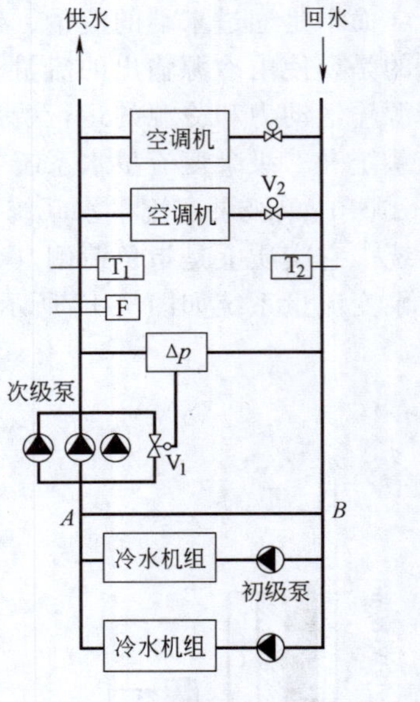

图7-12 常见的二级泵变流量系统

二级泵变流量水系统的运行方式是：初级泵随冷水机组连锁起停，次级泵则根据负荷变化进行台数起停控制或者转速改变来调节负荷侧二次环路的循环水量。当次级泵组总供水量与初级泵组总供水量有差异时，相差的部分从平衡管*AB*中流过（可以从*A*流回*B*，也可以由*B*流向*A*）。这样就可以解决冷水机组与用户侧水量控制不同步的问题。用户侧供水量的调节通过二级泵的运行台数及压差旁通阀V_1来控制（压差旁通阀控制方式与一次泵系统相同），因此，V_1阀的最大旁通量为一台次级泵的流量。

和单级泵系统相比，二级泵系统能节省水泵的电耗，从节约能耗考虑，它占有极大优势，并且能很好地解决空调水系统因非线性特性造成的用户侧与冷水机组水量控制不同步的问题。但同时，二级泵系统增加了设备和管路部件，初投资较大，自控要求高，机房占地面积大，系统较为复杂。另外制冷机的冷冻水的供、回水混合也影响冷水机在部分负荷时的效率，并且实际运行时的高峰负荷与设计时的最大负荷不同时，不能充分利用制冷机的满负荷运行。二级泵系统的节能效率取决于系统特性、设备台数及控制方式。在空调水系统的设计中，应根据规模的大小及系统特点，通过经济技术分析比较，确定采用单级泵或二级泵系统。

2. 变频调速变流量水系统

在上述的二级泵变流量系统中，常见的负荷侧变流量方法是通过供、回水压差对二次泵进行台数控制的。但实际工程表明，从控制角度看，压差信号对水系统中流量变化并不敏感，而且并联水泵越多，敏感度越低；从流量调节角度看，台数控制只能实现有级的流量调节，而且由于水泵实际工作点往往不能处于效率最高点，所以，即使流量减少了，实际用电量减少并不多，节能效果不显著。

真正意义上的变流量系统，应该不改变管路特性，而靠移动水泵工作点使之沿管路特性曲线移动，保持水泵在最高效率点运行，达到最大的节能效果。如图7-13所示，将水泵工作点自A移到B，只有靠改变水泵转速n才能实现。在变频调速装置出现以前，水泵调速装置如直流电动机、整流转子电动机、晶闸管串级变速、液力耦合器无级变速等由于无法与常规水泵配套使用，操作复杂，造价较高等原因而难以得到推广。而现在变频调速技术日趋成熟，在给水及消防工程中已大量应用，其最大的优点是适合任何水泵，变速工作由控制柜承担，缺点是价格较高，但增加的投资完全可以通过运行费的节约在较短运行年限内予以回收。

变频调速是近代的科技成果，它是通过均匀改变电动机定子供电频率f达到平滑地改变电动机的同步转速的。只要在电动机的供电线路上跨接变频调速器即可按用户所需的某一控制量（如流量、压力、温度等）的变化，自动地调整频率及定子供电电压，实现电动机无级调速。不仅如此，它还可以通过逐渐上升频率和电压，使电动机转速逐渐升高。现代变频技术的发展，使之在许多需要电动机调速的场合得到了广泛的应用，其他的电动机调速方法已逐渐被变频调速所取代。在空调水系统的设计中，可以采用变频调速装置对水泵实施变频调速控制，使其根据负荷的变化而不断调节电动机的转速，从而节省耗电，起到节能效果。

变频调速装置应用于空调给水系统可以实现节能的目的，变压变流量系统节能幅度要高于恒压变量系统。对于闭式系统来说，水泵只能是变压变流量运行，由于循环水泵扬程与系统静压无关，其管路特性曲线如图7-13所示。由于功率N与流量Q的关系式为

$$\frac{N_1}{N_2}=\frac{Q_1^3}{Q_2^3} \tag{7-1}$$

当流量减少时，耗功率相应按三次方的比例降低，这对于目前空调水系统的设计水量与实际运行水量差别很大的情况来说，具有非常明显的节能意义。概括起来，空调闭式水系统采用变频装置具有以下优点：

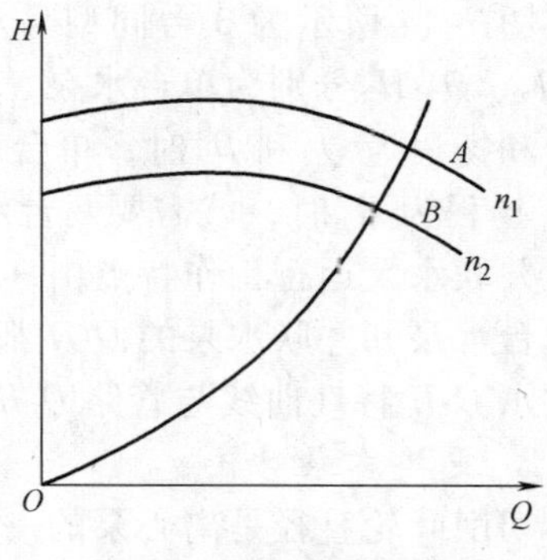

图7-13　管路特性曲线

1）可以最大限度地节省水泵运行能耗。

2）选择合理时，冬夏可合用一套循环水泵，水系统的季节性变化因变频器调节，不存在水泵效率下降的问题。

3）变频器具有调频调压功能，水泵电动机起动为软起动，对电网影响小，变频器无级调速，电动机平滑起动，无冲击杂声，能改善其使用寿命。

4）较多台泵并联运行时可减少水泵台数，同时可实现对制冷机的自动控制，水泵运行起停均由程序控制，管理方便。

5）与给水系统相比，不存在零流量耗能问题。

6）降低水泵及电动机噪声，电动机降速运行后，水泵、电动机及管道内流体运动所产生的噪声有所降低，改善机房环境。

另外，对于压缩式制冷，变频调速装置只能用于负荷侧循环泵，而对于溴化锂吸收式制冷机，则可用一次泵变流量系统。吸收式制冷机的负荷调节是通过检测回水温度变化，调节进入发生器的热媒（蒸汽或热水）流量，或是控制燃烧器的火焰及燃料供应（直燃机），负荷调节可在10%~100%内无级调节，冷水流量可在50%~100%内无级调节，选择两台机组即可从25%的额定流量开始调节，完全可以满足一般工程的需要。

水泵是空调系统中的重要组成设备，也是重要的用电设备。采用变频调速装置，通过改变水泵电动机转速，使之在任何情况下都使其工况点落在高效运行区域内，从而获得较大的节能效果，达到的节能目的。此外，虽然变频调速装置价格较贵，初期投资较高，但变频调速装置所产生的节能效益在短期内可以回收设备投资，从长远看，具有很大的实际应用意义。

7.2.4 空调循环水泵运行过程节能途径

正确选择冷冻水循环水泵是运行节能的基础，但是要做到水泵运行节省电能，还需要根据管路所需的流量和扬程的变化，调节水泵的供水流量和扬程。机房管理人员在管路所需的流量和扬程变化时，为了使水泵的供水流量和扬程与管路所需的流量和扬程一致，普遍采用调节水泵出口阀的办法，通过改变管路的水头损失而改变管路的 Q-H 特性曲线，使管路的 Q-H 特性曲线与水泵供水 Q-H 特性曲线一致，这种方法虽简单易行，但仅仅起到调节流量和扬程的作用，没有节省电能的效果。相反，随着水泵出口阀开启度的减小，水泵运行的部分电能却因克服阀的阻力而浪费掉。此外，还会造成水泵出口阀的磨损、机组和管路振动，并增大泵房的噪声。因此，用调节水泵出口阀的开启度来调节流量和扬程的方法不应提倡，应该用调节水泵的供水流量和扬程来适应管路流量和扬程的变化以达到节省电能的目的，下面具体讲述几种节能的途径。

1. 多台水泵并联运行

多台水泵并联运行相当于一台多工作点的组合式大型水泵，通过增加或减少水泵运行台数来增大或减少供水流量，适应管路流量的变化，使并联水泵的供水流量和扬程与管路所需要的流量和扬程基本一致。这一措施提高了运行工况的灵活性，一般适用于流量变化比较大而扬程变化较小的大中型系统。选择水泵时应尽量选择型号相同或扬程相近的 Q-H 特性曲线平缓的水泵。这种调节流量和扬程的方式，只要水泵搭配调节合理，供水扬程和流量与管路所需就能基本一致，就可在供水流量不同时运行工作点始终在高效区内，达到节省电能的目的。

图 7-14 所示为 3 台同型号水泵并联运行工况图。图中的 Q_i-H_i 为管路特性曲线，Q_1-H_1、Q_2-H_2、Q_3-H_3 分别为单台水泵、2 台水泵、3 台水泵的特性曲线。由图可见，当管路所需要的流量和扬程为 Q_A 和 H_A 时，单台水泵的供水流量和扬程也是 Q_A 和 H_A。当管路所需要的流量为 Q_B、扬程为 H_B 时，就需要两台水泵并联运行，才能满足管路所需要的流量和扬程的要求。此时，并联水泵运行工作特点由 A 点转移至 B 点，并联水泵的供水流量为 Q_B，扬程为 H_B。由于单台水泵和并联水泵的 Q-H 都比较平缓，因此，H_A 与 H_B 之间的扬程变化很小。因而，它们的供水 Q-H 特性曲线与管路 Q-H 特性曲线基本一致。

2. 更换水泵叶轮

切削叶轮直径是离心泵的一种独特的调节方法。将水泵叶轮直径缩小后，可改变水泵的工作性能。叶轮直径不同的水泵，其供水流量、扬程和所需要的功率也不同。

由图 7-15 可见，当管路所需要的流量、扬程为 Q_A、H_A 时，水泵叶轮直径为 D_1 时的供水流量、扬程和轴功率分别为 Q_A、H_A、N_A。当管路所需要的流量减小到 Q_B 时，扬程仍为 H_A。为了适应管路流量的变化，水泵应更换上直径为 D_2 的小叶轮。此时，水泵运行工作点由 A 点移至 B 点，水泵的供水流量、扬程和轴功率分别为 Q_B、H_A 和 N_B，即流量稍有减少时，水泵所需要的轴功率随着叶轮直径的减小而以更大的幅度减小，节电效果相当显著。

3. 调节水泵叶轮的转速

水泵厂家提供的特性曲线，是在一定转速下通过试验得出的。如果转速改变，水泵性能也随之改变，从而使工况点改变，叶轮转速不同，其供水流量、扬程和所需功率也随之改变，其关系如下

$$\frac{Q}{Q_j}=\frac{n}{n_j} \tag{7-2}$$

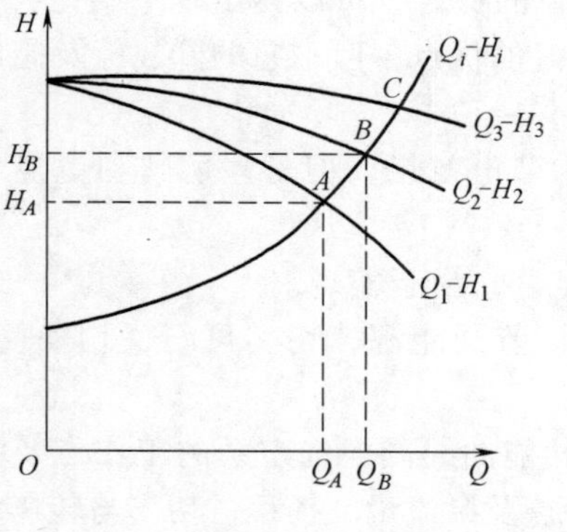

图7-14　3台同型号水泵并联运行工况图

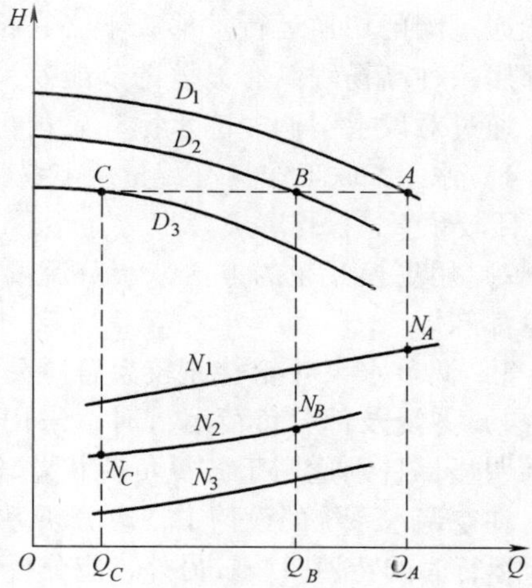

图7-15　水泵叶轮直径与其他参数的关系

$$\frac{H}{H_j}=\left(\frac{n}{n_j}\right)^2 \tag{7-3}$$

$$\frac{N}{N_j}=\left(\frac{n}{n_j}\right)^3 \tag{7-4}$$

式中　N_j——改变转速后水泵的轴功率（kW）；

Q_j——改变转速后水泵的流量（m^3/s）；

H_j——改变转速后水泵的扬程（m）；

n_j——改变转速后叶轮的转速（r/min）。

由式（7-2）、式（7-4）可知，水泵叶轮调速后，它的性能也将发生一系列的变化。由图7-14可见，当系统管路所需要的流量、扬程为Q_A、H_A时，水泵的叶轮转速为n_1的供水流量、扬程和轴功率分别为Q_A、H_A和N_A。当管路所需要的流量仍为Q_A，而扬程降低至H_B时，为了适应管路扬程的变化，水泵的叶轮转速应降至n_2。此时，水泵运行工作点由A点移至B点，水泵的供水流量、扬程和轴功率分别为Q_A、H_B和N_B。从图7-16可看出用调节水泵叶轮转速的方法可收到较好的节电效果，而水泵叶轮转速的改变可用变频调速器来实现。

4. 冬夏及部分负荷时水泵分设

由于冬季工况系统水温差较大，冬季热负荷又比夏季冷负荷小，这样致使夏季循环水量是冬季的2~3倍，取2.5，即取冬季循环水流量为夏季的40%。这样根据$H_1/H_2=Q_1^2/Q_2^2$，所选用的冬季水泵扬程仅为夏季的16%左右，功率也相应减少。制冷站内的主机与水泵的匹配一般来说是一机对一泵，以保证制冷主机的冷水流量及正常运行。空调系统在绝大多数时间里处于部分负荷工况，如夏天夜晚仅有部分房间使用，只需运行多台冷水机组中的一台；或当室外气温降低，空调器冷负荷减少，非额定流量也可满足时，整个水系统的流量比满负荷时额定流量小。如有一台较低扬程的泵与上述工况匹配，会比同是满负荷运行的较高扬程泵节能。

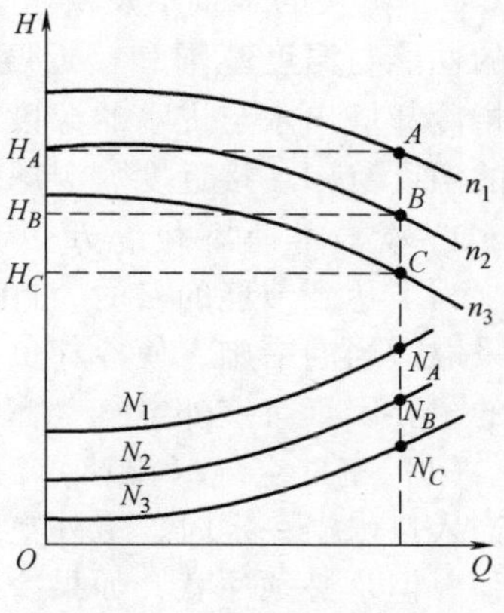

图7-16　水泵叶轮转速与其他参数的关系

如果设计中冬季用泵和夏季用泵并联配置，冬季工况运行的低扬程泵在夏季部分负荷工况时，也能通过阀门切换运行。那么不必在部分负荷时另配水泵，投资更节省。这样比整个运行工况都用一种高扬程泵有显著的节能效果，泵的初投资也会很快收回。

通过对以上空调冷冻水循环泵运行过程的几种节能途径的探讨，可以得出以下结论：

1）水泵并联工作具有流量调节灵活，节省电能效果较好的优点，但水泵的开、停及阀门的启、闭较频繁，操作麻烦。

2）用更换叶轮的方法来调节流量和扬程可得到较好的节电效果，但是，切削和更换水泵叶轮都麻烦。

3）调节水泵叶轮转速较为简便灵活，节省电能效果显著，易于实现。

4）冬夏及部分负荷运行时，采用分设循环水泵方案，节约能源，切实可行，切换简单，效果明显，特别适用于冬夏负荷相差较大的系统。

在空调水系统的设计中，应分析系统特点，绘出水泵性能曲线图，确定泵的工作点及并联单泵运行时的特性曲线。另外，应分析空调系统负荷变化特点及泵流量、扬程、功率与转速之间的关系，分析系统阻力特性，计算水泵扬程，合理选择和确定水泵，采用最佳的节能途径。

7.2.5 空调水系统中冷却塔节能

冷却塔被广泛地应用于制冷空调系统及工业设备的冷却水系统。对于空调用户而言，冷却塔的功耗在整个空调系统的能耗中也占有一定的比例。从节能的角度来讲，应当对空调系统中冷却塔的耗能给予同样的重视，系统节能应整体考虑。为了适应越来越高的节能要求，应该分析影响冷却塔冷却能力的因素，从运行过程中节约风机、水泵等能耗的观点出发，找出冷却塔节能的各种实施方法。

1. 冷却塔的性能

集中空调的冷却水系统的基本原理如图7-17所示。在制冷空调系统中，冷却塔起着非常重要的作用。从热力学方面考虑有3种基本形式的冷却塔：湿式（蒸发式）、干式、湿干混合式。目前应用较广泛的是湿式（蒸发式）冷却塔。冷却水通过冷却塔与外界空气同时进行热量和质量的交换，热量分为显热和潜热两部分。假若换热量全部为水的潜热，则冷却水降低6℃，蒸发的水量不及供水量的1/100。冷却塔的性能与温度范围和接近度有关。温度范围是指冷却塔出水与进水的温度差。冷却塔的选择与以下几个因素有关：需冷却的热负荷、冷却的温度范围、接近度、湿球温度。

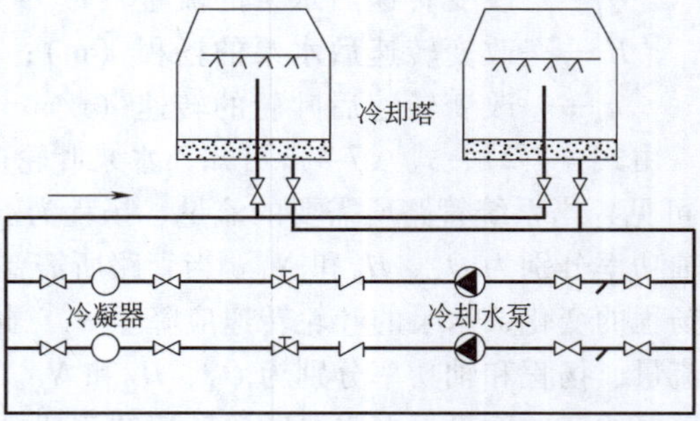

图7-17 集中空调的冷却水系统的基本原理

2. 冷却塔的冷却能力

为了达到节能的目的，首先应该清楚影响冷却塔冷却能力的各个因素，以便在运行过程中采取适当的措施，使冷却负荷与冷却能力相匹配，尽可能地节省能耗。影响冷却塔冷却能力的主要因素有室外空气（湿球）温度、冷却水入口温度及冷却水量等。

（1）室外空气（湿球）温度　冷却塔出口水温的理论极限值为室外空气的湿球温度。因此当入口水温一定时，室外空气的湿球温度越低，与入口水温之差越大，冷却塔冷却能力就越强。但是必须注意，如果冷却水温太低，制冷机组的冷凝压力会大幅度降低。因为对于制冷机冷凝器冷凝压力有一个低限，冷凝温度也有一个低温限制，所以冷凝温度过低，将导致制冷机组运行容易出现故障。

（2）冷却水入口温度　当冷却水量一定，室外空气湿球温度一定时，随着冷却塔入口水温的增加，入口水温及出口水温与空气湿球温度之差都将增加，促进了冷却，因此冷却能力会增加。但是对于某一结构形式已确定的冷却塔而言，由于冷却能力的限制，可能使出口水温有较大的升高，这样可能导致制冷机组的冷凝压力过高，使机组制冷量不足。

（3）冷却水量　当冷却水入口水温、空气湿球温度一定时，冷却水量增加，冷却塔的总容积传热系数也会增加，虽然冷却水温降有所减少，但总的效果还会使制冷能力增加。但也要注意，由于水量的增加，将使配管内的腐蚀加剧，管内压力损失增加。因此必须在检验循环水泵、制冷机组及冷却塔等设备的使用条件后才能确定。

3. 冷却塔的运行与节能途径

由上所述，室外空气湿球温度、入口水温及冷却水量的变化都将引起冷却塔冷却能力的变化。因此，如果在运行过程中，当室外空气（湿球）温度变化或冷却负荷发生改变时，充分利用上述特性，采用适当的措施必然能做到使冷却塔的冷却能力与冷却负荷相匹配，从而节省运行能耗。

（1）通过温度调节器控制风机的起、停　当冬季室外空气（湿球）温度降低时，冷却塔的冷却能力增加，出口水温降低，由温度调节器感知水温，停止风机运转，达到防止水温过低及节能的目的。

（2）通过调速装置改变风机用电动机的转速　由于室外空气湿球温度的变化是随机的，采用调速装置可以改变风机用电动机的转速，可以使电动机实现无级调速，从而获得更好的节能效果，同时也可以减少风机的起、停次数，延长风机的使用寿命。

（3）控制风机用电动机的运转台数　当空调系统有几台冷却塔或每台冷却塔有几台风机用电动机时，随着冷却负荷的减少或室外空气湿球温度的降低，逐步减少风机月电动机的运转台数，从而节省冷却塔风机的能耗。

（4）封闭式冷却塔洒水泵的运行控制　图 7-18 所示为一封闭式冷却塔，当室外空气（湿球）温度降低或者冷却负荷减少时，可通过设置在冷却塔内的温控器关闭洒水泵，节约洒水泵的能耗。当洒水泵停止运行时，冷却水仅仅靠与空气的显热交换来冷却。

（5）冷却塔直接供冷系统　在前面已经讲到，在空调的水系统中，通常情况下，被冷却塔冷却的水流经制冷机组的冷凝器，形成冷却塔与冷凝器的冷却水循环环路，系统的另一循环环路为蒸发器与用户的冷冻水环路。如果当室外空气湿球温度下降到某一值时，制冷机组可以停止运行，由冷却塔冷却的冷却水可直接送入用户空调末端，形成冷却塔与用户的循环环路，即冷却塔直接供冷的模式，如图 7-19 所示。这样．设计通过两个途径节省能耗：①停

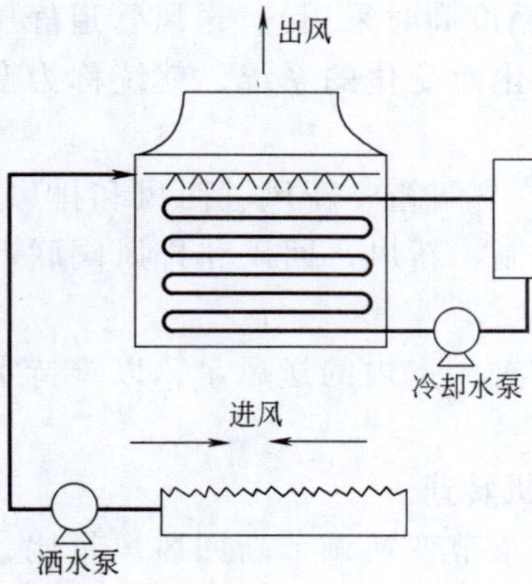

图 7-18　封闭式冷却塔

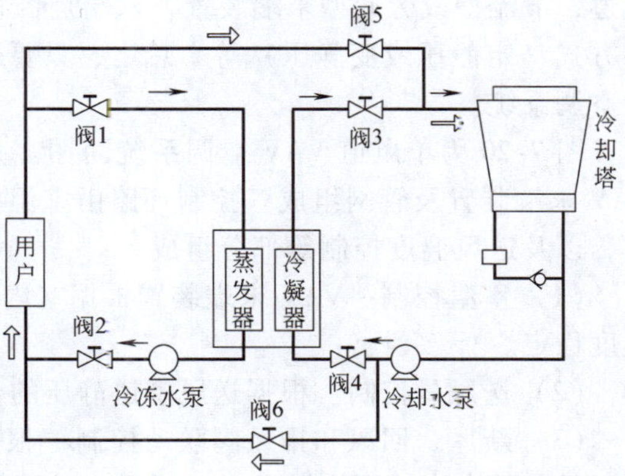

图 7-19　冷却塔直接供冷模式

止制冷机组可以节省大部分能耗；②系统的循环水泵由冷却水泵与冷冻水泵同时运行变成只有冷却水泵运行。

对于空调用户，所消耗电量为制冷机组、冷却塔、水泵等系统各部分耗电量的总和。因此，节约各部分的耗电量对于用户同等重要，这样才有可能保证系统总体上节能。在空调系统中利用冷却塔节能，可以从改变其自身的运行工况着手，也可以从冷却塔系统的角度，充分利用冷却塔的冷却能力。为了用户的最大限度节能，冷却塔的生产厂家在设计与制造过程中应多考虑冷却塔的自控功能，并且提供冷却塔在冬夏两种工况的热工参数。

7.3 变风量空调系统的控制

空调系统根据系统的风量固定与否，可以分为定风量空调系统和变风量空调系统。在空调设计中，选择什么样的系统形式，直接影响冷、热源耗能和动力耗能。

变风量系统（Variable Air Volume System，VAVS）是一种节能的空气调节方式，从当前形势来看，国外在办公、商业等大型公共建筑里（主要是内区），比较多的采用变风量（VAV）空调系统。与定风量空调系统相比，它在满足空调要求的同时，又有明显的节能效果，全年空气输送能耗可节约1/3，设备容量减少20%~30%，据多种资料介绍，变风量系统在一般情况下，可节能达50%左右。

7.3.1 VAV空调系统的基本原理

空调系统能量平衡方程式为

$$G=\frac{Q}{1.01(T_n-T_0)} \tag{7-5}$$

由式（7-5）可知，当负荷 Q 或室内设定温度 T_n 变化时，保持送风量 G 不变，调节送风温度 T_0；或保持送风温度 T_0 不变（或微调），根据室内负荷 Q 的变化调节送风量 G，均能保持空调系统的能量平衡。前者就是目前国内较广泛使用的定风量空调系统，其主要缺点是当负荷变化时采用再热方式调节能量，冷热抵消造成较大的能量损失。后者则为极具应用前景的VAV空调系统。

7.3.2 VAV空调系统的构成

VAV空调系统根据建筑结构和设计要求的不同有多种设计方案可供选择。如单风道或双风道，节流型或旁通型末端装置，末端是否有再加热（温控精度高时采用），送风管道静压控制方式（定静压或变静压）等。总之，只要送风量随负荷变化而变化的系统，就统称为变风量空调系统。

图7-20为单风道VAV空调系统简图。系统管路由VAV空调箱、新风、回风和排风阀、VAV末端装置及管网组成。控制环路由室温控制，送风量控制，新风，回风和排风阀联动控制，以及送风温度控制等部分组成。

（1）室温控制　VAV末端装置根据室内温度的变化调节进入室内的送风量，以维持室内温度稳定。

（2）送风量控制　根据送风管道静压的变化控制变频风机转速。

（3）新风、回风和排风阀联动控制　根据新风量要求和季节变换调节新回风风量比，根据新风量的大小控制排风量以达到系统风量平衡的目的。

（4）送风温度控制　根据送风温度调节供冷（热）量。

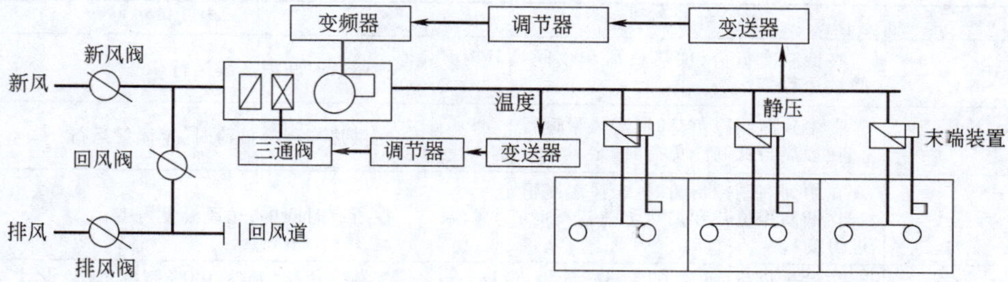

图 7-20　单风道 VAV 空调系统简图

7.3.3　变风量末端装置

变风量空调系统均通过特殊的送风装置调节风量。这类送风装置统称为“末端装置”。一般有以下几种形式。

1. 节流型

节流型变风量箱是最基本的变风量箱，其他如风机动力型、双风道型、旁通型等都是在节流型的基础上变化发展起来的。所有变风量箱的“心脏”都是一个节流阀，加上对该阀的控制和调节元件，以及必要的面板框架就构成了一个节流型变风量箱。

节流阀有三种基本类型，即百叶型、文丘里型和气囊型。百叶型的调节原理和百叶风阀的调节原理一样，在小风量的情况下，一般做成单叶风阀，通过调节风阀的开度来调节风量；文丘里型的调节原理是在一个文丘里式的套管内装上一个可以沿轴线方向滑动的滑块，通过滑块的位移改变气流通过的截面积来调节风量，如特灵产品；气囊型的调节原理是通过静压调节气囊的膨胀程度达到调节风量的目的，如开利产品。

节流式的缺点：①增加系统的能耗，变风量系统的主要目的之一是节能，可是节流式末端装置反其道而行之，由于节流，而增加了系统的能耗；②增加系统的噪声，由于节流，增加了系统的噪声；③增加系统的复杂性，当采用变静压控制方式时，应给出实际阀位信号，对于目前的技术发展水平，要低价格、简单地实现有相当大的难度。

2. 旁通型

这是利用旁通风阀来改变房间送风量的系统。由于其并不具备变风量系统的全部优点，因而在有些论文中称其为“准”变风量系统。该系统的特点是投资较低，但节能却很少，因为有大量送风直接旁通返回空调设备，并不减小风机能耗，所以目前使用也不多。

3. 风机动力型

风机动力型（Fan Powered）是在北美等地被广泛推崇的变风量箱，可能是由于它的出现和自控水平的提高，使人们改变了在 20 世纪 60~70 年代对空调变风量系统的偏见。风机动力型是在节流型变风量箱中内置加压风机的产物。根据加压风机与变风量阀的排列方式又分为串联风机型（Series Fan Terminal）和并联风机型（Parallel Fan Terminal）两种产品。所谓串联风机型是指风机和变风量阀串联内置，一次风既通过变风量阀，又通过风机加压；所谓并联风机型是指风机和变风量阀并联内置，一次风只通过变风量阀，而不需通过风机加压。根据美国 TITUS 公司提供的资料，串联风机型和并联风机型的比较见表 7-1。

除以上比较外，还有以下几方面的问题必须指出：

1）串联风机型变风量系统一般较适合用于一次风低温送风的系统，如空调水系统大温差设计（供、回水温差大于 5℃）的系统和有冰蓄冷的系统，其优点是可以减小末端设备和风管的尺寸及节约风机能耗。

表7-1 串联风机型和并联风机型的比较

特征	并联风机型	串联风机型
风机运行	在低制冷负荷、加热负荷和夜间循环时，间歇运行	在所有时间内连续运行
送风风量调节	在中到高制冷负荷时，变风量运行 在加热与低制冷负荷时，定风量运行	在供热与制冷负荷时，定风量运行
送风温度	在中到高制冷负荷时，送风温度恒定 在低制冷负荷和加热负荷运行时，送风温度可变	在所有时间内，送风温度可变
风机大小	按供热负荷(通常60%制冷负荷)设计	按制冷负荷(通常100%制冷负荷)设计
一次风最小送风静压	较高，需克服节流阀、下游风管和散流器阻力损失	较低，只需克服节流阀阻力损失
风机控制	不需与AHU风机连锁	必须与AHU风机连锁以防增压
AHU风机	需较大功率克服节流阀、下游风管和散流器阻力损失	只需克服上游风管和节流阀阻力损失
噪声	风机间歇运行，起动噪声大，平稳运行噪声低	风机连续运行，噪声平稳，比并联风机型平稳运行噪声稍低
风机能耗	风机间歇运行，且设计风量小，能耗较低	风机连续运行，且设计风量大，能耗较高

2）串联风机型和并联风机型可以同时使用，对于像休息室、大厅、咖啡室等需要维持一定送风量的地方是可以考虑的。

以上三种系统目前设计使用较多的是风机动力型和节流型。串联风机型加上空调水系统大温差设计成为北美地区空调设计的特色。

7.3.4 变风量系统的应用范围

一般来说，有些建筑物采用变风量空调系统是合适的，这些建筑物有负荷变化较大的建筑物（如办公大楼）、多区域控制的建筑物以及有公用回风通道的建筑物。

（1）负荷变化较大的建筑物　由于变风量可以减少送风机和加热的能量（因为利用灯光及人员等热量），故负荷变化较大的建筑物可以采用变风量系统。若建筑物的玻璃窗面积比例小，外墙传热系数小，室外气候对室内影响较小，则不适合采用变风量系统，因为部分负荷时节约的能源较少。例如办公大楼，一旦建筑物内有人员聚集和灯光开启，负荷就接近尖峰；人员离开和灯光关闭，负荷就变小，因此负荷变化较大。再如图书馆或公共建筑，具有较大面积的玻璃窗和变化较大的负荷，也适合采用变风量系统，因为它的部分负荷的时间比较长。

（2）多区域控制的建筑物　多区域控制的建筑物适合采用变风量系统。因为变风量系统在设备安装上比较灵活，故用于多区域时，比一般传统的系统更为经济。这些传统的系统为多区系统、双管系统和单区屋顶空调器等。

（3）有公用回风通道的建筑物　具有公用回风通道的建筑物可以成功地采用变风量系统。公用回风通道可以获得满意的效果，因为如采用多回风通道可能产生系统静压过低或过高的情形。一般来说，办公大楼和学校均可采用公用回风通道。然而，也有一些建筑物不适合应用，如医院中的隔离病房、实验室和厨房等，因为采用公用回风通道会造成空气的交叉污染。

7.3.5 变风量系统控制

变风量系统送至各房间的风量和系统的总风量，都会随着房间负荷的变化而变化，因此，它必然会有较多和较复杂的控制要求，只有实现了这些控制要求，系统的运行才能稳妥可靠，使它的节能性和经济性充分体现出来。

变风量系统的控制系统一般可以分成四部分：①室内温度控制（包括变风量末端装置控制和送风机控制）；②室内压力控制；③送风温度控制；④新风量控制。这四部分相对独立，又互相关联。

1. 室内温度控制

它是通过末端装置对送风量的控制来实现的，末端装置的控制可以分为三类：随压力变化的（又称压力相关型）、限制分量的、不随压力变化的（又称压力无关型）。

（1）随压力变化的末端装置对风量的控制　这类末端装置的控制部件，实际上就是安装在末端装置箱体内的一个风量调节阀，它接受室内温度调节器的指令而不断改变其开度来调节送风量。由于这类装置结构简单，价格便宜，再配以较灵敏的室内温度调节器，仍然可以将室温控制在较舒适的范围以内。在以舒适性为目的的民用建筑变风量空调系统中，得到了较广泛的采用。但是，变风量系统中各末端装置是在不断地调节各自的送风量，因而整个系统的静压是在不断变化的，这类装置又没有为补偿管道中的静压变化而设置的控制措施，因此，它输送的空气量会直接受其上游风管内静压变化的影响，从而出现送风量的所谓“超调”或“欠调”，引起房间产生较大的温度波动。同时，这类装置还必须在现场调试出最大或最小送风量，可是这种调试只有在系统静压保持一致时，其调试结果才是正确的。可见，要做到这一点是很浪费时间的，也是很困难的。

（2）限制风量的末端装置对风量的控制　这类末端装置或者安装有最大风量限制器，或者有最小风量限制器，它们或者做最大风量限制，或者做最小风量限制。风量限定器可在制造厂就调试好。假如安装了最大风量限定器，最小送风量则仍需要在现场调试，这也是很费时间，很困难的。虽然在绝大多数时间内，可避免送风量超过限定器的设定值，但是，实际上全年只有很少一些运行小时数会出现最大负荷状态，所以，这种控制的结果，仍然像随压力变化的末端装置一样，会使送风量出现“超调”或“欠调”现象。

风量限定控制有两种方式，一种是采用机械式（即带有弹簧）定风量调节器，一种是采用带有孔板或速度测头的差压控制器。前者要求系统的静压值较高，一般都比其他系统高出120~130Pa，可在中、高压系统中使用。而后者要求系统的静压值不高，可在低压系统中采用。

（3）不随压力变化的末端装置对风量的控制　这类末端装置在任何条件下，都只根据房间负荷的需要输送相应的空气量，与风管系统中的静压变化无关，它可以在从最大到最小的送风量范围内进行控制，只接受室内温度调节器的指令。最大和最小送风量也都在制造厂调试好。这样，消除了送风量的“超调”和“欠调”现象，系统的运行也最稳定，室内温度波动最小。

这类末端装置采用的控制方式，与限定风量的末端装置相似，也采用机械式定风量调节器或差压控制器，并配有空气阀或调节阀。采用机械式定风量调节器时，要通过连杆将调节器与控制送风量的执行器相连。执行器接受室内温度调节器的指令而动作，但当系统静压发生变化时，调节器将可使其再调，以维持原需要的送风量。很显然，这种控制方式，仍需要系统内有较高的静压值，才能保证调节器正常工作。采用差压控制器时，其控制过程是按照室内温度调节器的信号变化，再调控制器的设定点来完成的，风量范围和压力变化都由差压控制器来控制，也不需要通过连杆去对执行器实行再调。因此，这类末端装置运行时不要求系统有过高的静压值。

从上面的分析可以看出，不随压力变化的末端装置控制精度可以提高，能够更好地满足使用要求，但由于它的结构较复杂，价格也较贵，通常使用在控制精度要求较高的场合。

2. 室内压力控制

如前所述，变风量系统在进行新风量控制时，需要同时考虑室内压力，也不应出现过低的压力，即采用变风量系统时，空调房间内的压力应进行控制。目前采用的室内压力控制方法有：①通过送风静压信号控制回风机风量。②由室内压力控制回风机风量。③测量送风风管和回风风管内的流量，由两者差值控制回风机风量。④由房间的压力控制排风风机风量。⑤由新风阀的开度控制排风风机风量。⑥由房间压力控制排风风阀排风量，不设回风机，只设新风机和排风风机，以新风和排风之间的固定压力比为基础控制排风风机风量。这些方法是 ASHRAE（美国采暖、制冷与空调工程师学会）研究课题 590 提出的，该课题还提供了用于这些控制方面比较的计算机程序。

虽然从理论上可以有多种室内压力控制方法，但是，实际运作起来大部分控制方法难以进行，其中最大的困难就是由于室内空气的泄漏，室内压力过低（2.5~7.5Pa），难以测量，如果以室内压力作为控制参数，控制起来就十分困难。另外，门的开启常常会对室内压力控制造成破坏或干扰。目前主要采用第三种控制方法，即风机跟踪法，新风量和室内压力同时控制。

多风机变风量（MFVAV）系统的室内压力控制采用的是新风风机和排风风机风量控制法，由于新风风机和排风风机特性参数（包括不同频率下的风量和风压）均由试验确定，因此计算机可以准确地通过控制所需新风量和排风量之差来控制所需的室内压力值。

3. 送风温度控制

变风量系统的基本特点是变送风量、定送风湿度；变风量末端装置的送风量由室内温度设定值控制，与送风温度无关。早期的变风量系统对如何合理地设定送风温度，未给予足够的重视。送风湿度设定不合理有可能造成末端装置的噪声过大，耗能过高。因此，在进入 20 世纪 90 年代后，在变风量系统的研究中，加强了送风温度控制的研究。

4. 新风量控制

变风量系统的新风量控制是当前国际变风量系统研究中的一个难题，是 20 世纪 90 年代以来变风量系统的研究重点。最小新风量的控制问题对定风量系统目前已不是问题，但是对于变风量系统，由于风量调节阀的流量特性随通过风阀的风量变化而变化，因此使得最小新风量的问题变得复杂起来。为解决这个问题，相继提出了各种控制方法，归纳起来目前现行的变风量系统的最小新风量控制方法主要有以下几种基本形式：

（1）新风量直接测量法　这是目前最简单的变风量系统新风量控制方法，它通过测量进入空调系统的新风量，并直接控制该量来达到最小新风量控制的目的。这种测量方法最大的问题就是测量精度问题，当空调系统采用全新风冷却经济运转法运行，而新风风管尺寸按最大新风量设计时，在最小新风量运行时，因风管内风速过低，风量测定误差势必很大。

（2）送风机、回风机风量测量控制法（风机跟踪法）　同时测量送风机和回风机风量，一般认为由于送风机和回风机风量远大于新风量，风管内风速较高，所以测量误差相对较小，新风量应该等于送风机和回风机风量之差，控制这一差值即可。这种测量方法最大的问题仍然是测量精度问题，当新风量比较小时，送风机和回风机风量的测量误差将明显影响新风量的大小。当新风比为 10%，送风机和回风机风量的测量误差为 1%时，新风量的最大误差将达到 19%。另一方面，由于缺少符合风量精确测量的标准风管直管段，送风机和回风机风量的测量误差有可能达到 20%~35%。风机跟踪法实际上的效果与理论上的推断有一定的差距，因此工程界认识它尚需一段时间。

（3）新风风机新风量控制法　由于通过典型的新风风阀的风速太低，难以准确测量，同时也很难在空调机房获得合理测量新风量的直风管和提供安装风量测量装置的地方。为解决这些问题，除送风机（回风机）外，设立单独的新风风机和新风管，新风风机与空调系统同步运转，由安装在新风管内的速度传感器调节风阀维持最小新风量。该方法的优点是：因直接测定新风量，因此误差比通过测定送风机和回风机的风量来调节新风量要小得多。该方法的缺点是：需要另设最小新风风管，仍然需要风速测定装置来测定新风风管内的风速，仍然需要用风量调节阀来控制最小新风量，新风阀加上新增加的新风使一次投资明显增加。本方法是目前变风量系统新风量控制较好的方法。

（4）小室压力控制法　由于风阀的制造精度有限，又未充分考虑新风、回风和排风小室压力对通过新风阀、回风阀和排风阀的风量的影响，因此以控制新风阀、回风阀和排风阀为基础的最小新风量控制法的精度是不高的。新风、回风和排风小室压力控制法就是为了解决这一问题提出来的。因为对于任一给定的风阀位置，通过该风阀的流量与风阀两侧的压降的平方根成正比，所以如果能精确地控制新风、回风阀和排风阀前后风管（小室）内的压力，就可以控制所需要的新风量。

该方法的缺点是：增加了能量消耗，因为小室内的压力必须高到可以准确地测量和控制，否则此方法将无法运行；另一方面，在实际工程中使用这种控制方法，压力测量和控制仍然过于复杂。

（5）CO_2浓度监控法　将CO_2传感器置于空调房间具有代表性之处，当CO_2浓度高于整定值时，即增大新风量，这种按需求进行控制的方法是目前认为最先进的新风量控制方法。据有关文献报道，用CO_2浓度上限控制法，能将CO_2浓度监控法进一步完善。

CO_2浓度监控法的主要问题是：①该方法完全忽略了CO_2以外的室内污染物的影响，新风量仅仅考虑CO_2的污染，显然这是不合理的；②控制滞后问题，因为CO_2浓度无法瞬时采样，在一般的通风换气房间内，室内产生的CO_2要几小时才能达到平衡浓度，所以以CO_2浓度控制新风量，将有时间滞后问题发生，同时新风量的增加和减少也不会立刻改变室内CO_2浓度值；③当室内逗留人数低于设计值时，因为新风量减少，室内空气品质问题将更突出。

（6）多风机变风量（MFVAV）系统新风风量控制法　取得我国专利的多风机变风量系统在新风控制上采用了与目前国际上不同的控制方法，MFVAV系统新风风量控制法的基本原理是：在新风风量管内安装有独立的变风量新风风机，如果空调系统过渡季节采用新风冷却运行模式，该风机的最大风量即为全新风冷却时所需要的新风量，最小风量即为满足卫生要求的最小新风量；如果空调系统采用全年新风量不变的运行模式，该风机的风量就是满足卫生要求的最小新风量，但一般应稍高于最小新风量。这样做的优点：①可以在最小新风量标准变化时，有可能改变设定的最小新风量来满足要求；②风机可以在较低的频率下运行，不但节能，而且对降低风机噪声大有好处；③由于风机的额定风量和风压很难正好与设计相符，因此可以通过调整风机的频率使风量与设计值相符。新风风机的压头应等于新风管段的阻力。

当采用新风冷却运行模式时，智能变频中央控制器根据排风温度，调节新风风机的转速，改变新风量的大小，使室内温度保持在设定范围内。如果空调系统采用全年新风量不变的运行模式，则新风风机风量一旦调节设定后全年固定不变。新风风机的最小新风量是根据有关规范和标准设定的，最小新风量与空调系统的送风量无关。本方法用的新风风机特性参数（包括不同频率下的风量和风压）是由试验确定的，并在生产中严格控制特性参数的相似性，因此计算机可以准确地控制所需要风量。

最小新风量的规定，不同国家有不同的标准，而且这些标准还在不断地修订和重新制订。即使是同一个国家，例如在我国，设计规范、设计手册、卫生标准对不同的建筑物，其新风量的规定也是不同的。之所以出现这种局面，关键是室内空气品质的研究，包括最小新风量的研究，目前还处在逐渐认识之中。对于设计者来说，目前只能根据用户的需要，参照有关规范和标准确定合理的最小新风量。

MFVAV系统采用的最小新风量控制方法由于采用了变风量的新风风机，因此在控制室内空气品质方面具有了很大的灵活性。由于最小新风量可以根据需要任意确定，这样就克服了目前因研究不够，导致的最小新风量取值变化的被动局面。

MFVAV系统采用了变风量新风风机取代风量调节阀控制新风量，价格反而明显下降，是因为低压轴流风机（或低压离心风机）较之高精度的自动控制风量调节阀价格要低得多。而对控制设备来说，因为变风量新风风机的风量控制和排风风机的风量控制均由集中式空调机组的智能变频控制器控制，其价格低于带风速（或风量）测量装置的其他新风量控制系统。在运行费用方面，由于耗电量与转速的立方成正比，风机压力与转速的平方成正比，因此采用降低转速控制风量的方法较之增加风量调节阀阻力（减少风阀的开度）控制风量的方法节能更明显。

噪声大是现行变风量系统存在的主要缺点之一。除风机和风管系统固有的噪声，某余的噪声来源主要是：为能较准确地测量风管内风速不得不提高管内风速而增加的噪声，减少风阀开度造成的气流噪声。MFVAV 系统由于采用的是变风量新风风机，风机绝大部分时间都是在低转速下运转的，因此尽管增加了新风风机的噪声，但由于新风风机的噪声明显低于系统送、回风机的噪声，根据噪声叠加原则，当两台风机的噪声差值超过 9dB，噪声增加值小于 0.5dB，系统噪声几乎未发生变化。

7.4 空调系统的运行管理

7.4.1 空调系统起动前的准备工作

空调系统起动前的准备工作主要有以下几点：

1）检查电动机、风机、电加热器、水泵、表冷器或喷水室、供热设备及自动控制系统等，确认其技术状态良好。

2）检查各管路系统连接处的紧固、严密程度，不允许有松动、泄漏现象。

3）对空调系统中有关运转设备（如风机、喷水泵、回水泵等），应检查各轴承的供油情况。若发现有亏油现象应及时加油。

4）根据室外空气状态参数和室内空气状态参数的要求，调整好温度、湿度等自动控制空气参数装置的设定值与幅差值。

5）检查供配电系统，保证按设备要求正确供电。

6）检查各种安全保护装置的工作设定值是否在要求的范围内。

7.4.2 空调系统的起动

空调系统的起动就是起动风机、水泵、电加热器和其他空调系统的辅助设备，使空调系统运行，向空调房间送风。起动前，要根据冬夏季节的不同特点，确定起动方法。

夏季时，空调系统应首先起动风机，然后再起动其他设备。为防止风机起动时其电动机超负荷，在起动风机前，最好先关闭风道阀，待风机运行起来后再逐步开起。在起动过程中只能在一台风机电动机运行速度正常后才能再起动另一台，以防供电线路因起动电流太大而跳闸。风机起动的顺序是先开送风机，后开回风机，以防空调房间内出现负压。风机起动完毕后，再开其他设备。全部设备起动完毕后，应仔细巡视一次，观察各种设备运转是否正常。

7.4.3 空调系统的运行

空调系统进入正常运行状态后，应按时进行下列项目的巡视：

1）动力设备的运行情况，包括风机、水泵、电动机的振动、润滑、传动、负荷电流、转速、声响等。

2）喷水室、加热器、表面冷却器、蒸汽加湿器等的运行情况。

3）空气过滤器的工作状态（是否过脏）。

4）空调系统冷、热源的供应情况。

5）制冷系统的运行情况，包括制冷机、冷媒水泵、冷却水泵、冷却塔及油泵等的运行情况，以及冷却水温度、冷凝水温度等。

6）空调运行中采用的运行调节方案是否合理，系统中各有关调节执行机构是否正常。

7）控制系统中各有关调节器、执行调节机构是否有异常现象。

8）使用电加热器的空调系统，应注意电气保护装置是否安全可靠，动作是否灵活。

9）空调处理装置及风路系统是否有泄漏现象，对于吸入式空调系统，尤其应注意处于负压区的空气处理部分的漏风现象。

10）空调处理装置内部的积水、排水情况，喷水室系统中是否有泄漏、不畅等现象。

对上述各项巡视内容，若发现异常应及时采取必要的措施进行处理，以保证空调系统正常工作。

空调系统运行管理中很重要的一环是运行调节。在空调系统运行中进行调节的主要内容有：

1）采用手动控制的加热器，应根据被加热后空气温度与要求的偏差进行调节，使其达到设计参数要求。

2）对于变风量空调系统，在冬、夏季运行方案交换时，应及时对末端装置和控制系统中的夏、冬季转换开关进行运行方式转换。

3）采用露点温度控制的空调系统，应根据室内外空气条件，对所供水温、水压、水量、喷淋排数进行调节。

4）根据运行工况，结合空调房间室内外空气参数情况应适当地进行运行工况的转换，同时确定出运行中供暖、供冷的时间。

5）对于既采用蒸汽、热水加热又采用电加热器作为补充热源的空调系统，应尽量减少电加热器的使用时间，多使用蒸汽和热水加热装置进行调节，这样，既降低了运行费用，又减少了由于电加热器长时间运行时引发事故的可能性。

6）根据空调房间内空气参数的实际情况，在允许的情况下应尽量减少排风量，以减少空调系统的能量损失。

7）在能满足空调房间内的工艺条件的前提下，应尽量降低室内的正静压值，以减少室内空气向外的渗透量，达到节省空调系统能耗的目的。

8）空调系统在运行中，应尽可能地利用天然冷源，降低系统的运行成本。进入冬季和夏季时可采用最小新风运行方式，而在过渡季节中，当室外新风状态接近送风状态点时，应尽量使用最大新风或全部采用新风的运行方式，减少运行费用。

7.4.4 空调系统的停机

空调系统的停机分为正常停机和事故停机两种情况。

空调系统正常停机的操作要求是：接到停机指令或达到定时停机时间时应首先停止制冷装置的运行或切断空调系统的冷、热源供应，然后再停空调系统中的送风机、回风机、排风机。若空调房间内有正静压要求时，系统中风机的停机顺序为：排风机、回风机、送风机；若空调房间内有负静压要求时，则系统中风机的停机顺序应为：送风机、回风机、排风机。待风机停止程序操作完毕之后，用手动或采用自动方式关闭系统中的风机负荷阀、新风阀、回风阀、一次和二次回风阀、排风阀及加热器、加湿器调节阀和冷媒水调节阀等阀门，最后切断空调系统的总电源。

在空调系统运行过程中若电力供应系统或控制系统突然发生故障，为保护整个系统的安全需要做出紧急停机处置，紧急停机又称为事故停机，其操作方法是：

1）电力供应系统发生故障时的停机操作。迅速切断冷、热源的供应，然后切断空调系统的电源开关。待电力系统故障排除恢复正常供电后再按正常停机程序关闭有关阀门后；检查空调系统中有关设备及其控制系统，确认无异常后再按起动程序起动运行。

2）空调系统设备发生故障时的停机操作。在空调系统运行过程中，若由于风机及其拖动电动机发生故障，或由于加热器、表冷器以及冷/热源输送管道突然发生破裂而产生大量蒸汽或水外漏，或由于控制系统中调节器、调节执行机构（如加湿器调节阀、加热器调节间、表冷器冷媒水调节阀等）突然发生故障，不能关闭或关闭不严或者无法打开时，使系统无法正常工作或危及运行和空调房间安全时，应首先切断冷、热源的供应，然后按正常停机操作方法使系统停止运行。

若在空调系统运行过程中，报警装置发出火灾报警信号，值班人员应迅速判断出发生火情的部位，立即停止有关风机的运行，并向有关单位报警。为防止意外，在灭火过程中按正常停机操作方法，使空调系统停止工作。

7.4.5 空调系统运行中的交接班制度

由于空调系统是一个需要连续运行的系统，因此，搞好交接班是保障空调系统安全运行的一项重要措施。空调系统交接班制度应包括下述内容：

1）接班人员应按时到岗。若接班人员因故没能准时接班，交班人员不得离开工作岗位，应向主管领导汇报，有人接班后方准离开。

2）交班人员应如实地向接班人员说明以下内容：

① 设备运行情况。

② 各系统的运行参数。

③ 冷、热源的供应和电力供应情况。

④ 当班运行中所发生的异常情况的原因及处理结果。

⑤ 空调系统中有关设备、供水、供热管路，以及各种调节器、执行器、仪器仪表的运行情况。

⑥ 运行中遗留的问题，需下一班次处理的事项。

⑦ 上级的有关指示，生产调度情况等。

3）值班人员在交班时若有需要及时处理或正在处理的运行事故时，必须在事故处理结束后方可交班。

4）接班人员在接班时除应向交班人员了解系统运行的各参数外，应对交班中的疑点问题弄清楚，方可接班。

5）如果接班人员没有进行认真的检查和询问了解情况而盲目地接班后，发现上一班次出现的所有问题（包括事故）均应由接班者负全部责任。

思考题

1. 与常规空调系统相比，冰蓄冷空调系统有哪些优势？
2. 工程中往往采用单一的 CO_2 浓度值作为室内空气的污染指标，为什么？CO_2 浓度的安全范围是多少？
3. 空调冷热水系统有哪些系统形式？
4. 空调水系统有哪些定压方式？
5. 请简述变风量空调系统的组成及其工作原理。
6. 空调系统起动前需要做哪些工作？起动时应该注意什么？

参考文献

[1] 陈在康，丁力行. 空调过程设计与建筑节能 [M]. 北京：中国电力出版社，2004.
[2] 许文发. 供热·通风·空调·制冷 [M]. 北京：经济管理出版社，1993.
[3] 李援瑛. 空调系统运行管理与维护 [M]. 北京：人民邮电出版社，2004.
[4] 李援瑛. 中央空调的运行管理与维护 [M]. 北京：中国电力出版社，2001.
[5] 李晓燕，闫泽生. 制冷空调节能技术 [M]. 北京：中国建筑工业出版社，2004.
[6] 李中兴. 空调运行管理 [M]. 北京：中国建筑工业出版社，1982.
[7] 廖传善，叶振，卢紫珊. 空调设备与系统节能控制 [M]. 北京：中国建筑工业出版社，1984.

第 8 章 建筑节能检测方法

节能检测是政府推动能源合理利用的一项重要手段。节能检测通过设备测试、能耗检验等技术手段，能够对用能单位的能源利用状况进行定量分析，依据国家有关能源法规和技术标准对用能单位的能源利用状况做出评价。对浪费能源的行为提出处理意见，加强了政府对用能单位合理利用能源的监督。

节能检测是一种技术监督手段，节能检测的目的是通过实测来评价建筑物的节能效果。大量的节能检测数据更科学地反映主要用能设备的装备水平和用能水平，使节能主管部门更深层次地部署、协调、服务、监督节能工作，以达到逐步缩小我国能源利用率与国际先进水平的差距，降低能耗，保护环境，保证我国经济的可持续发展。

8.1 建筑能耗基本参数的测定方法

建筑节能是建筑工程的一个分部工程，建筑节能检测也是竣工验收的重要内容，其目的是为了通过实际检测来评价建筑物的节能效果，是否达到国家现行标准和设计要求。由于建筑节能的最终效果是节约建筑物使用过程中消耗的能量，因而评价建筑节能是否达到国家标准的要求，首先要得到建筑物的实际耗能指标。目前，得到建筑物耗能量指标的方法，一般有直接法和间接法两种。

8.1.1 直接法获得建筑物耗能量指标

建筑物耗能量指标是指在供暖期间平均温度条件下，为保持室内计算温度，单位建筑面积在单位时间内消耗的、需由室内供暖供给的热量。如果在热源（冷源）处直接测取供暖耗煤量指标（耗电量指标），然后求出建筑物的耗热量（耗冷量）指标的方法称为热（冷）源法，也称为直接法。

直接法主要是用于测定试点建筑和示范小区，评价对象是试点建筑和示范小区。根据检测对象的使用状态，分析评定试点建筑和示范小区的建筑所采用的设计标准，所使用的建筑材料、结构体系、建筑形式等因素对能耗的影响，进而分析建筑物、室外管网、锅炉等耗能目标物的耗能率、能量输送系统的效率、能量转换设备的效率，计算能量转换、能量输送、耗能目标物占供暖（制冷）过程总能耗的比例，分析各个环节的运行效率和节能的潜力。

直接法检测的内容比较多，不仅要检测建筑物、能量转换、输送系统的技术参数，还要检测记录当地气候数据，内容繁多复杂，耗费时间较长，一般要贯穿整个供暖季或空调季。由于试点建筑和示范小区带有一种试验性质，它是某种材料或某种结构体系或设计标准等某种特定目的试验的工程项目，担负着推广普及前的一系列试验工作，并根据这些试验工程的测试结果来验证试验目的是否达到，为下一步能否推广普及提出结论性意见及应该采取的修订措施。

由此可见，对于试点建筑和示范小区的检测，应以直接法为主进行全面检测，目的是获得一个正确、全面、系统的试验结果，这个试验结果是试验工程项目投资的目的，也是推广普及的依据。

8.1.2 间接法获得建筑物耗能量指标

通过检测建筑物的热工指标和计算获得建筑物的耗热量（耗冷量）指标，然后参阅当地气象资料、锅炉和管道的热效率，计算出所测建筑物的供暖耗煤量（耗电量）指标的方法称为建筑热工法，也称为间接法。

间接法获得建筑物耗热量指标，主要包括进行实际测量和根据热工规范要求计算两部分内容；包括以下3个步骤：①实测建筑物围护结构传热系数，主要是墙体、屋顶、地下室、顶板；②实测建筑物的气密性；③根据现行标准规范给出的建筑物耗热量计算公式算出所测建筑物的耗热量指标和耗煤量指标。

间接法主要用于测定一般建筑工程，按现行的建筑设计标准和规范进行取值设计，建筑节能现场检测的目的就是为了证实施工过程是否严格按施工图设计方案进行，采用的墙体材料和保温材料的有关参数是否符合设计取值，施工质量是否符合《建筑节能工程施工质量验收规范》（GB 50411—2007）中的规定。

这种检测实际上是工程验收的一部分，所检测对象的结果具有明显的单件性，只是对所测对象有效，不会对其他工程有影响。所以，对这类工程项目的检测方法，要求简捷实用、耗时较短，检测的内容以关键部位为主。目前，在实际工程中多数采用间接法。

8.1.3 热工性能现场检测方法

按照我国现行的建筑节能现场检测标准《居住建筑节能检测标准》（JGJ/T 132—2009）中的规定，现场检测的项目主要包括以下内容：①年供暖耗热量以及建筑物单位面积供暖耗热量；②小区单位面积供暖耗煤量；③建筑物室内平均温度；④建筑物围护结构的传热系数；⑤建筑物围护结构热桥部位内表面温度；⑥建筑物围护结构热工缺陷；⑦窗口整体气密性能；⑧外围护结构隔热性能；⑨建筑物外窗遮阳设施等。

1. 建筑物室内外温度检测方法

（1）室内平均温度检测方法　室内温度是衡量建筑物热舒适度和节能效果的重要指标，是判定建筑物系统供暖（或供冷）质量的决定性指标，也是供暖（或供冷）计量收费的基础性指标。

建筑物的平均温度应以户内平均室温的检测为基础，以房间室温计算出户内室温，进而再计算出建筑物的平均室温。户内平均室温的检测时段和持续时间应符合表8-1中的规定。如果该项检测是为了配合其他物理量的检测，则其检测的起止时间和要求应当符合有关规定。

建筑物平均室温是通过检测和计算得到的。首先对随机抽样的住户房间直接检测得到房间的室温，然后计算出该住户的平均室温，再通过计算得到该建筑物的平均室温。

表8-1 户内平均室温的检测时段和持续时间

序号	范围分类	时段	持续时间
1	试点居住建筑/试点居住小区	整个供暖期	整个供暖期
2	非试点居住建筑/非试点居住小区	冬季最冷月份	>72h

（2）室外平均温度检测方法　室外空气温度的检测，应采用温度巡检仪，并逐时进行采

集和记录。采集时间间隔宜短于传感器最小时间常数，数据记录时间间隔不应长于 20min。

室外空气温度传感器应设置在外表面为白色的百叶箱内，百叶箱应当放置在距离建筑物 5 ~10m 的范围内。当无百叶箱时，室外空气温度传感器应设置防辐射罩，安装位置距外墙外表面应大于 0.20m，且宜在建筑物两个不同方向同时设置测点。

对于超过十层的建筑宜在屋顶加设 1 个或 2 个测点。温度传感器距地面的高度宜在1.5~2.0m 的范围内，且应避免直接照射和室外固有冷热源的影响。在正式开始采集数据之前，温度传感器在现场应有不少于 30min 的环境适应时间。

2. 围护结构传热系数检测方法

围护结构传热系数是表征围护结构传热量大小的一个物理量，是围护结构保温性能的评价指标，也是隔热性能的指标之一。为改善居住建筑室内热环境质量，提高人民的居住水平，提高供暖、空调能源利用效率，贯彻执行国家可持续发展战略，2001 年《夏热冬冷地区居住建筑节能设计标准》（JGJ 134—2001）颁布实施，并于 2010 年进行了修订，现行标准为 JGJ 134—2010。该标准在提出节能 50% 的同时，对建筑物围护结构的热工性能也进行了相应规定。

目前现场检测围护结构（主要指检测外墙、屋顶和架室地板）的传热系数检测方法主要有：热流计法、热箱法、控温箱-热流计法、非稳态法（常功率平面热源法）4 种。

（1）热流计法　热流计法用热流计作为热流（温度）传感器，通过它来测量建筑物围护结构或各种保温材料的传热量及物理性能参数。采用热流计、热电偶在现场检测被测围护结构的热流量和其内、外表面温度，通过数据采集系统处理计算出该围护结构的传热系数。详细规定见《建筑物围护结构传热系数及采暖供热量检测方法》（GB/T 23483—2009）和《居住建筑节能检测标准》（JGJ/T 132—2009）。

（2）热箱法　热箱法是人工制造一个一维传热环境，内侧用热箱模拟供暖建筑室内条件并使热箱内和室内空气温度保持一致，外侧为室外自然条件，维持热箱内温度高于室外温度 8℃以上，当热箱内加热量与通过被测部位的传递热量达平衡时，通过测量热箱的加热量得到被测部位的传热量，经计算得到被测部位的传热系数。详细规定见《绝热　稳态传热性质的测定　标定和防护热箱法》（GB/T 13475—2008）。

（3）控温箱-热流计法　控温箱-热流计法综合了热流计法和热箱法两者的特点。用热流计法作为基本的检测方法，同时用热箱来人工制造一个模拟供暖期的热工环境，可以在现场准确地测量建筑围护结构的传热系数，不仅重复性很好，而且检测过程不受季节的影响，是一种值得推广的围护结构传热系数的检测方法。

控温箱-热流计法的检测步骤比较简单，首先要选取有代表性的墙体，按要求粘贴温度传感器和热流计，在对应面的相应位置粘贴温度传感器，然后将温度控制仪箱体紧靠在墙体被测位置，使得热流计位于温度控制仪箱体的中心部位，并布置在墙体温度高的一侧。以上工作完成后，开机开始检测，在线或离线监控传热系数动态值，等达到稳定状态后，检测工作结束。

（4）常功率平面热源法　常功率平面热源法是非稳态法中一种比较常用的方法，适用于建筑材料和其他隔热材料热物理性能的测试。常功率平面热源法现场检测的方法，是在墙体内表面人为地加上一个合适的平面恒定热源，对墙体进行一定时间的加热，通过测定墙体内外表面的温度响应，辨识出墙体的传热系数。

3. 围护结构传热系数的现场检测

围护结构传热系数的现场检测，主要包括外墙、屋顶和地板，其中外墙的检测比较复杂，屋面和地板的检测方法基本相同。

（1）墙的检测方法

1）察看具体的建筑物，以便选择检测的位置。首先，在选择检测房间时，既要符合随机抽样检测的原则（主要包括不同朝向外墙、楼梯间等有代表性的测点），又要充分考虑室外粘贴传感器的安全性。其次，对照图样进一步确认测点的具体位置，不使其处在梁、板、柱节点、裂缝、空气渗透等位置。

2）粘贴传感器。用适宜的黄油将热流计平整地粘贴在墙面上，并用胶带加以固定，热流计四周用双面胶带或黄油粘贴热电偶，并在墙的对应面用同样的方法粘贴热电偶。

3）将各路热流计和热电偶进行编号，并按顺序号连接到巡检仪。热电偶从第2路开始依次接入，显示温度信号，单位为℃；热流计从第57路开始依次接入，显示热电势阻，单位为mV。

4）安装温控仪。根据季节气候的特点，视不同的气温确定温控仪的安装方式和运行模式。如果室外温度高于25℃，应将温控仪安装在热流计的相对面，并要紧靠墙面，用泡沫绝热带密封周边，将运行模式开关置于制冷档，根据具体环境设定控制温度为-10~-5℃。如果室外温度低于25℃，应将温控仪安装在热流计的同侧，并将热流计罩住，将运行模式开关置于加热档，根据具体环境设定控制温度为32~40℃。

5）开机进行检测。依次开启温控仪、巡检仪，并开始记录各控制参数，巡检仪显示各路温度和热流数值，并每隔30min自动存储一次当前各路信号的参数，在线或离线跟踪监测温度和热流值的变化，达到稳定状态时停止检测。

（2）屋顶的检测方法　屋顶传热系数的检测方法与外墙的检测方法基本相同。用热流计检测屋顶传热系数时，如果受到现场条件的限制（如采用页岩颗粒防水卷材的屋顶不光滑），若不进行处理就不能精确测得外表面温度。有的用石膏、快硬水泥等材料先抹出一块光滑的表面，再粘贴温度传感器测量温度，这样不可避免地会带来附加热阻，并且由其引起的误差无法精确消除。

另外，还有一种较为可行的做法是在内外表面温度不易测定时，可以利用百叶箱测得内外环境温度，以及通过热流计的热流，便可计算传热阻和传热系数。

（3）地板的检测方法　可以参照屋顶进行。

8.2　测定建筑物耗热量指标的基本原理

建筑物耗热量由围护结构耗热量 Q_{HT}、空气渗透耗热量 Q_{INF} 以及建筑物内部得热量 Q_{IH} 组成。因此，建筑物耗热量指标 Q_H 可表示为

$$Q_H = \frac{Q_{HT} + Q_{INF} - Q_{IH}}{A} \frac{t_{np} - t_{wp}}{t_n - t_w} \tag{8-1}$$

$$Q_{HT} = kA(t_n - t_w) \tag{8-2}$$

$$Q_{INF} = 0.278 V_w c_p \rho_w (t_n - t_w) \tag{8-3}$$

$$Q_{IH} = Q_m + Q_f + Q_L \tag{8-4}$$

式中　k——围护结构传热系数[W/(m²·℃)]；

A——围护结构面积（m²）；

V_w——渗入室内的冷空气量（m³/h）；

c_p——空气比定压热容，c_p=1kJ/(kg·℃)；

Q_m——人体散热（W）；

Q_f——炊事得热（W）；

Q_L——照明和家电得热（W）；

其他符号意义同前。

建筑物耗煤量指标 Q_C，可由下式确定：

$$Q_C = \frac{24Q_H Z}{q_c \eta_1 \eta_2} \tag{8-5}$$

式中　Q_H——建筑物耗热量（W/m^2）；

Z——供暖期天数，北京地区为 126d；

q_c——煤的热值（kJ/kg），标准煤取 29.3×10^3kJ/kg；

η_1——室外管网输送效率；

η_2——锅炉效率。

当管道及锅炉房未采取节能措施时，或仅对一栋住宅进行评价时，建筑物耗煤量指标为

$$Q_C = 51.34\frac{Q_H Z}{q_c} \tag{8-6}$$

8.3　温度检测及仪表

8.3.1　温度参数的检测原理和方法

用仪表来测量温度，是以受热程度不同的物体之间的热交换和物体的某些物理性质随着受热程度不同而变化这一性质为基础的。任意两个受热程度不同的物体相接触，必然会发生热交换现象，热量将由受热程度高的物体流向受热程度低的物体，直到两个物体的受热程度完全相同为止，即达到热平衡状态。

温度检测利用感温元件特有的物理、化学和生物等效应，把被测物体温度的变化转换为某一物理或化学量的变化。温度参数检测实际上是利用光学、力学、热学、电学、磁学等不同的原理，检测某一物理或化学变化的量，从而检测被测物体的温度。

温度检测方法很多，根据测温原理不同主要有：应用热膨胀原理测温、应用工作物质的压力随温度变化的原理测温、应用热电效应测温、应用热电阻原理测温和应用热辐射原理测温等。根据感温元件和被测物体是否接触，可以分为接触式测温法和非接触式测温法。

1. 接触式测温法

接触式测温法是将传感器置于与物体相同的热平衡状态中，使传感器与物体保持同一温度的测温方法。例如，利用介质受热膨胀的原理制造的水银温度计，压力式温度计和双金属温度计等；利用物体电气参数随温度变化的特性来检测温度，如热电阻、热敏电阻、电子式温度传感器和热电偶等；利用导体和半导体电阻值随温度变化的原理做成的热电阻温度检测仪表，如电阻温度计等。

接触式测温仪表比较简单、可靠，测量精度较高；但因测温元件与被测介质需要进行充分的热交换，需要一定的时间才能达到热平衡，所以存在测温的延迟现象，同时受耐高温材料的限制，不能应用于很高的温度测量。

2. 非接触式测温法

非接触式仪表测温是通过热辐射效应与温度之间的对应关系来测量温度，这种测温法是以黑体辐射测温理论为依据的。测温元件不需要与被测物体的表面介质接触，实现这种测温方法可利用物体的表面热辐射强度与温度的关系来检测温度。它有全辐射法、部分辐射法、单一波长辐射功率的亮度法及比较两个波长辐射功率的比色法等。

非接触式仪表测温的范围广，不受测温上限的限制，也不会破坏被测物体的温度场，反应速度快；但受物体的发射率、测量距离、烟尘和水气等外界因素的影响，其测量误差较大。

随着科学技术的快速发展，物体测温方法不断更新，如超声波技术、激光技术、射流技术、微波技术等，现已广泛用于测量温度。

上述的各种温度检测方法，各有特点，各有自己的检测仪器和检测范围。温度的主要检测方法和测温类别见表8-2。

表8-2 温度的主要检测方法和测温类别

测温方式	测温种类及仪表			测温范围/℃	测温原理
接触式检测法	膨胀式测温仪表	玻璃液体		-100~600	利用液体体积随温度变化的性质
		双金属		-80~600	利用固体热膨胀变形量随温度变化的性质
	压力式测温仪表	液体		-40~200	利用定容气体或液体随温度变化的性质
		气体		-100~500	
		蒸汽		0~250	
	热电阻测温仪表	铂电阻		-260~850	利用金属导体或半导体的热阻效应
		铜电阻		-50~150	
		热敏电阻		-50~300	
	热电效应	半导体热能电阻		-50~300	
		电偶	铂铑-铂	0~3500	利用金属导体的热电效应
			镍铬-镍硅	—	
			镍铬-考铜	—	
非接触式检测法	辐射式测温仪表	辐射式	辐射	400~2000	利用物体全辐射能随温度变化的性质
			辐射式光纤	400~2000	
			光学	400~2000	
			比色	800~2000	
		红外线	光电	600~1000	利用传感器转换进行测温
			热敏	-100~600	
			热电	200~2000	

8.3.2 温度测量仪表

温度测量仪表主要由感温元件（一次仪表）、连接导线（传输通道）和显示装置（二次仪表）组成，如图8-1所示。

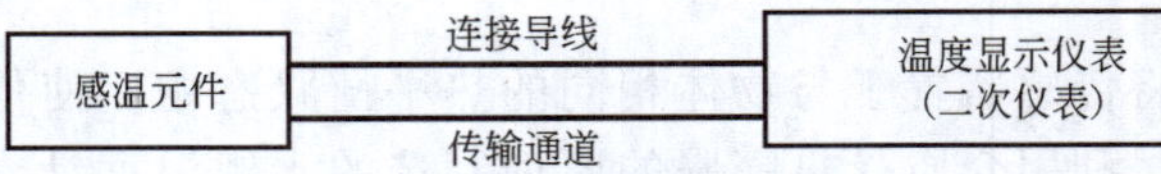

图8-1 温度测量仪表的组成

例如，在利用动圈式温度仪检测温度时，以热电偶为感温元件，以动圈式仪表为显示装置，它们通过补偿导线连接在一起，构成一套完整的温度检测仪表。又如，用电子平衡电桥检测温度时，以热电阻为感温元件，以平衡电桥为温度显示仪表，把它们用符合要求的导线连接在一起，构成一套完整的温度检测仪表。结构简单的温度检测仪表，一般是把感温元件和显示仪表装在一起，如水银温度计、双金属温度计和压力温度计，均属于这类温度检测仪表。

温度检测仪表的类型很多，其分类方法也较多，主要可按接触方式、作用原理、主要功能、检测范围、测温场合和显示方式不同来分类。常见的温度检测仪表如下：

1. 膨胀式温度计

膨胀式温度计是利用物质热胀冷缩的原理制成的测量温度的一种仪表，它是利用热胀冷缩性质与温度的固有关系为基础来测量温度的，基于这种原理制成的仪表称为膨胀式温度计。根据其工作性质和选用的物质不同，可以制成液体、固体、气体三种膨胀式温度计。

膨胀式温度计的温度测量范围一般为-200~500℃。这类温度计具有结构简单、制造容易、使用方便、价格便宜、精度较高等优点，但也存在着不便于远距离测温（巨力式温度计除外）、结构脆弱、易于损坏等缺点。

在实际测温中，常见的膨胀式温度计主要有玻璃管液体温度计、压力式温度计、双金属温度计等。

膨胀式温度计属于接触式温度计，这类温度计虽然造价比较低，但大多数信号不能进行远距离传送，也不能与其他信号相连作为信息进一步处理。

2. 热电式温度计

目前，在温度检测中常采用热电式温度计。

热电式温度计又称为热电式温度传感器，这类温度计是利用当温度变化时，材料的电特性发生变化的性质来检测温度的。在实际检测中主要有热电阻温度计和热电偶温度计两大类。

（1）热电阻温度计　热电阻温度计的工作原理是利用电阻与温度呈一定函数关系的金属导体或半导体材料制成的。当温度发生变化时，电阻也随着温度变化而变化，将变化的电阻值作为信号输入显示仪表及调节器，从而实现对被测介质温度的检测或调节。热电阻温度计具有体积较小、热惯性小、结构简单、化学稳定性好、力学性能强、准确度高、使用方便等优点，它与显示仪表或调节器配合，可以实现远距离显示、记录和控制。但是，这种温度计复现性和互换性较差，非线性比较严重，检测温度范围窄，目前一般仅能达到-50~300℃。

（2）热电偶温度计　两种不同成分的导体（称为热电偶丝材或热电极）两端接合成回路，当接合点的温度不同时，在回路中就会产生电动势，这种现象称为热电效应，而这种电动势称为热电势。热电偶温度计就是利用这种原理进行温度测量的，其中，直接用作测量介质温度的一端叫作工作端（也称为测量端），另一端叫作冷端（也称为补偿端）；冷端与显示仪表或配套仪表连接，显示仪表会指出热电偶所产生的热电势。

热电偶温度计具有性能稳定、结构简单、使用方便、动态响应快、经济耐用、测温范围广、精度较高和容易维护等特点，这些优点都是膨胀式温度计所无法比拟的。一般情况下，热电偶温度计被用来测量-200~1600℃的温度范围，某些特殊热电偶温度计可以测量高达2800℃的高温或低至4K的低温。在建筑节能温度检测中，热电偶是用得最多的感温元件。

3. 辐射式温度计

辐射式温度计是利用物体的辐射能随其温度的变化而变化的原理制成的一类测温仪表，这类辐射式测温仪表在测量物体温度时有3个突出特点：①它只需把温度计对准被测物体，而不必与被测物体相接触；②可以测量运动物体的温度，并且不破坏被测对象的温度场；③由于感温元件所接收的是辐射能，感温元件的温度就不必达到被测温度。所以从理论上讲，热辐射实际就是一种电磁波，实际上是依据物体辐射的能量来检测温度的，辐射式温度计的测温范围一般为400~3200℃。

以黑体辐射测温理论为依据的辐射式测温仪表的种类很多，依据其测温方法不同，可分为亮温法、色温法和全辐射温度法。以亮温法测温的有光学高温计、光电温度计和红外温度计；以色温法测温的有比色高温计；以全辐射测温的主要有全辐射温度计（如WFT-202型辐射感温器）。

（1）光学高温计　光学高温计是依据亮温法进行测温的一种非接触式测温仪表，是目前高温检测中应用较广的一种测温仪表，主要用于金属的冶炼、铸造、锻造、轧钢、热处理以及玻璃、陶瓷耐火材料等工业生产过程的高温检测。

由于用光学高温计可以不与被测物体接触，而是通过被检测物体与温度有关的物理参数来求得被测温度的，所以这种测温方法被称为非接触测温法。光学高温计在建筑节能检测中应用很少。

(2) 光电温度计 光电温度计是为解决亮度自动平衡、快速测温、消除视差等而研制的一种辐射式测温仪表，它是随着科学技术的不断进步，光电元件的出现，在光学高温计的理论基础上发展起来的一种新型辐射式测温仪表。

光电温度计采用光电器件代替人的肉眼，进行亮度平衡，感受辐射源的亮度和温度的变化，从而达到自动平衡、连续检测的目的。

目前应用的光电器件有光敏电阻和光电池两种。光敏电阻器是利用半导体的光电效应制成的一种电阻值随入射光的强弱而改变的电阻器；入射光强，电阻减小，入射光弱，电阻增大，一般用于光的测量、光的控制和光电转换，主要用于100～700℃以上的高温检测。光电池是一种在光的照射下产生电动势的半导体元件，光电池的种类很多，常用有硒光电池、硅光电池和硫化银光电池等。光电池主要用于仪表、自动化遥测和遥控方面。

光电温度计也是一种亮度法测温仪表。由于它用光电元件代替人的肉眼作为敏感元件，从而避免了人眼判断的主观误差，不仅可以实现自动检测，而且不受人眼光谱敏感范围的限制，可以扩展测温的范围，如果与滤光片配合，可以优选测温波段。

(3) 红外测温仪 红外测温仪的测温原理是将物体发射的红外线具有的辐射能转变成电信号，红外线辐射能的大小与物体本身的温度相对应，根据转变成电信号的大小，可以确定物体的温度。常用的红外测温仪是一种非接触式的测温仪表，采用平衡比较法测量物体辐射能量以确定温度值，主要适用于工业生产流程中快速测量静止或运动中的物体表面温度。

红外测温仪作为辐射式测温的一个组成部分，其特点是所用的敏感元件是红外元件，或者是对可见光都敏感的元件。这样，红外测温仪就可以将测温下限延伸到-50℃以下的低温，同时还可以避免气体介质的吸收对检测准确度的影响。此外，运用红外技术的热像仪，可以探测整个温度场的温度分布情况，是目前建筑节能工程检测中热工缺陷检测的重要手段。

(4) 比色温度计 比色温度计也称为双色温度计，这种温度计是通过测量两个波长的单色辐射亮度之比值来确定物体温度的仪表，属于非接触式温度传感器。根据黑体辐射基本定律的维恩公式，温度为T的黑体，当黑体的两个波长λ_1和λ_2的辐射亮度之比等于实际物体的相应亮度比时，黑体的温度就称为实际物体的比色温度。对于绝对黑体和灰体，比色温度即为真实温度。对于不满足绝对黑体和灰体辐射条件的实际物体还应采用修正方法来求出真实温度。

比色温度计可分为单通道式比色温度计和双通道式比色温度计两种。由于比色温度计能避开选择性吸收的影响，可用于连续自动检测钢液、铁液、炉渣和表面没有覆盖物的高温物体的温度。

(5) 辐射式高温计 辐射式高温计是一种非接触式简易辐射测温仪表，它根据物体的热辐射效应原理来测量物体表面温度，因此凡是按照物体全辐射的热作用来检测其温度的仪器都称之为辐射式高温计。辐射式高温计由辐射感温器和显示仪表组成。

热辐射温度是以物体的辐射强度与温度形成一定的函数关系为基础的，辐射式高温计就是依据物体发射出的全辐射能来检测温度的仪表。由于这种测温计仅接受到能透过中间介质和透镜的某些波段，实际上这种辐射式高温计检测的并不是发热体所有波长的能量，因而辐射式高温计是一种“部分”辐射式高温计，习惯上称为辐射温度计。

辐射式高温计适合于冶金、机械、石油、化工等部门，用来检测各种熔炉、高温窑、盐浴炉、油炉和煤气炉的温度，也可用于其他不适宜装置热电偶但符合辐射温度计使用条件的地方。

4. 超声波测温仪表

科学研究和测温实践表明，用超声波测温是一种利用非接触式测温方法进行检测的新技术。超声波测温与传统的测温方法相比，可以达到更快速、更精确、测温范围更宽的要求，以满足工业生产、科学研究中温度精确测量和在线控制的需要，特别是在高温和恶劣的测温环境中更能显示出它的优越性。

超声波测温计的测温原理是通过直接测量声波在气体介质中的声速来检测温度的。只要检测出声速，就可以算出被测气体的温度。检测声速的方法很多，有脉冲时间传播法、回鸣法、相位比较法、共振法等。超声波气体温度计采用共振法，它通过检测相对设置的两块板之间的空气柱的共振频率来求出声速，从而计算出温度。共振跟踪式超声波气温计能自动跟踪共振频率，从而克服了因温度变化引起声速变化而产生的检测误差，因此这种气温计特别适用于遥测和遥控。

超声波按其测温方法不同可分为两大类：一类是声波直接通过被测介质，即以介质本身作为敏感元件（如超声气温计等），这类超声波测温仪表具有响应快、不干扰温度场的特点；另一类是使声波通过与介质呈热平衡状态的敏感元件（如石英温度计、细线温度计等）。

5. 光导纤维测温仪表

近年来，传感器朝着灵敏、精确、适应性强、小巧和智能化的方向发展。在这一过程中，光纤传感器这个传感器家族的新成员备受青睐。光纤具有以下优异性能：抗电磁干扰和原子辐射的性能，径细、质软、质量小的力学性能；绝缘、无感应的电气性能；耐水、耐高温、耐腐蚀的化学性能等；它能够在人达不到的地方（如高温区、对人有害的地区、核辐射区），起到人的耳目作用，而且还能超越人的生理界限，接收人的感官所感受不到的外界信息。

光纤传感器的基本工作原理是将来自光源的光经过光纤送入调制器，使待测参数与进入调制器的光相互作用后，导致光的光学性质（如光的强度、波长、频率、相位、偏正态等）发生变化，称为被调制的信号光，在经过光纤送入光探测器，经解调后，获得被测参数。

光纤传感器可以应用于对磁、声、压力、温度、加速度、陀螺、位移、液面、转矩、光声、电流和应变等物理量的测量。光纤传感器的应用范围很广，几乎涉及国民经济和国防上所有重要领域和人们的日常生活，尤其是可以安全有效地在恶劣环境中使用，解决了许多行业多年来一直存在的技术难题，具有很大的市场需求。

光纤传感技术在温度检测中的应用也取得了很大成果，利用不同原理研制成功的光纤传感器的种类很多，如晶体光纤温度传感器、半导体吸收光纤温度传感器、双折射光纤温度传感器、光路遮断式光纤温度传感器、荧光光纤温度传感器、辐射式光纤温度传感器等。

由辐射式光纤温度传感器构成的辐射式光纤温度计，是属于一种非接触式光纤温度计，它依据光纤接收被测物体辐射能来确定被测物体的温度，是基于全辐射体的原理来工作的。20世纪70年代，美国Vanzette公司首先生产了带光导纤维探头的辐射温度计，即在检测头前面加装了一段光导纤维，并在其前端装一小视角透镜。这样，被测物体的辐射能经透镜到光导纤维内，在光导纤维里面经过多次反射传至检测器。

20世纪80年代，清华大学、浙江大学及西安电子科技大学等高校也开展了光纤高温传感器方面的研究。清华大学周炳琨等于1989年1月申请了光纤黑体腔温度传感器专利。863计划项目之一，浙江大学物理系沈永行等所研制的蓝宝石黑体腔光纤传感器，采月高发射率的陶瓷高温烧结制成的微型光纤感温腔，具有良好的长期稳定性和较高的测试精度；其静态测温范围为500~1800℃，测温精度优于±0.2%，已开始少量应用，并正在进一步推广之中。但总的来说，国内的工作多集中在静态高温测试中，动态测试研究较少。

经过测温实践证明，光导纤维测温仪表是一种具有广阔发展前景的测温工具，不仅不受电磁的干扰，电气绝缘性良好，而且对被测物体不产生影响，有利于提高测量的精度，易于实现远距离测控。

6. 激光载波测温仪表

激光是指由受激发射的光放大产生的辐射，激光是20世纪以来，继原子能、计算机、半导体之后，人类的又一重大发明。激光载波测温是利用激光作为载波，用温度信息调制激光，然后把含有温度信息的激光通过空间传播到接收部分，经信号处理达到检测温度的目的。

激光载波测温系统由发射装置和接收装置两部分组成，如图8-2所示。

图8-2的左边为发射装置，它由感温元件、频率调制、强脉冲发生器和激光器4个单元组成，它的主要作用是用温度信号调制激光，使激光器的输出频率与温度相对应。感温元件为具有负电阻温度系统的热敏电阻，其电阻值随着温度的升高而减小。热敏电阻与频率调制单元共同组成温控变频振荡器，其输出频率随着温度的变化而变化。此频率信号送入强脉冲发生器，控制半导体激光器发出激光脉冲。该激光脉冲通过发射透镜发射给接收部分。

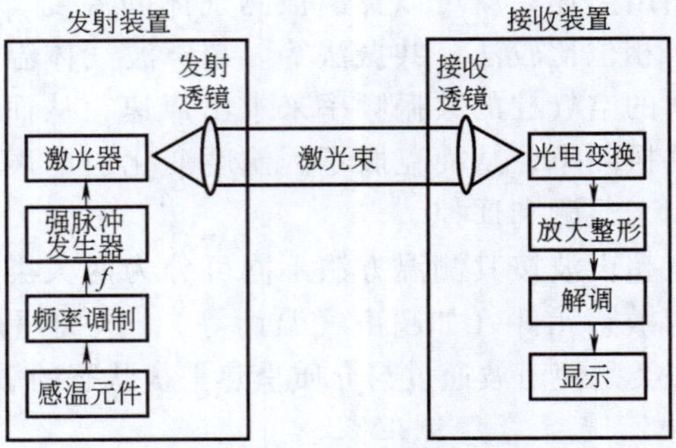

图8-2 激光载波测温系统的组成

图8-2的右边为接收装置，它由光电变换、放大整形、解调器和显示装置等部分组成，主要实现信号的光电转换、解调和显示。激光脉冲由发射透镜经过空间发射给接收透镜，一般最大发射距离可达到100m。由接收透镜把含有被测温度信息的激光脉冲聚焦后传送给光电元件，由光电元件把光脉冲信号转换成电脉冲信号，此信号经过脉冲放大器放大、整形器整形后到解调器解调。解调过程实际上就是把温度信息从调制波中取出来，再经过放大后送给显示单元显示出被测温度值。

利用激光来检测温度的最大优点是：激光检测技术属于非接触式测量技术，与接触式测量温度的方法相比，具有限制更少、效率更高、安全方便、不损伤测量表面、不易受被测对象表面状态影响等优点。

7. 温度采集记录器

单点温度采集记录器是近年来出现的一种自记式温度计，它采用先进的芯片技术，集合了温度传感、记录、传输功能，不需要专门的电源和显示设备，能够适应不同的环境。SCQ-01a就是一种性能优良的典型的单点温度采集记录器。

SCQ系列数据采集器是采用单片微机为核心的智能化仪表，它具有结构简单，测量精度高，抗干扰性强，使用方便等特点。它属于节能建筑达标专用现场检查仪表，并配有数据通信及能耗评价软件。它适用于建筑节能领域的数据采集、计量及节能评价。SCQ-01a温度采集记录器的主要性能指标见表8-3。

表8-3 SCQ-01a温度采集记录器的主要性能指标

项目	技术性能指标	项目	技术性能指标
量程范围	-30~50℃	电池供电	电压范围:3~3.6V
测量准确度	<0.5℃	输出端口	USB
采样周期	10s~24h	数据处理	专门配有专用数据通信处理软件
存储容量	16000条数据		

另外，我国研制的BES-01温度采集记录器是基于单片机技术研制开发的新一代超低功耗测试仪表，由电池进行供电，具有测温范围宽、精度高、存储量大、连续测量时间长、运行费用低、配套软件功能完善等特点。该温度采集记录器采用一体化结构，体积小，质量轻，不需现场接线，不受距离限制，使用极为方便。它适用于节能建筑现场测试中的室内外温度

采集、环境监测、科研测试等场合。

8.4 热流检测及仪表

8.4.1 热流量参数的检测

热流量是指一定面积的物体两侧存在温差时，单位时间内由导热、对流、辐射方式通过该物体所传递的热量。通过物体的热流量与两侧温度差成正比，与物体的厚度成反比，并与材料的导热性能有关。单位面积的热流量为热流通量，稳态导热通过物体的热流通量不随时间改变，其内部不存在热量蓄积；不稳态导热通过物体的热流通量与内部温度分布随着时间而发生变化。

在建筑节能和科学研究以及日常生活中，存在着大量的热量传递问题有待于解决。为了实现建筑节能和控制的要求，则需要掌握各种设备的热量变化情况，如直接测量热流量的变化和分布等，热流计的应用则可满足这种要求。

根据传热的三种基本方式——导热、对流和辐射，相应的热流也存在三种基本方式：导热热流、对流热流和辐射热流。由于对流传热的情况比较复杂，直接用热流计测量对流热流有很大的难度，而导热热流和辐射热流的测量相对比较简单，所以目前研究和应用的热流计，以导热热流计和辐射热流计为主。

热流计也称热通量计、热流仪，其全称是热流密度计，是热能转移过程的量化检测仪器，是用于测量热传递过程中热迁移量的大小、评价热传递性能的重要工具，是测量在不同物质间热量传递大小和方向的仪器。

热流计能够直接测量热流量，主要适用于现场测试建筑物围护结构保温的热力管道和冷冻管道、工业窑炉等设备壁面以及生物体或人体的散热量，对于建筑节能工作有着重要意义。

在建筑节能工程中，热流一般可分为传导型热流和辐射式热流。由于它们的热能转移方式不同，所以各自的测量原理和测试方式也不同。

（1）传导型热流　传导型热流测量原理是：依据传热的基本定律，主要针对导热热流的测量，利用在等温面上测定待测物体经过等温边界传导的逃逸热流，并对通过等温面的热流进行时间积分的方法来测定热量。

根据传导型热流测量原理，辅壁式热流计、温差式热流计、探针式热流计等，都是按照这种原理研制和测量的，其主要特点是：不需要热保护装置就能直接测定出逃逸热流。

（2）辐射式热流　热辐射是物体由于具有温度而辐射的一种电磁波现象，其波长范围一般为0.1~100μm。辐射式热流的测量方法按其测试原理不同，可以分为稳态辐射热流法和瞬态辐射热流法。

工程检测实践证明，瞬态辐射热流计具有更良好的动态响应特性和测试精度，测试系统可带多测头工作，并有热流积分功能。

8.4.2 常用热流检测仪表

热流检测仪表是建筑节能检测中不可缺少的测量工具，国内外对热流检测仪表的研制均做出了不懈努力。目前，正在深入研究和使用的热流计，主要以传导热流计和辐射热流计为主。常见的热流计有辅壁式热流计、温差式热流计、探针式热流计、辐射式热流计等。

1. *辅壁式热流计*

辅壁式热流计也称为热阻式热流计，是一种典型的传导性热流计，在各种节能技术中被广泛使用。目前，它主要用于工业设备、建筑节能检测和管道热量损失的监测与控制。

辅壁式热流计的传感器为由某种材料制成的薄基板，其基本形式是一种薄片状的探头，如图8-3所示。有很多热电偶串联而成的热电堆，布置在薄片的上下表面内，并用电镀法制成，其表层有橡胶制成的保护层，如图8-3所示。

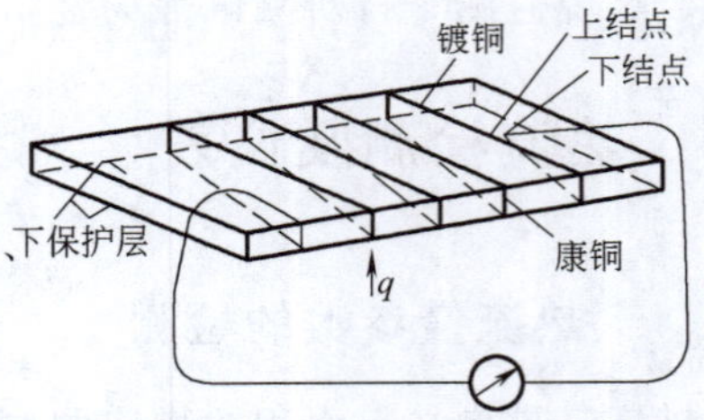

图8-3 辅壁式热流计的探头示意

在进行测量时，将热流计薄片贴于待测的壁面上，当传热达到稳定后，待测面的散热热流将穿过热流计的探头，热流计的热电堆测出热流计探头上下两面产生的温差。这个温差使装在基板内的热电堆产生一定的热电势 E。由于热电势与温差存在着一定的函数关系，通过公式则可计算出流过平板的热流密度 q。

2. 温差式热流计

温差式热流计也是一种传导性热流计，其测试的基本原理是：利用测定某等温面的瞬时温度梯度，确定穿过等温面的热流密度。在实际测量时，温度梯度是通过连接试样容器和恒温接受体导热层的两个等温面之间的温差来确定的。

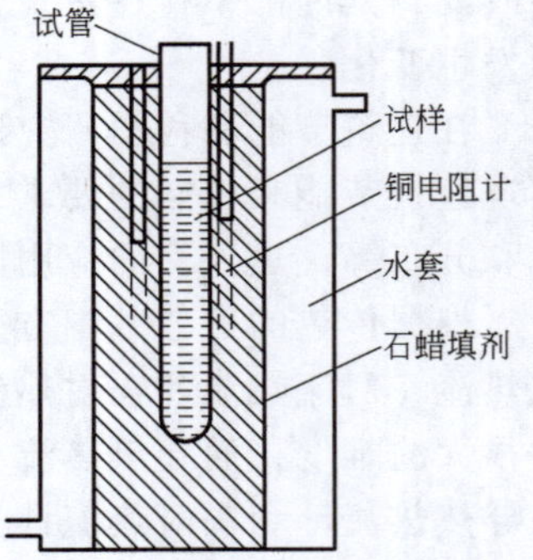

图8-4 简易的温差式热流计

图8-4所示是一种简易的温差式热流计，这种热流计具有足够的长径比和良好的对称性，量热器的水温保持恒定，那么在半径为 r 处的圆柱面将是等温面，则温度梯度可近似地通过半径为 r 的两个小间距等温面的关系求得。

由于温差式热流计依据瞬时测量原理，试样容器及导热层对热流测量值产生一定影响。在测量过程中，热接受体一直维持恒温，如果试样和试样容器满足集总热容的假定，导热层的热容足够小，可以忽略不计。

3. 探针式热流计

热流测量实践表明，在热流的实际测量过程中，辅壁式热流计在很多特殊场合很难发挥其作用。为了进行热流量的检测，研制出很多专用的热流计。如对于高热通量的射流传热热流的检测，可采用探针式热流计。

图8-5所示是一种典型的稳态法热流探针结构。在稳态法测量中，采用水冷量热探针确定探针表面处输入的热流密度。测量装置由外圈环形水冷壁及中心水冷圆柱探针两部分组成，两者之间采取绝热绝缘，在进行测量时，当冷却水温度升到稳定状态后，根据热量平衡得到探针轴线处的平均热流密度。如果将探针放置在热流的不同径向位置处，就可以得到热流密度的径向分布情况。

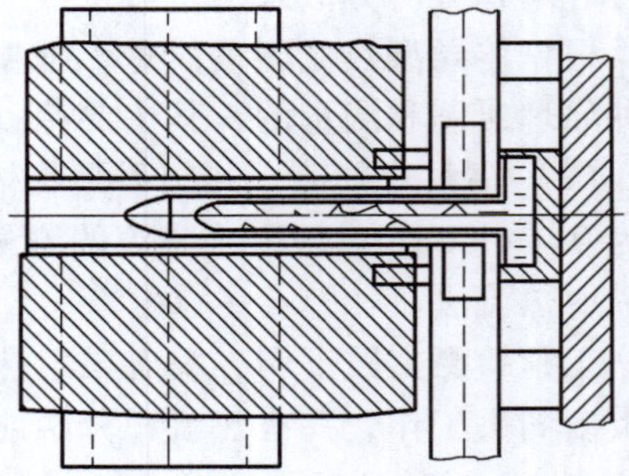
图8-5 典型的稳态法热流探针结构

稳态法测量方法的优点是：试验数据的处理比较简单，引起测量结果误差的因素比较少。稳态法测量方法的缺点是：要求射流必须在相当长的时间内稳定运行；探针和量热器的结构比较复杂，常常会造成许多问题。

图8-6所示是一种测量电弧等离子体射流的传热热流的薄壁型热流探针结构，它通过测量探针敏感元件背部热电偶的温度随着时间变化曲线，从而求出敏感元件前端面处的局部热流密度，使探针在垂直射流轴线的方向上做横向扫描，就可得到射流的局部热流密度径向分布。

图 8-7 所示是另一种动态热流探针，它在探针中心处安放一个小圆柱，小圆柱周围绝热，而后表面用水冷却，在小圆柱内部靠近前表面的位置安装一个内置热电偶。在热流探针暴露于射流的初始阶段，可认为感温圆柱的后表面温度恒等于冷却水温度，根据内置热电偶的指示温度，利用一维非稳态导热方程数值解反推出圆柱前端的输入热流。

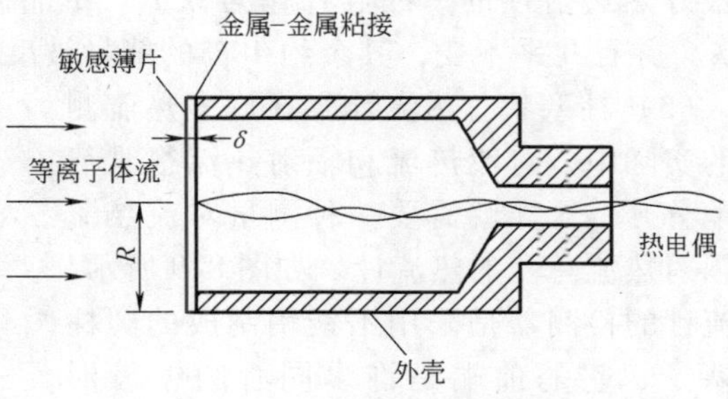

图 8-6　薄壁型热流探针结构

动态探针式热流计测量方法具有如下特点：①探针的结构简单，反应非常灵敏；②测量时间短，效率比较高；③对高能流密度场合的测量可采用一次性探针；④外部数据采集需要连接计算机，并且需要计算后才能求得结果；⑤误差分析比较复杂，影响因素比较多。

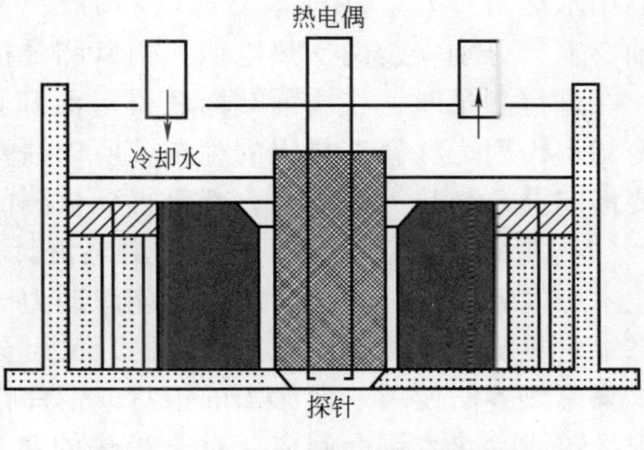

图 8-7　内置热电偶型热流探针

4. 辐射式热流计

辐射式热流计的种类很多，按照其测试原理不同，可分为稳态辐射热流计和瞬态辐射热流计两大类。在实际热流检测中，常见的有 2π 辐射热流计、板状探头辐射计、柱塞状总热流计、瞬态辐射热流计等。

(1) 2π 辐射热流计　2π 辐射热流计是一种稳态辐射热流计，其探头是用不锈钢制成的，在探头的前端有一椭圆形腔，椭圆的两个焦点处分别为小孔和检测器。辐射热流从立体角为 2π 的球面外投射到小孔，通过小孔，经过反射到达检测器。检测器把接收的热量沿连接杆传至杆的尾端，检测器和尾杆端的温度由缠在杆上并焊在杆两端的铜-康铜差分热电偶对测出。利用热电偶的输出值与辐射热量之间的关系，即可求得辐射热流量。2π 辐射热流计主要适用于测定高炉膛不同深处的辐射热。

(2) 板状探头辐射计　板状探头辐射计的探头制成板状或片状，其结构组成如图 8-8 所示。这种辐射计的工作原理是：把一块圆形金属板嵌在一个质量较大的铜套上，铜套的周围用冷却水维持等温。金属板与铜套同心，其表面要涂黑。金属板上接受的热量传给铜套。如果在金属板中心与铜套底部测出温差后，则可用式 (8-7) 求得热流密度。即

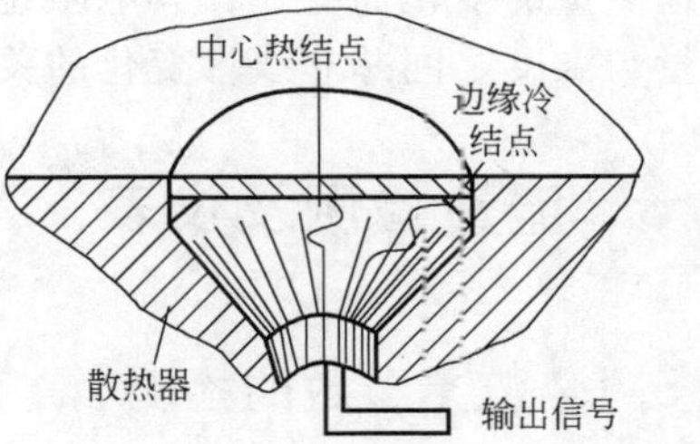

图 8-8　片状热流探头示意

$$q = K\Delta T \tag{8-7}$$

式中　q——热流密度 (W/m^2)；

K——热流密度计算系数，$K=4\delta\lambda/R^2$；

ΔT——板中心温度 T_1 与铜套温度 T_2 之差 (℃)，$\Delta T=T_1-T_2$；

δ——板的厚度 (m)；

R——热电阻值 (Ω)；

λ——板的热导率 [W/(m · K)]。

为了使板状探头辐射计不受对流的影响，测量纯粹的辐射热流，通常在康铜板前安装具

有很好热透射性的单晶硅片作为保护。单晶硅片对波长为1.1~7μm的光的透射率为56%~59%，并且几乎不变，其余约40%的能量被反射掉。

(3) 柱塞状总热流计 在许多热流测量的实际中，对流热流和辐射热流很难清楚地分开，这样就需要一种测量对流热流和辐射热流总和的热流计。如图8-9所示，热流计的检测器是采用不锈钢制成的圆柱形塞子，它的前端是许多同心圆锯齿形槽，并将其涂成黑色，以便更多地吸收辐射热流，外面有用以防止散热的保护管，后端用水进行冷却。在柱塞靠前端和后端的轴心上，分别安装两支热电偶，用以测量检测器两端的温差。

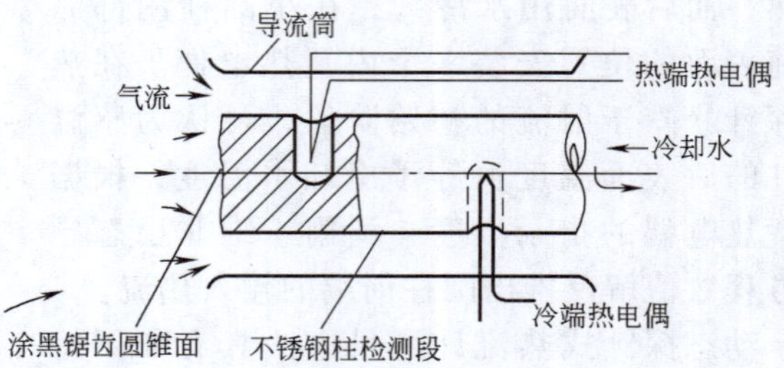

图8-9 柱塞状总热流计示意

在进行测量时，柱塞前端面获得对流和辐射热流的总热流，并沿着柱塞的轴向传给后面的冷却水，因为柱塞有热阻的存在，所以柱塞两端存在温差，其大小与通过柱塞的热流有关，只要标定温差与热流的关系，就可得到被测的总热流。

(4) 瞬态辐射热流计 瞬态辐射热流计是研究辐射换热的重要工具，在太阳能利用、空间技术、气象研究、工业、冶金、能源动力、建筑空调、医疗卫生等领域中都有重要的应用。瞬态辐射热流测试根据测试原理不同，又可分为集总热容法和薄膜法两种。

集总热容法使用一面涂黑的银盘或铜片作为感受体，将它与支座绝热，支座腔（恒温腔）由水冷腔或大热容铜套制成。对于受热的银盘或铜片可写出热平衡方程，然后对集总热容法建立的热平衡方程求解，便可得出瞬态辐射热流。

薄膜法的目的是计量感受件的热容，使之获取的热量只和感受件与周围接触体的温差有关。基于这种原理制成的薄膜辐射热流计的薄膜探头非常薄，并且用对温度敏感的电阻薄膜沉积在绝缘的物体上制成。

热辐射透过玻璃传到薄膜表面时，表面被加热并向周围传热，薄膜的温度随透射辐射和传递热量的变化而变化，其电阻也因此而发生变化。由于这种变化的响应速度非常快，且受热量与温度之间并非线性变化的关系，一般需要用计算机来进行计算。

8.5 流量检测及仪表

8.5.1 流量参数的检测

流量测量是研究物质量变的科学，质量互变规律是事物联系发展的基本规律。流量、压力和温度并列为三大检测参数，对于一定的流体，只要知道这三个参数就可以计算出其具有的能量，在建筑节能检测中也是必须检测的三个参数。

流量是指单位时间内流过某一截面的流体量，或者在某一段时间内流过某一截面的流体量。前者称为瞬时流量，简称为流量；后者称为累计流量，简称为总量。

在建筑节能检测中，为了准确地掌握锅炉、空调、通风管道等的运行情况，需要检测系统中的流动介质（如液体、气体或蒸汽、固体粉末、热流等）的流量，以便为建筑节能评估、推广和实施提供可靠的依据。由此可见，流量参数的检测在建筑节能检测中是非常重要的。

1. 流量的分类

在一般情况下所讲的流量，是指流动的物体在单位时间内通过的数量。流量又可分为体积流量和质量流量。

（1）体积流量　体积流量是单位时间里通过过流断面的流体体积，用符号 Q_V 表示，其单位为 m^3/s。如果在某截面上的流速不相等，其体积流量应以积分的方式进行计算；如果在某截面上的流速相等，其体积流量应为流体流速与该截面面积的乘积。

（2）质量流量　质量流量是指单位时间内通过某截面流体的质量，用符号 Q_n 表示，其单位为 kg/s。如果在某截面上的流速不相等，其质量流量应以积分的方式进行计算；如果在某截面上的流速相等，其质量流量应为流体密度与该截面面积的乘积。

由于流体的体积受流体工作状态的影响很大，所以在用体积流量表示时，必须同时给出流体的压力和温度。

2. *流量参数的检测原理和方法*

建筑节能流量检测实践表明，由于流量检测具有条件的多样性和复杂性，因此流量检测的方法也是多种多样，也是热工参数检测中检测方法最多的一种。据不完全统计，国内外流量参数检测的方法已有上百种，其中有几种是建筑节能检测中常用的。

流量参数检测方法的分类是比较复杂的问题，目前国内还没有统一的分类方法。从检测量的不同，可以分为容积法、流速法和直接检测质量流量法。

（1）流量检测的容积法　如果流体以固定的体积从容器中逐次排放流出，对排放流出的次数计数，就可以求得通过仪器的流体总量；如果检测排放的频率，就可以显示出流量。这种流量检测的方法称为容积法，也称为体积流量法或直接法。

容积法是单位时间内以标准固定的体积，对流动介质连续不断地进行度量，以排放流体固定容积数来计算流量的。如刮板式流量计、圆盘式流量计、椭圆齿轮流量计、转动活塞式流量计和腰轮流量计等，都是按照这种原理进行流量检测的。这类检测仪器所显示的是体积流量和总量，必须同时检测流体的密度才能求出质量流量。

容积法的主要特点是流动状态对检测精度影响小，具有较高的精度，适用于检测高黏度、低雷诺数的流体，不宜用于检测高温高压流体和脏污介质的流量，同时测量流量的上限也比较小。

（2）流量检测的流速法　根据一元流动连续方程，当流动截面恒定时，截面上的平均流速与体积流量成正比，按照这个规律和根据各种与流速有关的物理现象，便可以制造流量计。如利用超声波在流体中的传播速度，取决于声速和流速的矢量和，从而可制成超声波流量计。另外，涡轮流量计、节流式流量计、涡旋式流量计、动压测量管和电磁式流量计等均属于这类。它们也是显示体积流量的，如果需要显示质量流量，还需要测量流体的密度。

流速法又称为速度法或间接法，即先测出管道内的平均流速，再乘以管道的截面积求得流体的体积流量。由于流速法采用平均流速，所以管道条件对检测精度影响很大，如雷诺数、涡流、截面流速分布不对称等，都会造成测量仪表的显示误差。

（3）直接检测质量流量法　直接检测质量流量法又称为质量流量法，它的物理基础是使流体流动得到某种加速度的力学效应与质量流量的关系，如动量和动量矩等都与流体质量有关。这种原理制成的流量计是通用流量计，可以直接提供与 dQ_m/dt 有关的信息，即显示的读数是 dQ_m/dt 的函数，与流体的成分和参数无关。如动量矩式质量流量计、双涡轮质量流量计、惯性力式质量流量计等。

1）动量矩式质量流量计是根据牛顿第二定律的原理制作的压力测量仪，用流体动量矩的变化反映质量流量的，从力学角度来说，质量是物体惯性的量度。

2）双涡轮质量流量计的原理是：该力矩差由连接弹簧所平衡，并使两涡轮间形成扭角，因两涡轮叶后螺旋倾角不同而造成力矩差，扭角的大小与质量流量成比例，测量因扭角造成的信号时间差，就可得到质量流量。

3）惯性力式质量流量计利用被测流体流经以等速转动的可动测量管件时，得到一个附加加速度，从而可动管件管壁受到流体给的与加速度反方向的惯性力，此惯性力与质量流量成比例，由测量惯性力或惯性力矩可测得质量流量。

质量流量检测法又可分为直接法和间接法两大类。直接法是利用检测元件，使输出信号直接反映质量流量；间接法是利用两个检测元件，分别测出两个相应的参数，通过运算间接获取流体的质量。

3. 流量检测仪表的类型

在建筑节能检测中，由于流量的检测情况非常复杂，所以用于流量检测仪表的结构和原理多种多样，国内外的产品型号、规格也很多，严格地将其分类是很困难的。根据目前建筑节能检测中的应用情况来看，无论是一般检测还是特殊检测，无论是大流量检测还是小流量检测，大部分都是利用节流原理进行流量检测的差压式流量计。

从总体上来看，流量计一般可分为速度式流量计、容积式流量计和质量式流量计三大类。

1）速度式流量计在工程中常见的有孔板流量计、转子流量计、靶式流量计、电磁流量计、超声波流量计、激光流量计和涡轮流量计等。

2）容积式流量计在工程中常见的有椭圆齿轮流量计、腰轮流量计、转动活塞式流量计、刮板式流量计、伺服式流量计、圆盘式流量计和旋涡式流量计等。

3）质量式流量计在工程中常见的有热式质量流量计、差压式质量流量计、动量式质量流量计，以及各种不同组合的间接式质量流量计。

8.5.2 常用流量检测仪表

流量检测是建筑节能检测中的重要组成部分，随着流量检测技术的快速发展，用于流量检测的仪表很多，如差压式流量计、转子流量计、靶式流量计、电磁流量计、涡轮式流量计、容积式流量计、叶轮式流量计等。

1. 差压式流量计

（1）差压式流量计的测量原理　差压式流量计是根据管道中流量检测件产生的差压，已知的流体和检测件与管道的几何尺寸来计算流量的仪表。差压式流量计是一类应用最广泛的流量计，在各类流量仪表中其使用量占居首位。

差压式流量计的测量原理是：在流动管道上装有一个节流装置，其内装有一个孔板，中心处开有一个圆孔，其孔径比管道内径小，在孔板前流束稳定地向前流动，在流过孔时由于孔径变小，截面积收缩，使稳定的流动状态被打乱，流速必然加快，在节流装置前后产生一个较大的静压差。静压差与流量的大小有关，流量越大，压差越大。因此，只要测出压差就可以推算出流量。把流体流过节流装置流速的收缩造成压力变化的过程称为节流流程，利用上述结构原理来检测流量的仪表称为差压式流量计。

从理论上讲，差压式流量计的测量原理，实际上取不同截面来检测流体流速与压力的变化情况，然后按照伯努利方程推导出流体的体积流量或质量流量。

（2）差压式流量计的基本组成　节流装置在导管中使流体收缩而产生压差信号能够表征流过管道的流量大小，这个压差信号还必须由导压管引出，并用相应的压差计来检测，最终才能得到流量的大小。由此可见，一套完整的差压式流量计，应由以下3个部分组成：①将被检测流体的流量变换成压差信号的节流装置；②传输压差信号的信号管路；③检测压差的压差计或压差变送器及显示仪表。

节流装置主要包括节流元件和取压装置。节流元件的形式很多，作为流量检测用的节流元件，有标准节流元件和特殊节流元件两种。标准节流元件主要有标准孔板、标准喷嘴和标准文丘里管，对于标准节流元件，在计算时都有统一标准的规定、要求和计算所需的有关数据、图表及程序。

特殊节流元件也称为非标准节流元件，如双重孔板、偏心孔板、圆缺孔板、1/4 圆缺喷嘴等。它们可以利用已有的试验数据进行估算，但必须用试验方法进行单独标定。特殊节流元件主要用于特殊介质或特殊工况条件的流量检测。

由于节流的类型和功能有所区别，其取压装置也各有不同，而且由于取压的位置不同，在同一流量下的压差大小也不相同。如标准节流装置包括角接取压、法兰取压、径距取压、理论取压和管接取压 5 种取压位置。

1）角接取压，即取压接管正好在孔板的前后与管道的夹角处，一般有两种方式。图 8-10 中的上半部分为环式取压结构，下半部分为单独钻孔取压结构。取压管上、下游取压孔的轴线距孔板上、下游的距离，分别等于取压管的半径或取压环宽度的一半，取压位置见图 8-10 中的截面1~1。

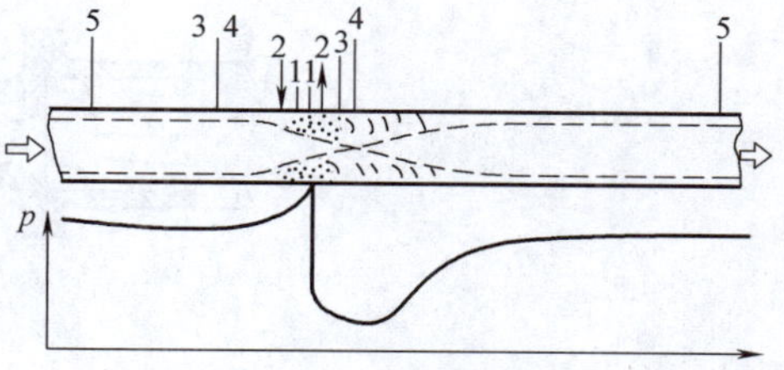

图 8-10 孔板的几种取压方式示意

2）法兰取压，即取压接管安装在法兰上，上、下游侧取压孔的轴线分别位于孔板前、后端面（24.5±0.8）mm 的位置上，取压位置见图 8-10 中的截面 2~2。

3）径距取压，也称为 $D-D/2$ 取压法，上游侧取压轴线距孔板端距离为 1 倍管道直径，下游侧取压轴线距孔板端距离为管道直径的 50%，取压位置见图 8-10 中的截面 3~3。

4）理论取压，即上游取压孔轴线距孔板前端面为 10.1 倍管道直径，下游取压孔轴线距孔板端面的距离取理论上流束最小截面处，其位置与孔径比及管道截面直径有关，取压位置见图 8-10 中的截面 4~4。

5）管接取压，即上游侧取压孔轴线距孔板前端距离为 2.5 倍管道直径，下游侧取压孔轴线距孔板前端距离为 8 倍管道直径，取压位置见图 8-10 中的截面 5~5。

（3）差压式流量计标准节流装置　差压式流量计使用历史悠久，对节流装置的研究也比较充分，试验数据资料比较齐全，各国已经把某些形式的节流装置标准化，并把这些标准形式的节流装置称为“标准节流装置”，制定了相应的国家标准和规程。目前国际标准已做出规定的标准节流装置有：角接取压标准孔板、法兰取压标准孔板、径距取压标准孔板、角接取压标准喷嘴、径距长距喷嘴、文丘里喷嘴和古典文丘里管等。几种常见的节流装置如图 8-11 所示。

节流装置包括节流件、取压装置和符合要求的前后直管段。标准节流装置是指节流件和取压装置都标准化，节流前后的检测管道符合有关规定，这类节流装置是通过大量试验总结出来的，在检测中所取得的试验结果是可靠的。

标准节流装置一经设计和加工完毕，便可以直接投入使用，不需要再进行单独标定。这意味着，在标准节流装置的设计、加工、安装和使用中，必须严格按照规定的技术要求、规程和数据进行，以确保流量检测的准确性。

标准节流装置的检测精度如何，影响因素很多，主要包括标准节流件、取压装置、管道条件和安装要求。

2. 转子流量计

转子流量计又称为浮子流量计，是一种变面积式的流量计。这种流量计在一根由下向上扩大的垂直锥管中，圆形横截面的浮子的重力是由液体动力承受的，浮子可以在锥管中自由地上升和下降。在流速和浮力作用下进行上下运动，与浮子重量平衡后，通过磁耦合传到刻度盘上指示流量。

转子流量计按制作材料不同，一般为金属转子流量计和玻璃转子流量计两种。金属转子

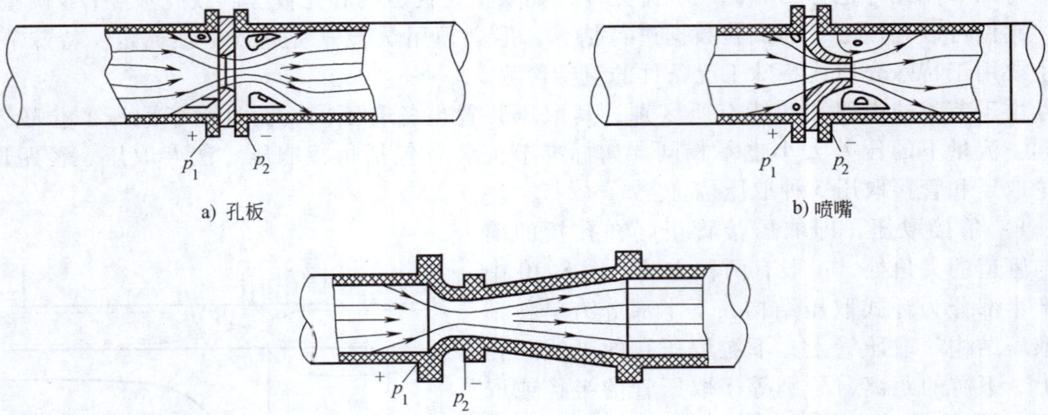

a) 孔板　b) 喷嘴　c) 文丘里管

图 8-11　几种常见的节流装置

流量计是工业上最常用的，对于小管径有腐蚀性介质的通常采用玻璃转子流量计。由于玻璃材质的本身易碎性，关键的控制点也应用全钛等贵重金属为材质的转子流量计。

(1) 转子流量计的工作原理　转子流量计由两部件组成，一个是从下向上逐渐扩大的锥形管；另一个是置于锥形管中且可以沿管的中心线上下自由移动的转子。转子流量计的结构如图 8-12 所示。

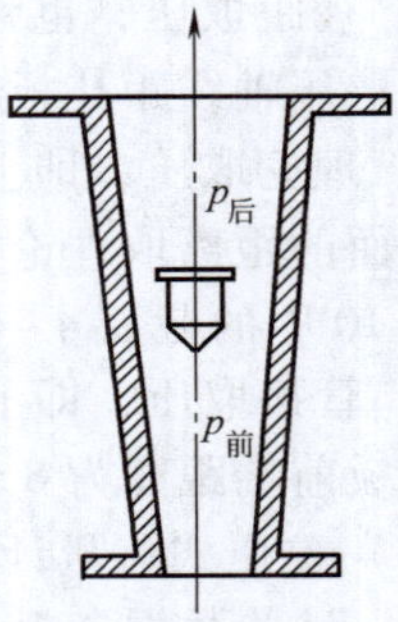

图 8-12　转子流量计的结构

当测量流体的流量时，被测流体从锥形管下端流入，流体的流动冲击着转子，并对它产生一个作用力；当流量足够大时，所产生的作用力将转子托起，并使之升高。同时，被测流体流经转子与锥形管壁间的环形断面，从上端流出。当被测流体流动时对转子的作用力正好等于转子在流体中的重量时，转子受力处于平衡状态而停留在某一高度。分析表明：转子在锥形管中的位置高度，与所通过的流量有着相互对应的关系。因此，观测转子在锥形管中的位置高度，就可以求得相应的流量值。

为了使转子在锥形管的中心线上下移动时不碰到管壁，通常采用两种方法：一种是在转子中心装有一根导向芯棒，以保持转子在锥形管的中心线做上下运动；另一种是在转子圆盘边缘开有一道道斜槽，当流体自下而上流过转子时，一面绕过转子，同时又穿过斜槽产生一反推力，使转子绕中心线不停地旋转，就可保持转子在工作时不碰到管壁。转子流量计的转子材料可用不锈钢、铝、青铜等制成。

(2) 转子流量计的基本类型　转子流量计主要分为就地指示型转子流量计和远传型转子流量计两类。就地指示型转子流量计又分为金属转子流量计和玻璃转子流量计；远传型转子流量计又称为转子流量变送器，如我国生产的电远传型转子流量计 LZ/LZD，可根据不同流体的温度、压力、密度、黏度等物理量，具有测量精度高，互换性能好，流量范围更宽，连接方式更多，安装维修更方便等优点。

1) 玻璃转子流量计的主要测量元件为一根垂直安装的下小上大锥形玻璃管和在其内可上下移动的浮子。当流体自下而上经锥形玻璃管时，在浮子上下之间产生压差，浮子在此差压作用下上升。当上升的力、浮子所受的浮力及黏性升力与浮子的重力相等时，浮子处于平衡位置。因此，流经玻璃转子流量计的流体流量与浮子上升高度，即与玻璃转子流量计的流通面积之间存在着一定的比例关系，浮子的位置高度可作为流量量度。

玻璃转子流量计主要用于化工、石油、轻工、医药、化肥、食品、染料、环保及科学研究等各个部门中，用来测量单相非脉动流体的流量。防腐蚀型玻璃转子流量计主要用于有腐蚀性液体、气体介质流量的检测，例如强酸（氢氟酸除外）、强碱、氧化剂、强氧化性酸、有机溶剂和其他具有腐蚀性气体或液体介质的流量检测。

2）金属转子流量计是变面积式流量计的一种，在一根由下向上扩大的垂直锥管中，圆形横截面的浮子的重力是由液体动力承受的，浮子可以在锥管内自由地上升和下降。在流速和浮力作用下上下运动，与浮子重量平衡后，通过磁耦合传到刻度盘上指示流量。

3. 靶式流量计

靶式流量计是指以检测流体作用在测量管道中心并垂直于流动方向的圆盘上的力来测量流体流量的流量计。靶式流量计于20世纪60年代开始应用于工业流量测量，主要用于解决高黏度、低雷诺数流体的流量测量，先后经历了气动表和电动表两大发展阶段，SBL系列智能靶式流量计是在原有应变片式靶式流量计测量原理的基础上，采用了最新型电容压力传感器作为测量和敏感传递元件，同时利用了现代数字智能处理技术研制的一种新式流量计量仪表。

（1）靶式流量计的工作原理　当介质在测量管中流动时，因其自身的动能与靶板产生压差，而产生对靶板的作用力，使靶板产生微量的位移，其作用力的大小与介质流速的平方成正比。靶板所受的作用力，经靶杆传递使传感器的弹性体产生微量变化，经过电路转换，输出相应的电信号。

采用电容式压力传感器是该新型产品真正实现高精度、高稳定性的关键核心，彻底改变了原有应变式靶式流量计抗过载（冲击）能力差，存在静态密封点等种种限制，不但发挥了靶式流量计原有的技术优势，同时又具有与容积式流量计相媲美的测量准确度，加之其特有的抗干扰、抗杂质性能，除能替代常规流量所能测量的流量计量问题，尤其是在小流量、高黏度、易凝易堵、高低温、强腐蚀、强振动等流量计量困难的工况中具有很好的适应性。目前已广泛应用于冶金、石油、化工、能源、食品、环保、水利、建筑等各个领域的流量测量。

（2）靶式流量计的主要特点

1）整机可以做成全密封的形式，不存在任何泄漏点，可耐42MPa的高压。

2）传感器不与被测介质接触，不存在零部件磨损，使用安全可靠。

3）能准确测量各种常温、高温（500℃）、低温（-200℃）工况下的气体和液体流量，计量准确，精度可达到0.2%。

4）重复性好，一般为0.05%~0.08%，测量快速。

5）抗干扰和抗杂质的能力特别强。

6）安装简单方便，维护非常容易。

7）可根据实际需要更换阻流件（靶片）而改变量程。

8）多种输出形式，能远传各种参数。

9）压力损失小，一般仅为标准孔板的1/2左右。

10）抗振动性强，在一定范围内可测脉动流。

4. 电磁流量计

电磁流量计是指根据电磁感应定律，利用测量导电流体平均速度而显示流量的流量计，也是目前应用最为广泛的流量计之一。电磁流量计可以用于测量酸、碱、盐溶液，水煤浆，矿浆，砂浆灰泥，纸浆，树脂，橡胶乳，合成纤维浆，感光乳胶等各种悬浮物和黏性物质的流量。电磁流量计密封性能好，还可用于自来水和地下水道系统。

（1）电磁流量计的工作原理　电磁流量计是一种根据法拉第电磁感应定律来测量管内导电介质体积流量的感应式仪表。电磁流量计的工作原理是：当导电的流体在管道中流动时，在管道的两侧加一个磁场，被测介质流过管道就切割磁力线，在两个检测电极上产生感应电势，其大小与流体的运动速度成正比，以此则可计算出流体的流量。

(2) 电磁流量计的类型与特点　电磁流量计根据分类方法不同，其类型也有所不同。按电磁场产生的方式不同，可分为直流励磁、交流励磁、低频矩形波励磁、双频率励磁等；按输出信号连接和励磁连线制式不同，可分为四线制、两线制；按其用途不同，可分为通用型、防爆型、卫生型、耐浸水型、潜水型等；按传感器与变送器的组装方式不同，可分为分体型和一体型两大类。

我国生产的分体型电磁流量计是一种根据法拉第电磁感应定律来测量管内导电介质体积流量的感应式仪表，采用单片机嵌入式技术，实现数字励磁，同时在电磁流量计上采用CAN现场总线，属国内首创，技术达到国内领先水平。分体型电磁流量计除可测量一般导电液体的流量外，还可测量液固两相流，高黏度液流及盐类、强酸、强碱液体的体积流量。

电磁流量计具有如下特点：

1) 仪表结构简单、可靠，无可动部件，工作寿命长。

2) 无截流阻流部件，不存在压力损失和流体堵塞现象。

3) 无机械惯性，响应快速，稳定性好，可应用于自动检测、调节和程控系统。

4) 测量精度不受被测介质的种类及其温度、黏度、密度、压力等物理量参数的影响。

5) 采用聚四氟乙烯或橡胶材质衬里和Hc、Hb、Ti等电极材料的不同组合可适应不同介质的需要。

6) 备有管道式、插入式等多种流量计型号。

7) 采用EEPROM存储器，测量运算数据存储保护安全可靠。

8) 特别适用于检测1m以上口径的水流量，检测精度比较高。

9) 适用于测量各种复杂流体的流量，只要是可以导电的，被测流体可以是酸、碱、盐等介质，也可以是含有颗粒、悬浮物等的介质。

但是，电磁流量计也存在如下缺点：它要求被测的流体必须是导电的，不能检测不导电的气体和石油等的流量；由于感应电势信号需要放大，因此电路复杂、成本较高。

5. 涡轮式流量计

(1) 涡轮式流量计的工作原理及组成

1) 涡轮式流量计是速度式流量计中的主要种类，它采用多叶片的转子感受流体平均流速，从而推导出流量或总量的仪表。涡轮式流量计的工作原理是：当流体流过时，冲击涡轮的叶片，使涡轮产生旋转，涡轮的旋转速度随着流量的变化而变化，根据涡轮的转速可以求出流体的流量。

2) 涡轮式流量计主要由涡轮、导流器、外壳、磁电传感器、前置放大器5部分组成，如图8-13所示。

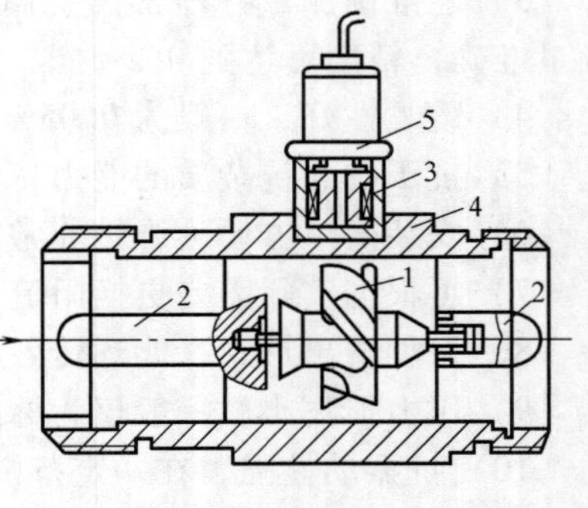

图8-13　涡轮式流量计的组成

1—涡轮　2—导流器　3—外壳　4—磁电传感器　5—前置放大器

① 涡轮。涡轮也称叶轮，是涡轮式流量计的主要组成部分，其两端支承在轴承上，当流体流过螺旋叶片时，在流体力的作用下，涡轮产生转动，流体的流速越快，其动能就越大，叶轮的转速也就越高。由于叶轮叶片用高导磁材料制成，当叶片转动时，便周期性地改变上部磁电传感器中线圈产生的磁通量，输出周期性的电信号。

② 导流器。导流器是用来稳定流体的流向和支承叶轮的，并可避免因流体的自旋而改变其与涡轮叶片的作用角。

③ 外壳。涡轮式流量计的外壳由非导磁的不锈钢制成，用以固定和保护内部零件，并与流体管道连接起来。

④ 磁电传感器。磁电传感器由线圈和磁钢组成，用以将叶轮的转速转换成相应的电信号。

⑤ 前置放大器。前置放大器用以放大磁电感应转换器输出的微弱电信号，以便进行远距离传送。

涡轮式流量计的测量过程是：当流体流过涡轮式流量计时，推动涡轮转动，高导磁的涡轮叶片周期性地扫过磁钢，使磁路中的磁阻发生变化，线圈中的磁通量同样发生周期性的变化，线圈中便感应出电脉冲信号。脉冲的频率与涡轮的转速成正比，也就是与流体的流量成正比。这种电信号经前置放大器放大后，送入电子计数器或电子频率计，累计流体的总量或指示流量。

(2) 涡轮式流量计的主要特点

1) 涡轮式流量计的优点如下：

① 精度高，一般情况下可达±1%、±0.5%，高精度型可达±0.2%。

② 反应快，滞后时间可小于 50ms。

③ 输出脉冲频率信号，适于总量计量及与计算机连接，无零点漂移，抗干扰能力强。

④ 结构紧凑轻巧，安装维护方便，流通能力大。

⑤ 可制成插入型，适用于大口径测量，压力损失不大于 0.03MPa，安装维护方便。

2) 涡轮式流量计的缺点如下：

① 制造比较困难，成本比较高。

② 涡轮的转速高，轴承易磨损。

③ 要求被测介质应当洁净。

④ 一般适用于小口径的流量测量等。

6. 容积式流量计

容积式流量计又称定排量流量计，简称 PD 流量计，在流量仪表中是精度最高的一类。它利用机械测量元件把流体连续不断地分割成单个已知的体积部分，根据测量室逐次重复地充满和排放该体积部分流体的次数来测量流体体积总量。

(1) 容积式流量计的工作原理　容积式流量测量是采用固定的小容积反复计量通过流量计的流体体积。所以，在容积式流量计内部必须具有构成一个标准体积的空间，通常称其为容积式流量计的“计量空间”或“计量室”。这个空间由仪表壳的内壁和流量计转动部件一起构成。

容积式流量计的工作原理为：流体通过流量计就会在流量计进、出口之间产生一定的压力差。流量计的转动部件在这个压力差作用下将产生旋转，并将流体由入口排向出口。在这个过程中，流体一次次地充满流量计的“计量空间”，然后又不断地被送往出口。在给定流量计条件下，该计量空间的体积是确定的，只要测得转子的转动次数，就可以得到通过流量计的流体体积的累积值。

(2) 容积式流量计的类型与特点　容积式流量计按其测量元件分类，可分为椭圆齿轮流量计、刮板流量计、双转子流量计、旋转活塞流量计、往复活塞流量计、圆盘流量计、液封转筒式流量计、湿式气量计及膜式气量计等。

1) 容积式流量计的优点如下：

① 计量精度很高，完全可满足精度要求。

② 安装管道条件对计量精度没有影响。

③ 可用于高黏度液体的测量。

④ 测量的范围比较宽。

⑤ 直读式仪表无需外部能源可直接获得累计总量，清晰明了、操作简便。

2）容积式流量计的缺点如下：

① 结构比较复杂，仪表体积庞大。

② 被测介质种类、口径、介质工作状态局限性较大。

③ 不适用于高温和低温场合的测量。

④ 大部分仪表只适用于洁净单相流体。

⑤ 测量中易产生噪声及振动。

7. 叶轮式流量计

叶轮式流量计是应用流体动量矩原理测量流量的装置，是属于速度式的流量计。叶轮的旋转角速度与流量呈线性关系，测得旋转角速度就可测得流量值。常用水表、煤气表均是按照这种原理工作的流量计。

（1）叶轮式流量计的工作原理　叶轮式流量计的工作原理与水轮机相似。其具体工作原理是：将叶轮置于被测流体中，让被测流体充满具有一定容积的空间，然后再把这部分流体从出口排出，根据单位时间内排出的瞬时流体体积与叶轮转速成正比，可直接确定体积流量；或者是叶轮受流体流动的冲击而旋转，以叶轮旋转的快慢来反映流量的大小。典型的叶轮式流量计是水表和涡轮流量计，其结构可以是机械传动输出式或电脉冲输出式。

（2）叶轮式流量计类型与特点　常见的叶轮式流量计有家用自来水表和水表户外计量系统。叶轮式流量计的结构比较简单、制作比较容易、价格比较低廉、安装使用方便，但测量精度不高，一般只有2级左右。

8.6 热量检测及仪表

8.6.1 热量测量仪表

1. 热量表的工作原理

传统的热量测量方法是用流量计测量流体的流量，用温度计测量流体的进出温度，然后再用热量计算公式进行计算。热量表的出现很好地解决了传统测量方法的不足。热量表把流量表、温度计、数据处理系统有机地结合在一起。热量表工作时，在一定的时间内，其热量与进出水管的温差、流过热水的体积成正比。流过热水的体积通过流量计测出，并通过变送器传给数据处理系统，进出水管温差通过安装在管道上的配对温度计测出，并传给数据处理系统，数据处理系统根据流过流体体积、温差进行时间积分，计算出热量消耗并显示和记录。

热量表是测量计算热量的仪表。热量表的具体工作原理是：将一对温度传感器分别安装在通过载热流体的上行管和下行管上，流量计安装在流体入口或回流管上，流量计发出与流量成正比的脉冲信号，一对温度传感器给出表示温度高低的模拟信号，而积算仪采集来自流量和温度传感器的信号，利用积算公式算出热交换系统获得的热量。

2. 热量表的基本类型

热量表按照结构和原理不同，可分为机械式、电磁式、超声波式等种类。热量表的分类实际上是以流量计的类型不同而进行区分的，理论上可用于测量热水的流量计很多，但真正应用的主要有机械式和非机械式两类。机械式热量表主要包括旋翼式和螺翼式；非机械式热量表主要包括超声波式和电磁式等。

（1）机械式热量表　机械热量表又可分为单流束和多流束两种，水在表内从一个方向单股推动叶轮转动的表为单流束表。其不足之处是表的磨损大，使用年限短。水在表内从多个方向推动叶轮转动的表为多流束表。该表相对磨损小，使用年限长。叶轮分为螺翼和旋翼两种形式。一般小口径（DN15~DN40）户用表使用旋翼，大口径（DN50~DN300）的工艺表使用螺翼。机械式热量表的质量保证期一般是 2 年。

机械式热量表的流量传感信号传递不需要外部电源，不需要消耗电能；压力损失小，量程比较大；安装维护方便，价格比较低廉；但是，必须适应 95℃以上工作需要，不可简单地用冷水表代替。

（2）超声波式热量表　超声波式流量计是利用超声波在流动的流体中传播时，顺水流传播速度与逆水流传播速度差计算流体的流速，从而计算出流体流量。对介质无特殊要求；流量测量的准确度不受被测流体温度、压力、密度等参数的影响。超声波热量表有两种形式，一种是直射式也叫对射式，其工作原理是：超声波换能器直接发射和接收信号确定流量。另一种是反射式也叫对流式，其工作原理是：超声波换能器通过反射板平面的反射速度确定流量。

（3）电磁式热量表　电磁式热量表是采用电磁式流量计的热量表的统称。由于是无机械转动元件，不易损坏，测量精度高，计量稳定可靠。但由于成本比较高，需要外加电源等原因，所以很少有热量表采用这种流量计。目前，国内有些热量表生产企业利用用户对热能表的结构和原理不了解情况，将一般机械式热量表当作电磁式热量表介绍给用户。此种现象需要警惕。

3. 供暖系统的热量测量

（1）双管水平并联式供暖系统和单管水平串联跨越式供暖系统　随着住宅功能的提高和供暖收费机制的改革，新建住宅可在住户外的楼梯间设管道井，室内管道设计成水平式。这种布置形式既便于按户进行计量，又便于按户加以控制。室内双管水平并联式供暖系统如图 8-14 所示，室内单管水平串联跨越式供暖系统如图 8-15 所示。

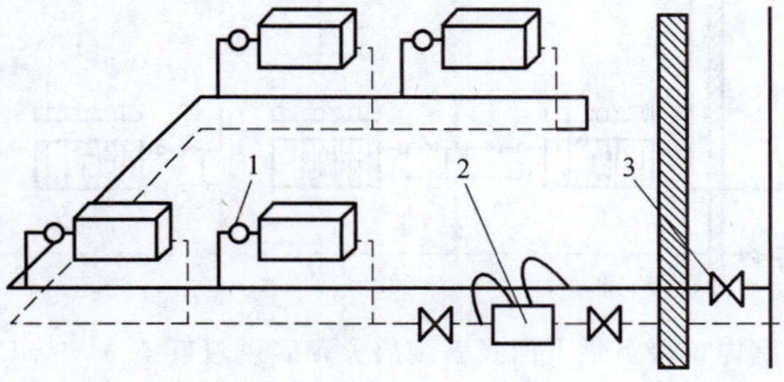

图 8-14　室内双管水平并联式供暖系统

1—温控阀　2—热量表　3—锁闭阀

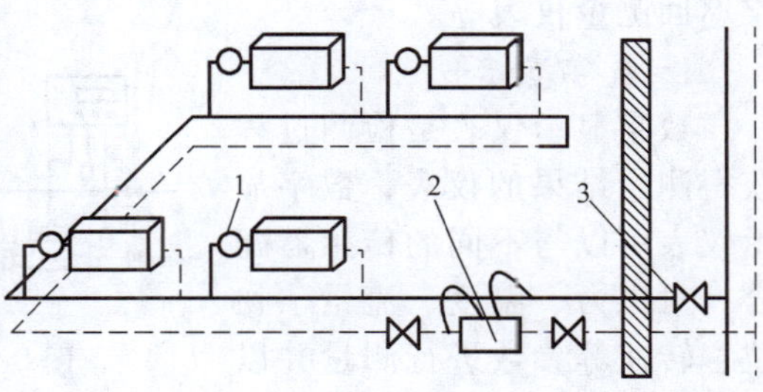

图 8-15　室内单管水平串联跨越式供暖系统

1—温控阀　2—热量表　3—锁闭阀

从图 8-14 和图 8-15 中可以看出，一户一阀、一户一表的热量计量方式，供暖系统是设计成水平双管并联或单管串联形式且设置管道井。这种供暖方式的室内供暖系统投资相对更高一些，但采取分户计量符合我国国情，是今后大力推广和发展的方向。

（2）室内双管上供下回式安装热分配表供暖系统和室内单管上供下回式安装热分配表供暖系统　传统的室内供暖系统，为了节省管道用材，避免双管系统因高层建筑的垂直失调，大多数为单管顺流系统。实行计量供暖后，双管系统直接在散热器上加装温度控制阀和热分配表即可，而单管顺流系统需要加装旁通管，改造为单管跨越式供暖系统。

室内双管上供下回式安装热分配表供暖系统如图 8-16 所示，室内单管上供下回式安装热分配表供暖系统如图 8-17 所示。

从图 8-16 和图 8-17 中可以看出，热分配式的供暖计量方法，是在一栋楼或一个门栋入口处安装一块热量表，每个用户的散热器上安装热分配表的计量方法。我国老的住宅大多数采用这种供暖系统。

8.6.2　数据采集仪表

数据采集仪表就是将在检测过程中传感器测量出的数据，通过转换器储存到存储元件的仪表。数据采集仪表主要由测量探头、转换器、导线、存储元件、数据处理、显示器等组成。

实现数字显示的基本过程，是将连续变化的被测物理量通过模-数（A-D）转换器先转换为与其成比例的断续变化的数字量，然后再进行数字编码、传输、存储、显示或打印。一般情况下，电量、直流电压和频率易于实现数字化。因此，在使用中总是将各种被测参数先通过传感器转换为电信号，然后再送入数字仪表。

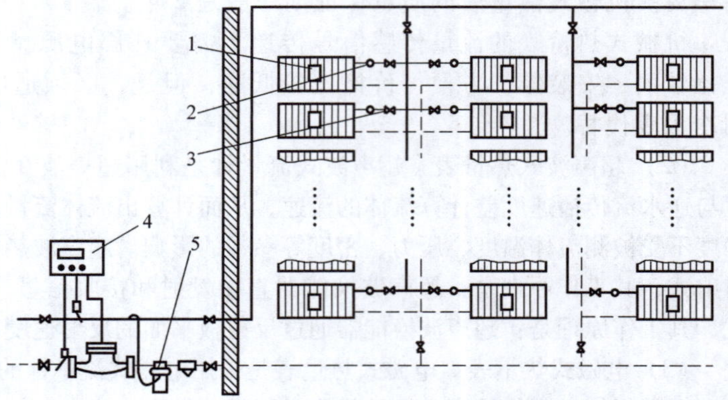

图 8-16 室内双管上供下回式安装热分配表供暖系统

1—热分配表 2—温控阀 3—锁闭阀 4—热量表 5—压差控制器

随着科学技术的进步和建筑节能检测的要求，数据采集仪表的品种越来越多，在检测中常见的有数字显示仪表和数字巡回测量仪表等。

1. 数字显示仪表

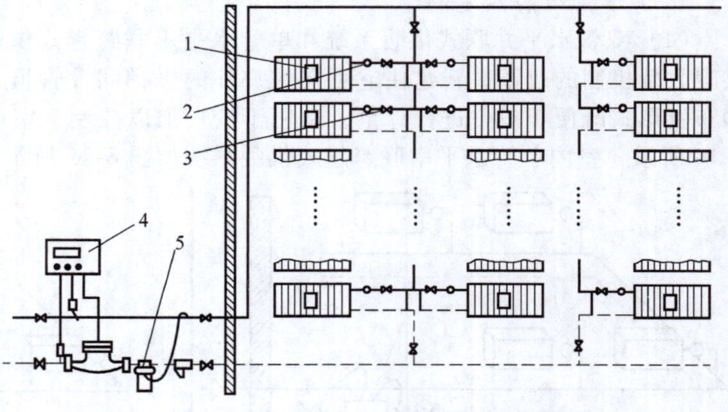

图 8-17 室内单管上供下回式安装热分配表供暖系统

1—热分配表 2—温控阀 3—锁闭阀 4—热量表 5—压差控制器

数字显示仪表是检测过程获得测量结果的仪表，数字显示仪表可以与不同的传感器配合，对压力、温度、流量、物位、转速等参数进行测量并以数字的形式显示被测结果，所以称为数字显示仪表。数字显示仪表显示直观、没有人为视觉误差、反应迅速、准确度高。目前数字显示仪表在各个行业已得到广泛的应用。

数字显示仪表主要由前置放大器、A-D转换器、非线性补偿、标度变换及计数显示器5部分组成。其中，A-D转换器、非线性补偿、标度变换的次序可以互换。其基本组成如图8-18所示。

图 8-18 数字显示仪表的基本组成

（1）前置放大器 被测参数经变送器变换后的信号，一般只有毫伏（mV）数量级，而模-数（A-D）转换器一般要求输入电压为伏（V）级，所以必须采用前置放大器。

由于前置放大器的性能直接影响整机指标，所以设计制造性能良好的放大器是一个非常重要的问题。一般用于数字仪表中的放大器必须满足以下要求：①线性度良好，一般要求非线性误差要小于全量程的0.1%；②具有高精度和高稳定性的放大倍数；③具有高输入阻抗和低输出阻抗；④抗干扰能力强；⑤具有较快的反应速度和过载恢复时间。

（2）A-D转换器 A-D转换器有多种，常用的有两种：双积分型和逐次比较电压反馈编码型。

1）双积分型 A-D 转换器的基本原理。将一段时间内的模拟量电压值通过两次积分变换成与其成正比的时间间隔，然后利用时钟脉冲和计数器测出此时间间隔，从而得到数字量。该转换器的特点：①电路元件参数要求不苛刻；②有很强的抗工频干扰能力；③不宜用在快速测量系统中。

2）逐次比较电压反馈编码型 A-D 转换器的基本原理。用一套标准电压与被测电压进行比较并不断逼近，最后达到一致。标准电压值的大小就表示了被测电压的大小。将这一与被测电压相平衡的标准电压以二进制形式输出，就实现了模-数转换过程。

A-D 转换器是数字显示仪表和计算机输入通道的重要组成部分。由于大规模集成电路技术的发展，A-D 转换器现在多数已集成化。在 A-D 转换中必须有一定的量化单位使模拟量整量化，量化单位越小，整量化的误差就越小，数字量也就越接近模拟量本身的值。因此，A-D 转换器实际上是一个量化器。当其输入量为模拟信号 A，输出为数字信号 D 时，A-D 转换器的输出和输入关系可用式（8-8）表示

$$D=A/R \tag{8-8}$$

式中 D——输出的数字量；

A——输入的模拟量；

R——量化单位。

连续模拟量的范围非常广，测量上有各种各样的物理量，常用电压-数字转换。电压-数字转换的方法有多种，按照转换的过程不同，可分为直接法和间接法。

直接法是直接由电压转换成数字量。只需要一套基准电压，使之与被转换电压进行比较，把电压转化为数字量，所以又称为比较型 A-D 转换器，如逐次比较电压反馈编码型 A-D 转换器。

间接法是电压不直接转换成数字量，而是首先转换成一个中间量，再由中间量转换成数字量。目前应用最多的是电压-时间间隔型 A-D 转换器和电压-频率型 A-D 转换器。

（3）非线性补偿　大量的试验结果表明，多数感受件输出信号与输入被测量之间呈非线性关系。这对于指针式模拟显示仪表来说，只需将标尺刻度按对应的非线性关系进行划分即可。但是，在数字显示仪表中，不可以用非线性刻度来进行划分，这是因为：二-十进制数码是通过等量化取得的，是线性递增或递减的，所以要消除非线性造成的误差，必须在仪表中加入非线性补偿。

补偿的目的是使输出更加接近理论值。造成非线性关系输出的原因很多，除了传感器自身的因素外，还有很多外界因素。这些外界因素很复杂，不能直接计算得到。所以要进行非线性补偿，排除其他影响因素，才能得到合理的输出。目前，非线性补偿常用方法有：非线性 A-D 转换法和数字式非线性补偿法。

（4）标度变换　所谓标度变换是指将数字仪表的显示值和被测原始物理量统一起来的过程。因为放大器输出的测量值与工程实际值之间往往存在一定的比例关系，因此，测量值乘上某常数后，才能转换成数字显示仪表所能直接显示的工程实际值，这个过程称为标度变换。

通俗地说，标度变换就是放大或缩小的码尺变换，对分形来说用不同的码尺所测得的结果，有随码尺的变化而变化的，也有随码尺的变化而不变的。分形理论就是基于对事物在不同标度变换下的不变性。

例如，当采用 Cu100 热电阻作为测温元件时，温度每变化 1℃，其阻值变化 0.428Ω，测量值与被测值的关系并不是一目了然，如果有一恒定电流 2.34mA 通过这个电阻，则温度每变化 1℃时，这个热电阻的两端电压变化为 1mV，这样测量值与被测物理量就统一起来了。

（5）计数显示器　数字显示仪表要将测量和处理的结果直接用十进位制数的形式显示出来，所以许多集成显示器都包含二-十进制译码电路，将 A-D 转换器输出的二进制先转换成十进制，再通过驱动电路显示出十进制的测量结果。

数字显示器从原理上不同，可分为发光二极管（LED）显示器、液晶（LCD）显示器和等离子显示器等。数字显示器根据尺寸不同，可分为小型显示器、中型显示器、大型显示器和特大型显示器。

2. 数字巡回测量仪表

随着建筑节能检测工作的广泛开展，热工检测的项目及数量相应增多，如果再采用单一的检测仪表，已经不能满足热工检测的需要。

数字巡回测量仪表简称巡测仪，这种仪表能够对多个热工测点进行巡回测量显示，可以实现一表多用的功能目的。数字巡回测量仪表的种类较多，既有十几点到几十点的单一参数或多参数小型巡测仪，也有几百点的大型巡测仪。各种巡测仪的基本组成是相同的，与单点数字显示仪表的不同之处，是在A-D转换器之前加了采样系统。

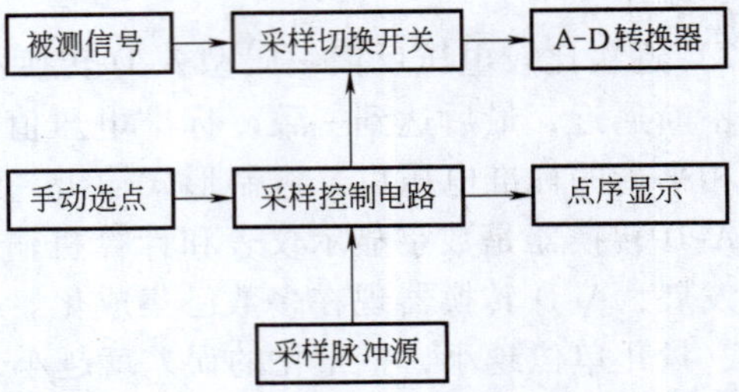

图 8-19 数字巡测仪的采样系统

采样系统包括控制电路、采样开关、采样保持器、点序显示等，如图 8-19 所示。自动采样时，采样控制电路在采样脉冲的作用下控制采样开关的动作，使相应的被测信号进入前置放大器；同时由点序显示电路显示点序。采用手动选点采样时，手动点序号，采样控制电路接收点序号控制采样开关，并将被选参数送至A-D转换器。

微电子技术和计算机技术的不断发展，引起了仪表结构的根本性变革，以微型计算机为主体，将计算机技术和检测技术有机结合，组成新一代“智能化仪表”，在测量过程自动化、测量数据处理及功能多样化方面与传统仪表的常规测量电路相比较，取得了巨大进展。智能仪表不仅能解决传统仪表不易或不能解决的问题，还能简化仪表电路，提高仪表的可靠性，更容易实现高精度、高性能、多功能的目的。随着科学技术的进一步发展，仪表的智能化程度将越来越高，不但能完成多种物理量的精确显示，同时可以带变送输出、继电器控制输出、通信、数据保持等多种功能。

智能仪表是指以单片微型计算机为核心的仪表。智能仪表的特点：体积小、可靠性高、功能强及使用灵活，很容易与计算机连接。测量仪表智能化，通过微处理器的数据处理和存储等功能，可进行各种自动校正。操作可自动化，便于操作，提高了测试的准确度。具有自测试自诊断的功能，大大提高了仪表的可靠性，简化和加快了仪表的检修工作。智能仪表将会以其优异的性能，逐步替代传统的检测仪表。

8.7 供暖空调系统能效检测技术及应用

供暖空调工程系统是由空调机组、冷（热）水输送管道、水泵、空气处理设备、空气输送管道和空气分配装置组成的系统。

供暖空调工程系统检测内容包括冷水（热泵）机组实际性能检测、水泵效率检测、冷源系统能效系数检测、风机单位风量耗功率及效率检测、空调风系统新风量检测和定风量系统平衡度检测，如图 8-20 所示。

8.7.1 冷水（热泵）机组实际性能检测

1. 冷水（热泵）机组实际性能系数的检测数量

应符合下列规定：

1）对于2台及以下（含2台）同型号的机组，应至少抽取1台。

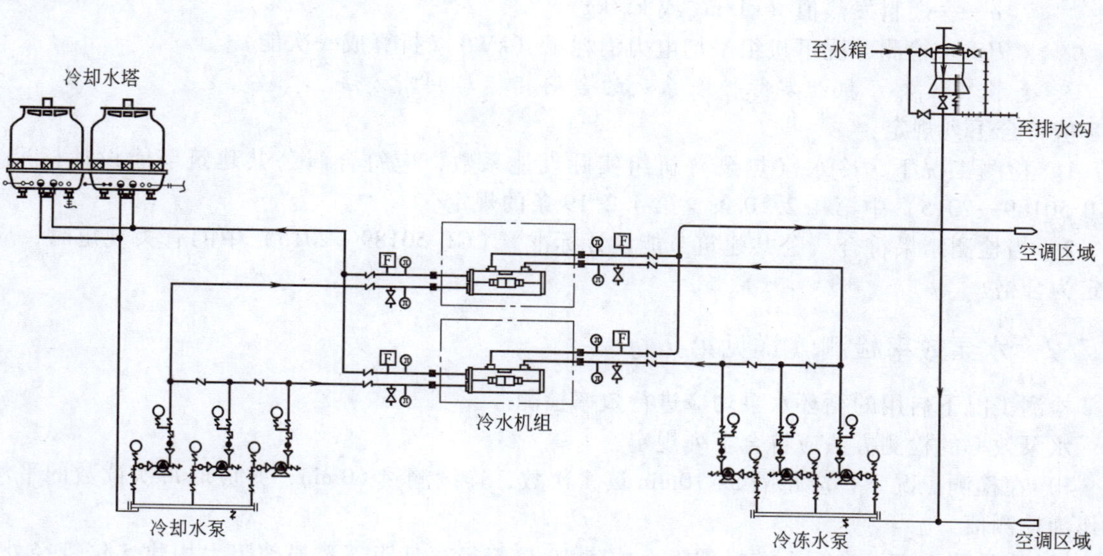

图 8-20 空调系统

2）对于3台及以下（含3台）同型号的机组，应至少抽取2台。

2. 冷水（热泵）机组实际性能系数的检测方法

应符合下列规定：

1）在检测工况下，应每隔5~10min读1次数，连续测量60min，并应取每次读数的平均值作为检测值。

2）供冷（热）量测量应符合《公共建筑节能检测标准》（JGJ/T 177—2009）中附录C的有关规定。

3）冷水（热泵）机组的供冷（热）量应按式（8-9）计算

$$Q_0 = V\rho c\Delta t/3600 \tag{8-9}$$

式中 Q_0——冷水（热泵）机组的供冷（热）量（kW）；

V——冷水平均流量（m^3/h）；

ρ——冷水平均密度（kg/m^3）；

c—冷水平均比定压热容［kJ/(kg·℃)］；

Δt—冷水进口与出口的平均温差（℃）。

4）电驱动压缩机的蒸气压缩机冷水（热泵）机组的输入功率应在电动机输入线端测量。输入功率检测应符合《公共建筑节能监测标准》（JGJ/T 177—2009）中附录D的有关规定。

5）电驱动压缩机的蒸气压缩机循环冷水（热泵）机组的实际性能系数（COP_d）应按式（8-10）进行计算

$$COP_d = Q_0/N \tag{8-10}$$

式中 COP_d——电驱动压缩机的蒸气压缩机循环冷水（热泵）机组的实际性能系数；

N——检测工况下机组平均输入功率（kW）。

6）溴化锂吸收式冷水机组的实际性能系数（COP_x）应按式（8-11）进行计算

$$COP_x = \frac{Q_0}{(Wq/3600+P)} \tag{8-11}$$

式中 COP_x——溴化锂吸收式冷水机组的实际性能系数；

W——检测工况下机组平均燃气消耗量（m^3/h），或燃油消耗量（kg/h）；

q——燃料发热值（kJ/m^3 或 kJ/kg）；

P——检测工况下机组平均电力消耗量（kW）（折算成一次能）。

3. 冷水（热泵）机组实际性能系数的合格指标与判断方法

应符合下列规定：

1）检测工况下，冷水（热泵）机组实际性能系数，应符合《公共建筑节能设计标准》（GB 50189—2015）中第 4.2.10 条、第 4.2.19 条的规定。

2）当检测结果符合《公共建筑节能设计标准》（GB 50189—2015）中的有关规定时，应判定为合格。

8.7.2 水泵效率检测（详见第7章）

检测工况下启用的循环水泵均应进行效率检测。

水泵效率的检测方法应符合下列规定：

1）在检测工况下，应每隔 5~10min 读 1 次数，连续测量 60min，并应取每次读数的平均值作为检测值。

2）流量测点宜设在距上游局部阻力构建 10 倍管径，且距下游局部阻力构建 5 倍管径处，压力测点应设在水泵进、出口压力表处。

3）水泵的输入功率应在电动机输入线端测量，输入功率检测应符合《公共建筑节能检测标准》（JGJ/T 177—2009）中附录 D 的有关规定。

4）水泵的效率可按式（8-12）进行计算

$$\eta = V\rho g \Delta H / 3.6P \tag{8-12}$$

式中 η——水泵的效率；

V——水泵平均水流量（m^3/h）；

ρ——水的平均密度（kg/m^3），可根据水温由物性参数表查取；

g——自由落体加速度（m/s^2），取 9.8 m/s^2；

ΔH——水泵进口与出口的平均压差（m）；

P——水泵平均输出功率（kW）。

水泵效率的合格指标与判定方法应符合下列规定：

1）检测工况下，水泵效率检测值应大于设备铭牌值的 80%。

2）当检测结果符合 1）中的规定时，应判定为合格。

8.7.3 冷源系统能效系数检测

冷源系统能效系数是指冷源系统在单位时间制冷量与单位时间冷水机组、冷水泵、冷却水泵和冷却塔风机耗能之和的比值。从这个定义可以看出得到能效系数，需要检测系统的制冷量和系统的能耗。系统能耗就是系统用电设备能耗，不包括空调系统的末端设备。系统制冷量的检测方法、需要的仪器设备和计算方法，与“供冷（热）量”相同。冷水机组、冷水泵、冷却水泵和冷却塔风机的输入功率，应在电动机输入线端同时测量，在测试时段内累计各用电设备的输入功率应进行平均累加，其检测方法与“冷水（热泵）机组”相同。

在现行行业标准《公共建筑节能检测标准》（JGJ/T 177—2009）中，对冷源系统能效系数的检测有具体的规定，在检测中应严格执行。

所有独立的冷源系统均应进行冷源系统能效系数检测。

冷源系统能效系数检测方法应符合下列规定：

1）在检测工况下，应每隔 5~10min 读 1 次数，连续测量 60min，并应取每次读数的平均值作为检测值。

2）供冷量的测量应符合在现行行业标准《公共建筑节能检测标准》（JGJ/T 177—2009）中附录C的有关规定。

3）冷源系统供冷量可按式（8-13）进行计算

$$Q_0 = V\rho c\Delta t/3600 \tag{8-13}$$

式中　Q_0——冷源系统的供冷量（kW）；

V——冷水平均流量（m^3/h）；

ρ——冷水平均密度（kg/m^3）；

c——冷水平均比定压热容［kJ/(kg·℃)］；

Δt——冷水进口与出口的平均温差（℃）。

ρ、c可根据介质进口和出口平均温度由物性参数表查取。

4）冷水机组、冷水泵、冷却水泵和冷却塔风机的输入功率，应在电动机输入端同时测量；输入功率检测应符合现行行业标准《公共建筑节能检测标准》（JGJ/T 177—2009）中附录D的有关规定。检测期间各用电设备的输入功率应进行平均累加。

5）冷源系统能效系数（EER_{sys}）可按式（8-14）进行计算

$$EER_{sys} = Q_0/\sum N_i \tag{8-14}$$

式中　EER_{sys}——冷源系统能效系数（kW/kW）；

$\sum N_i$——冷源系统各用电设备的输入功率之和（kW）。

冷源系统能效系数合格指标与判定方法应符合下列规定：

1）冷源系统能效系数的检测值应符合表8-4中的规定。

表8-4　冷源系统能效系数限值

类型	单台额定制冷量/kW	冷源系统能效系数/(kW/kW)	类型	单台额定制冷量/kW	冷源系统能效系数/(kW/kW)
水冷冷水机组	<528	2.30	风冷或蒸发冷却	≤50	1.80
	528~1163	2.60			
	>1163	3.10		>50	2.00

2）当检测结果符合表8-4中的规定时，应判定为合格。

8.7.4　风机单位风量耗功率及效率检测

1. 风机单位风量耗功率的检测数量

应符合下列规定：

1）抽检的比例不应少于空总数的20%。

2）不同风量的空调机组抽检数量不应少于1台。

2. 风机单位风量耗功率的检测参数及仪器

风机单位风量耗功率的检测的参数有风管风量、电动机功率。风机单位风量耗功率的检测仪器：风管风量用毕托管和微压计进行测量，当动压小于10Pa时，宜采用数字式风速计；电动机功率用功率表检测。

3. 风机单位风量耗功率及效率的检测方法

应符合下列规定：

1）风机单位风量耗功率的检测，应在空调通风系统正常运行工况下进行。

2）风量检测应采用风管风量检测方法，并应符合《公共建筑节能检测标准》（JGJ/T 177—2009）中附录E的有关规定。

3）风管风量测量断面应选择在机组出口或入口直管段上，测量位置与上游局部阻力部件的距离不小于5倍管径或风管长边尺寸（对于矩形风管），并与下游局部阻力部件的距离不小于2倍管径或风管长边尺寸（对于矩形风管）。

4）风机的风量应为吸入端风量和压出端风量的平均值，且风机前后的风量之差不应大于5%。

5）风机的输入功率应在电动机输入线端同时进行测量，输入功率检测应符合《公共建筑节能检测标准》（JGJ/T 177—2009）中附录D的有关规定。

6）风机效率可按式（8-15）进行计算

$$\eta = V\Delta p/(3600\times1000P) \tag{8-15}$$

式中 η——风机的效率；

V——风机平均风量（m^3/h）；

Δp——风机进口与出口的平均压差（Pa）；

P——风机轴功率（kW）。

7）风机单位风量耗功率（W_s）应按式（8-16）进行计算

$$W_s = N/L \tag{8-16}$$

式中 W_s——风机单位风量耗功率［$W/(m^3/h)$］；

N——风机的输入功率（W）；

L——风机的实际风量（m^3/h）。

4. 风机单位风量耗功率的合格指标与判定方法

应符合下列规定：

风机单位风量耗功率的检测值应符合现行国家标准《公共建筑节能设计标准》（GB 50189—2015）中的相关规定。风机的单位风量耗功率限值见表8-5。

表8-5 风机的单位风量耗功率限值 ［单位：$W/(m^3/h)$］

系统形式	办公建筑		商业、旅馆建筑	
	粗效过滤	粗、中效过滤	粗效过滤	粗、中效过滤
两管制定风量系统	0.42	0.48	0.46	0.52
	0.47	0.53	0.51	0.58
两管制变风量系统	0.58	0.64	0.62	0.68
	0.63	0.69	0.67	0.74
普通机械通风系统	0.32			

8.7.5 空调风系统新风量检测

新风量是指不从空调系统进入的，而是从门窗进入的空气总量。新风量是衡量室内空气质量的一个重要标准，新风量直接影响空气的流通和室内空气污染的程度，只有把握好室内新风量，才能保证室内空气治理，营造良好健康的室内环境。

1. 空调风系统新风量的检测数量

应符合下列规定：

1）空调风系统新风量的抽检比例不少于新风系统数量的20%。

2）不同风量的新风系统抽检数量不应少于1个。

2. 空调风系统新风量的检测方法

应符合以下规定：

1）检测应当在系统正常运行后进行，且所有的风口应处于正常开启状态。

2）新风量检测应采用风管风量检测方法，并应符合现行行业标准《公共建筑节能检测标准》（JGJ/T 177—2009）中附录E的有关规定。

3. 新风量检测的合格指标与判别方法

应符合下列规定：

1）新风量的检测值应符合设计要求，其允许偏差不应超过±10%。

2）当检测结果符合 1）中的规定时，应判定为合格。

8.7.6　定风量系统平衡度检测

1. 定风量系统平衡度的检测数量

应符合下列规定：

1）每个一级支管路均应进行定风量系统平衡度的检测。

2）当其余支路小于或等于 5 个时，应当全数检测。

3）当其余支路大于 5 个时，应按照近端 2 个、中间区域 2 个、远端 2 个的原则进行检测。

2. 定风量系统平衡度的检测方法

应符合下列规定：

1）检测应在系统正常运行后进行，且所有的风口应处于正常开启状态。

2）风系统检测期间，受检风系统的总风量应维持恒定且宜为设计值的 100%~110%。

3）风量检测应采用风管风量检测方法，也可采用风量罩风量检测方法，并应符合现行行业标准《公共建筑节能检测标准》（JGJ/T 177—2009）中附录 E 的有关规定。

4）风系统平衡度应按式（8-17）进行计算

$$\mathrm{FHB}_j = G_{\mathrm{a},j}/G_{\mathrm{d},j} \tag{8-17}$$

式中　FHB_j——第 j 个支路的风系统平衡度；

$G_{\mathrm{a},j}$——第 j 个支路的实际风量（$\mathrm{m^3/h}$）；

$G_{\mathrm{d},j}$——第 j 个支路的设计风量（$\mathrm{m^3/h}$）；

j——支路的编号。

3. 定风量系统平衡度检测的合格指标与判别方法

应符合下列规定：

1）90%的受检支路平衡度应为 0.9~1.2。

2）当检测结果符合 1）中的规定时，应判定为合格。

思　考　题

1. 为什么要进行建筑节能监测？获得建筑物耗能量指标的方法有哪些？各自的使用范围是什么？

2. 按照我国现行的建筑节能现场检测标准《居住建筑节能检测标准》（JGJ/T 132—2009）中的规定，现场检测的项目主要包括哪些内容？

3. 简述温度参数的检测原理和方法。

4. 热流的分类及测试仪表的类型是什么？

5. 流量及流量计的分类是什么？

6. 热量表的工作原理是什么？

7. 供暖空调工程系统的组成及能效检测的内容是什么？

参　考　文　献

[1]　龙惟定，武涌. 建筑节能技术［M］. 北京：中国建筑工业出版社，2009.

[2]　李德英. 建筑节能技术［M］. 北京：机械工业出版社，2006.

[3]　刘伟庆. 建筑节能技术及应用［M］. 北京：中国电力出版社. 2011.

[4]　王荣光，沈天行. 可再生能源利用与建筑节能［M］. 北京：机械工业出版社，2004.

[5]　涂逢祥. 建筑节能［M］. 北京：中国建筑工业出版社，2003.

[6]　徐占发. 建筑节能技术实用手册［M］北京：机械工业出版社，2005.

[7]　张雄，张永娟. 建筑节能技术与节能材料［M］. 北京：化学工业出版社，2009.

第 9 章 可再生能源在建筑中的应用

9

9.1 可再生能源利用现状及发展

9.1.1 可再生能源的定义及种类

所谓可再生能源，是指那些随着人类的大规模开发和长期利用，总的数量不会逐渐减少和趋于枯竭，甚至可以不断得以补充，即不断“再生”的能源资源，如太阳能、地热、风能、水能、海洋能、潮汐能等。而非可再生能源，是指那些随着人类的大规模开发和长期利用，总的数量会逐渐减少而趋于枯竭的一次能源，如煤、石油、天然气等。

9.1.2 可再生能源利用现状

当今高昂的石油、汽油和天然气价格，以及全球变暖的趋势，在一定程度上源于化石燃料的大量消费，再加上世界上主要的石油和天然气生产地中东能源供应的不确定性，使世界上许多国家的能源政策加快向可再生能源倾斜。尽管存在诸多效益问题，但可再生能源继续在许多国家的能源计划中受到重视。可再生能源的环境效益是明显的，也是重要的，与传统的化石燃料不同，可再生能源将会永远持续发展下去。

替代能源的开发正在加快。200 多年前开始大规模使用煤炭，100 多年前开始大规模使用石油，30 多年前开始大规模使用天然气，现在，煤炭、石油和天然气的价格与需求均在增长之中，使用它们都有温室气体排放（GHG）问题。火电厂排放的 CO_2 占世界排放量的 40%，是运输行业排放量的一倍。即使使用天然气替代传统的燃煤，排放量也只减少一半。而用风能替代火力发电，则可避免碳排放。

虽然来自替代能源的能源将起着不断增长的作用，但据预测，化石燃料在未来几十年内仍将占主要地位。今后 25 年内，由于各国政府的大力支持，风能和太阳能等可再生能源将以两位数增长，虽然这些替代能源的规模还相对较小，但在世界能源构成中将日显重要。

我国风能资源总量为 7 亿~12 亿 kW，陆地技术可开发风能资源储量大于海上，年发电量可达 1.4 万亿~2.4 万亿 kW·h；太阳能资源丰富地区的面积占国土面积 96%以上，每年地表吸收的太阳能大约相当于 1.7 万亿 t 标准煤的能量；当前可利用生物质资源约为 2.9 亿 t，主要是农业有机废弃物；可开发的水能资源总量非常丰富，约为 6 亿 kW·h，全国水能技术开发量至少也在 5 亿 kW 以上，年可提供电量 2.5 万亿 kW·h。

据我国《可再生能源发展“十二五”规划》介绍，水电是目前技术成熟和最具有经济性的可再生能源，到 2010 年年底，全国水电装机容量已达到 2.16 亿 kW，比 2005 年翻了近一番。2010 年水电发电量为 6867 亿 kW·h，占全国总发电量的 16.2%，折合 2.3 亿 t 标准煤，约占能源消费总量的 7%。风电进入规模化发展阶段，技术装备水平迅速提高。到 2010 年底，风电累计并网装机容量 3100 万 kW。2010 年风电发电量为 500 亿 kW·h。太阳能热利用日益普及，应用范围和领域不断扩大。到2010年底，太阳能热水器安装使用总量达到1.68亿m^2，年替代化石能源约2000万t标准煤。生物质能多元化发展，综合利用效益显著。到2010年底，各类生物质发电装机容量总计约为550万kW。地热能和海洋能利用技术不断发展，产业化应用潜力较大。浅层地温能在建筑领域的开发利用快速发展，到2010年底，地源热泵供暖制冷建筑面积达到1.4亿m^2。潮汐能利用技术基本成熟，波浪能、潮流能等技术研发和小型示范应用取得进展，开发利用工作尚处于起步阶段，目前已有较好的技术储备。2010年，计入沼气、太阳能热利用等尚没有纳入商品能源统计的品种，可再生能源利用量为2.86亿t标准煤，约占当年能源消费总量的8.9%。

9.1.3 我国能源发展的战略规划与发展目标

为实现“十二五”和2020年非化石能源发展目标、促进国民经济和社会可持续发展，我国政府提出了可再生能源发展的基本原则、战略目标和相应的保障措施。其基本原则如下：

市场机制与政策扶持相结合。制订中长期可再生能源发展目标，培育长期持续稳定的可再生能源市场，以明确的市场需求带动可再生能源技术进步和产业发展，建立鼓励各类投资主体参与和促进公平竞争的市场机制。通过财政扶持、价格支持、税收优惠、强制性市场配额制度、保障性收购等政策，支持可再生能源开发利用和产业发展。

集中开发与分散利用相结合。根据可再生能源资源和电力市场分布，加大资源富集地区可再生能源的开发建设力度，建成集中、连片和规模化开发的可再生能源优势区域。同时，发挥可再生能源资源分布广泛、产品形式多样的优势，鼓励各地区就地开发利用各类可再生能源，大力推动分布式可再生能源应用，形成集中开发与分散开发及分布式利用并进的可再生能源发展模式。

规模开发与产业升级相结合。通过制订完善的政策体系，建立持续稳定的市场需求，不断扩大可再生能源市场规模；在市场的规模化发展带动下，提升自主研发能力，促进产业升级壮大和成本降低，提高可再生能源产业的市场竞争力，推动可再生能源更大规模的开发利用，形成可再生能源产业的良性循环和自主式发展。

国内发展与国际合作相结合。保持稳定增长的国内可再生能源市场需求，吸引全球技术等资源向我国聚集，形成全球有影响力的可再生能源产业基地。同时，加强多种形式的国际合作，推动我国可再生能源产业融入国际产业体系，并积极参与全球可再生能源的开发利用，促进我国可再生能源产业在全球体系中发挥重要作用。

发展的总体目标是：扩大可再生能源的应用规模，促进可再生能源与常规能源体系的融合，显著提高可再生能源在能源消费中的比例；全面提升可再生能源技术创新能力，掌握可再生能源核心技术，建立体系完善和竞争力强的可再生能源产业。

我国可再生能源近中期、长期和远期目标如下：

近中期（2020年前后）：非水能（风能、太阳能、土壤等）可再生能源开发利用量可达1.7亿~3.2亿t标准煤，占一次能源总需求（假设40亿t标准煤）的4.9%~9.3%；含水能（潮汐能、海洋能、水能等）可再生能源利用量可达5.4亿~7.6亿t标准煤，比例为13%~19%。此阶段化石能源仍是主导能源，但随着可再生能源技术的不断成熟，逐步具备更大规模的推广条件，可再生能源的贡献比例不断加大，将成为能源总需求中增量部分的主力军，在该阶段的战略定位是替代能源。

长期（2030年前后）：非水能可再生能源利用量可达3.2亿~6.4亿t标准煤，占一次能源总需求（假设45亿t标准煤）的7.2%~14%；含水能可再生能源利用量可达7.9亿~11.6亿t标准煤，比例为17%~26%。届时可再生能源将具有较强的竞争优势，在新增能源供应中占主导地位，在整体能源系统中占重要地位，成为主流能源之一。

远期（2050年左右）：非水能可再生能源利用量可达7.2亿~14亿t标准煤，占一次能源总需求（假设50亿t标准煤）的14%~28%；含水能可再生能源利用量可达12亿~20亿t标准煤，比例为24%~40%。受资源、环境和温室气体排放的制约，化石能源的消费和CO_2排放已达到峰值，可再生能源成为主导能源之一，能源结构的根本性改变将基本实现。

9.1.4 开发利用可再生能源的重要意义

非可再生能源贮存量有限，终会导致枯竭；同时，矿物燃料是温室气体的主要来源，是导致环境污染和自然灾害的祸首之一。因此，开发利用可再生能源，寻找替代能源势在必行。在各种可再生能源中，太阳能是最重要的基本能源。从广义来说，生物质能、风能、波浪能、水能等都来自太阳能，太阳能不仅是“取之不尽、用之不竭”的，而且不产生温室气体、无污染，是有利于保护环境的洁净能源。我国具有丰富的可再生能源资源，随着技术的进步和生产规模的扩大以及政策机制的不断完善，在今后15年左右的时间内，太阳能热水器、风力发电和太阳能光伏发电、地热供暖和地热发电、生物质能等可再生能源的利用技术可以逐步具备与常规能源竞争的能力，有望成为替代能源。

9.2 太阳能光热、光伏建筑应用

太阳能（Solar Energy）一般是指太阳光的辐射能量。太阳能每年投射到地面上的辐射能高达1.05×10^{18}kW·h，相当于1.3×10^{6}亿t标准煤，大约为全世界目前一年耗能的一万多倍，清洁安全，是永不枯竭的清洁能源，是21世纪以后人类可期待的最有希望的能源之一。而现阶段，太阳能在建筑中的应用又是太阳能应用中最具有发展潜力的使用领域。

现代建筑为满足居住者的舒适要求和使用需要，需具备供暖、空调、热水供应、供电（包括照明、电器）等一系列功能。太阳能建筑应用领域的科研、技术、产品开发和工程应用的总体目标，就是用太阳能代替常规能源来满足建筑物的上述功能要求。随着世界太阳能技术水平的不断提高和进步，应能利用太阳能满足房屋居住者舒适水平和使用功能所需要的大部分能源供应。

太阳能的利用主要通过光-热、光-电、光-化学、光-生物质等几种转换方式实现。基于这些转换方式，太阳能在建筑上的应用包括太阳能光热建筑应用、太阳能光伏建筑应用以及太阳能综合利用。

9.2.1 太阳能光热建筑应用

太阳能光热建筑应用主要包括太阳能热水、太阳能供暖及光热太阳能制冷空调。

1. 太阳能热水系统

太阳能热水系统是指利用温室原理，将太阳辐射能转变为热能，并向冷水传递热量，从而获得热水的一种系统。它由集热器、蓄热水箱、循环管道、支架、控制系统及相关附件组成，必要时需要增加辅助热源。其中，太阳能集热器是太阳能热水系统中，把太阳能辐射能转换为热能的主要部件。

（1）太阳能集热器　经过多年的开发研究，太阳能集热器已经进入较为成熟的阶段，主要有三大类：闷晒式太阳能集热器、平板式太阳能集热器、真空管式太阳能集热器。目前，使用最广泛的为平板式太阳能集热器和真空管式太阳能集热器。

1）闷晒式太阳能集热器。闷晒式太阳能集热器是最简单的集热器，集热器与水箱合为一体，直接通过太阳能辐射照射加热水箱内的水，冷热水的循环和流动在水箱内部进行，加热后直接使用，是人类早期使用的太阳能热水装置。其工作温度低，成本廉价，全年太阳能量利用率约为 20%，多用在我国农村地区，但其结构笨重，热水保温问题不易解决。表 9-1 汇总了几种具有代表性的闷晒式太阳能热水装置。

表 9-1　整体式太阳能热水装置汇总

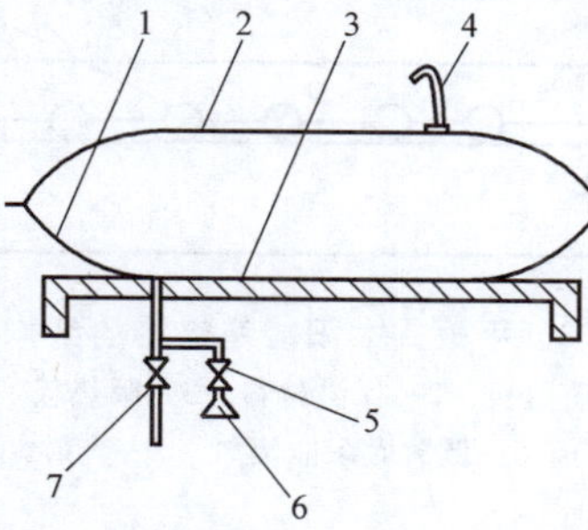	塑料袋式热水器 1—下部黑色塑料　2—上部透明塑料　3—支架 4—溢流口　5、7—阀　6—喷头
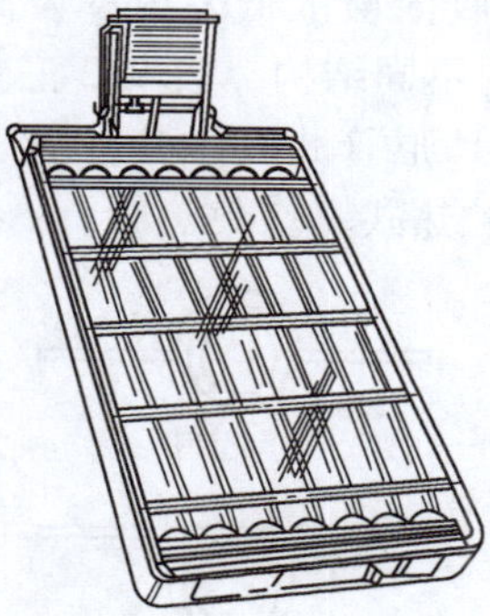	筒式热水器

2）平板式太阳能集热器。平板式太阳能集热器是在 17 世纪后期发明的，直到 1960 年以后才真正进入深入研究和规模化应用。其吸热面积与透光面积相同，又称为非聚光型太阳能集热器。除闷晒式太阳能集热器以外，平板式太阳能集热器的制造成本最低，但每年只能有 6 ~7 个月的使用时间，冬季不能有效使用，防冻性能差，运行温度不得低于 0℃。在夏季多云和阴天时，太阳能吸收率较低。

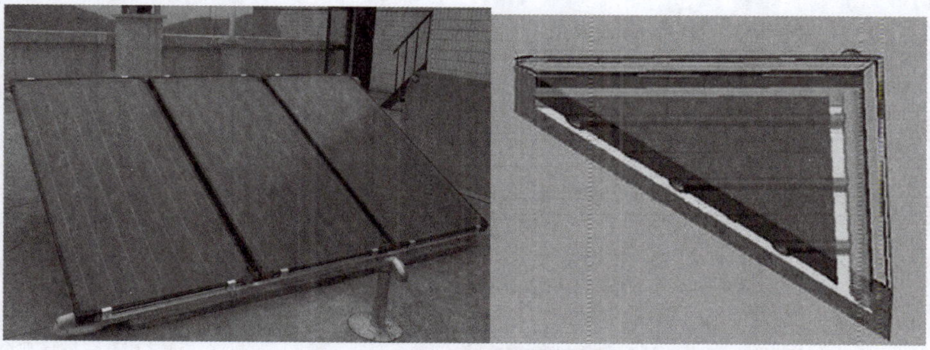

图 9-1　平板式太阳能集热器及截面图

平板式太阳能集热器的工作原理是：在一块金属片上涂以黑色，置于阳光下，以吸收太阳能辐射而使其温度升高；金属片内有流道，使流体通过并带走热量；向阳面加玻璃罩盖，起温室效应，背板上衬垫保温材料，以减少板对环境的散热，提高太阳能集热器的热效率。平板式太阳能集热器一般由吸热板、盖板、保温层和外壳 4 部分组成。图 9-2 所示为平板式太阳能集热器的结构示意图。吸热板的结构形式很多，图 9-3 所示为吸热板的常见断面形状。

平板式太阳能集热器损失大，难以达到 80℃以上的工作温度，冬季热效率低。由于吸收膜层暴露在空气中，高温条件下氧化严重，流道细，易结垢且无法清除，系统一般运行4~5年后热性能即急剧下降。现阶段在我国大中城市中使用较少，多用在我国广东、福建南部、海南地区。但由于其造价、热效率、人工费用等方面的特点与欧洲国家的国情和气候特点相符，所以在欧洲各国有着较广泛的市场和较大的市场占有率。

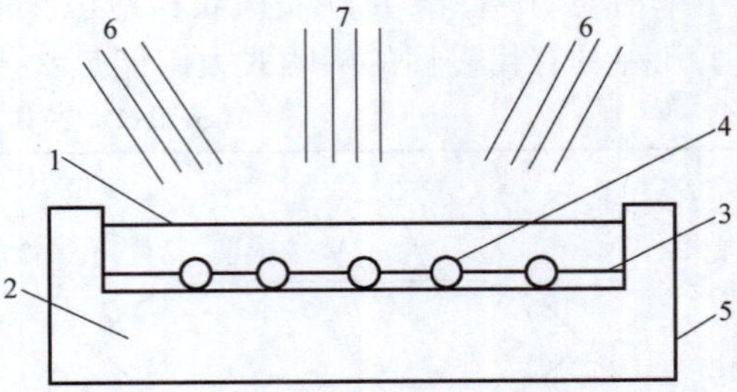

图9-2 平板式太阳能集热器的结构示意图
1—玻璃盖板 2—保温材料 3—吸热板 4—排管 5—外壳 6—散射太阳能辐射 7—直射太阳能辐射

3）真空管式太阳能集热器。为了减少平板式太阳能集热器的热损，提高集热温度，国际上20世纪70年代研制成功了真空集热管，其吸收体被封闭在高真空的玻璃真空管内，充分发挥了选择性吸收涂层的低发射率及降低热损的作用，最高温度可以达到120℃。根据集热管的集热、取热的不同结构，表9-2汇总了不同种类的真空管，包括全玻璃真空集热管、热管式真空集热管、U形管式真空集热管、同轴套管式真空集热管、内聚光式真空集热管、直通式真空集热管、贮热式真空集热管。

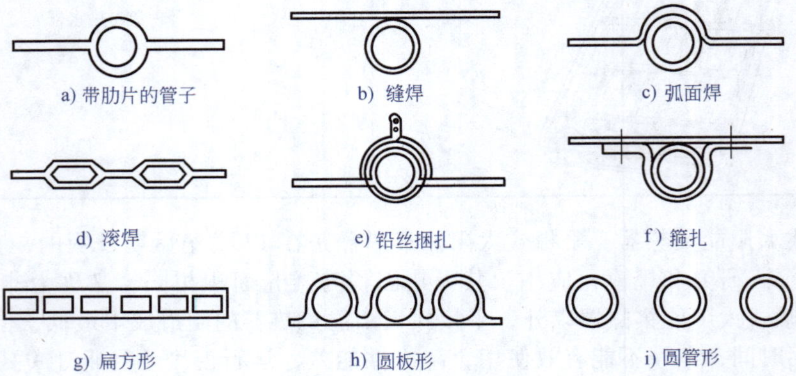

图9-3 吸热板的常见断面形状

表9-2 真空集热管汇总

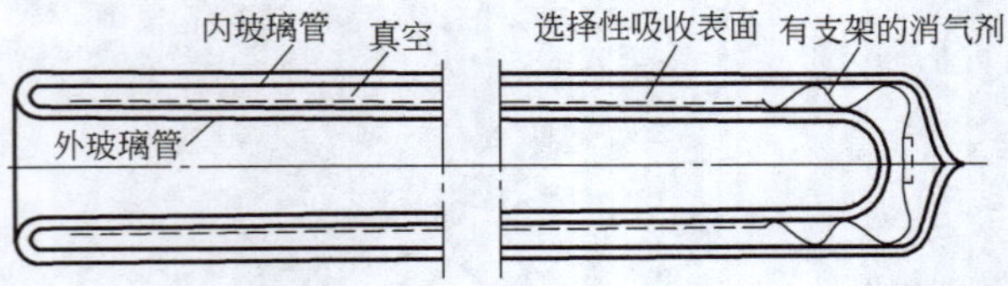	全玻璃真空集热管
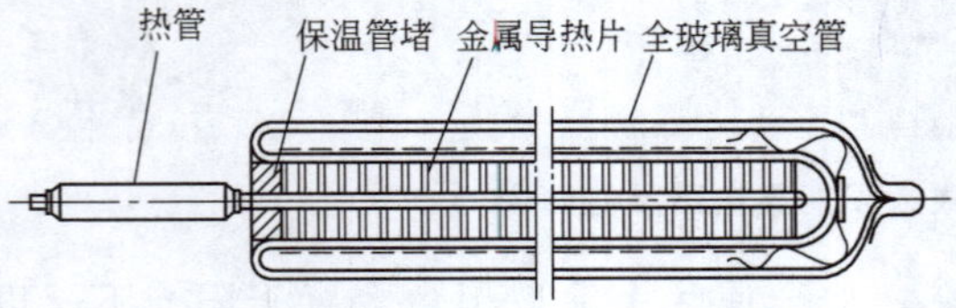	热管式真空集热管
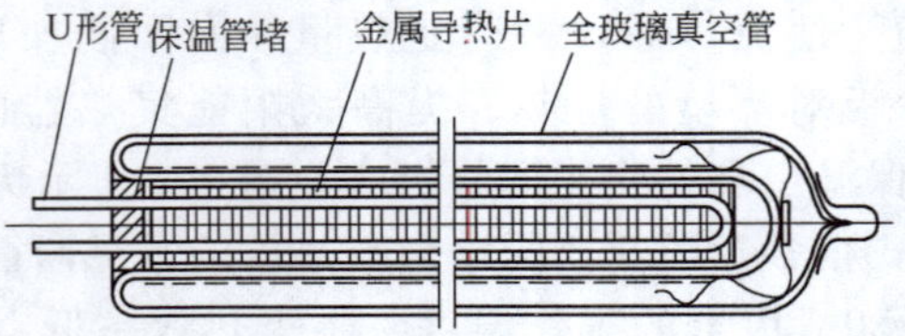	U形管式真空集热管

（续）

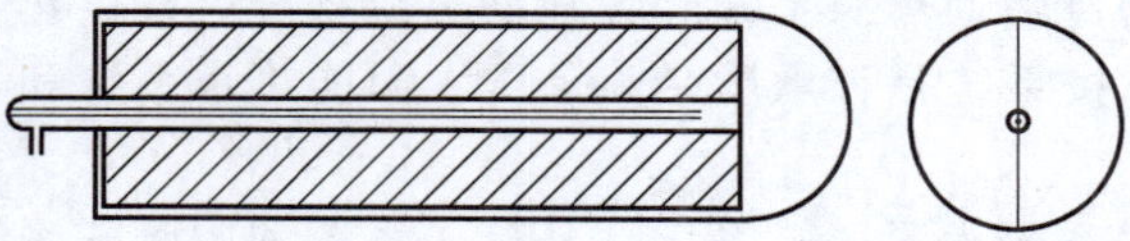	同轴套管式真空集热管
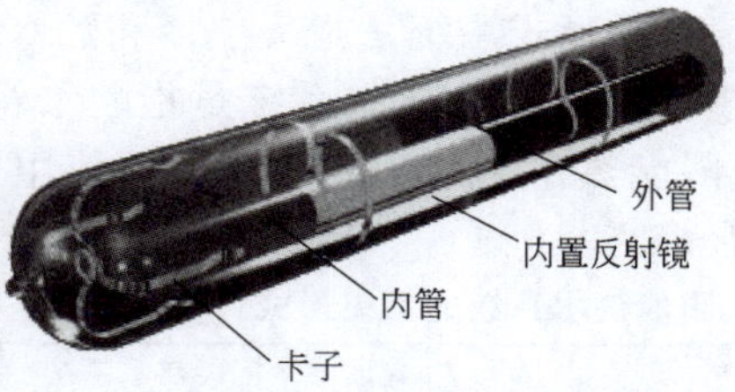	内聚光式真空集热管
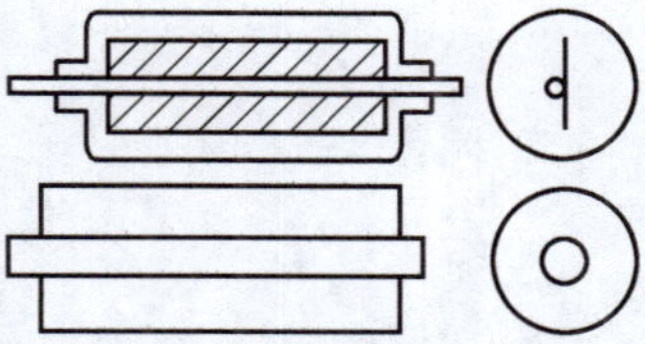	直通式真空集热管
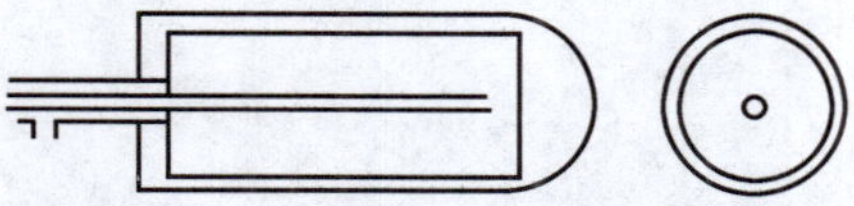	贮热式真空集热管

① 全玻璃真空集热管，采用管内装水，在运行过程中若有一根管坏掉，整个系统就停止运行。

② 热管式真空集热管，在全玻璃真空管中插入焊接有金属翼片的热管，结构复杂及造价高。

③ U形管式真空集热管，是在全玻璃真空管中插入U形金属管，玻璃管不直接接触被加热流体，在低温环境中散热少，整体效率高；以水为工质时，存在金属管冻裂和结垢问题。

④ 同轴套管式真空集热管，是在热管的位置上用两根内外相套的金属管代替玻璃管，工作时，冷水从内管进入真空管，被吸热板加热后，热水通过外管流出；直接加热工质，热效率较高。

⑤ 内聚光式真空集热管，是在真空管内加聚光反射面的一种集热管，管中的聚光集热器能将阳光会聚在面积较小的吸热面上，运行温度较高，有时可达150℃以上。

⑥ 直通式真空集热管，传热介质由吸热管的一端流入，经在真空管内加热后，从另一端流出，运行温度高且易于组装，特别适合应用于大型太阳能热水工程。如果与聚光反射镜结合使用，其温度可达300~400℃。

⑦ 贮热式真空集热管，是将大直径真空集热管与贮热水箱结合为一体的真空管热水器，白天使用时，冷水通过内插管徐徐注入，将热水顶出使用；到晚上，由于有真空隔热，筒内的热水温度下降很慢。其结构紧凑，不需要水箱，可根据用户需求来设计。

（2）系统的分类及运行方式

1）系统的分类。根据实际用途，太阳能热水系统分为供家庭使用的太阳能热水系统（通常称为家用太阳能热水系统）和供大型浴室、住宅及酒店等建筑集中使用的太阳能热水系统（或称为太阳能热水工程）。根据国家标准规定，贮热水箱水容量在600L以下的为家用太阳能热水系统。

根据太阳能集热系统与太阳能热水供应系统的关系，太阳能热水系统分为直接式系统

（一次循环系统）和间接式系统（也称二次循环系统）。

太阳能热水系统按有无辅助热源分为有辅助热源系统和无辅助热源系统。按供热水范围分为集中供热水系统、局部供热水系统；按系统是否承压又为承压太阳能热水系统和非承压太阳能热水系统。

太阳能热水系统按水箱与集热器的关系分为紧凑式系统、分离式系统和闷晒式系统。闷晒式系统是指集热器和贮水箱结合为一体的系统；紧凑式系统是指集热器和贮水箱相互独立，但贮水箱直接安装在太阳能集热器上或相邻位置的系统；分离式系统是指贮水箱和太阳能集热器之间分开一定距离安装的系统。在实际太阳能热水系统工程中，主要使用分离式系统。其中，紧凑式及分离式太阳能热水系统的常见形式见表 9-3。

表 9-3 紧凑式及分离式太阳能热水系统的常见形式

紧凑式太阳能热水系统	分离式太阳能热水系统

2）系统的运行方式。按系统中水的流动方式，大体上可分为自然循环式、直流式和强制循环式 3 大类。自然循环式热水系统又可以分为自然循环式、自然循环定温放水式。直流式，也称变流量定温式，直接利用自来水压力或其他附加压力。太阳能热水系统形式汇总见表 9-4。

表 9-4 太阳能热水系统形式汇总

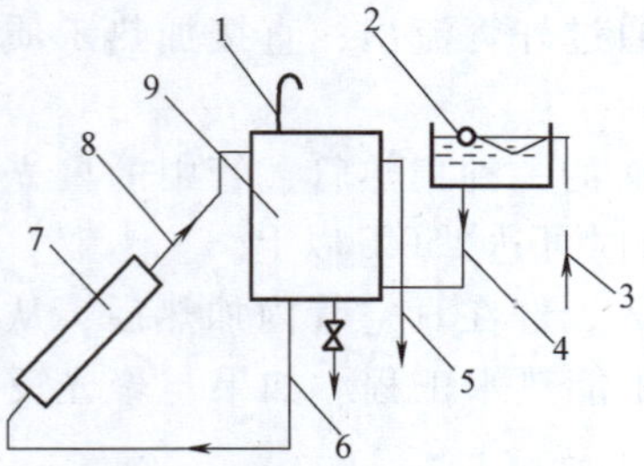	自然循环式太阳能热水系统 1—排气管 2—补水箱浮球阀 3—自来水进水阀 4—补给水管 5—供热水管 6—下循环管 7—集热器 8—上循环管 9—蓄水箱
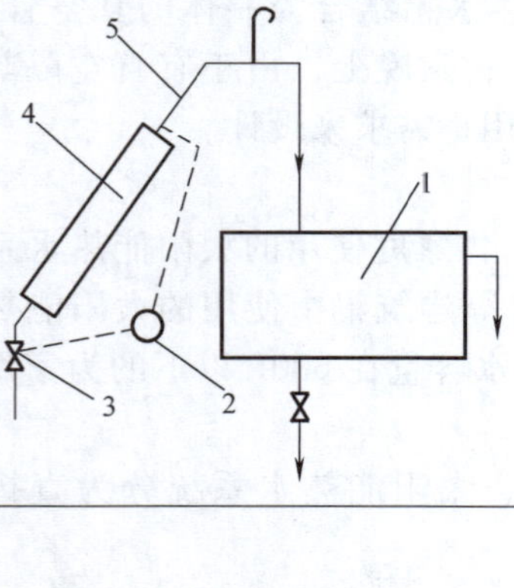	自然循环定温式太阳能热水系统 1—蓄水箱 2—控制器 3—电磁阀 4—集热器 5—上循环管

（续）

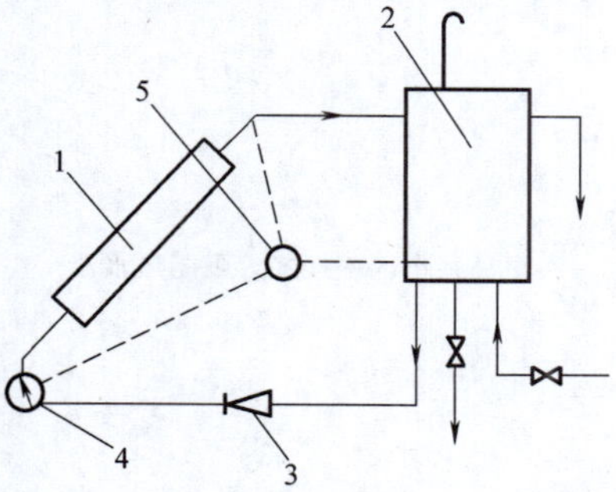	直流式太阳能热水系统 1—集热器　2—蓄水箱　3—单向阀 4—变频水泵　5—控制器
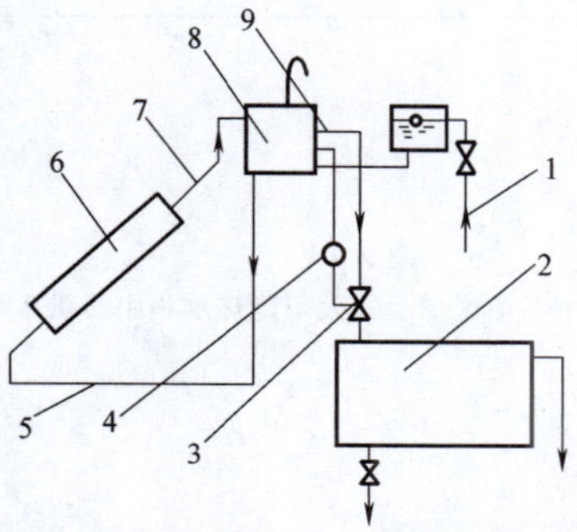	直接强制循环式太阳能热水系统 1—自来水进水阀　2—蓄水箱　3—电磁阀　4—控制器 5—下循环管　6—集热器　7—上循环管 8—蓄水箱　9—电接点温度计

(3) 太阳能热水系统建筑应用　长期以来，家用太阳能热水器一般是在房屋建成后，由用户直接购买，由经销商上门安装的，如图 9-4 所示。这种利用方式会对建筑物外观和房屋相关使用功能造成一定影响和破坏，制约了太阳能热水器在建筑上的应用与发展。因此，发展出了太阳能热水器/系统一体化建筑。表 9-5 所示为几个太阳能热水系统建筑应用案例。

图 9-4　某小区屋顶真空管式太阳能热水器

2. 太阳能供暖

太阳能供暖分为主动式和被动式两大类。主动式太阳能供暖是以太阳能集热器、管道、风机或泵、末端散热设备及储热装置等组成的强制循环太阳能供暖系统；被动式则是通过建筑朝向和周围环境的合理布置，内部空间的外部形态的巧妙处理，以及建筑材料和结构、构造的恰当选择，使房屋在冬季能集取、保持、存储、分布太阳热能，适度解决建筑物的供暖问题。运用被动式太阳能供暖原理建造的房屋称为被动式供暖太阳房。主动式太阳能供暖系统由暖通工程师设计，被动式供暖太阳房则主要由建筑师设计。

(1) 被动式供暖太阳房　被动式供暖太阳房的类型很多，到目前为止尚无统一的划分标准，分类方法也不尽相同。从太阳能的利用方式来区分，被动式供暖太阳房可分为两大类，直接受益式和间接受益式。直接受益式，太阳能辐射能直接穿过建筑透光面进入室内；间接受益式，太阳能通过一个接受部件（或称太阳能集热器），这种接受部件实际上是建筑组成的一部分或在屋面或在墙面，而太阳能辐射能在接受部件中转换成热能再经由送热方式对建筑供暖。直接受益式和间接受益式的被动式供暖太阳房可分为以下 6 种：

表9-5 太阳能热水系统建筑应用案例

	秦皇岛某小区壁挂式太阳能热水器
	北京市某小区平板式太阳能热水集中式供水系统

1）直接受益式：太阳光穿过透光材料直接进入室内的供暖形式，如图9-5所示。

直接受益式的太阳房，本身成为一个包括太阳能集热器、蓄热器和分配器的集合体。这种太阳能供暖方式最直接、最简单，效果也最好，但是当在夜间且建筑物保温和蓄热性能较差时，室内降温快，温度波动大。有效的措施是增加透光面的夜间保温，如选用活动保温窗帘（图9-6a）、保温扇（图9-6b）、保温板等。

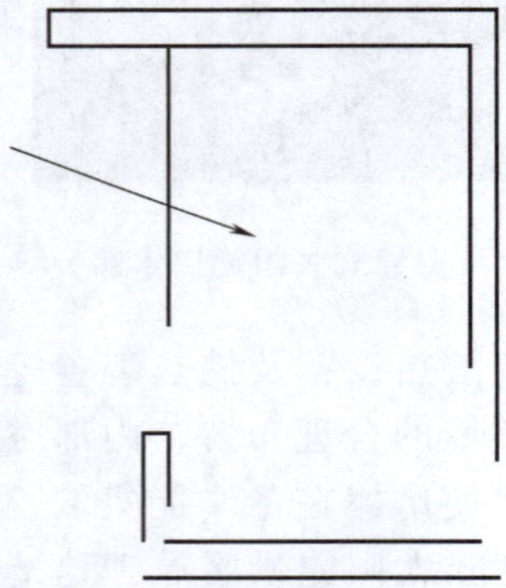

图9-5 直接受益式

a) 保温窗帘　b) 保温扇

图9-6 活动保温窗帘和活动保温扇

2）集热蓄热墙式：太阳光穿过透光材料照射集热蓄热墙，墙体吸收辐射热后以对流、传导、辐射方式向室内传递热量的供暖形式，如图9-7所示。它是间接受益式被动式供暖太阳房的一种。

透光面后面的墙体一般采用具有一定蓄热能力的混凝土或砖砌体，又名“特朗勃墙”（Trombe Wall）。通常墙体上开有上下通风口：冬季，在玻璃和墙体夹层中的空气被加热后，形成向室内输送热风的对流循环，夜间关闭上下通风口，以防止逆循环；夏季，只通过墙上部的气孔与室外通风，排出室内热空气。另外一种形式是在玻璃后面设置一道“水墙”，通过

“水墙”向室内传导、辐射或对流传递热量，如图 9-8 所示，国内较少见，主要应用在国外。

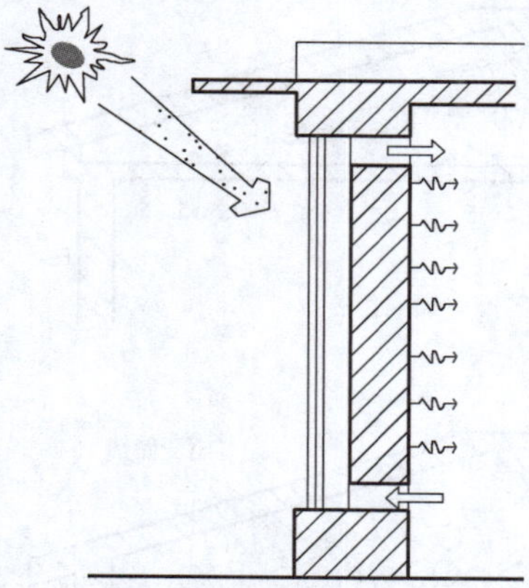

图 9-7　集热蓄热墙式

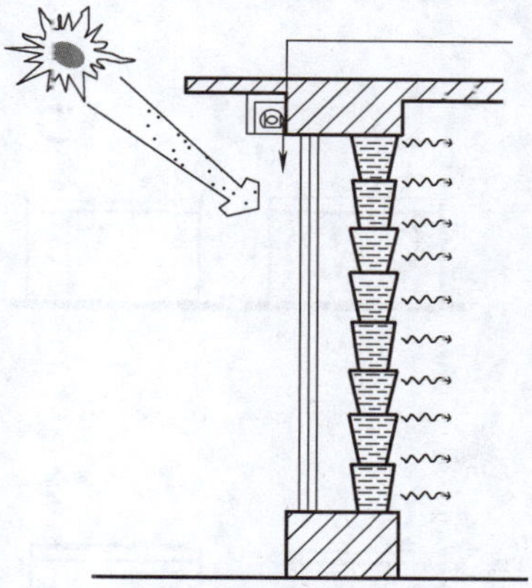

图 9-8　水墙集热蓄热墙式

3）附加阳光间式：在房屋主体南面附加一个玻璃温室，被加热的空气可以直接进入室内或者热量通过房间和温室之间的蓄热墙传入室内，如图 9-9 所示。白天，阳光间将热量传向室内；夜间则作为室内外的缓冲区，减少房间热损失。也可以在阳光间加设保温，以增加冬季夜间的保温效果；或在阳光间内种植蔬菜和花草美化环境，如图 9-10 所示。

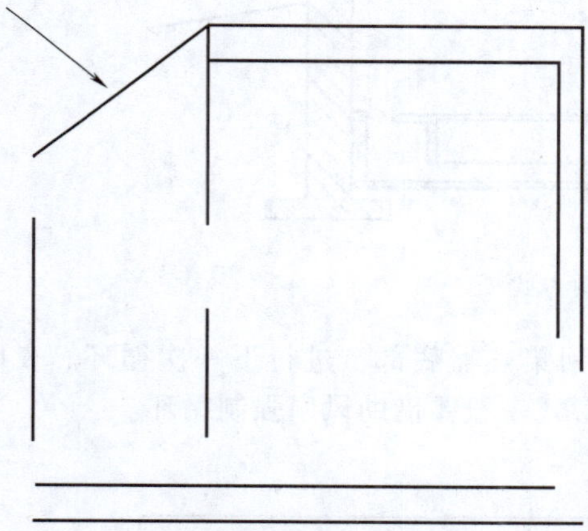

图 9-9　附加阳光间式

图 9-10　阳光间内种植蔬菜和花草

4）屋顶集热蓄热式：利用屋顶进行集热蓄热。利用屋顶进行集热器蓄热，以及在屋顶设置集热蓄热装置，并加设活动保温板，夏季保温板夜开昼合，冬季夜合昼开，从而实现夏季降温和冬季供暖双重作用。屋顶不设置保温层，只起到承重和围护作用。但活动保温板面积较大，操控困难。另一种方法是修建水屋面，但由于承重问题，不利于抗震防震。两种屋面形式如图 9-11 所示。

5）热虹吸式（又称对流环路式）：利用热虹吸作用通过自然循环向室内散热，并设置有蓄热体，如图 9-12 所示。

这种形式的太阳房适用于建在山坡上的房屋，集热器低于建筑物地面。一般借助建筑地坪与室外地面的高差位置安装空气集热器，并用风道与设在室内地面以下的卵石储热床相连通。白天集热器中的空气（或水）被加热后，由温差产生热虹吸作用，通过风道（或水管）

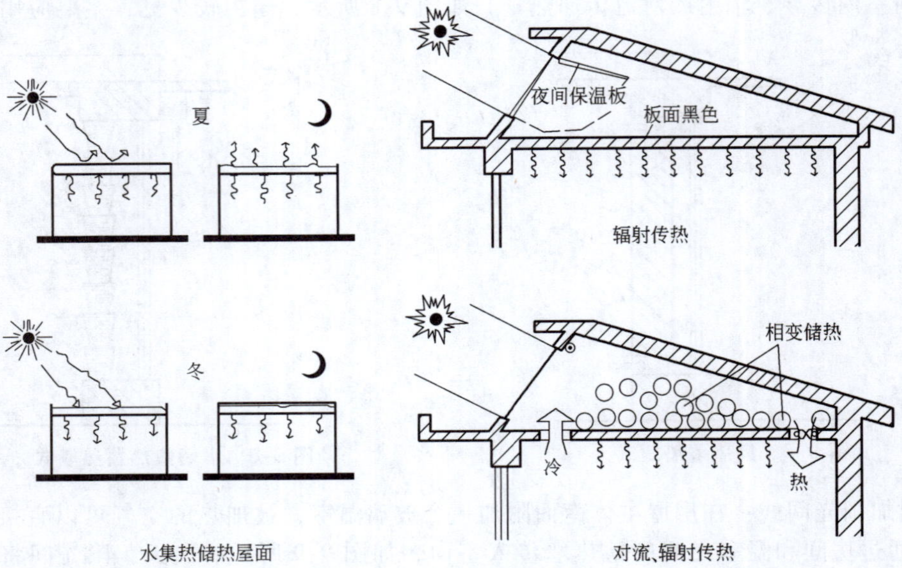

图 9-11 集热蓄热屋面

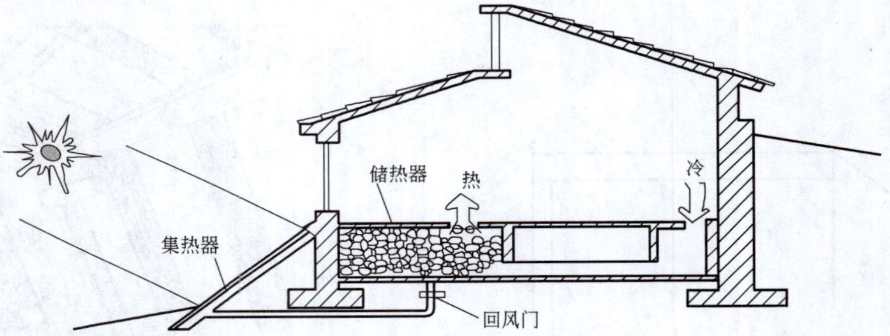

图 9-12 对流环路集热方式

上升到上部的岩石贮热层，热量被岩石吸收变冷再流回集热器底部，进行下一次循环。夜间岩石贮热层通过送风口以对流方式向房间供暖。这种形式一般要借助风扇强制循环。

6）综合式：由上述两种或两种以上的基本类型组合而成的被动式太阳房。不同类型的被动式太阳房都有各自的独特之处，不同供暖方式的结合使用，就可以形成互为补充的、更为有效的被动式太阳能供暖系统。图 9-13 所示是由直接受益窗和集热墙两种形式集合而成的综合式太阳房，可同时具有白天自然照明和全天太阳能供暖比较均匀的优点。

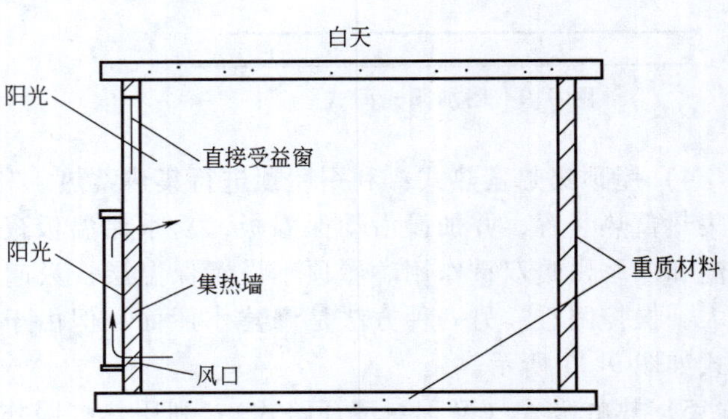

图 9-13 直接受益窗和集热墙综合式太阳房

（2）主动式太阳能供暖 主动式太阳能供暖系统主要由集热器、贮热器、供暖末端设备、辅助加热装置和自动控制系统等部分组成。按热媒种类的不同，主动式太阳能供暖系统可分为空气加热系统及水加热系统。

1）空气加热系统。图 9-14 所示是以空气为集热介质的太阳能供暖系统。其中，风机 1 的作用是驱动空气在集热器与贮热器之间循环，让空气吸收集热器中的供暖板的热量，然后传送到贮热器储存起来，或直接送往建筑物。风机 2 的作用则是驱动空气在建筑物与贮热器之间循环，让建筑物内冷空气在贮热器中被贮热介质加热，然后送往建筑物。

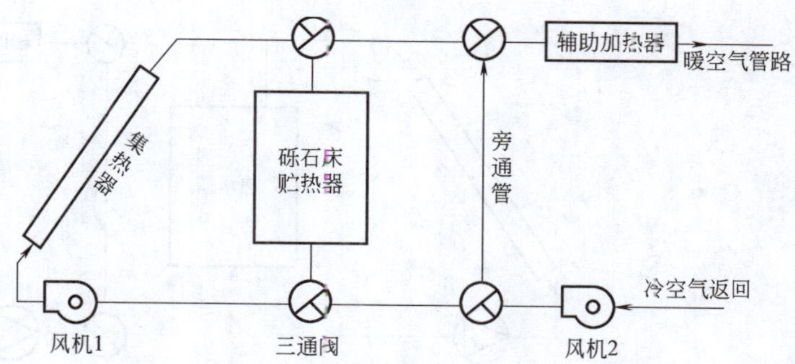

图 9-14 太阳能空气加热系统

由于太阳能辐射能量在每天，尤其是一天当中变化很大，一般来说需安装锅炉或电加热器等辅助加热装置。

集热器是太阳能供暖的关键部件。由于空气的容积比热容较小，与集热器中供暖板的换热系数较水而言也小得多；因此，应用空气作为集热介质时，需集热器有一个较大的体积和传热面积。当前已研制出几种空气太阳能集热器的供暖板，如图 9-15 所示。这种系统的优点是集热器不会出现冻坏和过热情况，可直接用于热风供暖，控制使用方便；缺点是所需集热器面积大。

2）水加热系统。水加热太阳能供暖系统是指利用太阳能加热水，然后让被加热的水通过散热器向室内供暖的系统。它同太阳能热水系统非常相似，只是太阳能热水系统是生产热水直接供生活使用，而水加热太阳能供暖系统则是将生产的热水流过安装在室内的散热器向室内散热。水加热太阳能供暖系统和太阳能热水系统的关键部件都是太阳能集热器，在太阳能热水系统已做介绍，这里不再赘述。图 9-16 所示是以水为集热介质的太阳能供暖系统。

此系统以贮热水箱与辅助加热装置作为供暖热源。当有太阳能可采集时，开动水泵 1，使水在集热器与水箱之间循环，吸收太阳能来提高水温；水泵 2 的作用是保证负荷部分供暖热水的循环；旁通管路可以避免用辅助能量加热贮热水箱。

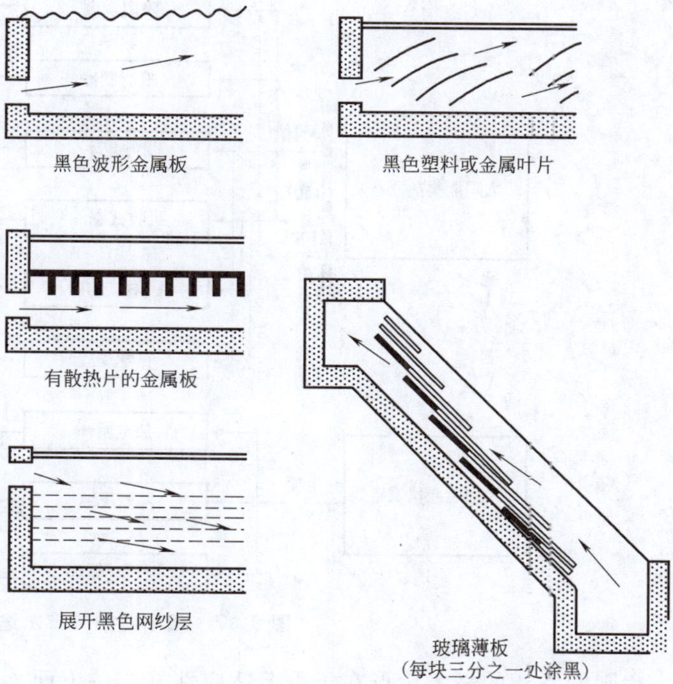

图 9-15 几种空气太阳能集热器的供暖板

根据设计要求，一般有三种工作状态：假设供暖热媒温度为 40℃、回水温度为 25℃，当收集温度超过 40℃时，辅助加热装置就不工作；当收集温度介于 40~25℃之间，水循环通过贮热水箱，辅助加热器起补充作用，把水温提高到 40℃；当收集温度降到 25℃以下，系统中水量只通过旁通管路，供暖所需热量全部由辅助加热装置提供，暂不使用太阳能。

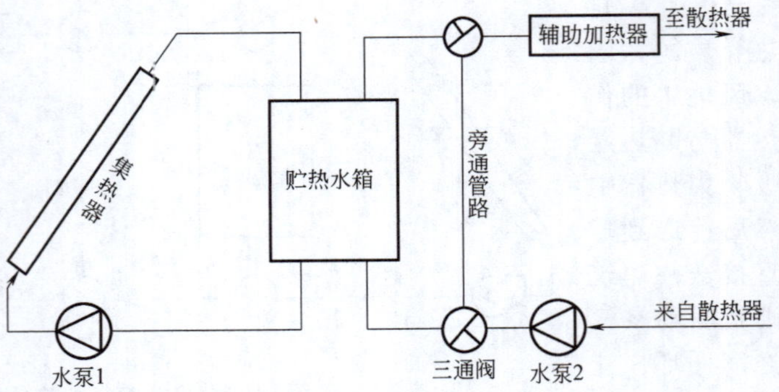

图 9-16 以水为集热介质的太阳能供暖系统

3. 太阳能光热空调制冷

太阳能制冷空调主要可以通过光-热和光-电转换两种途径实现。光-热转换制冷是指太阳能通过太阳能集热器转换为热能，根据所得到的不同热能品位，驱动不同的热力机械制冷。太阳能热力制冷可能的途径主要有除湿冷却空调、蒸气喷射制冷、朗肯循环制冷、吸收式制冷/吸附式制冷和化学制冷等。光-电转换制冷是指太阳能通过光伏发电转化为电力，然后通过常规的蒸气压缩制冷、半导体热电制冷或斯特林循环等方式来实现制冷。图 9-17 所示为太阳能制冷技术途径。本书只介绍太阳能光热空调制冷。

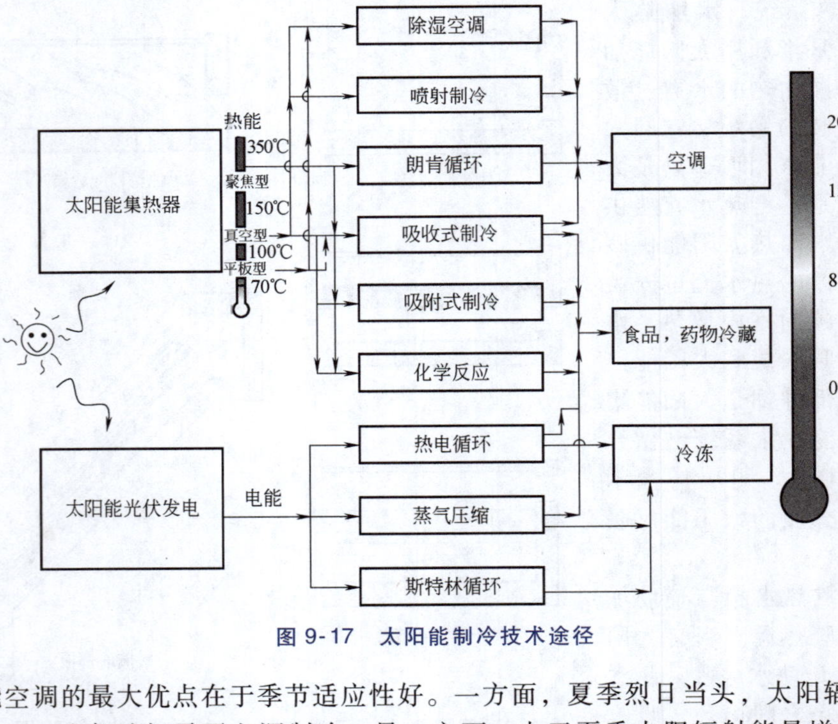

图 9-17 太阳能制冷技术途径

太阳能空调的最大优点在于季节适应性好。一方面，夏季烈日当头，太阳辐射能量剧增，在炎热天气下，人们迫切需要空调制冷；另一方面，由于夏季太阳辐射能量增加，使依靠太阳能来驱动的空调系统可以产生更多的冷量；太阳能空调系统的制冷能力随着太阳辐射能量的增加而增大，正好与夏季人们对空调的迫切要求相匹配。

（1）太阳能吸收式制冷系统 太阳能吸收式制冷系统，是利用太阳能集热器提供吸收式制冷循环所需要的热源，保证吸收式制冷机正常运行，从而实现制冷的系统。它包括太阳能热利用系统和吸收式制冷系统两个部分，一般由太阳能集热器、吸收式制冷机、空调箱（或风机盘管）、辅助加热器、水箱和自动控制系统等组成。太阳能吸收式制冷原理如图 9-18 所示。

太阳能吸收式空调可以实现夏季制冷、冬季供暖、全年提供生活热水等多项功能。

夏季时，被加热的热水首先进入贮水箱，达到一定温度后，向吸收式制冷机提供热源水，降温后再流回贮水箱；而从吸收式制冷机流出的冷冻水通入空调房间实现制冷。当太阳能集热器提供的热量不足以驱动吸收式制冷机时，由辅助热源提供热量。

冬季时，相当于水加热太阳能供暖系统，被太阳能集热器加热的热水流入贮水箱，当热水温度达到一定值时，直接接入空调房间实现供暖。当热量不足时，也可以使用辅助热源。

在非空调供暖季节，就相当于太阳能热水系统，只要将太阳能集热器加热的热水直接通向生活热水贮水箱，就可以提供所需的生活热水。

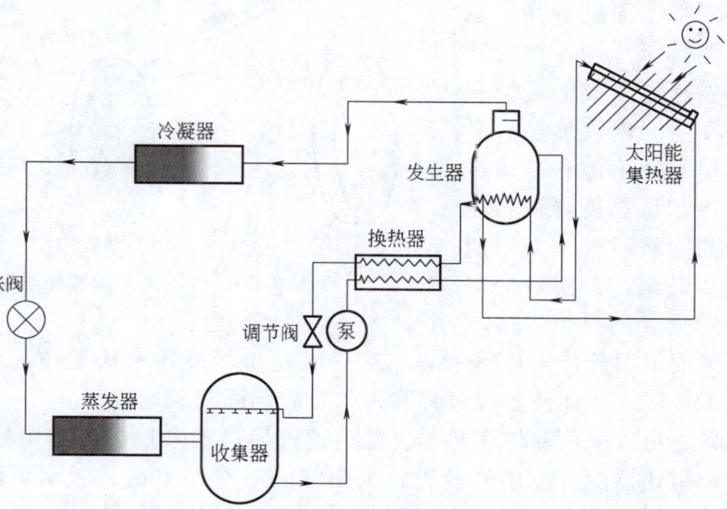

图 9-18 太阳能吸收式制冷原理

（2）太阳能吸附式制冷系统 太阳能吸附式制冷主要是利用具有多孔性的固体吸附剂对制冷剂的吸附（或化学吸收）和解吸作用实现制冷循环的。吸附剂和制冷剂形成吸附制冷工质对。制冷温度低于零度的常用工质对为活性炭-甲醇等，建筑空调系统制冷温度高于零度的常用工质对为沸石-水、硅胶-水等。吸附剂的再生温度一般在 80~150℃，适合利用太阳能。

吸附式制冷通常包含以下两个阶段：

1）冷却吸附→蒸发制冷：通过水、空气等热沉带走吸附剂显热与吸附热，完成吸附剂对制冷剂的吸附，制冷剂的蒸发过程实现制冷。

2）加热解吸→冷凝排热：吸附制冷完成后，再利用热能（如太阳能、废热等）提供吸附剂的解吸热，完成吸附剂的再生，解吸出的制冷剂蒸气在冷凝器中释放热量，重新回到液体状态。

图 9-19 所示为太阳能吸附式制冷原理。

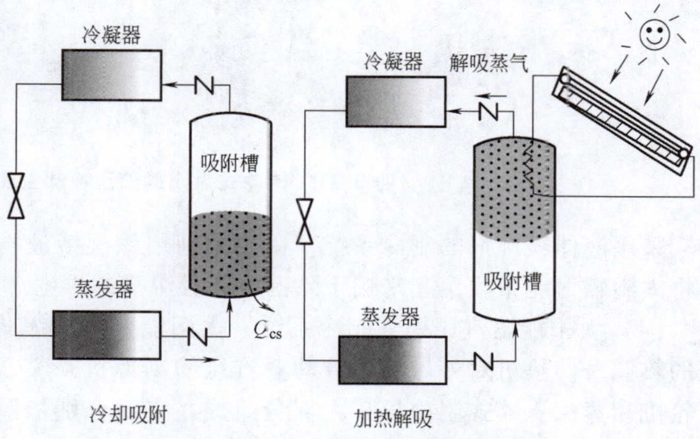

图 9-19 太阳能吸附式制冷原理

太阳能吸附式制冷根据制冷系统的运行方式一般可分为连续式制

冷系统和间歇式制冷系统。建筑空调系统中应用一般需要连续运行，因此需要多个吸附床联合运行，在某个吸附床解吸时其他吸附床可以吸附制冷。

(3) 太阳能除湿制冷系统　太阳能除湿式制冷通过吸湿剂吸附空气中的水蒸气，降低空气的湿度来实现制冷。它的制冷过程实际是直流式蒸发冷却空调过程，不借助专门的制冷机。它利用吸湿剂对空气进行减湿，然后将水作为制冷剂，在干空气中蒸发降温，对房间进行温度和湿度的调节，用过的吸湿剂则被加热进行再生。系统使用的吸湿剂有固态吸湿剂（如硅胶等）和液态吸湿剂（如氯化钙、氯化锂等）两类。除湿器可采用蜂窝转轮式（对于固态干燥剂）和填料塔式（对于液态干燥剂）两种形式。

采用固体吸湿剂系统，如图9-20所示，其运行原理为：室外空气通过除湿转轮后湿度降低，温度升高，通过换热器后被空调排风冷却，然后进入蒸发加湿器蒸发降温变成低温饱和空气进入房间；在房间内被加热后变成不饱和空气；房间的不饱和排风通过第二级的蒸发冷却后温度降低，在换热器中温度升高，然后进入太阳能空气集热器进一步升温，升温后的空气将除湿转轮中的吸湿剂再生后排入室外。转轮的迎风面可以分成工作区和再生区，转轮缓慢旋转，从工作区移动到再生区，又从再生区返回到工作区，从而使除温过程和再生过程周而复始地进行。

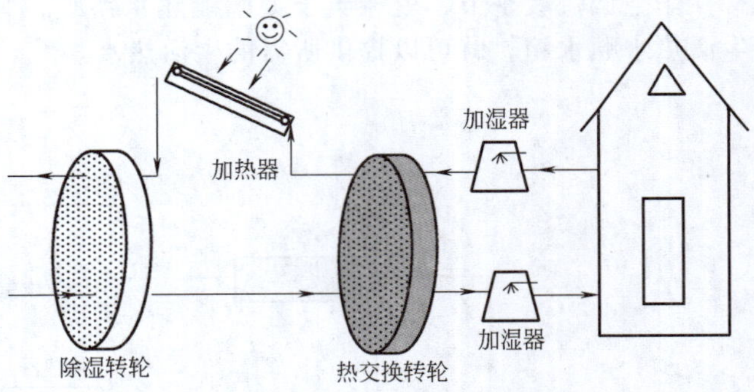

图 9-20　转轮式太阳能除湿制冷系统

太阳能集热器也可以采用液体集热器，然后通过换热器来加热再生用的热风。图 9-21 给出了与液体太阳能集热器配合使用的转轮式太阳能除湿冷却空调装置示意图。该装置采用水作为制冷剂，清洁环保，但在湿度较大地区效果较差，且体型较大，一般用在需要大量新风的建筑中。

图 9-21　转轮式太阳能除湿冷却空调装置示意图

采用液体吸湿剂的制冷系统，主要是利用除湿溶液再生温度低的特点，通过太阳能集热器将太阳辐射能量收集起来用于除湿空调吸湿剂的再生。

(4) 太阳能蒸汽压缩式制冷系统　太阳能蒸汽压缩式制冷系统，是将太阳能作为驱动热机的热源，使热机对外做功，带动蒸汽压缩制冷机来实现制冷的。它主要由太阳集热器、蒸汽轮机和蒸汽压缩式制冷机3大部分组成，它们分别依照太阳集热器循环、热机循环和蒸汽压缩式制冷机循环的规律运行。

（5）太阳能蒸汽喷射式制冷系统　太阳能蒸汽喷射式制冷系统主要由太阳集热器和蒸汽喷射式制冷机两大部分组成，它们分别依照太阳集热器循环和蒸汽喷射式制冷机循环的规律运行。在整个系统中，太阳能集热器循环只用来为锅炉热水运行预加热，以减少锅炉燃料消耗，降低燃料费用。其工作原理如图 9-22 所示。

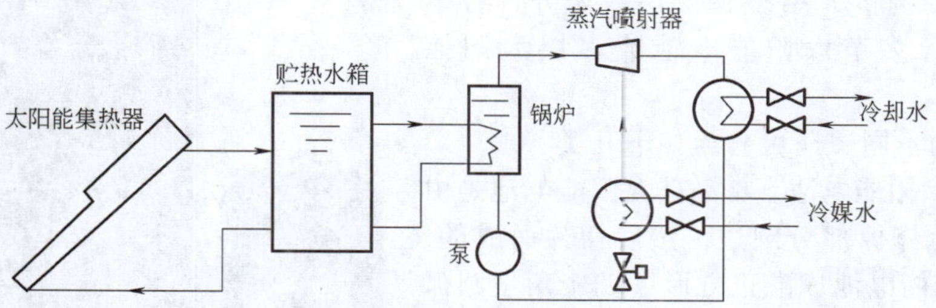

图 9-22　太阳能蒸汽喷射式制冷系统工作原理示意图

9.2.2　太阳能光伏建筑应用

1. 光伏发电原理

“光伏发电”是将太阳光的光能直接转换为电能的一种发电形式，其发电原理是“光生伏打效应”。如图 9-23 所示，普通的晶体硅太阳能电池由两种不同导电类型（n 型和 p 型）的半导体构成，分为两个区域：一个正电荷区，一个负电荷区。当阳光投射到太阳能电池时，内部产生自由的电子-空穴对，并在电池内扩散，自由电子被 p-n 结扫向 n 区，空穴被扫向 p 区，在 p-n 结两端形成电压，当用金属线将太阳能电池的正负极与负载相连时，在外电路就形成了电流。太阳能电池的输出电流受自身面积和光照强度的影响，面积较大的电池能够产生较强的电流。

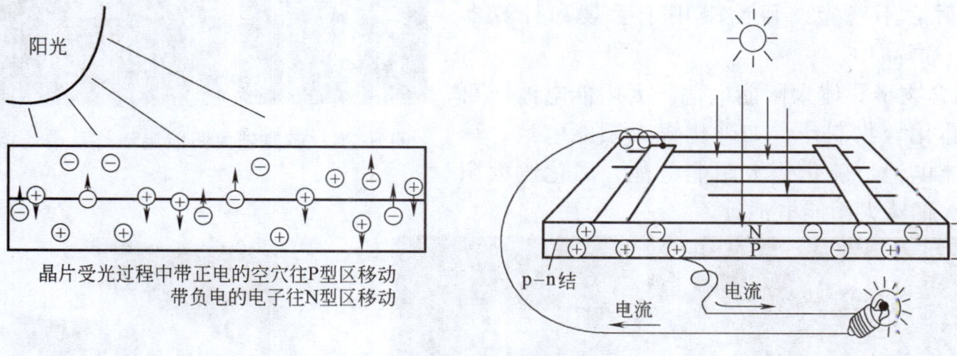

图 9-23　光伏发电原理

2. 光伏发电系统的组成

太阳能光伏发电系统是利用光伏电池板直接将太阳辐射能转化成电能的系统，主要由太阳能电池板、电能储存元件、控制器、逆变器以及负载等部件构成，如图 9-24 所示。

（1）太阳能电池板

1）太阳能电池的分类。太阳能电池板是太阳能光伏系统的关键设备，多

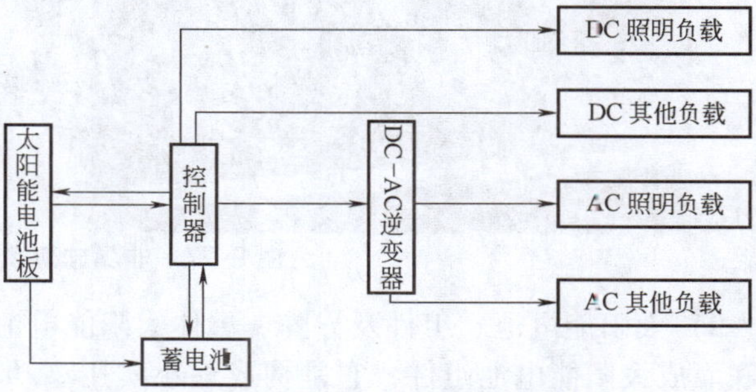

图 9-24　光伏发电系统组成示意图

为半导体材料制造，发展至今，已种类繁多，形式各样。

从晶体结构来分，有单晶硅太阳能电池、多晶硅太阳能电池和非晶硅太阳能电池。

从材料体型来分，有晶片太阳能电池和薄膜太阳能电池。

从内部结构的 p-n 结多少或层数来分，有单节太阳能电池、多节太阳能电池或多层太阳能电池。

按照材料的不同，还可分为如下几类：

① 单晶硅太阳能电池。单晶硅太阳能电池是由圆柱形单晶硅锭修掉部分圆边，然后切片而成的，所以单晶硅太阳能电池成准正方形（四个角呈圆弧状）。因制造商不同，其发电效率为 14%~17%。图 9-25 所示为单晶硅太阳能电池片及电池组件。

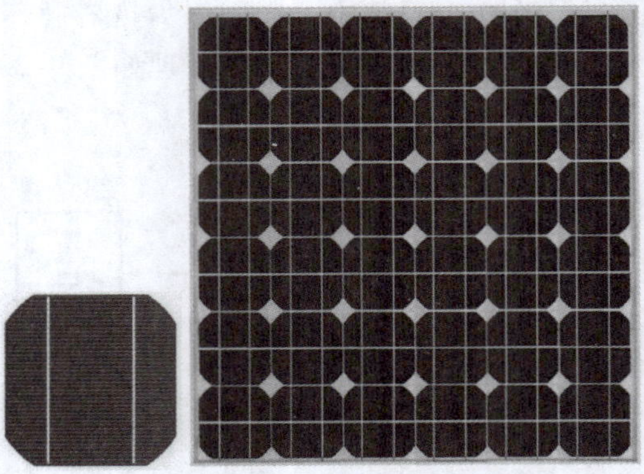

图 9-25 单晶硅太阳能电池片及电池组件

② 多晶硅太阳能电池。多晶硅太阳能电池是由方形或矩形的硅锭切片而成的，四个角为方角，表面有类似冰花一样的花纹。其电池效率只有约 12%，但是制造所需能量较单晶硅太阳能电池低约 30%。图 9-26 所示为多晶硅太阳能电池片及电池组件。

③ 非晶硅薄膜太阳能电池。它是由硅直接沉积到金属衬板（铝、玻璃甚至塑料）上生成薄膜光电材料后，再加工制作而成的，如图 9-27 所示。它可以制作成连续的长卷，可以与木瓦、屋面材料，甚至书包结合到一起。但非晶硅材料经长时间阳光照射后不稳定，目前多用于手表和计算器等小型电子产品中。

④ 化合物半导体太阳能电池。太阳能电池还可以由半导体化合物制作，如砷化镓太阳能电池、镓铟铜太阳能电池、硫化镉太阳能电池、碲化镉太阳能电池和镓铟磷太阳能电池等。

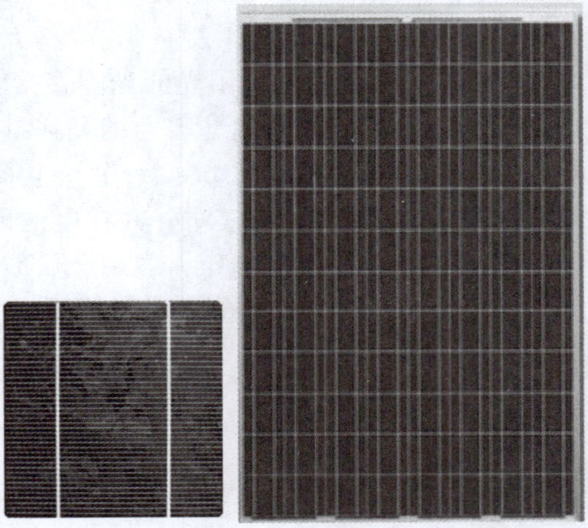

图 9-26 多晶硅太阳能电池片及电池组件

图 9-27 非晶硅薄膜太阳能电池

2）太阳能电池、组件及方阵。单体太阳能电池是太阳能电池的最基本单元；多个电池片串联而成太阳能电池组件，它是构成最小实用型功率系统的基本单元；将多个太阳能电池组件组装在一起组成光伏方阵。图 9-28 所示为电池片、组件、电池板和方阵。

3）组件的串联和并联。太阳能电池件组件同普通电源一样，也采用电压值和电流值标定。在充足的阳光下 40~50W 组件的标称电压是 12V（最佳电压 17V），电流大约为 3A。组件可以根据需要组合到一起，以得到不同电压和电流的太阳能电池板。

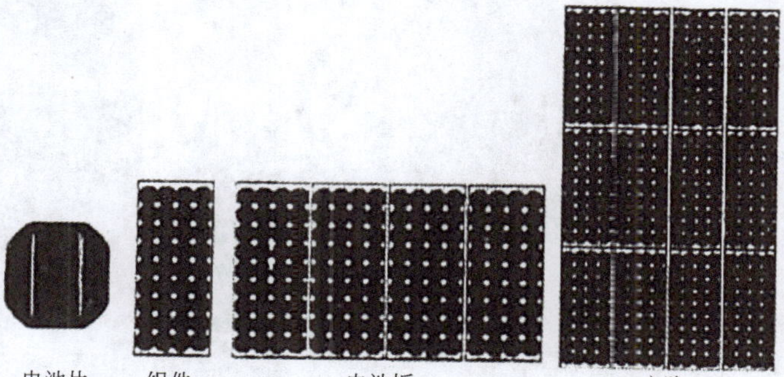

图 9-28 电池片、组件、电池板和方阵

（2）电能储存元件 由于太阳能辐射随天气阴晴变化无常，光伏电站发电系统的输出功率和能量随时在波动，使得负载无法获得持续而稳定的电能供应，电力负载在与电力生产量之间无法匹配。为解决上述问题，必须利用某种类型的能量储存装置将光伏电池板发出的电能暂时储存起来，并使其输出与负载平衡。

目前，光伏发电系统中使用最普遍的能量储存装置是蓄电池组，白天转换来的直流电储存起来，并随时向负载供电；夜间或阴天时再释放出电能。蓄电池组还能在阳光强弱相差过大或设备耗电突然发生变化时，起一定的调节作用。

（3）控制器 在运行中，控制器用来报警或自动切断电路，以保证系统负载正常工作。

（4）逆变器 逆变器的功能是将直流电转变成交流电。

3. 建筑光伏应用

在建筑物上安装光伏系统的初衷是利用建筑物的光照面积发电，既不影响建筑物的使用功能，又能获得电力供应。建筑光伏应用一般分为建筑附加光伏（BAPV）和建筑集成光伏（BIPV）两种。

建筑附加光伏（BAPV）是把光伏系统安装在建筑物的屋顶或者外墙上，建筑物作为光伏组件的载体，起支承作用；建筑集成光伏（BIPV）是指将光伏系统与建筑物集成一体，光伏组件成为建筑结构不可分割的一部分；如果拆除光伏系统则建筑本身不能正常使用。

建筑光伏应用有以下几种形式：

（1）光伏系统与建筑屋顶相结合 光伏系统与建筑屋顶相结合，日照条件好，不易受到遮挡，可以充分接收太阳辐射；光伏屋顶一体化建筑，由于综合使用材料，可以节约成本，如图 9-29 所示。

（2）光伏与墙体相结合 多、高层建筑外墙是与太阳光接触面积最大的外表面。为了合理地利用墙面收集太阳能，将光伏系统布置于建筑物的外墙上。这样既可以利用太阳能产生电力，满足建筑的需求；还可以有效降低建筑墙体的温度，从而降低建筑物室内空调冷负荷。如图 9-30 所示，光伏组件附着于墙面。

（3）光伏幕墙 它由光伏组件同玻璃幕墙集成化而来，不多占用建筑面积，优美的外观具有特殊的装饰效果，更赋予建筑物鲜明的现代科技和时代特色。图 9-31 所示为正泰太阳能 C 厂房薄膜幕墙。图 9-32 所示为某光伏幕墙内景。

（4）光伏组件与遮阳装置相结合 太阳能电池组件可以与遮阳装置结合，一物多用，既可有效地利用空间，又可以提供能源，在美学与功能两方面都达到了完美的统一，如停车棚等。图 9-33 所示为建筑物光伏遮阳及太阳能光伏车棚图例。

9.2.3 太阳能综合利用

太阳能在建筑中的综合利用，即利用太阳能满足房屋居住者舒适水平和使用功能所需要的大部分能量供应，如供暖、空调、热水供应、供电等。

图 9-29 住宅、厂房及上海世博会主题馆光伏屋顶

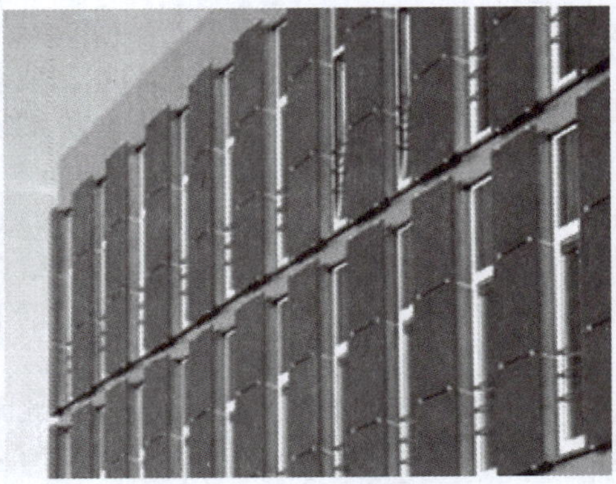

图 9-30 光伏组件附着于墙面

图 9-31 正泰太阳能 C 厂房薄膜幕墙

图 9-32 某光伏幕墙内景

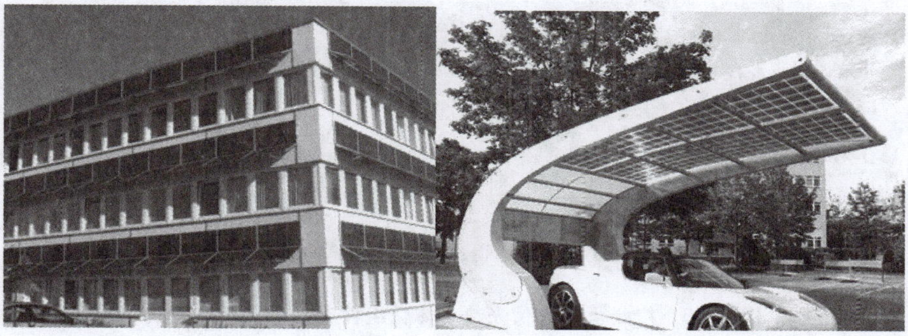

图 9-33　建筑物光伏遮阳及太阳能光伏车棚图例

1. 光伏光热系统

光伏光热系统，即实现太阳能光伏和光热综合利用的系统。其所用设备称为光伏光热一体化组件，一般称为 PV/T (photovoltaic/thermal collector)。根据试验表明，硅光伏发电模块的实际发电量不仅取决于吸收和传输的太阳辐射，还取决于电池的实际工作温度——温度每升高 1K，则光伏发电模块的发电量将降低额定容量的 0.5%。因此，通过在太阳能光伏板背部回收热量，降低光伏板温度，既可以提高电池发电效率，又可以获得额外的热量，供其他方面利用，即实现太阳能热电联产。

根据实现功能不同，光伏光热系统可分为光伏热水系统、光伏供暖系统、光伏空调系统。根据光伏板背面冷却介质不同，光伏光热系统一般分为风冷却系统、水冷却系统、制冷剂冷却系统等。

(1) 风冷却光伏光热系统　即用空气冷却光伏板背面，降低光伏板温度；同时，加热后的空气，也可以用作其他用途，如供暖等。一般风冷却采用自然对流，热风不做回收，主要目的是提高太阳能发电效率。图 9-34 所示为 Solar Wall 公司 PV/T 空气冷却墙。

图 9-34　Solar Wall 公司 PV/T 空气冷却墙

(2) 水冷却光伏光热系统　即用水冷却光伏板背面，降低光伏板温度；同时，加热后的水，也可以用作其他用途，如供暖、生活热水、空调制冷。也可以与热泵结合，提高热量品位后，再用作供暖、生活热水、空调制冷等功能；一般这样的系统，称为非直膨式光伏热泵系统，但多处于试验阶段。图 9-35 所示为广州番禺光伏光热一体化组件工程，系统类型为集中供暖；图 9-36 所示为 SYE 总部光伏光热一体化组件工程，也是集中供暖。

(3) 制冷剂冷却光伏光热系统　即通过制冷剂吸取光伏板热量，降低光伏板温度，提高光伏板效率，并为热泵系统提供热量，即作为热泵的热源、蒸发器，提高热利用率；这样的系统，一般称为直膨式光伏热泵系统。

直膨式光伏热泵系统和非直膨式光伏热泵系统是光伏热泵系统的两种主要形式之一，但由于成本较高，目前大多处于试验阶段，既有建筑应用很少。

图 9-35 广州番禺光伏光热一体化组件工程——新建建筑

图 9-36 SYE 总部光伏光热一体化组件工程——既有建筑

2. 其他太阳能综合利用

根据建筑物的用能特点，供暖负荷和空调负荷是季节性的，热水负荷是全年性的，太阳能供暖系统和太阳能制冷系统在设计阶段就已经考虑太阳能的综合应用，即在非供暖季和非空调季利用太阳能生产生活热水。

根据太阳能功能与建筑物结合的方式，太阳能的综合利用还可以分为以下几种系统形式。

(1) 集热器-蓄热器系统　集热器安装在南向的墙面上，蓄热器也安装在南向的墙面上，即集热器和蓄热器合并成建筑物结构的一部分。这种系统主要用来实现冬季供暖。

(2) 集热器-散热器-蓄热器系统　集热器、散热器和蓄热器作为维护结构的屋面，屋面设置可以移动的隔热装置，可以使系统在供暖季的白天吸收太阳能，夏天可以向天空辐射，实现了冬季供暖和夏季空调的功能。

(3) 集热器-散热器-热泵系统　系统的集热器没有盖板，白天集热，夜间散热，利用贮热、冷水箱给建筑物供暖或者空调；系统中安装的热泵，用于保持冷、热水箱之间的温差。集热器安装在屋面，散热器为顶棚辐射板，都作为围护结构的一部分，系统可以供暖方式运行（冬天）、空调方式运行（夏天）、供暖和空调方式运行（过渡季）。

以上三种系统适用于层数不多的建筑，需要建筑物有足够的位置安装集热器等相关附件。

9.3 热泵技术及应用

9.3.1 热泵及热泵系统的介绍

1. 热泵系统的定义

热泵是一种利用高位能使热量从低位热源流向高位热源的节能装置。顾名思义，热泵也就是像泵那样，可以把不能直接利用的低位热能（如空气、土壤、水中所含的热能、太阳能、工业废热等）转换为可以利用的高位热能，从而达到节约部分高位能（如煤、燃气、石油、电能等）的目的。

由此可见，热泵的定义涵盖了以下优点：

1）热泵虽然需要消耗一定量的高位能，但所供给用户的热量却是消耗的高位热能与吸取的低位热能的总和。也就是说，应用热泵，用户获得的热量永远大于所消耗的高位能。因此，热泵是一种节能装置。

2）理想的热泵可设想为节能装置（或称节能机械），由动力机和工作机组成热泵机组。

利用高位能来推动动力机（如汽轮机、燃气机、燃油机、电动机等），然后再由动力机来驱动工作机（如制冷机、喷射器）运转，工作机像泵一样，把低位的热能输送至高品位，以向用户供暖。

3）热泵既遵循热力学第一定律，在热量传递与转换的工程中遵循守恒的数量关系；又遵循热力学第二定律，热量不可自发、不付出代价地、自动地从低温物体转移至高温物体。在热泵的定义中明确指出，热泵是靠高位能拖动，迫使热量由低温物体传递给高温物体的。

热泵原理如图 9-37 所示。

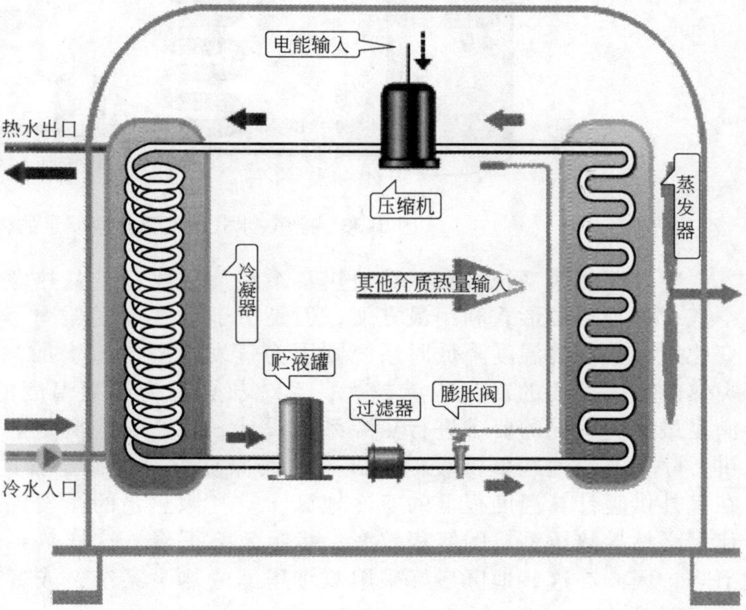

图 9-37　热泵原理

2. 热泵系统的分类

热泵的种类很多，分类方法各不相同，可按热源种类、热驱动方式、用途、工作原理、工艺类型等来分类。

按工作原理分为蒸汽压缩式热泵、气体压缩式热泵、蒸气喷射式热泵、吸收式热泵、热电式热泵、化学热泵，按热源分为空气热泵、地表水热泵、地下水热泵、城市自来水热泵、土壤热泵、太阳能热泵、废热热泵，按用途分为住宅用热泵、商业及农业用热泵、工业用热泵，按供暖温度分为低温热泵<100℃、高温热泵（>100℃），按驱动方式分为电动机驱动热泵、热驱动热泵，按热源与供暖介质的组合方式分为空气-空气热泵、空气-水热泵、水-水热泵、水-空气热泵、土壤-空气热泵、土壤-水热泵，按功能分为单纯制热热泵、交替制冷与制热热泵、同时制冷与制热热泵，按压缩机类型分为往复活塞式热泵、涡旋式热泵、滚动转子式热泵、螺杆式热泵、离心式热泵，按机组的安装形式分为单元式热泵、分体式热泵、现场安装式热泵，按热量提升分为初级热泵、次级热泵、第三级热泵。

9.3.2　空气源热泵

空气源热泵系统是根据逆卡诺循环原理，采用电能驱动，通过传热工质把自然界的空气中的热能有效吸收，并将吸收回来的热能提升至可用的高品位热能并释放到水中的设备。在不同的工况下，热泵热水机组每消耗 1kW 电能就从低温热源中吸收 2~6kW 的免费热量，节能效果非常显著。热泵热水机组由压缩机、蒸发器、膨胀阀、冷凝器等部件组成。其工作原理是通过压缩机做功，使工质产生物理变相（气态→液态→气态），利用这一往复循环相变过程不断吸热和放热，由吸热装置吸取免费的热量，经过换热器使冷水升温，制取的热水通过水循环系统送至用户。

空气-水式空气源热泵装置的构造原理如图9-38所示。

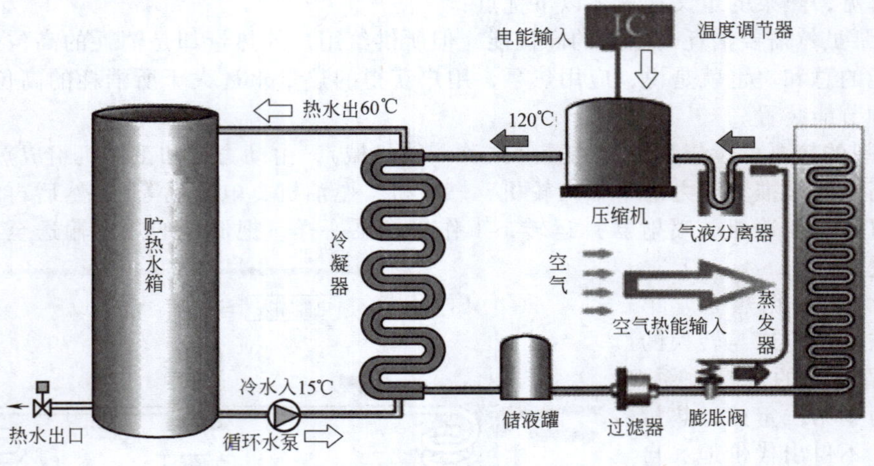

图9-38 空气-水式空气源热泵装置的构造原理

空气源热泵系统区别于其他热泵系统最主要在于其热源方面，空气源热泵系统的热源是空气，这种热源形式利用最方便，但是由于空气温度随季节变化很大，冬季环境温度的昼夜变化很大，环境温度降低时系统则因为蒸发冷凝温差增加，供热量反而减小；在夏季，天气炎热时室内需要的冷量也就越大，系统却会因为冷凝温度的上升，制冷量反而减小。因此，满足最恶劣状况的要求进行热泵系统设计、生产、选型是空气源热泵系统基本要求。一般来讲，除了寒冷地区单供暖的形式外，按照夏季冷负荷选择的机组能够满足冬季供暖的要求。在室外供暖计算温度很低的寒冷地区，空气源热泵的蒸发温度将很低。压缩机在高压比下工作，必然导致压缩机的容积效率、指示效率下降。这样热泵的制热能力和制热性能系数都将下降，因此在这些地区最好采用双级压缩的热泵系统，或者采用超低温数码涡旋蒸气地板辐射供暖系统。

空气源热泵中央空调系统的特点如下：

1）高效节能、运行可靠：变频技术、数码涡旋空气源热泵技术、双级压缩技术、准二级压缩、喷液增焓、喷液汽化冷却技术的不断发展，极大地丰富了热泵技术，加之热泵系统的优化设计、精心制造、模块化组合，机组互为备用等先进技术的运用，在很大程度上提高了空气源热泵机组运行的可靠性，保证了热泵系统可靠、高效、节能地运行。

2）节约投资：一机两用，夏季供冷、冬季供暖，节约初投资。

3）节约建筑面积：外墙面、层顶等均可放置，不需要专用机房，节省了建筑空间。

4）洁净环保：采用风源系统，无须冷却水系统和锅炉房加热系统；只使用电力，环境清洁，大大提高了机组的环境相容性。

5）适用广泛：不同系列、规格的空气源热泵机组，根据不同的气候条件和地理环境设计、生产，无须统一供应热源或冷源介质，因此便于小型化，用户选择余地大，适用范围更广泛。

9.3.3 水源热泵系统

水源热泵分为地表水（河川水、湖水、海水）和地下水（深井水、泉水、地下热水等），也可以是生活废水、工业废水。

1. 水源热泵的特点

（1）水源热泵的优点

1）水源热泵机组可利用的水体温度冬季为12~22℃，水体温度比环境空气温度高，所以热泵循环的蒸发温度提高，能效比也提高。而夏季水体温度为18~35℃，水体温度比环境空气温度低，所以制冷的冷凝温度降低，使得冷却效果好于风冷式和冷却塔式，机组效率提高。据美国环保署EPA估计，设计安装良好的水源热泵，平均来说可以节约用户30%~40%的供暖制冷空调的运行费用。

2）水体的温度一年四季相对稳定，其波动的范围远远小于空气的变动。水体温度较恒定的特性，使得热泵机组运行更可靠、稳定，也保证了系统的高效性和经济性。不存在空气源热泵的冬季除霜等难点问题。

（2）水源热泵系统的缺点

1）可利用的水源条件限制，水源热泵理论上可以利用一切的水资源，其实在实际工程中，不同的水资源利用的成本差异是相当大的。目前的水源热泵利用方式中，闭式系统一般成本较高，而开式系统能否寻找到合适的水源就成为使用水源热泵的限制条件。对开式系统，水源要求必须满足一定的温度、水量和清洁度。

2）水层的地理结构的限制，对于从地下抽水回灌的使用，必须考虑使用地的地质结构，确保可以在经济条件下打井找到合适的水源，同时还应当考虑当地的地质和土壤的条件，保证用后尾水的回灌可以实现。

3）投资的经济性由于受到不同地区、不同用户及国家能源政策、燃料价格的影响，水源的基本条件的不同，一次性投资及运行费用会随着用户的不同而有所不同。虽然总体来说，水源热泵的运行效率较高、费用较低，但与传统的空调制冷供暖方式相比，在不同地区不同需求的条件下，水源热泵的投资经济性会有所不同。

2. 地表水源热泵系统

地表水源热泵系统是早期热泵之一。早在1938—1939年间，河水源热泵已在瑞士苏黎世市政大厅投入运行，这是欧洲第一台较大的地表水源热泵系统。20世纪40—50年代，瑞士、英国早期使用的热泵系统大部分也是地表水源热泵系统。我国地表水源热泵起步较晚，但是，我国南方地表水资源十分丰富，发展地表水源热泵空调系统的前景光明。

图9-39　地表水源热泵系统原理

地表水源热泵系统原理如图9-39所示。

地表水换热系统的形式可分为开式地表水换热系统和闭式地表水换热系统。开式地表水换热系统就是通过取水口，并经简单污物过滤装置处理，然后在循环泵的驱动下，将处理后的地表水直接送入热泵机组或通过中间换热器进行换热的系统，如图9-40所示。闭式地表换热系统就是将封闭的换热盘管按照特定的排列方式放入具有一定深度的地表水体中，传热介质通过换热盘管管壁与地表水进行热交换的系统，如图9-41所示。目前，在闭式地表水换热系统中常采用的换热盘管通常有两种形式：一种是松散捆卷盘管，即从紧密运输捆卷中松散盘管，重新组成松散卷，并加重物；另一种是伸展开盘管或“slinky”盘管。

开式地表水源热泵系统和闭式地表水源热泵系统的换热形式相比，后者具有如下特点：

1）闭式环路中的循环介质（水或添加防冻剂的水溶液）清洁，避免了系统内的堵塞现象。但封闭的盘管外表面可能会结有污泥（垢）等污物，尤其是在盘管底部产生污泥的现象时有发生。

2）闭式环路系统中的循环水泵的扬程只须克服系统中的流动阻力，因此，相对于开式地

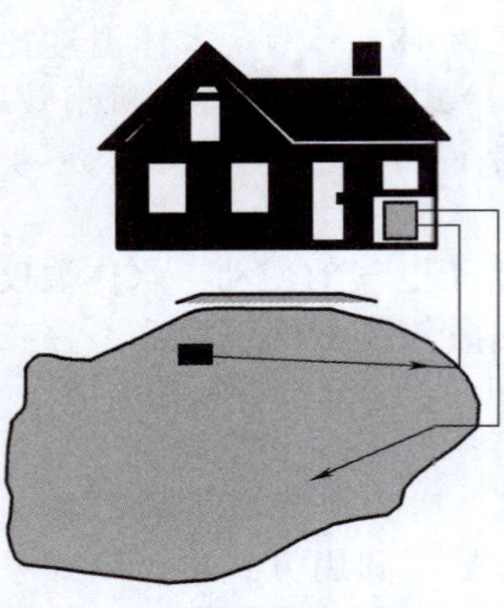

图 9-40 开式地表水源热泵系统

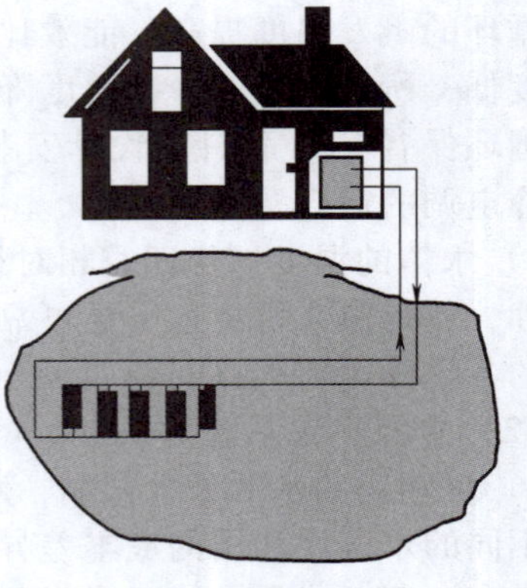

图 9-41 闭式地表水源热泵系统图

表水源热泵系统中的泵功率要小。

3）由于闭式环路中的循环介质与地表水之间换热的要求，循环介质的温度一般要比地表水水温低 2~7℃，由此将会引起水源热泵机组的特性降低，即机组的 EER 值或 COP 值相对于开式系统略有下降。

3. 地下水源热泵

地下水源热泵系统是采用地下水作为低品位热源，并利用热泵技术，达到为使用对象供暖或供冷的一种系统。地下水源热泵系统适合于地下水资源丰富，并且当地资源管理部门允许开采利用地下水的场合。

地下水是指埋藏和运移于地表以下含水层中的水体。地下水分布广泛，水量也较稳定，水质比地表水好。因土壤的隔热和蓄热作用，水温随季节变化较小，特别是深水井的水温常年基本不变，对热泵运行十分有利。一般比当地平均气温高 1~2℃。我国地下水水温约为 4℃，东北中部地区地下水水温为 8~12℃，东北南部地区地下水水温为 12~14℃，华北地区地下水温度为 15~19℃，华东地区地下水温度为 19 ~20℃，西北地区地下水温度为 18~20℃。由于地下水的温度恒定，与空气相比，在冬季的温度较高，在夏季的温度较低，另外，相对于室外空气来说，水的比热容较大，传热性能好，所以热泵系统的效率较高，仅需少量的电量即能获得较多的热量或冷量，通常的比例能达到 1:4 以上。

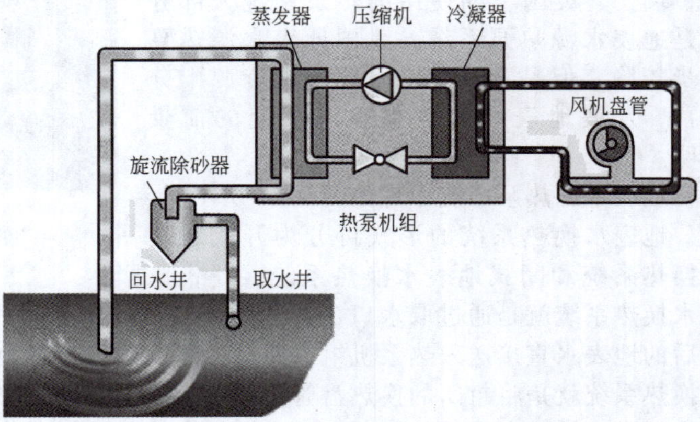

图 9-42 地下水源热泵系统原理

地下水源热泵系统原理如图 9-42 所示。

与地下水进行热交换的地下水源热泵系统，根据地下水是否直接流经水源热泵机组，分为间接地下水源热泵系统和直接地下水源热泵系统两种。

（1）间接地下水源热泵系统 在间接地下水源热泵系统中，地下水通过中间换热器与建筑物内循环水系统分隔开来，经过热交换后返回同一含水层。

1）间接地下水源热泵系统与直接地下水源热泵系统相比，具有如下优点：

① 可以避免地下水与水源热泵机组、水环路及附件的腐蚀与堵塞。

② 减少外界空气与地下水的接触，避免地下水氧化。

③ 可以方便地通过调节井水水流量来调节环路的水温。

根据热泵机组的分布形式，间接地下水源热泵系统可分为集中式地下水源热泵系统和分散式地下水源热泵系统。

2）集中式地下水源热泵系统是指热泵机组集中设置在水源热泵机房内，热泵机组产生的冷冻水或热水通过循环水泵，输送至末端的系统。

集中式地下水源热泵系统的特点如下：

① 冷、热源集中调节和管理。

② 水源热泵机组的效率较分散式水-空气机组高。

③ 机房占地面积较分散式系统大。

④ 可以与各种不同末端系统结合，如风机盘管、组合式空气处理机组、辐射式供冷供暖系统等。

3）分散式地下水源热泵系统是采用地下水作为低位冷、热源的水环热泵系统。水环热泵系统是小型水-空气热泵的一种应用方式，即利用水环路将小型水-空气热泵机组并联在一起，构成以回收建筑物内部余热为主要特征的热泵供暖、供冷的系统。

分散式地下水源热泵系统的主要特点如下：

① 可回收建筑物内区余热。

② 机房占地面积较小。

③ 控制灵活，可以满足不同房间不同温度的需求。

④ 应用灵活，便于计量。

⑤ 单从热泵机组能效比来看，小型水-空气热泵机组较水-水热泵机组低。

⑥ 压缩机分布在末端，噪声较一般风机盘管系统大，需要采取防噪措施。

目前，国内地下水源热泵系统中，较多采用的是集中式地下水源热泵系统。但是，分散式地下水源热泵系统由于其调节、计量等方面的优势，正在得到越来越多的工程应用，具有较好的前景。

（2）直接地下水源热泵系统　当地下水水量充足、水质好、具有较高的稳定水位时，可以选用直接地下水源热泵系统。选用该系统时，应对地下水进行水质分析，以确定地下水是否达到热泵机组要求的水质标准，并鉴别出一些腐蚀性物质及其他成分。

从保障地下水安全回灌及水源热泵机组正常运行的角度，地下水尽可能不直接进入水源热泵机组。

4. 污水源热泵

污水源热泵系统是以城市污水作为水源热泵系统的冷热源的废热利用系统。由于城市污水因一年四季温度变化较小，数量较稳定，具有冬暖夏凉的温度特征，且储存的热量较多，易于通过城市污水管道进行收集等特点，被公认为是较理想的可回收和利用的低温清洁能源。

污水源热泵在北欧诸国、日本发展较早。我国城市污水源热泵技术推广应用刚刚起步，但发展很快。北京市排水集团在高碑店污水处理厂开发了一套污水源热泵试验工程（900m^{2}建筑供暖），然后在北小河污水处理厂安装一套供6000m^2 建筑供暖与供冷的污水源热泵。目前，秦皇岛、哈尔滨、石家庄、沈阳等地均有污水源热泵系统在运行。

污水源热泵系统原理如图9-43所示。

污水源热泵系统按工艺流程分为开式和闭式两类。开式与闭式是以进入热泵机组的载热水体是闭式循环还是开式循环而定义的。若水源水直接进入热泵机组的蒸发器或冷凝器则是开式系统，若通过二次换热以中水进入的则为闭式系统。

污水源热泵系统除具有地源热泵系统和其他水源热泵系统的优点外，还具有以下特点：

1）不受自然条件的影响。地源热泵系统的应用受地下水资源、地质条件、地表水资源、

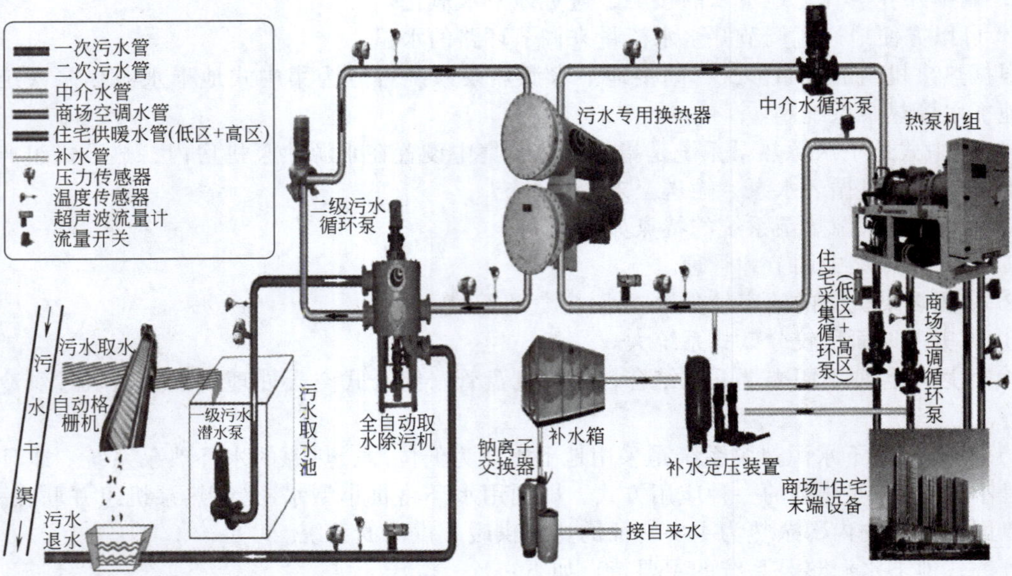

图 9-43 污水源热泵系统原理

地表水的温度等自然资源条件的限制。而污水源热泵系统不受任何自然资源条件的限制，任何城市都可应用。

2）污水年温度变化较小，系统运行能效较高。城市污水温度一年四季变化比较小，即便是城市污水处理厂处理后的污水，一般也高于当地浅层地下水的温度。因此污水源热泵系统的制热效率比较高。

3）污水量年变化不大，系统运行稳定可靠。城市污水中的生活污水排放量随季节有所变化，生产废水排放量随季节变化较小，因此总水量变化不大。加之在一个季节中污水水温变化比较小，也为热泵系统的稳定可靠运行提供了条件。

4）对污水中的污物要采取措施。污水中的悬浮物、油脂类、腐蚀性化合物，对污水流经的设备会造成结垢、堵塞、腐蚀等。因此污水源热泵系统必须采取有效的措施，解决这些问题。尤其是原生污水源热泵系统。

污水源热泵系统在有二级出水的城市污水处理厂以及城市污水干渠（管）附近，可以考虑应用。

该系统方案设计前，要考虑以下一些问题：

1）可利用的污水量应满足建筑物最大冷负荷和热负荷的要求，且污水水温满足热泵机组的要求。

2）优先考虑采用城市污水处理厂处理后的二级出水，其原因是二级出水的水质远好于城市原生污水，二级出水中的悬浮物、油脂类、硫化氢等均为原生污水中的十分之一乃至几十分之一，尤其是污水中的悬浮物。

3）宜在城市污水处理厂附近建设大型污水源热泵站。所谓的热泵站是指将大型热泵机组集中布置在同一机房内，制备热水通过城市管网向一定区域的用户供暖的热力站。

4）原生污水源热源系统不能大规模应用。其原因是大规模应用原生污水热泵系统，冬季使到达污水处理厂的原生污水温度降低，将影响城市污水处理厂对污水的处理效果或处理成本。

5）原生污水源宜考虑采用闭式污水源热泵，城市二级出水和中水宜考虑采用开式污水源热泵系统。

5. 海水源热泵

海水源热泵系统是地表水源热泵系统的一种。

海洋是巨大的可再生能源，非常适合用作地源热泵的低温热源与热汇。海洋与江（河）、湖相比具有的特性有潮汐、海水腐蚀性、海洋生物等。因此，海水源热泵水源系统的设计必须考虑这些特殊影响因素，与海水接触的所有设备、部件及管道应具有防腐、防生物附着的能力；与海水连通的所有设备、部件及管道应具有过滤、清理的功能。海水源热泵系统的设计除水源系统需特殊考虑外，其余与地表水源热泵系统基本相同。

（1）海水源热泵系统概述　大型海水源热泵系统是由海水取水构筑物、海水泵站、热泵站、供暖与供冷管网、末端用户的供暖/供冷系统组成的。海水取水构筑物的作用是安全可靠地从海中取海水；海水泵站的功能是将取得的海水输送到热泵站内相关的设备（换热器或热泵机组）后，将海水再次排放到海中；热泵站的功能是利用热泵机组提取海水的热量或冷量，加热或冷却供供暖与空调用的热媒或冷媒（冷冻水）；供暖与供冷管网将热媒与冷媒输送到各个热用户，再由用户末端系统向建筑物内分配冷量或热量，创造和维持要求工作与居住的热湿环境。

（2）海水源热泵系统的形式　根据热泵机组的布置形式，海水源热泵系统分为集中式海水源热泵系统和分散式海水源热泵系统两类。

1）集中式海水源热泵系统。集中式海水源热泵系统是指将海水源热泵机组集中设置在一个机房内，制备的冷（热）水通过外网输送到各个用户或小区。目前国内应用的是集中式海水源热泵系统。

2）分散式海水源热泵系统。分散式海水源热泵系统是指将海水（或经换热器转换的水）输送到用户或小区，并在用户或小区配置热泵，以满足用户或小区供暖与供冷的需要。

集中式和分散式海水源热泵系统的特点与其他集中式和分散式热泵系统特点相同。

（3）防止海水腐蚀与防止海洋生物的主要措施

与海水接触的所有设备、部件及管道都应具有防腐的能力和采取防生物附着的措施，都应具有过滤、清理的功能。防止海水腐蚀与防治海洋生物可采取以下主要措施：

1）防治海水腐蚀的主要措施如下：

① 采用耐腐蚀的材料及设备，如采用铝黄铜、镍铜、铸铁、钛合金以及非金属材料制作的管道、管件、阀门等；专门设计的耐海水腐蚀的循环泵等。

② 表面涂敷防护，如管内壁涂防腐涂料，采用有内衬防腐材料的管件、阀门等；涂料有环氧树脂漆、环氧沥青涂料、硅酸漆等。

③ 采用阴极保护，通常的做法有牺牲阳极保护法和外加电流的阴极保护法。

④ 宜采用强度等级较高的抗硫酸盐水泥及制品，或采用混凝土表面涂敷防腐技术。

2）防治和清除海生生物的主要方法如下：

① 设置过滤装置，如拦污栅、隔栅、筛网等粗过滤和精过滤装置。

② 投放药物，如氧化型杀生剂（氯气、二氧化氯、臭氧）和非氧化型杀生剂（十六烷基化吡啶、异氰尿酸酯等）。

③ 电解海水法，电解产生的次氯酸钠可杀死海洋生物幼虫或虫卵。

④ 含毒涂料保护法等，通常以加氯法采用较多且效果较好。

我国海岸线长，有众多的岛屿和半岛，目前沿海城市是发展最快的地区，有很多地区正在考虑大规模地整体开发，同时沿海城市又是冷、热负荷最集中的地区。如果当地地理优势和这项技术充分结合就能大大缓解空调用电的压力，并且对环境保护有很大的帮助，同时可以带来巨大的经济效益和社会效益。国外应用工程的经验也是系统规模越大，整体的经济效益也就越好。同时海水源热泵系统取消了空调系统的冷却设备，可以节约大量的淡水资源，这一点对于淡水匮乏的地区而言意义也很大。

9.3.4　地源热泵系统

地源热泵系统主要由地源热泵机组、土壤型换热器、膨胀水箱、循环水泵、室内风管、水管等组成，如图9-44所示。地源热泵机组有水-水和水-空气两种形式。地源热泵机组与空气源热泵不同的就是主机无须放在室外。地源热泵机组可安装于卫生间吊顶内、储藏室或室内其他隐蔽处。

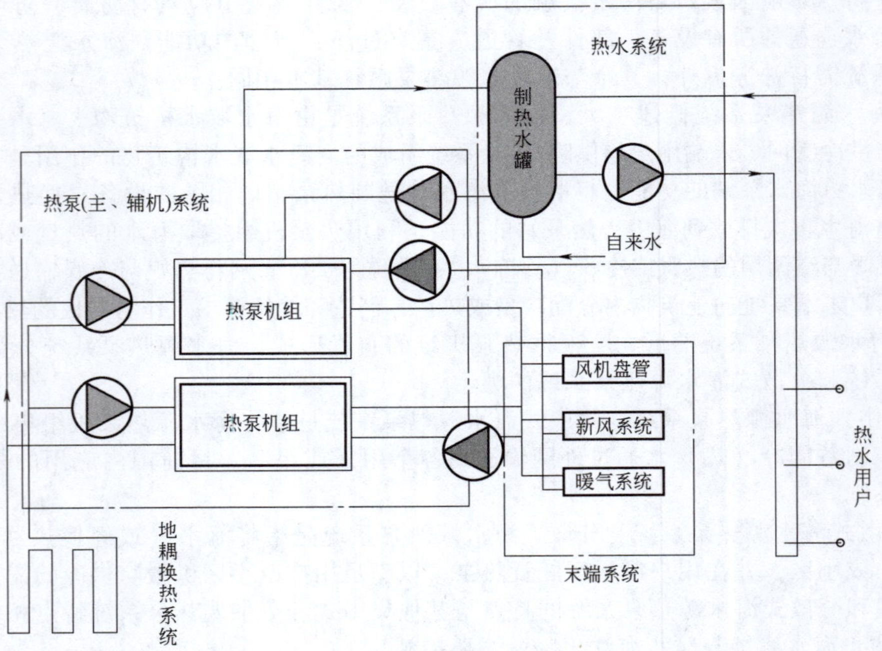

图9-44 地源热泵系统原理

1. 地源热泵系统的组成

地源热泵系统通过中间传热介质（水或以水为主要成分的防冻液）在封闭的地下埋管中流动，实现系统与大地之间的传热。地源热泵系统一般由以下三个环路组成：

（1）室外环路 在地下，由高强度塑料管组成的封闭环路，其中间传热介质为水或防冻液。冬季它从周围土壤（地层）吸收热量，夏季向土壤（地层）释放热量。室外环路中的中间传热介质与热泵机组之间通过换热器交换热量。其循环由一台或数台循环泵来实现。

（2）制冷剂环路 即热泵机组内部的制冷循环环路，与空气源热泵相比，只是将空气/制冷剂换热器换成水/制冷剂换热器，其他结构基本相同。

（3）室内环路 室内环路是将热泵机组的制热（冷）量输送到建筑物，并分配给每个房间或区域，传递热量的介质有空气、水或制冷剂等，而相应的热泵机组分别为水/空气热泵机组、水/水热泵机组或热泵式水冷多联机。

有的地源热泵系统还设有加热生活热水的环路。将水从生活热水箱送到冷凝器进行循环的封闭加热环路，是一个可供选择的生活热水的环路。对夏季工况，该循环可充分利用冷凝器排放的热量，基本不消耗额外的能量而得到热水供应；在冬季，其耗能也大大低于电热水器。

2. 地源热泵系统的分类

（1）水平埋管地源热泵系统 当室内负荷比较小、土壤换热器长度比较短时，可以把与单回路管子随开挖土方施工，直接埋入地下。

当室内负荷比较大、土壤换热器长度比较长时，就需要考虑换热器的布置问题，常用的布置方式有串联式水平埋管和并联式水平埋管两种。对于水平埋管系统，其优点是：安装费用比垂直埋管系统低，应用广泛，使用者易于掌握；其缺点是：占地面积大，受地面温度影响大，水泵耗电量大。

（2）垂直埋管地源热泵系统 当室内负荷比较小、土壤换热器长度比较短，换热器井数比较少，可以直接接入机房。当室内负荷比较大、土壤换热器长度比较长时，就需要考虑换热器井群的布置问题，一般是若干口井汇集到集水器中，然后统一由干管接入机房。垂直埋管地源热泵系统有一种特殊形式是桩基换热器（或叫作能量桩），即在桩基里布设换热管道。

与桩基换热器类似，由桥板中埋管的地源热泵自动融雪的桥被称为地热智能桥。雪落到桥面后，这些盘管利用地热将雪融化。地源热泵的开启靠输入的当地气象参数来控制。

对于垂直埋管地源热泵系统，其优点是：较小的土地占用，管路及水泵用电少，松散颗粒或裂隙胶结为整体，形成一个良好的结石体。灌浆改善了板底原有的受力状态，恢复了板体与地基的连续性，可达到加固基础、治理病害的目的。

主要的地下埋管换热器的形式如图 9-45 所示。

图 9-45　主要的地下埋管换热器的形式

3. 地源热泵系统的特点

(1) 低维护　地源热泵系统的运动部件要比常规系统少，因而减少了维护，并且更加可靠。由于系统安装在室内，不暴露在风雨中，也可免遭损坏，延长了寿命。

(2) 安全　地源热泵系统在运行中没有燃烧，因此不可能产生二氧化碳、一氧化碳之类的废气集结在家中或商业建筑内；也不存在丙烷气体，因而也不会有发生爆炸的危险。

(3) 运行费用低　地源热泵系统的效率比燃烧矿物燃料、燃油、天然气和丙烷的设备都高。它只用一点电，运行费用较低。

(4) 舒适　由于地源热泵系统的供冷、供暖更为平稳，降低了停、开机的频率和空气过热和过冷的峰值。这种系统更容易适应供冷、供暖负荷的分区。

(5) 可靠　如果安装适当，系统将可使用 25 年以上。住宅地源热泵系统一般仅有一台电动风机、一台小型循环水泵、一台压缩机，如有需要可增设一台生活热水的循环水泵。因此，该系统设备简单，运行可靠。

(6) 易于改建　建筑物中现有的供暖、供冷风管通常可直接连接到地源热泵系统上。环路系统可安装在诸如房屋前、后园地中。

9.3.5　太阳能热泵系统

太阳能热泵系统根据太阳能集热器与热泵的组合形式可以分为直膨式和非直膨式。

1. 直膨式太阳能热泵系统

直膨式太阳能热泵系统是将太阳能集热器作为热泵的蒸发器，如图 9-46 所示。这种系统中集热器多采用平板式，结构简单，性能良好。

2. 非直膨式太阳能热泵系统

非直膨式太阳能热泵系统将太阳能热水系统和热泵联合起来，是太阳能集热器和热泵的蒸发器相对独立的热泵系统。根据太阳能热水系统与热泵的连接形式，非直膨式太阳能热泵系统可以分为串联式（图 9-47）、并联式（图 9-48）、混联式（图 9-49）。

在非直膨串联式太阳能热泵系统中，经太阳能集热器加热的热水经过太阳能蓄热器，再流经热泵的蒸发器。当太阳能辐射不足时，蒸发器中出来的冷水经过太阳能蓄热器，吸收热量后再进入蒸发器。

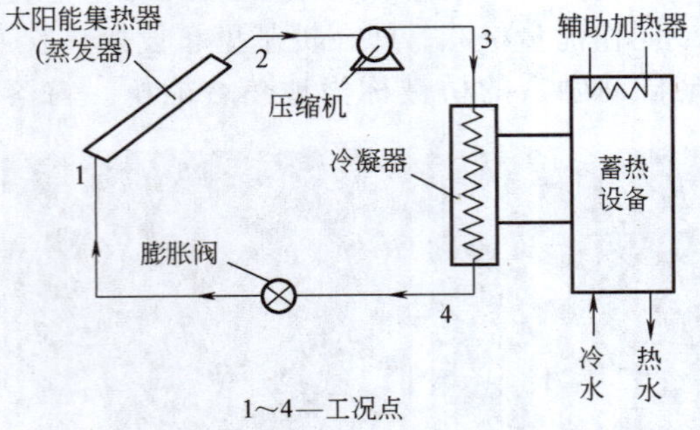

图 9-46 直膨式太阳能热泵系统原理图

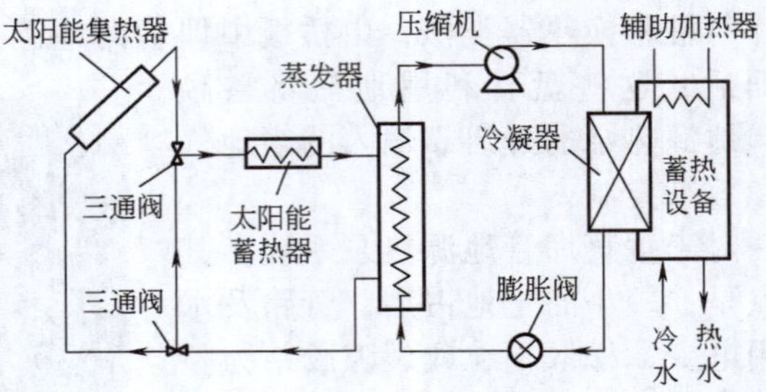

图 9-47 非直膨串联式太阳能热泵系统原理

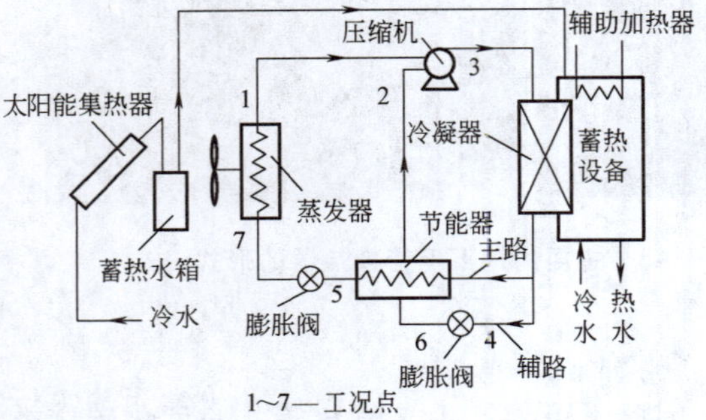

图 9-48 非直膨并联式太阳能热泵系统原理

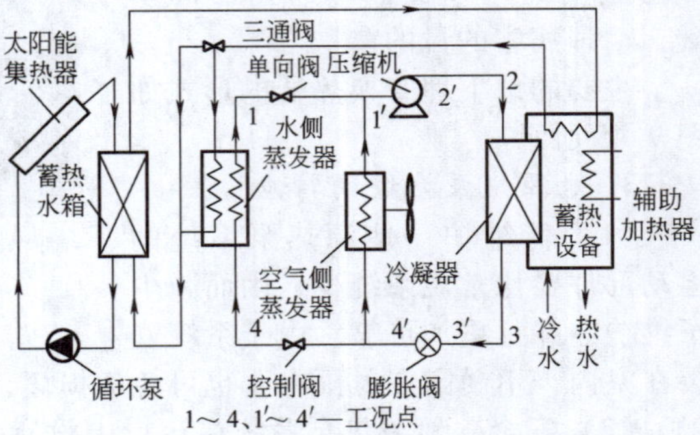

图 9-49 非直膨混联式太阳能热泵系统原理

在非直膨并联式太阳能热泵系统中，太阳能热水系统与热泵系统独立工作，互为补充。当太阳能辐射不足时，热泵系统运行，或两者一起运行。

在非直膨混联式太阳能热泵系统中，当太阳能辐射很小时，开启空气侧蒸发器，即空气源热泵运行；当太阳能辐射足够时，不需要开启热泵，直接利用太阳能即可满足供暖要求；当外界条件位于两者之间时，热泵利用蓄热水箱中的热水作为热源进行工作，即按水源热泵运行。

9.3.6 热泵在我国的应用与发展

《地源热泵系统应用情况调查研究分析报告》显示：现有工程从空调（制冷）面积来看，面积在 50000m^2 以上的项目约占 16%，在 10000~50000m^2 的约占 42%，在 10000m^2 以下的约占 42%，中小项目居多，发展潜力大。

1. 不同类型地源热泵系统的发展

（1）地下水源热泵系统　我国从 1995 年开始学习和引进欧美水源热泵产品，开展单井抽灌试验工程；目前其系统数量最多，应用范围最广，最大单项工程建筑面积已达 18 万 m^2，地下水源热泵系统的应用主要集中在北京市、辽宁省、河北省、山东省。2006 年底，已有 250 多个、总建筑面积约 360 多万 m^2 的建筑应用了单井抽灌技术。

（2）地埋管地源热泵系统　土壤源地源热泵发展最快，应用潜力最大。最大单项工程建筑面积已达 20 万 m^2；调查显示地埋管地源热泵系统应用地域范围主要是北京市、湖北省和江苏省。

（3）地表水源热泵系统　地表水源热泵仅在水源条件比较优越的地域采用；地表水源热泵系统在城市级示范工程中单体规模大，达 80 万 m^2。

（4）工业余热、废热热泵供暖系统（冷却循环水）　这些系统主要应用于北方供暖条件适宜的地区。

2. 热泵系统的发展方向

应以科学发展观为指导，充分考虑我国的国情，全方位考虑各方面的因素（气候条件、能源结构、能源比价、人民生活水平和政府政策等），因地制宜地发展我国的热泵事业；面对热泵发展中的各种关键技术问题，走技术创新之路；我国热泵的发展将会趋向于多元化，各类型的热泵空调系统均会有相应的市场需求。在进一步应用与发展现有的空气源热泵、水源热泵和地源热泵的同时，还要积极研发燃气热泵、吸收式热泵、大容量高温热泵、CO_2 工质跨临界热泵和氨工质热泵等。尤其是要更加注意研究和应用前景光明的可再生能源水环热泵空调系统；要使热泵产品更上一个台阶，就必须着重发展热泵压缩机技术，提高热泵换热器性能的技术、热泵工质、智能控制技术等。

热泵技术是解决暖通空调的能源与环境问题的有效措施之一，也是实现我国暖通空调事业可持续发展的有效途径之一，但发展热泵的道路还很艰巨。因此，在今后应加大热泵的基础性研究，强调关键技术创新，加强系统集成技术研究，在关键的基础和应用基础研究方面取得突破，以使我国的热泵技术健康发展和科学地推广与应用。

9.4　风力发电技术及应用

9.4.1　风能的基本特征

各地风能资源的多少，主要取决于该地每年刮风的时间长短和风的强度如何。因此要了解关于风能的最基本知识，了解风的某些特性，例如风速、风级、风能密度等。

1. 风速

风的大小常用风的速度来衡量，风速是单位时间内空气在水平方向上所移动的距离。专门测量风速的仪器，有旋转式风速计、散热式风速计和声学风速计等。它是计算在单位时间内风的行程，常以 m/s 、km/ h 、mile/ h 等来表示。因为风速是不恒定的，所以经常变化，甚至瞬息万变。风速是风速仪在一个极短时间内测到的瞬时风速。若在指定的一段时间内测得多次瞬时风速，将它平均计算起来，就得到平均风速。例如，日平均风速、月平均风速或年平均风速等。当然，风速仪设置的高度不同，所得风速也不同，它是随高度升高而增强的。通常测风速高度为 10m 。根据风的气候特点，一般选取 10 年风速资料中年平均风速最大、最小和中间的三个年份为代表年份，分别计算该三个年份的风功率密度然后加以平均，其结果可以作为当地常年平均值。

风速是一个随机性很大的量，必须通过一定长度时间的观测计算出平均风功率密度。对于风能转换装置而言，可利用的风能是在“起动风速”到“停机风速”之间的风速段，这个范围的风能即为“有效风能”，该风速范围内的平均风功率密度称为“有效风功率密度”。

2. 风级

风级是根据风对地面或海面物体影响而引起的各种现象，按风力的强度等级来估计风力的大小。早在 1805 年，英国人蒲福（Francis Beaufort ，1774—1859 年）就拟定了风速的等级，国际上称为“蒲福风级”。自 1946 年以来风力等级又做了一些修订，由 13 个等级改为 18 个等级，实际上应用的还是 0~12 级的风速，所以最大的风速即为人们常说的刮 12 级台风。表 9-6 为风级的表现。

3. 风能密度

通过单位截面积的风所含的能量称为风能密度，其单位常以 W/m^2 来表示。风能密度是决定风能潜力大小的重要因素。风能密度和空气的密度有直接关系，而空气的密度则取决于气压和温度。因此，不同地方、不同条件的风能密度是不同的。一般来说，海边地势低，气压高，空气密度大，风能密度也就高。在这种情况下，若有适当的风速，风能潜力自然大。

表 9-6 风级的表现

风级	名称	相应风速/(m/s)	表现	风级	名称	相应风速/(m/s)	表现
0	无风	0~0.2	零级无风炊烟上	7	疾风	13.9~17.1	七级疾风步难行
1	软风	0.3~1.5	一级软风烟稍斜	8	大风	17.2~20.7	八级大风树枝折
2	轻风	1.6~3.3	二级轻风树叶响	9	烈风	20.8~24.4	九级烈风烟囱毁
3	微风	3.4~5.4	三级微风树枝晃	10	狂风	24.5~28.4	十级狂风树根拔
4	和风	5.5~7.9	四级和风灰尘起	11	暴风	28.5~32.6	十一级暴风陆罕见
5	清风	8~10.7	五级清风水起波	12	飓风	>32.6	十二级飓风浪滔天
6	强风	10.8~13.8	六级强风大树摇				

高山气压低，空气稀薄，风能密度就小些。但是如果高山风速大，气温低，仍然会有相当的风能潜力。所以说，风能密度大，风速又大，则风能潜力最好。

4. 风能的计算

一个国家的风能资源状况是由该国的地理位置、季节、地形等特点决定的。目前通常采用的评价风能资源开发利用潜力的主要指标是有效风能密度和年有效风速时数。有效风速是指 3~20m/s 的风速，有效风能密度是根据有效风速计算的风能密度。风能密度的计算公式是

$$E=\frac{\rho\sum N_i v_i^3}{2N} \tag{9-1}$$

式中 E——平均风能密度（W/m^2）；

v_i——等级风速（m/s）；

N_i——等级风速 v_i 出现的次数；

N——各等级风速出现的总次数；

ρ——空气密度（kg/m^3）。

风能的大小实际就是气流流过的动能。总体上说，风能大小与风速和风能密度有关，但是计算起来两者不是相等的关系。必须指出，风的能量大小与风速是呈立方关系，也就是说，在风能密度没有多大变化时，风速的大小将是风能的决定因素。常用的风能公式如下

$$W=\frac{1}{2}\rho v^3 A \tag{9-2}$$

式中 A——气流通过的面积（m^2）；

v——风速（m/s）；

ρ——空气密度（kg/m^3）。

从式（9-2）中可以看出，风能大小与气流通过的面积、空气密度和气流速度的立方成正比。因此，在风能计算中，最重要的因素是风速，风速取值准确与否对风能的估计有决定性作用，风速大 1 倍，风能可以大 8 倍。

全国风能资源储量估算值是指离地 10m 高度层上的风能资源量，而非整层大气或整个近地层内的风能量。估算的方法是先在全国年平均风功率密度分布图上划出 $10W/m^2$、$25W/m^2$、$50W/m^2$、$100W/m^2$、$200W/m^2$ 各条等值线，已知一个区域的平均风功率密度和面积便能计算出该区域内的风能资源储量。设风能转换装置的风轮扫掠面积为 $1m^2$ 时，风吹过后必须前后左右各 10m 距离后才能恢复到原来的速度。因此在 $1km^2$ 范围内可以安装 $1m^2$ 风轮扫掠面积的风能转换装置 1 万台，即有 1 万 m^2 截面积内的风能可以利用。全国的储量是使用求积仪逐省量取了小于 $10W/m^2$、$10\sim25W/m^2$、$25\sim50W/m^2$、$50\sim100W/m^2$、$100\sim200W/m^2$、大于 $200W/m^2$ 各等级风能功率密度区域的面积后，乘以各等级风能功率密度，然后求其各区间积之和，计算出我国 10m 高度层的风能总储量为 322.6×10^2W，即 32.26 亿 kW，这个储量称作“理论可开发总量”。实际可供开发的量按上述总量的 1/10 估计，并考虑风能转换装置

风轮的实际扫掠面积，再乘以面积系数 0.785（即 1m 直径的圆面积是边长 1m 的正方形面积的 0.785），得到我国 10m 高度层可开发利用的风能储量为 2.53 亿 kW。这个值不包括海面上的风能资源量。

9.4.2 风力发电机组的工作原理及分类

1. 风力发电机组的工作原理

风力发电机组（后文简称风电机组、机组）是将风的动能转换为电能的系统。在风力发电机组中，存在着两种物质流：一种是能量流，另一种是信息流。两者的相互作用，使机组完成发电功能。一种典型的风力发电机组的工作原理如图 9-50 所示。

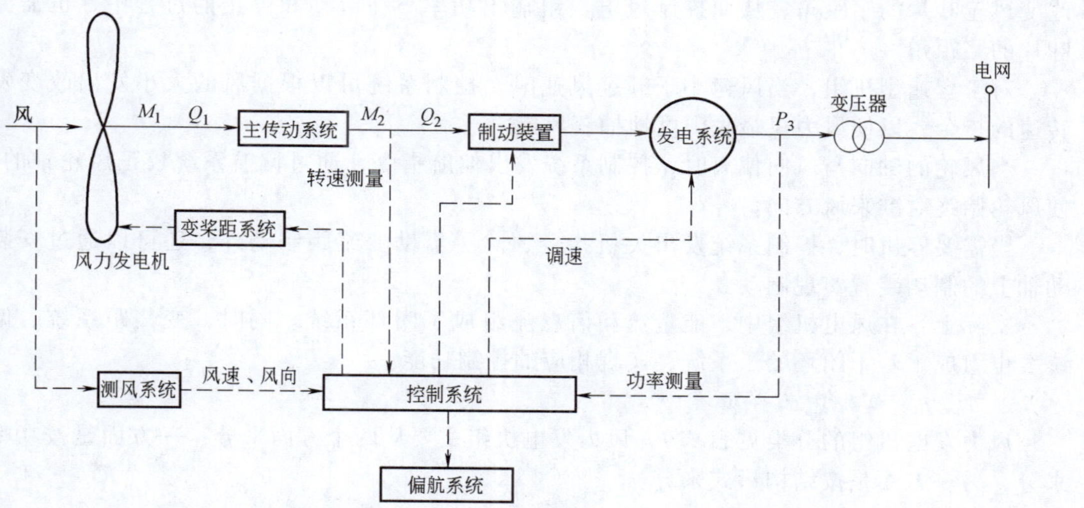

图 9-50 风力发电机组的工作原理

（1）能量流 当风以一定的速度吹向风力机时，在风轮上产生的力矩驱动风轮转动。将风的动能变成风轮旋转的动能，两者都属于机械能。风轮的输出功率为

$$P_1 = M_1 \Omega_1 \tag{9-3}$$

式中 P_1——风轮的输出功率（W）；

M_1——风轮的输出转矩（N·m）；

Ω_1——风轮的角速度（rad/s）。

风轮的输出功率通过主传动系统传递。主传动系统可能使转矩和转速发生变化，于是有

$$P_2 = M_2 \Omega_2 = M_1 \Omega_1 \eta_1 \tag{9-4}$$

式中 P_2——主传动系统的输出功率（W）；

M_2——主传动系统的输出转矩（N·m）；

Ω_2——主传动系统的输出角速度（rad/s）；

η_1——主传动系统的总效率。

主传动系统将动力传递给发电系统，发电机把机械能变为电能。发电机的输出功率为

$$P_3 = \sqrt{3} U_N I_N \cos\varphi_N = P_2 \eta_2 \tag{9-5}$$

式中 P_3——发电系统的输出功率（W）；

U_N——定子三相绕组上的线电压（V）；

I_N——流过定子绕组的线电流（A）；

$\cos\varphi_N$——功率因数；

η_2——发电系统的总效率。

对于并网型风电机组，发电系统输出的电流经过变压器升压后，既可输入电网。

(2) 信息流　信息流的传递是围绕控制系统进行的。控制系统的功能是过程控制和安全保护。过程控制包括起动、运行、暂停、停止等。在出现恶劣的外部环境和机组零部件突然失效时应该紧急关机。

风速、风向、风力发电机的转速、发电功率等物理量通过传感器变成电信号传给控制系统，它们是控制系统的输入信息。控制系统随时对输入信息进行加工和比较，及时地发出控制指令，这些指令是控制系统的输出信息。

对于变桨距机组，当风速大于额定风速时，控制系统发出变桨距指令，通过变桨距系统改变风轮叶片的桨距角，从而控制风电机组输出功率。在起动和停止的过程中，也需要改变叶片的桨距角。

对于变速型机组，当风速小于额定风速时，控制系统可以根据风的大小发出改变发电机转速的指令，以便风力机最大限度地捕获风能。

当风轮的轴向与风向偏离时，控制系统发出偏航指令，通过偏航系统校正风轮轴的指向，使风轮始终对准来风方向。

当需要停机时，控制系统发出关机指令，除了借助变桨距制动外，还可以通过安装在传动轴上的制动装置实现制动。

实际上，在风电机组中，能量流和信息流组成了闭环系统。同时，变桨距系统、偏航系统等也组成了若干闭环的子系统，实现相应的控制功能。

2. 风力发电机组的分类

风力发电机组的分类见表9-7，风力发电机组主要从两个方面来分：一方面是按功率大小来分，另一方面是按结构形式来分。

表9-7　风力发电机组的分类

<table>
<tr><th rowspan="3">结构形式
功率</th><th colspan="2">风轮轴方向</th><th colspan="3">功率调节方式</th><th colspan="3">传动形式</th><th colspan="3">转速变换</th></tr>
<tr><th rowspan="2">水平</th><th rowspan="2">垂直</th><th rowspan="2">定桨距</th><th colspan="2">变桨距</th><th colspan="2">有齿轮箱</th><th rowspan="2">直接驱动</th><th rowspan="2">定速</th><th rowspan="2">多态定速</th><th rowspan="2">变速</th></tr>
<tr><th>主动失速</th><th>普通变距</th><th>高传动比</th><th>中传动比</th></tr>
<tr><td>0.1~1kW
小型风机</td><td rowspan="4">有，常见</td><td rowspan="4">有，不常见</td><td rowspan="3">有，常见</td><td>无</td><td>无</td><td>无</td><td>无</td><td>有</td><td>有</td><td>无</td><td>无</td></tr>
<tr><td>1~100kW中
型风机</td><td>有</td><td>有</td><td>有</td><td>无</td><td>无</td><td>有</td><td>有</td><td>有，不常见</td></tr>
<tr><td>100~1000kW
大型风机</td><td rowspan="2">有，不常见</td><td rowspan="2">有，常见</td><td rowspan="2">有，常见</td><td>有，不常见</td><td>有，不常见</td><td>有</td><td>有</td><td>有，不常见</td></tr>
<tr><td>1000kW以上
特大型风机</td><td>有，不常见</td><td>有，不常见</td><td>有，不常见</td><td>有，不常见</td><td>有，不常见</td><td>有，不常见</td></tr>
</table>

(1) 按装机容量分

1) 小型：0.1~1kW。

2) 中型：1~100kW。

3) 大型：100~1000kW。

4) 特大型：1000kW以上。

(2) 按风轮轴方向分

1) 水平轴机组：水平轴机组是风轮轴基本上平行于风向的风力发电机组。工作时，风轮的旋转平面与风向垂直。

水平轴机组随风轮与塔架相对位置的不同而有上风向与下风向之分。风轮在塔架的前面迎风旋转，叫作上风向机组。风轮安装在塔架后面，风先经过塔架，再到风轮，则称为下风向机组。上风向机组必须有某种调向装置来保持风轮迎风。而下风向机组则能够自动对准风向，从而免去了调向装置。但对于下风向机组，由于一部分空气通过塔架后再吹向风轮，这样塔架就干扰了流过叶片的气流而形成所谓塔影响效应，影响风力机的效率，使性能有所降低。

2）垂直轴风机：垂直轴机组是风轮轴垂直于风向的风力发电机组。其主要特点是可以接收来自任何方向的风，因而当风向改变时，无需对风。由于不需要调向装置，使它们的结构简化。垂直轴机组的另一个优点是齿轮箱和发电机可以安装在地面上。

由于垂直轴风力发电机组需要大量材料，占地面积大，目前商用大型风力发电机组采用较少。

（3）按功率调节方式分

1）定桨距机组：叶片固定安装在轮毂上，角度不能改变，风机的功率调节完全依靠叶片的气动特性。当风速超过额定风速时，利用叶片本身的空气动力特性减小旋转力矩（失速）或通过偏航控制维持输出功率相对稳定。

2）普通变桨距型（正变距）机组：这种机组当风速过高时，通过改变桨距角（在指定的径向位置叶片几何弦线与风轮旋转面间的夹角），使功率输出保持稳定。同时，机组在起动过程也需要通过变距来获得足够的起动力矩。采用变桨距技术的风力发电机组还可使叶片和整机的受力状况大为改善，这对大型风力发电机组十分有利。

3）主动失速型（负变距）机组：这种机组的工作原理是以上两种形式的组合。当风机达到额定功率后，相应地增加攻角，使叶片的失速效应加深，从而限制风能的捕获，因此称为负变距型。

（4）按传动形式分

1）高传动比齿轮箱型：风力发电机组中齿轮箱的主要功能是将风轮在风力作用下所产生的动力传递给发电机并使其得到相应的转速。风轮的转速较低，通常达不到发电机发电的要求，必须通过齿轮箱的增速作用来实现动力传递，故也将齿轮箱称之为增速箱。

2）直接驱动型：应用多极同步发电机可以去掉风力发电系统中常见的齿轮箱，让风机直接拖动发电机转子运转在低速状态，这就没有了齿轮箱所带来的噪声、故障率高和维护成本大等问题，提高了运行的可靠性。

3）中传动比齿轮箱型（“半直驱”）：这种机组的工作原理是以上两种形式的综合。中传动比齿轮箱型机组减少了传统齿轮箱的传动比，同时也相应地减少了多极同步发电机的极数，从而减小了发电机的体积。

（5）按转速变化分

1）定速（又称恒速）：定速风力发电机是指其发电机的转速是恒定不变的，它不随风速的变化而变化，始终在一个恒定不变的转速下运行。

2）多态定速：多态定速风力发电机组中包含两台或多台发电机，根据风速的变化，可以有不同大小和数量的发电机投入运行。

3）变速：变速风力发电机组中的发电机工作在转速随风速时刻变化的状态下。目前，主流的大型风力发电机组都采用变速恒频运行方式。

9.4.3 风力发电系统

1. 风力发电系统的组成

风力发电系统通常由风轮、对风装置、调速机构、传动装置、发电装置、储能装置、逆变装置、控制装置、塔架及附属部件组成。

风轮是集风装置，它的作用是把流动空气具有的动能转变为风轮旋转的机械能。风轮一般由叶片、叶柄、轮毂及风轮轴等组成。要获得较大的风力发电功率，其关键在于要具有能轻快旋转的叶片。所以，风力发电机叶片技术是风力发电机组的核心技术，叶片的翼型设计、结构形式，直接影响风力发电装置的性能和功率，是风力发电机中最核心的部分。

自然风不仅风速经常变化，而且风向也经常变化。垂直轴式风轮能利用来自各个方向的风，它不受风向的影响。但是对于使用最广泛的水平轴螺旋桨式或多叶式风轮来说，为了能有效地利用风能，应该经常使其旋转面正对风向，因此，几乎所有的水平轴风轮都装有转向机构。常用风力发电机的对风装置有尾舵、舵轮、电动机构和自动对风4种。

风轮的转速随风速的增大而变快，而转速超过设计允许值后，将可能导致机组的毁坏或寿命的减少，有了调速机构，即使风速很大，风轮的转速仍能维持在一个较稳定的范围之内，防止超速乃至飞车的发生。

将风轮轴的机械能送至做功装置的机构，称为传动装置。在传动过程中，距离有远有近，有的需要改变方向，有的需要改变速度。风力机的传动装置多为齿轮、传动带、曲柄连杆、联轴器等。

发电机分为同步发电机和异步发电机两种。同步发电机主要由定子和转子组成。定子由开槽的定子铁心和放置在定子铁心槽内按一定规律连接成的定子绕组构成；转子上装有磁极和使磁极磁化的励磁绕组。异步发电机的定子与同步发电机的定子基本相同，它的转子分为绕线转子和笼型转子。

风力发电机最基本的储能方法是使用蓄电池。在风力发电机组中使用最多的还是铅酸蓄电池，尽管它的储能效率较低，但是它的价格便宜。任何蓄电池的使用过程都是充电和放电过程反复地进行着，铅酸蓄电池使用寿命为2~6年。

逆变器是一种将直流电变成交流电的装置，有的逆变器还兼有把交流电变成直流电的功能。

由于风能是随机性的，风力的大小时刻变化，必须根据风力大小及电能需要量的变化及时通过控制装置来实现对风力发电机组的起动、调节、停机、故障保护以及对电能用户所接负荷的接通、调整及断开等。在小容量的风力发电系统中，一般采用由继电器、接触器及传感元件组成的控制装置；在容量较大的风力发电系统中，现在普遍采用微机控制。

在风能利用装置中，风轮塔架很重要，塔架必须能够支承发电机的机体，其费用约占整个机组的30%，它的类型主要有桁架式、管塔式等。

此外，风机的附属部件主要有机舱、机头座、回转体、停车机构等。

2. 风力发电系统的运行方式

风力发电系统的运行方式可分为独立运行、并网运行、集群式风力发电站、风力-柴油发电系统等。

（1）独立运行　风力发电机输出的电能经蓄电池蓄能，再供应用户使用。3~5kW以下的风力发电机多采用这种运行方式，可供边远农村、牧区、海岛、气象台站、导航灯塔、电视差转台、边防哨所等电网达不到的地区利用。根据用户需求，可以进行直流供电和交流供电。直流供电是小型风力发电机组独立供电的主要方式，它将风力发电机组发出的交流电整流成直流电，并采用储能装置储存剩余的电能，使输出的电能具有稳频、稳压的特性。交流直接供电多用于对电能质量无特殊要求的情况，例如加热水、淡化海水等。在风力资源比较丰富而且比较稳定的地区，采取某些措施改善电能质量，也可带动照明、动力负荷。此外，也可通过“交流-直流-交流”逆变器供电。先将风力发电机发出的交流电整流成直流电，再用逆变器把直流电变换成电压和频率都很稳定的交流电输出，保证了用户对交流电的质量要求。

（2）风力-柴油发电系统　采用风力-柴油发电系统可以实现稳定持续地供电。这种系统有两种不同的运行方式。其一为风力发电机与柴油发电机交替运行，风力发电机与柴油发电机在机械上及电气上没有任何联系，有风时由风力发电机供电，无风时由柴油发电机供电。其二为风力发电机与柴油发电机并联后向负荷供电。这种运行方式，技术上较复杂，需要解决在风况及负荷经常变动的情况下两种动态特性和控制系统各异的发电机组并联后运行的稳定性问题。在柴油机连续运转时，当风力增大或电负荷小时，柴油机将在轻载下运转，会导致柴油机效率低；在柴油机断续运转时，可以避免这一缺点，但柴油机的频繁起动与停机，对柴油机的维护保养是不利的。为了避免这种由于风力及负荷变化而造成的柴油机的频繁起动与停机，可采用配备蓄电池短时间储能的措施：当短时间内风力不足时可由蓄电池经逆变器向负荷供电；当短时间内风力有余或负荷减小时，就经整流器向蓄电池充电，从而减少柴油机的停机次数。

（3）并网运行 风力发电机组的并网运行，是将发电机组发出的电送入电网，用电时再从电网把电取回来，这就解决了发电不连续及电压和频率不稳定等问题，并且从电网取回的电的质量是可靠的。

风力发电机组采用两种方式向网上送电：一种是将机组发出的交流电直接输入网上；另一种是将机组发出的交流电先整流成直流，然后再由逆变器变换成与电力系统同压、同频的交流电输入电网。无论采用哪种方式，要实现并网运行，都要求输入电网的交流电具备下列条件：电压的大小与电网电压相等；频率与电网频率相同；电压的相序与电网电压的相序一致；电压的相位与电网电压的相位相同；电压的波形与电网电压的波形相同。

并网运行是为克服风的随机性而带来的蓄能问题的最稳妥易行的运行方式，可达到节约矿物燃料的目的。10kW 以上直至兆瓦级的风力发电机皆可采用这种运行方式。

3. 风电场选址

一个风电场址宏观选择得优劣，对项目经济可行性起主要作用。而控制一个场址经济潜力的主要因素之一是风能资源的特性。在近地层，风的特性是十分复杂的，它在空间分布上是分散的，在时间分布上也是不稳定和不连续的。风速对当地气候十分敏感，同时，风速的大小、品位的高低又受到风场地形、地貌特征的影响。所以要选择风能资源丰富的有利地形，进行分析，加以筛选。另外，还要结合征地价格、工程投资、交通、通信、联网条件、环保要求等因素进行经济和社会效益的综合评价，最后确定最佳场址。

风电场宏观选址程序可以分为以下 3 个阶段。

第一阶段，参照国家风能资源分布区划，首先在风能资源丰富地区内候选风能资源区。每一个候选区应具备以下特点：有丰富的风能资源，在经济上有开发利用的可行性；有足够面积，可以安装一定规模的风力发电机组；具备良好的地形、地貌，风况品位高。

第二阶段，将候选风能资源区再进行筛选，以确认其中有开发前景的场址。在这个阶段，非气象学因素，比如交通、通信、联网、土地投资等因素对该场址的取舍起着关键作用。以上筛选工作需搜集当地气象台站的有关气象资料，灾害性气候频发的地区应该重点分析其建厂的可行性。

第三阶段，对准备开发建设的场址进行具体分析，做好以下工作：①进行现场测风，取得足够的精确数据，一般来说，至少取得一年的完整测风资料，以便对风力发电机组的发电量做出精确估算。②确保风资源特性与待选风力发电机组设计的运行特性相匹配。③进行场址的初步工程设计，确定开发建设费用。④确定风力发电机组输出对电网系统的影响。⑤评价场址建设、运行的经济效益。⑥对社会效益的评价。

9.4.4 风力发电技术应用现状及展望

1. 我国风力发电行业概况及现状分析

目前，我国已经成为全球风力发电规模最大、增长最快的市场。根据全球风能理事会统计数据，2001—2013 年全球风电累计装机容量的年复合增长率为 24.08%，而同期我国风电累计装机容量的年复合增长率为 57.12%，增长率位居全球第一；2013 年，我国新增风电装机容量 16100MW，占当年全球新增装机容量的 45.4%，位居全球第一。

我国风电场建设始于 20 世纪 80 年代，在其后的十余年中，经历了初期示范阶段和产业化建立阶段，装机容量平稳、缓慢增长。自2003年起，随着国家发改委首期风电特许权项目的招标，风电场建设进入规模化及国产化阶段，装机容量增长迅速。特别是2006年开始，连续四年装机容量翻番，形成了爆发式的增长。近年来我国风电的快速发展，得益于明确的规划和不断更新升级的发展目标，使得地方政府、电网企业、运营企业和制造企业坚定了对风电发展的信心，并且有了一个努力的方向和目标；风电的快速发展，也促使规划目标不断地修正和完善。在2003年召开的全国大型风电场建设前期工作会议上，国家发改委部署开展全国大型风电场建设前期工作，要求各地开展风能资源详查、风电场规划选址和大型风电场预可行性研究工作。通过此项工作，各省（自治区、直辖市）基本摸清了风能资源储量，结合风电场选址，提出了各自的规划目标，为风电的快速发展打下了良好的基础。

据全球风能理事会的统计，2010年，我国除台湾省以外共新增风电机组12904台，新增装机容量达18928MW，2011年新增装机容量18000MW，保持全球新增装机容量第一的排名，2012年新增装机容量12960MW，位列全球新增装机容量第二位，2013年新增装机容量16100MW，位列全球新增装机容量第一。2010年底我国累计风电装机容量为44722MW，全球累计装机容量排名由2008年的第4位、2009年的第2位上升到第1位。2011—2013年累计装机容量增长率分别为40.24%、20.07%、21.37%。

近年来，我国风电设备制造企业先后推出了多种低风速风电机组，其中表现优异者可使年平均风速仅有5.2m/s的超低风速地区具备风能开发价值。在当前治理雾霾和减排温室气体的严峻形势下，我国能源转型需进一步提速，风能及可再生能源的发展目标需要重新评估并大幅提高，风电场开发速度仍需加快，在并网条件较好的低风速地区因地制宜开发风能具有积极意义。

随着风电设备行业竞争的不断加剧，大型风电设备企业间并购整合与资本运作日趋频繁，国内优秀的风电设备生产企业越来越重视对行业市场的研究，特别是对企业发展环境和客户需求趋势变化的深入研究。正因为如此，一大批国内优秀的风电设备品牌迅速崛起，逐渐成为风电设备行业中的翘楚。

风力发电的未来是否能有广阔的前景，风力发电是否能够得到迅速的推广和应用，这要看风力发电与常规的传统发电相比较之后的综合性价比。如果站在投资方的角度看，我国的风电投资的经济性不很明显。但是如果从长远的利益去思考，因为风电投资主要是以风电设备为主体，所以其一次性的投入较大，之后随着风电规模的不断扩大将使得风电投资的成本不断下降，风电产业具有很好的潜力。

如果站在风电项目运行的社会效应角度，只在风电规模下，风电并网的附加成本几乎为零，相对的风电节能和减排的社会贡献显著。当产生一定的风电并网附加成本时，因为随着发电量的增加，风电的环境效益也随之增加。所以，只要风电技术的应用产生的节能减排贡献和收益高于风电并网的附加成本，风电项目就具有可实施性，并具有较为突出的社会效益。

目前我国风电装机较为集中的区域主要有内蒙古、甘肃、河北、新疆、山东等风能资源丰富的北方省、自治区，但随着并网与消纳等“下游因素”影响日益凸显，我国风电“版图”正在发生变化，即向并网条件较好的低风速地区“倾斜”。

我国目前是风电装机容量最多的国家，同时我国具有丰富的风资源开发潜力，风电有望成为未来主流能源的基础。

2. 风能利用的展望

据风电行业市场调查分析报告显示，到“十三五”末期，我国非化石能源占一次能源消费比例将达到15%。业内预计，规划展望的2020年风电将上调至2.5亿~2.8亿kW。在政策导向及市场预测方面均给予了积极的预期，后续风电产业仍有巨大的发展空间。以下是2015年我国风电行业发展前景分析：

丹麦著名风电咨询机构MAKE发布的《2016年中国风电市场展望报告》，报告对影响

2016~2025 年我国风电发展趋势的驱动和阻碍因素进行了分析。据 MAKE 预计，2016~2025 年我国新增吊装容量 254.5GW、并网容量 263GW。“十三五”期间平均每年新增吊装容量 25.4GW、并网容量 25.5GW。

国家能源局新能源司负责人在 2015 北京国际风能大会上表示，风电“十三五”规划工作重点不是装机和并网目标，而是在政策调整上，即保持政策稳定性，重点解决“弃风限电”问题，同时给予资金支持，确保风电开发企业有合理的利润，协调电力系统调度运行和相关电改政策落地。规划目标下限是不低于“十二五”时期年度市场增量，年度建设规模上不封顶，尤其是不限电地区，将充分考虑地方发展需求。

9.5 生物质能源技术及应用

9.5.1 生物质能源的概述及现状

1. 生物质的定义

生物质是指利用大气、水、土地等通过光合作用而产生的各种有机体，即一切有生命的可以生长的有机物质通称为生物质。它包括植物、动物和微生物。广义概念：生物质包括所有的植物、微生物以及以植物、微生物为食物的动物及其生产的废弃物。有代表性的生物质如农作物、农作物废弃物、木材、木材废弃物和动物粪便等。狭义概念：生物质主要是指农林业生产过程中除粮食、果实以外的秸秆、树木等木质纤维素（简称木质素）、农产品加工业下脚料、农林废弃物及畜牧业生产过程中的禽畜粪便和废弃物等物质。

我国通常认为生物质是指由“光合作用”而产生的有机物，既有植物类，如树木及其加工的剩余物、农作物及其剩余物（秸秆类物质），也有非植物类，如畜牧场的污物（牲畜粪便及污水）、废水中的有机成分以及垃圾中的有机成分等。所谓“光合作用”是指植物利用空气中的二氧化碳和土壤中的水，将吸收的太阳能转换为碳水化合物和氧气的过程。

2. 生物质能源分类

依据来源的不同，可以将适合于能源利用的生物质分为林业生物质资源、农业生物质能资源、生活污水和工业有机废水、城市固体废物和畜禽粪便 5 大类。

（1）林业生物质资源　林业生物质资源是指森林生长和林业生产过程提供的生物质能源，包括薪炭林、在森林抚育和间伐作业中的散木材、残留的树枝、树叶和木屑等；木材采运和加工过程中的枝丫、锯末、木屑、梢头、板皮和截头等；林业副产品的废弃物，如果壳和果核等。

（2）农业生物质能资源　农业生物质能资源是指农业作物（包括能源作物）；农业生产过程中的废弃物，如农作物收获时残留在农田内的农作物秸秆（玉米秸、高粱秸、麦秸、稻草、豆秸和棉秆等）；农业加工业的废弃物，如农业生产过程中剩余的稻壳等。能源植物泛指各种用以提供能源的植物，通常包括草本能源作物、油料作物、制取碳氢化合物植物和水生植物等几类。

（3）生活污水和工业有机废水　生活污水主要由城镇居民生活、商业和服务业的各种排水组成，如冷却水、洗浴排水、盥洗排水、洗衣排水、厨房排水、粪便污水等。工业有机废水主要是酒精、酿酒、制糖、食品、制药、造纸及屠宰等行业生产过程中排出的废水等，其中都富含有机物。

（4）城市固体废物　城市固体废物主要由城镇居民生活垃圾，商业、服务业垃圾和少量建筑业垃圾等固体废物构成。其组成成分比较复杂，受当地居民的平均生活水平、能源消费结构、城镇建设、自然条件、传统习惯以及季节变化等因素影响。

（5）畜禽粪便　畜禽粪便是畜禽排泄物的总称，它是其他形态生物质（主要是粮食、农作物秸秆和牧草等）的转化形式，包括畜禽排出的粪便、尿及其与垫草的混合物。

3. 生物质能利用技术

人类对生物质能的利用已有悠久的历史，但是在漫长的时间里，一直是以直接燃烧的方式利用它的热量，直到20世纪，特别是近一二十年，人们普遍提高了能源与环保意识，对地球固有的化石燃料日趋减少有一种危机感，在可再生能源方面寻求持续供给的今天，生物质利用新技术的研究与应用，才有了快速的发展。纵观国内外已有的生物质能利用技术，大体情况如图9-51所示。

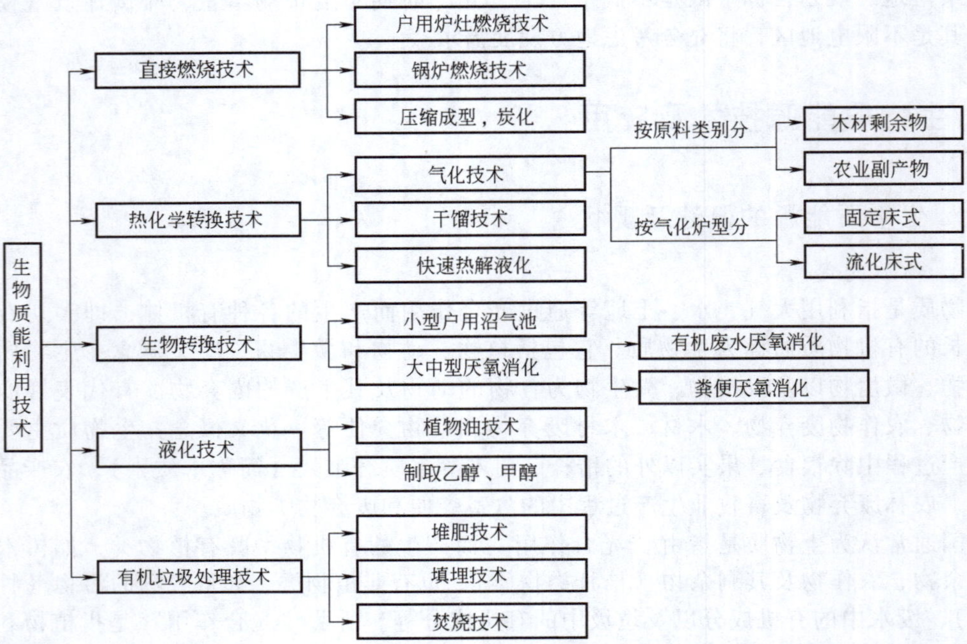

图9-51 生物质能利用技术

4. 生物质能技术国内外发展现状

目前，生物质能技术的研究与开发已成为世界重大热门课题之一，受到世界各国政府与科学家的关注。在发达国家中，生物质能研究开发工作主要集中于气化、液化、热解、固化和直接燃烧等方面。许多国家都制订了相应的开发研究计划，如日本的阳光计划、印度的绿色能源工程、美国的能源农场和巴西的酒精能源计划等，其中生物质能源的开发利用占有相当大的比例。目前，国外的生物质能技术和装置多已达到商业化应用程度，实现了规模化产业经营，以美国、瑞典和奥地利三国为例，生物质能转化为高品位能源利用已具有相当可观的规模，分别占该国一次能源消耗量的4%、16%和10%。在美国，生物质能发电的总装机容量已超过10000MW，单机容量达10~25MW；美国纽约的斯塔藤垃圾处理站投资2000万美元，采用湿法处理垃圾，回收沼气用于发电，同时生产肥料。巴西是乙醇燃料开发应用最有特色的国家，实施了世界上规模最大的乙醇开发计划，目前乙醇燃料已占该国汽车燃料消费量的50%以上。美国开发出利用纤维素废料生产酒精的技术，建立了1MW的稻壳发电示范工程，年产酒精2500t。

我国生物质能的应用技术研究，从20世纪80年代以来一直受到政府和科技人员的重视，主要在气化、固化、热解和液化方面开展研究开发工作。

生物质气化技术的研究在我国发展较快，应用于集中供气、供暖、发电方面。我国林业科学院林业化学工业研究所，从20世纪80年代开始研究开发了集中供暖、供气的上吸式气化炉，并且先后在黑龙江、福建得到了工业化应用，气化炉的最大生产能力达6.3×10^6kJ/h。建成了用枝桠材削片处理，气化制取民用煤气，供居民使用的气化系统。在江苏省研究开发了以稻草、麦草为原料，应用内循环流化床气化系统，产生接近中热值的煤气，供乡镇居民使用的集中供气系统，气体热值约 8000kJ/m^3。气化热效率达 70%以上。山东省能源研究所研究开发了下吸式气化炉。主要用于秸秆等农业废弃物的气化。在农村居民集中居住地区得到较好的推广应用，并已形成产业化规模。广州能源所开发的以木屑和木粉为原料，应用外循环流化床气化技术，制取木煤气作为干燥热源和发电，并已完成发电能力为 180kW 的气化发电系统。另外北京农机院、浙江大学等也先后开展了生物质气化技术的研究开发工作。

9.5.2 生物质燃烧技术

1. 生物质燃料与燃烧

生物质燃料，又称生物质成型燃料，是应用农林废弃物（如秸秆、锯末、甘蔗渣、稻糠等）作为原材料，经过粉碎、混合、挤压、烘干等工艺，制成各种形状（如颗粒状）的，可直接燃烧的一种新型清洁燃料。

固体燃料的燃烧按燃烧特征，通常分为以下几类：

（1）表面燃烧　指燃烧反应在燃料表面进行，通常发生在几乎不含挥发分的燃料中，如木炭表面的燃烧。

（2）分解燃烧　当燃料的热解温度较低时，热解产生的挥发分析出后，与 O_2 进行气相燃烧反应。当温度较低、挥发分未能点火燃烧时，将会冒出大量浓烟，浪费了大量的能源。生物质的燃烧过程属于分解燃烧。

（3）蒸发燃烧　主要发生在熔点较低的固体燃料中。燃料在燃烧前首先熔融为液态，然后再进行蒸发和燃烧（相当于液体燃料）。

2. 省柴灶

人类使用以薪柴、秸秆、杂草和牲畜粪便等为燃料的柴炉、柴灶已经有几千年的历史了，大体上经历了原始炉灶、旧式炉灶、改良炉灶和省柴灶 4 个阶段。原始炉灶是用几块石头支撑锅或罐，在锅或罐的下面点火烧柴，用于炊事。旧式炉灶是用砖、土坯或石块垒成边框，把锅或罐架在上面，在边框一侧开口加柴，热效率为 8%~10%。改良炉灶是在旧式炉灶的基础上增加炉箅并架砌烟囱，既改善了燃烧条件和卫生状况，又使热效率提高到 12%~15%，在印度、尼泊尔及斯里兰卡等国家得到普遍的应用。如图 9-52 所示，省柴灶是以节约能源为目的，对改良灶进一步改进，使其结构更趋于合理，燃料燃烧更完全，热效率为 22%~30%。

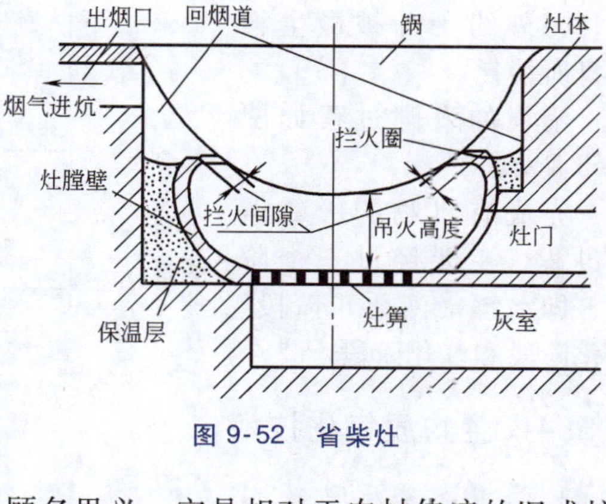

图 9-52　省柴灶

农村省柴灶是指针对农村广泛利用柴草、秸秆进行直接燃烧的状况，利用燃烧学和热力学的原理，进行科学设计而建造，或者制造出的适用于农村炊事、供暖等生活领域的用能设备。顾名思义，它是相对于农村传统的旧式炉、灶、炕而言的，不仅改革了内部结构，提高了效率，减少了排放，而且卫生、方便、安全。

9.5.3 沼气技术

1. 沼气的理化性质和原理

沼气是一种可燃性气体，随着其产生的地点和原料的不同有着多种称呼，最通常的称呼是沼气和生物气。沼气的来源及命名见表 9-8。

表 9-8　沼气的来源及命名

命名依据		名　称
产生沼气的地点	沼泽地及池塘	沼气、污泥气
	阴沟	阴沟气
	粪坑	粪料气
	矿井和煤层	瓦斯气、煤气、天然气、天然瓦斯等
研究者	沃而塔发现其可燃	沃而塔可燃气
气体成分	主要是甲烷	甲烷气
形成原料	生物质	生物气
制造方法	自然界形成	沼气、天然气
	人工制造	统称为沼气，国际上一般称之为生物气
国家	印度	哥巴气、牛粪气

沼气的成分是不断变化的，其各成分的含量受发酵条件、工艺流程、原料性质等因素的影响。一般沼气中含甲烷（CH_4）55%~70%，二氧化碳（CO_2）25%~40%，还有少量的硫化氢（H_2S）、氮气（N_2）、氢气（H_2）、一氧化碳（CO）等，有时还含少量的高级碳氢化合物（C_mH_n）。

2. 沼气的发酵过程

沼气发酵又称厌氧消化，实质上是在微生物的作用下物质变化和能量转换的过程。在此过程中，微生物获得能量和营养，进行生长和繁殖，同时将有机物转化为甲烷和二氧化碳。只有对此过程有所了解，才能保证微生物旺盛地生长和繁殖，维持较高的产气率和设备生产强度。厌氧消化也可以说是在隔绝空气的条件下，依赖兼性厌氧菌和专性厌氧菌的生物化学作用，对有机物进行生物降解的过程。厌氧消化处理有机物的工艺，不但有降解有机物的功能，同时还有产生气体燃料的功能，因而得到了广泛的应用。试验分析证明，在厌氧消耗过程中，约90%的有机物可以转化为沼气，另外约10%被微生物自身所消耗。

沼气的发酵过程如图9-53所示。

完成有机物的厌氧消化过程，主要经过三个阶段，即水解（液化）阶段、酸化阶段和气化阶段。

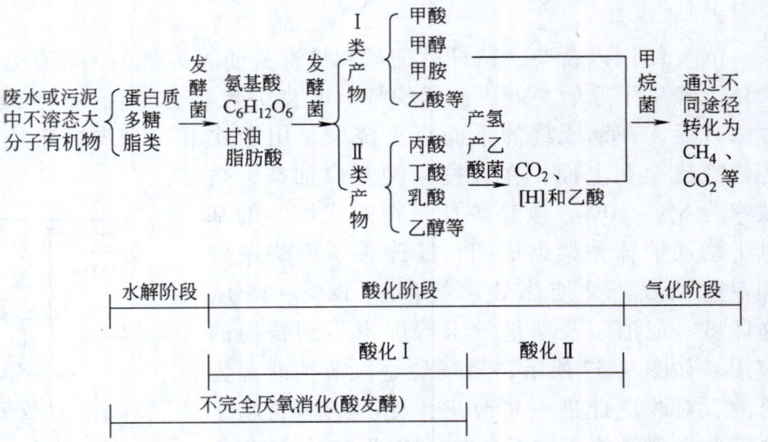

图 9-53　沼气的发酵过程

9.5.4　生物质气化技术

1. 气化方法原理

生物质气化是在一定的热力学条件下，将组成生物质的碳氢化合物转化为含 CO、H_2、CH_4 等可燃气体的过程，此过程实质是生物质中的碳、氢、氧等元素的原子，在反应条件下按照化学键的成键原理，变成 CO、H_2、CH_4 等可燃性气体的分子。这样生物质中的大部分能量就转移到这些气体中，这一生物质的气化过程的实现是通过气化反应装置完成的。

为了提供反应的热力学条件，气化过程需要供给空气或氧气，使原料发生部分燃烧。气化过程和常见的燃烧过程的区别是：燃烧过程中供给充足的氧气，使原料充分燃烧，目的是直接获取热量，燃烧后的产物是二氧化碳和水蒸气等不可再燃烧的烟气；气化过程只供给热化学反应所需的那部分氧气，而尽可能将能量保留在反应后得到的可燃气体中，气化后的产物是含 CO、H_2、CH_4 和低分子烃类的可燃气体。

2. 常见生物质气化炉

气化炉的实际使用设备有固定床气化炉、流动床气化炉、喷流床气化炉等主要形式。

(1) 固定床气化炉　固定床气化炉是固体燃料燃烧和气化的基础设备，其构造较简单、装置费用较低。

固定床气化炉一般以大小为2.5~5cm的木材碎片为原料，在上部供料口投入，在炉内形成堆积层。气化剂（空气、氧气、水蒸气或这些气体的混合气体）由底部以上升流形式供给（气化方式中也有下降流形式）。气化反应由下部向上部推进。

从下部到上部，以灰分层、木炭层、挥发热分解层、未反应材料层的顺序，伴随着原料的气化过程而形成各个层次。

(2) 流动床气化炉　流动床气化炉的炉底装填有直径为几毫米的砂或氧化铝颗粒，填充高度为0.5~1m，在气化剂（通过多孔板下部供给）的流动化作用下形成1~2m高的床层。床温一般为800~1000℃，但特殊情况下也有600℃左右的。供给床层的原料在被流动材料搅拌的同时被加热，挥发组分发生汽化，而木炭则被粉碎。

上述原料的一部分与气化剂中的氧气发生燃烧，用于保持床温所需的热量。床温由原料供给量与气化剂中氧气浓度共同控制。

气化剂供给量必须能够维持床层流动化的空塔速度。该床体流动化所使用的气化剂的压力损失为0.01MPa左右，原料质量相对于流动材料质量的比例约为百分之几。

在流动床气化炉中，床部上方的自由空间（熔化室）具有重要作用。由于床层内气化剂与原料常常不能混合接触，与气化剂不能充分反应，挥发组分气体和木炭粒子在自由空间部位通过二次反应进行清洁气化。因此，在此处有必要提供新的气化剂，这称为二次气化剂，对流动床方式而言是绝对必要的。

(3) 喷流床气化炉　喷流床气化炉采用的是将粉体用气流载入后进行燃烧的气化反应方式，也称为浮游床气化炉。它与粒子在内部循环的喷流床是不同的，其概念图如图9-54所示。

将生物质粉碎到1mm以下得到粉体。在微粉炭燃烧锅炉中，要求74μm以下的粒子达到90%左右，所以要用到微粉碎的方法。而在以生物质为原料时，其相对密度较小、挥发性组分较多且含氧元素，所以不需要进行像微粉炭那样的微粉碎。

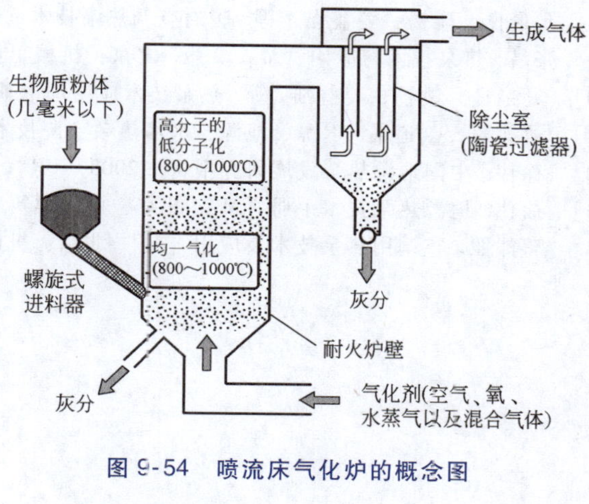

图9-54　喷流床气化炉的概念图

3. 生物质气化的利用

生物质气化技术在国内的应用，目前主要有两个方面：一是产出的燃气用于供暖；二是燃气用来发电。

生物质气化集中供气系统已在我国许多省份得到了推广应用，在农民居住比较集中的村落，建造一个生物质气化站，就可以解决整个村屯居民的炊事和供暖所用的气体燃料。吉林省自1998年起，已先后在四平、长春、吉林、延边地区兴建了7个生物质气化站，每个站产燃气量为200~1800m^3/h。

用生物质气化产出的燃气烘干农林产品，对燃气的纯度和组分没有特殊要求。在保证空气供给的条件下，燃气在各种类型的燃烧室中均可连续燃烧，无须净化和长距离输送，设备简单，投资少，回收期短。较直接燃烧生物质供暖，热量损失小，热效率高，对于小型企业、个体户很有实用价值。燃气在燃烧室中燃烧，可直接用于木材、谷物、烟草、茶叶的干燥，也可用作畜舍供暖、温室加热等。

国际上生物质气化发电目前有三种基本形式：一是内燃机/发电机机组；二是汽轮机/发电机机组；三是燃气轮机/发电机机组。现在我国利用生物质燃气发电主要是第一种形式。它包括三个组成部分：一是生物质气化部分；二是燃气冷却、净化部分；三是内燃机/发电机机组。燃气可直接供给内燃机，也可由储气罐供给内燃机使用。现在国内采用的燃气净化方法是普通的物理方法，净化程度低，只能勉强达到内燃机的使用要求。

思考题

1. 太阳能吸收式制冷与吸附式制冷的区别是什么？
2. 被动式太阳房有哪些分类？简述其工作原理。
3. 地源热泵与空气源热泵相比有哪些优缺点？
4. 风力发电系统有哪些运行方式？
5. 什么是生物质能源？生物质能源有什么特点？
6. 生物质气化有哪些应用？各有什么优缺点？

参考文献

[1] 徐伟，郑瑞澄，路宾. 中国太阳能建筑应用发展研究报告［M］. 北京：中国建筑工业出版社，2009.
[2] 王长贵，郑瑞澄. 新能源在建筑中的应用［M］. 北京：中国电力出版社，2003.
[3] 郑瑞澄. 民用建筑太阳能热水系统工程技术手册［M］. 北京：化学工业出版社，2005.
[4] Chiras D，R Aram，K Nelson. 太阳能光伏发电系统［M］. 张春朋，姜齐荣，译. 北京：机械工业出版社，2011.
[5] Krauter S. 太阳能发电——光伏能源系统［M］. 王宾，董新洲，译. 北京：机械工业出版社，2008.
[6] Wagemann H G，H Eschrich. 太阳能光伏技术［M］. 叶开恒，译. 西安：西安交通大学出版社，2011.
[7] 北京唯绿建筑节能科技有限公司. 国内外太阳能利用技术发展状况调研报告［R］. 北京：北京唯绿建筑节能科技有限公司，2010.
[8] 马最良，姚杨，姜益强，等. 暖通空调热泵技术［M］. 北京：中国建筑工业出版社，2008.
[9] 张昌. 热泵技术与应用［M］. 2版. 北京：机械工业出版社，2015.
[10] 马最良，姚杨，姜益强，等. 热泵技术应用理论基础与实践［M］. 北京：中国建筑工业出版社，2010.
[11] 蒋熊照，刘道平. 水源、地源、水环热泵空调技术及应用［M］. 北京：机械工业出版社，2007.
[12] 徐伟. 中国地源热泵发展研究报告（2008）［R］. 北京：中国建筑工业出版社，2008.
[13] 徐伟. 地源热泵技术手册［M］. 北京：中国建筑工业出版社，2011.
[14] 蒋熊照. 空调用热泵技术及应用［M］. 北京：机械工业出版社，1997.

第 10 章 被动式超低能耗建筑节能实用技术

10

从世界范围看，欧盟等发达国家为应对气候变化、实现可持续发展战略，不断提高建筑能效水平。欧盟 2002 年通过并于 2010 年修订的《建筑能效指令》(EPBD)，要求欧盟国家在 2020 年前，所有新建建筑都必须达到近零能耗水平。丹麦要求 2020 年后居住建筑全年冷热需求降低至 20kW·h/(m^2·a) 以下；英国要求 2016 年后新建建筑达到零碳，2019 年后公共建筑达到零碳；德国要求 2020 年 12 月 31 日后新建建筑达到近零能耗，2018 年 12 月 31 日后政府部门拥有或使用的建筑达到近零能耗。德国“被动房”(passive house) 是实现近零能耗目标的一种技术体系，它通过大幅度提升围护结构热工性能和气密性，同时利用高效新风热回收技术，将建筑供暖需求降低到 15kW·h/(m^2·a) 以下。美国要求 2020—2030 年“零能耗建筑”应在技术经济上可行；韩国提出 2025 年全面实现零能耗建筑目标。许多国家都在积极制订超低能耗建筑发展目标和技术政策，建立适合本国特点的超低能耗建筑标准及相应技术体系，超低能耗建筑正在成为建筑节能的发展趋势。

10.1 被动式超低能耗建筑概述

10.1.1 被动式超低能耗建筑在国外的发展状况

在全球气候变暖、能源短缺的背景下，以高能效、低排放为核心的建筑节能正为实现国家的能源安全和可持续发展起到至关重要的作用。近年来，国际建筑节能技术长足发展，提高建筑性能使使用者对能源的需求降到最低，同时充分利用可再生能源从而摆脱对传统化石能源的依赖，已成为欧洲建筑节能技术领先国家节能减排的重要手段。欧盟于 2010 年明确了能源领域的中期目标，将挖掘建筑节能潜力作为优先任务，并在修订的《建筑能效指令》(EPBD) 中明确提出，到 2020 年欧洲大陆所有新建建筑要达到近零能耗水平。被动式低能耗建筑已成为欧洲实现上述目标的重要手段。

德国在建筑节能领域一直走在欧洲各国的前列，早在 1988 年首次提出了“被动房”(passive house) 的概念，主要指采用了各种节能技术构造最佳的建筑围护结构，极大限度地提高建筑保温隔热性能和气密性，使热传导损失和通风热损最小化；通过各种被动式建筑手段来尽可能实现室内舒适的热湿环境、采光环境和声环境，最大限度地降低对主动式机械供暖和制冷系统的依赖或完全取消这类设施。

1991 年，德国的第一个被动式住宅建立在达姆施达特 (Darmstardts) 市 Kranichstein 区，而后在 2000 年德国建成了首个被动房小区，经过 20 多年的研究和实践，德国已经拥有了 6 万多套被动房，并确定了相应的标准。

在德国，低能耗建筑根据建筑能耗大小划分为以下等级：

1. 低能耗建筑 (Niedrigenergiehaus)

德国的低能耗建筑是根据 RAL-GZ965 标准认证的。其规定低能耗建筑的传热损失要比现行的 EnEV2009 低 30%。其供暖能耗指标为：每平方米使用面积能耗每年在 70kW · h 以下。一般来讲，低能耗建筑是指建筑供暖能耗在 30~70kW · h/(m² · a) 的建筑。其他的指标，例如保温、气密性和通风系统进行了更严格的规定。该认证体系对低能耗建筑的认证也分为两类：一是规划设计认证，二是运营阶段的认证。

需要注意的是，德国计算建筑能耗指标是以建筑使用面积的每平方米能耗量为准，不是以建筑面积为准，另外建筑能耗是指一次性能源消耗量（Primaerenenergiebedarf），这样做有利于控制建筑实际能耗，控制 CO_2 排放量。

2. 三升油建筑（Drei-Liter-Haus）

三升油建筑是指建筑在达到相关规范所要求的使用舒适度和健康标准的前提下，供暖及空调能耗在 15~30kW · h/(m² · a) 的住宅。它主要应用于居住建筑，也可应用于办公楼、学校、幼儿园等建筑类型。

3. 被动房（Passivhaus）

它是由德国 Wolfgang Feist 博士研究，并由德国被动房研究所提出的超低能耗建筑形式。对“被动房”的定义是必须满足被动房标准（见表 10-1）：即超低能耗建筑，它通过采用各种先进的节能技术，极大限度地提高建筑保温隔热性能和气密性，从而显著地降低能源需求。

4. 零能耗建筑（Nullenergiehaus）

它是指不消耗常规能源的建筑，完全依靠太阳能或者其他可再生能源。从节能建筑、绿色建筑、生态建筑、可持续性理念到最近的低碳，其共同的目标都是为了降低二氧化碳的排放。

表 10-1 德国被动房的指标体系

类 别	指标名称	指标要求
气密性	N50	≤0.6
能耗指标	总一次能源（含供暖、制冷、新风、生活热水、家用电器）	≤120kW · h/(m² · a)
	供暖一次能源	≤40kW · h/(m² · a)
	供暖需求	≤15kW · h/(m² · a)
	供暖负荷	≤10W/m²
	制冷需求	≤15kW · h/(m² · a)
室内环境指标	室内温度	20~26℃
	超温频率	≤10%
	室内二氧化碳浓度	≤1000ppm($\times10^{-6}$)

5. 高能效建筑

德国复兴信贷银行对于满足节能房屋 70%和节能房屋 55%能效指标的低能耗建筑，无论是新建或购买的或改造的这两类低能耗建筑提供低息贷款。这些低能耗建筑的能效指标由德国能源署确定，能效指标的参考数值依据 EnEv 规定的一次能源需求 Qp 和传输热损失 HT 而定。评判建筑是否属于节能房屋 70%，必须满足两个条件：一是建筑一次能耗不允许超过 2009 年版《节能条例》中规定的参考建筑计算值的 70%，二是建筑围护结构传热损失不能超过 2009 年版《节能条例》中规定的参考计算值的 85%。

在日本发生福岛核电站事故后，德国率先宣布放弃使用核能（占其能源总供应量的 40%）。2010 年 6 月 18 日，欧盟出台了《建筑能效 2010 指令》（EPBD2010），该指令规定，成员国从 2020 年 12 月 31 日起，所有的新建建筑都是近零能耗建筑。在此基础上，并于 2011 年提出了新的房屋节能目标：自 2019 年 1 月 1 日起，将政府办公建筑建成近零能耗房屋；自 2021 年 1 月 1 日起，将所有新建房屋建成近零能耗房屋；到 2050 年，所有房屋节约 80%的一次能源。发展被动式房屋是德国实现上述目标的基础，可为德国节省近 40%的社会终端能耗。在被动式房屋的基础上，德国还将进一步研究产能房屋（energy plus）。

美国 2000 年起房屋所耗能源占美国能源总供应的 1/3，为了节能和环保，美国能源部自 2005 年以来大力推广超低能耗建筑这一项新技术，通过改进建筑设计和材料，美国房屋的能耗已比 1980 年减少了 30%。现今，美国低能耗建筑甚至“零能耗”建筑，无论是从数量上、区域分布上还是建筑形式上都呈不断扩张的态势。新技术的应用已经成为推动超低能耗建筑不断发展的重要动力。

2010 年，“零能耗建筑”在美国科罗拉多州正式启用，如图 10-1 所示。这座由美国能源部设计建造的“研究支援设施”，通过绿色建筑评价标准的环保建筑认证，是一座“零耗能建筑”。建筑物本身生产的能源，高于其消耗的能源，除了自给自足，更能供给他人，是目前世界上已知最大的环保建筑，在节能减碳方面更是领先世界标准 15 年。

2011 年，由美国新建筑协会（NBI）和零能耗商用建筑联盟（CBC）共同撰写的报告，题为“向零能耗的 2012 迈进：第一份全面剖析零能耗商用建筑的报告”，从各个方面对零能耗商用建筑（ZEBs）和无能源建筑（ZECs）进行了分析。

图 10-1　美国科罗拉多州的零能耗建筑

该报告数据显示，不同的气候区域的商用 ZEBs 和 ZECs 都处于增长态势。同时，ZEBs 的建设技术已经非常成熟，设计和建筑技术的发展也推动了该类建筑的发展。现今，ZEBs 主要建筑还是小型和微型建筑，数量虽少但形式更加多样化，包括 K-12 学校（小初高）、办公楼、教学楼、娱乐中心、综合大楼以及其他。整体的节能效果在 3%~18%不等。而对于成本来说，这些有限的 ZEBs 也反映出其整体成本低于模型预计的成本，在 0%~10%之间。

据美国能源部预测，美国各州到 2020 年将大面积兴建拥有 70%节电效能的现代住宅，超低能耗建筑是美国未来建筑的发展方向。

10.1.2　我国被动式超低能耗建筑的发展

不同于发达国家高舒适度和高保证率下的高能耗，我国建筑能耗特点为低舒适度和低保证率下的低能耗，且不同年代建筑能耗强度差异大。统计数据表明，英、法、德、意 4 国普通居住建筑单位面积能耗为 35kgce/(m^2·a) [一次能源消耗量约为 285kW·h/(m^2·a)]，我国普通城镇居住建筑单位面积能耗仅为 14.5kgce/(m^2·a) [一次能源消耗量约为 118kW·h/(m^2·a)]，现有居住建筑的能耗本来就满足德国被动房一次能源消耗 ≤120kW·h/(m^2·a) 的要求。不可否认，随着生活水平的提高，建筑能耗强度会有所上升，但就现阶段而言，德国被动房指标体系中的一次能源消耗量要求对于我国是不适用的。

被动式超低能耗建筑在目前世界各类节能建筑中具有领先的技术优势。对受困于能源紧缺危机和雾霾危机双重压力的中国，发展被动式超低能耗建筑具有深远的现实意义。由此我国开始了一系列关于超低能耗建筑相关的积极行动。

经过多年的发展，我国的节能技术水平正逐渐提高，从重视单项技术到综合全面的建筑节能技术解决方案，可再生能源利用率也在逐步提高，见表 10-2。

随着技术进步和建筑节能要求的进一步提高，我国的超低能耗建筑有了发展的需求和空间，陆续自发地开展了一些超低能耗建筑集成示范，如清华大学和同济大学的超低能耗示范

表 10-2 我国的示范工程在不同执行形式时间的发展变化

项目	执行时间	数 量	建筑面积	评选标准	增量成本/(元/m^2)
建筑节能示范工程	1999~2007	每年约20个		在北方寒冷和严寒地区，节能率高于该气候区建筑节能设计标准10%，夏热冬冷和夏热冬暖地区满足节能50%的标准	
双百工程——低能耗建筑示范项目	2008~2009	46个，其中居住建筑27个，公共建筑19个	643万m^2，其中居住建筑542万m^2，公共建筑101万m^2	节能设计优先于现行建筑节能设计标准，采用的节能技术具有国内领先水平，可再生能源利用率不小于30%的优先考虑	220~500
绿色建筑示范	2008~2009	30个，节能率在60%以上的11个			

建筑。目前，国内有中德合作秦皇岛在水一方、哈尔滨溪树庭院、福建南安项目和朗诗布鲁克项目等被动式超低能耗建筑试点项目。

10.1.3 被动式超低能耗建筑的定义与特征

1. 定义

被动式超低能耗绿色建筑（以下简称超低能耗建筑）是指适应气候特征和自然条件，通过保温隔热性能和气密性能更高的围护结构，采用高效新风热回收技术，最大限度地降低建筑供暖供冷需求，并充分利用可再生能源，以更少的能源消耗提供舒适室内环境并能满足绿色建筑基本要求的建筑。

2. 超低能耗建筑的主要技术特征

1）保温隔热性能更高的非透明围护结构。

2）保温隔热性能和气密性能更高的外窗。

3）无热桥的设计与施工。

4）建筑整体的高气密性。

5）高效新风热回收系统。

6）充分利用可再生能源。

3. 超低能耗建筑的优势

（1）更加节能 建筑物全年供暖供冷需求显著降低，严寒和寒冷地区建筑节能率达到90%以上。与现行国家节能设计标准相比，供暖能耗降低85%以上。

（2）更加舒适 建筑室内温湿度适宜；建筑内墙表面温度稳定均匀，与室内温差小，体感更舒适；具有良好的气密性和隔声效果，室内环境更安静。

（3）更好的空气品质 有组织的新风系统设计，提供室内足够的新鲜空气，同时可以通过空气净化技术提升室内空气品质。

（4）更高质量保证 无热桥、高气密性设计，采用高品质材料，精细化施工及建筑装修一体化，使建筑质量更高、寿命更长。

10.2 被动式超低能耗建筑设计方法

10.2.1 被动式超低能耗建筑设计的基本理念

被动式超低能耗建筑的基本设计理念应该是在建筑整体设计的基础上，首先应以被动优先、主动优化的原则降低建筑能耗需求，提高能源利用效率，然后通过现场产生的可再生能源替代传统能源，以降低化石能源消耗。在进行超低能耗建筑设计时，要考虑以下外部环境对建筑参数的影响，还需考虑以下三个层面：

第一层面的节能是被动式节能技术，其核心理念是强调直接利用阳光、风力、气温、湿度、地形、植物等场地自然条件，通过优化规划和建筑设计，实现建筑在非机械、不耗能或少耗能的运行模式下，全部或部分满足建筑供暖、降温及采光等要求，达到降低建筑使用能量需求进而降低能耗，提高室内环境性能的目的。被动式技术通常包括自然通风，自然采光，围护结构的保温、隔热、遮阳、集热、蓄热等方式。

第二层面是主动式技术，是指通过采用消耗能源的机械系统，提高室内舒适度，通常包括以消耗能源为基础的机械方式满足建筑供暖、空调、通风、生活热水等要求，其核心是提高用能系统效率、减少能源消耗。其主要包括热泵、风机、除湿机等。

第三层面是可再生能源利用技术，如太阳能利用技术、风力发电、地源热泵等，虽然其也是主动式技术，但是针对其消耗的是可再生能源，为此对其进行单独分析，其核心是环保、可持续；这些技术的实施，最终目的是确保建筑的超低化石能源能耗。

建筑师要尽量通过建筑设计而不是单纯依靠设备系统的“提供”和“补救”来保证良好的建筑微气候环境。

超低能耗建筑设计流程如图 10-2 所示。

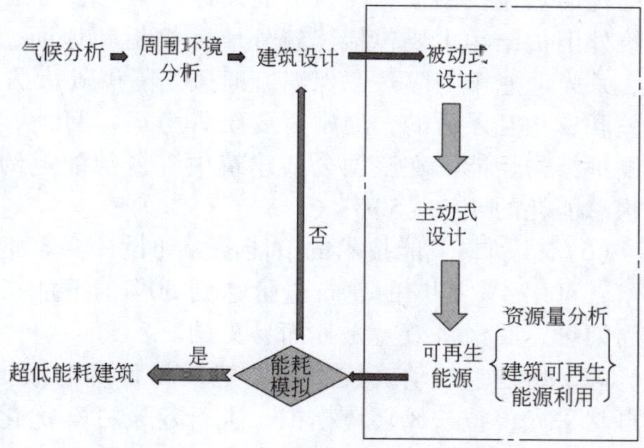

图 10-2　超低能耗建筑设计流程

1. 被动式技术

“被动式”节能技术主要可以分为两部分：一部分是根据当地气候条件和场地情况进行建筑设计的合理布局，进而降低建筑本体的能量需求；另一部分是采用符合所在地区地理气候、人为的构造手段，结合建筑师们的巧妙构思，降低建筑自身用能。其主要目标是以非机械或电气设备干预手段实现建筑能耗降低的节能技术，通过在建筑规划及单体设计中对建筑朝向的合理布置、遮阳的设置、建筑围护结构的保温隔热技术、有利于自然通风的建筑开口设计等实现建筑需要的供暖、空调、通风等能耗的降低。

建筑造型及围护结构形式对建筑物性能有着决定性影响。直接的影响包括建筑物与外环境的换热量、自然通风状况和自然采光水平等。而这三方面涉及的内容将构成 70%以上的建筑供暖通风空调能耗。不同的建筑设计形式会造成能耗的巨大差别。

（1）建筑合理布局　良好的被动式设计或具有能源意识的建筑，应在建筑设计伊始，就结合当地的气候特征，充分考虑地形、地貌和地物的特点，对其加以利用，创造建筑与自然环境和谐一致，相互依存，富有当地特色的居住、工作环境，充分考虑建筑的朝向、间距、体形、体量、绿化配置等因素对节能的影响，通过相应的合理布局降低用能需求，同时也能为“主动式”节能措施提供良好的条件。

（2）被动式太阳能供暖　一种吸收太阳辐射热的自然加温作用，它引起的升温，会使热量从被照射物体表面流向其他表面和室内空气，同时也是建筑物内部结构的蓄热过程。而蓄热在昼夜循环时又可用于调整太阳得热的过剩或不足，并且它也成为设计时要考虑的关键一步。虽然任何的外部建筑构件都可以和玻璃结合起来为被动式太阳能供暖创造条件，但必须对居住情况、空间的使用情况以及室外条件慎重考虑。被动式太阳能供暖需要依靠下面一个或多个条件：窗户、高侧窗和天窗，这些构件可以使居住空间见到阳光。

(3) 自然通风 建筑设计应以当地主导气候特征为基础，通过合理的布局与形体设计创造良好的微气候环境，组织自然通风。现代建筑对自然风的利用不仅需要继承传统建筑中的开窗、开门及天井通风，更需要综合分析室内外实现自然通风的条件，利用各种技术措施实现满足室内热舒适性要求的自然通风。不仅需要在建筑设计阶段利用建筑布局、建筑通风开口、太阳辐射、气候条件等来组织和诱导自然通风，而且需要在建筑构件上，通过门窗、中庭、双层幕墙、风塔、屋顶等构件的优化设计，来达到良好的自然通风效果。

(4) 自然采光 自然采光可以显著降低建筑照明能耗，但是利用自然采光常用的且经济的措施是增大建筑的窗墙比，而窗墙比的增加，在夏季会引起太阳辐射得热量增大，冬季会引起室内热量的散失，所以设计不当可能造成虽然自然采光有效降低了照明能耗，但是大幅提高了空调能耗。现代自然采光技术可分为侧窗采光系统、天窗采光系统、中庭采光系统和新型天然采光系统（如导光管、光导纤维、采光搁板、导光棱镜窗），随着科学技术的发展，也出现了一些新型采光材料，如光致变色玻璃、电致变色玻璃、聚碳酸酯玻璃、光触媒技术等。

(5) 围护结构节能技术 建筑物的能耗主要是由其外围护结构的热传导和冷风渗透两方面造成的，按照能量路径优化策略，建筑外围护结构的节能措施集中体现在对通过建筑外围护结构的热流控制上。建筑节能设计的第一层面是良好的围护结构，降低供暖和降温的需求。建筑外围护结构主要包括建筑外墙、楼板和地面、屋顶、窗户和门，要实现的功能主要有视野、采光、遮阳与隔热、保温、通风、隔声6大方面，这些功能并非孤立存在的，它们是相互关联、相互矛盾的，通常需要统筹考虑。目前，最常用的是借助计算机模拟分析，优化建筑围护结构性能。在我国公共建筑中，窗的能耗约为墙体的3倍、屋面的4倍，占建筑围护结构总能耗的40%~50%。

(6) 被动式节能技术的节能潜力和设计要素指标 选择适合当地条件的“被动式”节能技术，可用4%~7%的建筑造价达到30%的节能指标，回收期一般为3~6年，在建筑的全寿命周期里，其经济效益是显而易见的。

综上所述，被动式技术需要建筑设计师与暖通空调师的紧密配合，通过各类模拟分析，如自然采光模拟、风环境模拟，进行建筑方案优化，进而选择合理的建筑形态与围护结构措施与参数，降低建筑的能量需求。

2. 主动式技术

用于调节建筑物室内物理环境舒适的耗能设备系统中，空调和照明系统在大多数民用非居住建筑能耗中所占比例较大，其中仅空调系统的能耗就占建筑总能耗的50%左右，是主要的节能控制对象；而照明系统能耗占30%以上，也不容忽视。

建筑设备系统的节能措施主要应用在以下三个方面：

第一方面，建筑能源的梯级利用。根据建筑不同用能设备和系统等级的划分，优先满足用能品位高的设备和系统，利用这些设备和系统释放的能量满足用能品位低的下游设备和系统，如能源回收技术，典型应用如燃气冷热电三联供，冷凝式燃气锅炉。

第二方面，选用高能效的系统及设备。当必须使用空调设备才能满足室内热舒适要求时，要采用高效节能的空调设备或系统，如温湿度独立控制系统，高效光源与高效灯具、高效电动机、节能电梯、节能性配电变压器等。

第三方面，制订合理的建筑耗能设备的运行方式和控制管理模式，提高系统整体的运行效率。

10.2.2 我国超低能耗建筑的特点分析

1. 我国建筑能耗的特点

不同于发达国家高舒适度和高保证率下的高能耗，我国建筑能耗特点为低舒适度和低保证率下的低能耗。统计数据表明，英、法、德、意等普通居住建筑单位面积能耗为 35kgce/(m^2·a)[一次能源消耗量约为 285kW·h/(m^2·a)]，我国普通城镇居住建筑单位面积能耗仅为 14.5kgce/(m^2·a)[一次能源消耗量约为 118kW·h/(m^2·a)]，现有居住建筑的能耗本来就满足德国被动房一次能源消耗≤120kW·h/(m^2·a)的要求。不可否认，随着生活水平的提高，建筑能耗强度会有所上升，但就现阶段而言，德国被动房指标体系中的一次能源消耗量要求对于我国是不适用的。

2. 室内环境

我国住宅建筑室内环境状况整体低于发达国家，主要体现在室内温度不达标、新风量不足。调查表明，在冬季严寒和寒冷地区集中供暖的建筑室内温度普遍在 18℃以上，但夏热冬冷地区室内温度基本在 10℃以下，该地区集中供暖设施并不普及，室内湿度主要分布在60%～90%，室内湿冷，舒适度差。在夏季，开窗通风是解决室内过热问题的首选，空调系统间歇运行，室内温度偏高，基本分布在 25～32℃。如果我国被动式超低能耗建筑追求欧美的全空间全时间的高舒适度，势必导致建筑能耗的快速上升。

3. 气候特点

不同于德国的单一气候，我国五大建筑气候分区特点差异大。德国相比于我国同纬度的地区气候更加温和，供暖为主而空调需求较小；从数值上看，德国夏季基本无需空调，我国多数地区夏季存在空调需求。北京与柏林月对比温度情况如图 10-3 所示。从供暖度日数和供冷度日数上看，东西南北的供暖和空调需求极不均衡。

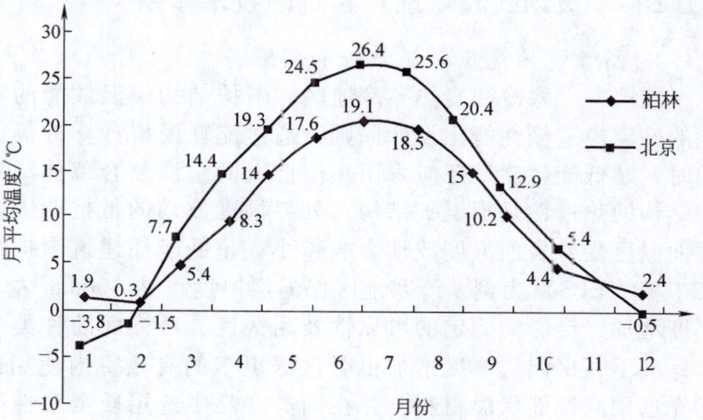

图 10-3 北京与柏林月对比温度情况

10.2.3 被动式超低能耗建筑的技术指标

超低能耗的技术指标应以建筑能耗值为导向，技术指标包括能耗指标、气密性指标及室内环境参数。

1. 超低能耗建筑能耗指标及气密性指标

超低能耗建筑能耗指标及气密性指标见表 10-3。

表 10-3 超低能耗建筑能耗指标及气密性指标

气候分区		严寒地区	寒冷地区	夏热冬冷地区	夏热冬暖地区	温和地区
能耗指标	年供暖需求/[kW·h/(m^2·a)]	≤18	≤15	≤5		
	年供冷需求/[kW·h/(m^2·a)]	≤3.5−2.0×WDH20[②]+2.2×DDH28[③]				
	年供暖、供冷和照明一次能源消耗量	≤60kW·h/(m^2·a)[或 7.4kgce/(m^2·a)]				
气密性指标	换气次数 N50[④]	≤0.6				

① 表中 m^2 为套内使用面积，套内使用面积应包括卧室、起居室（厅）、餐厅、厨房、卫生间、过厅、过道、储藏室、壁柜等使用面积的总和。

② WDH20（Wet-bulb degree hours 20）为一年中室外湿球温度高于 20℃时刻的湿球温度与 20℃差值的累计值（单位：kK·h）。

③ DDH28（Dry-bulb degree hours 28）为一年中室外干球温度高于 28℃时刻的干球温度与 28℃差值的累计值（单位：kK·h）。

④ N50 即在室内外压差为 50Pa 的条件下，每小时的换气次数。

2. 超低能耗建筑室内环境参数

超低能耗建筑室内环境参数指标见表10-4。

表10-4 超低能耗建筑室内环境参数指标

室内环境参数	冬季	夏季
温度/℃	≥20	≤26
相对湿度(%)	≥30①	≤60
新风量/[m^3/(h·人)]	≥30②	
噪声/dB(A)	昼间≤40;夜间≤30	
温度不保证率	≤10%③	≤10%④

① 冬季室内湿度不参与能耗指标的计算。

② 人均建筑面积取32m^2/人。

③ 当不设供暖设施时，全年室内温度低于20℃的小时数占全年时间的比例。

④ 当不设空调设施时，全年室内温度高于28℃的小时数占全年时间的比例。

10.2.4 被动式超低能耗建筑的技术体系

1. 高性能的建筑保温系统和门窗

在严寒、寒冷和夏热冬冷地区，围护结构保温性能的重要性最为显著。围护结构保温性能的确定应遵循性能化设计原则，通过能耗模拟计算进行优化分析后确定。注重保温性能的同时，超低能耗建筑还应采用热惰性大的重质复合墙体结构，提高围护结构的隔热性能。围护结构的热惰性是指围护结构对外界温度波动的抵抗能力。围护结构热惰性越大，建筑物内表面温度受外表面温度波动影响越小。超低能耗建筑围护结构的保温层厚度大，以普通模塑聚苯板（EPS）为例，严寒地区保温层厚度可达300mm左右。对于外墙外保温系统，保温层厚度增加，会影响固定的可靠性及耐久性，外饰面的种类也受到限制；在目前的建筑面积核算标准下，保温层厚度增加也会占据更多的有效室内使用面积。因此，保温材料选择时，应优先选用高性能保温材料，并在同类产品中选用质量和性能指标优秀的产品，减少保温层厚度。目前，以B1级的模塑聚苯板（EPS）为保温材料的外墙外保温系统是被动式低能耗建筑主要采用的保温形式。

除了选用高质量的保温材料，完整的外墙保温系统还需配备各种配件，如窗口连接线条、滴水线条、护角线条、伸缩缝线条、断热桥锚栓、止水密封带，从而提高外保温系统保温隔热、连接稳定、防水透气的能力，保证系统的耐久性、安全性和可靠性。

一般而言，由于通过屋面流失的热量较大，被动式建筑屋面保温比外墙保温层厚度大，且采用抗压强度和防水性能更好的保温板（如XPS）保温层上下各有一层防水，其中靠近室内房间一侧应是防水隔气层，靠近室外一侧是防水透气层。其目的是防止室内的水蒸气进入保温系统又散失不出去，从而破坏保温系统的耐久性。

外窗是影响超低能耗建筑节能效果的关键部件，其影响建筑能耗的性能参数主要包括传热系数（K）、太阳得热系数（SHGC）以及气密性能；影响外窗节能性能的主要因素有玻璃层数、Low-E膜层、填充气体、边部密封、型材材质、截面设计及开启方式等。应根据不同气候区特点，通过性能化设计方法进行优化设计和选择。外门窗系统是围护结构保温、防水和气密性最薄弱的环节，通过外门窗损失的能耗通常占总建筑总能耗的30%~40%。因此采用高效节能门窗产品至关重要。被动房窗户是目前市场上性能最优最节能的窗户，它不仅考虑了窗户的传热系数，还考虑玻璃的太阳能总投射比（g值）、玻璃的选择性系数等多个控制性参数，从而达到既保温隔热隔声又不影响自然采光的多重目的。被动房窗户通常采用5~6腔木框或塑料（PVC）型材，填充高效的发泡芯材保温，采用双Low-E三玻两腔中空玻璃，玻璃间充惰性气体（氩气或氪气）或采用复合真空玻璃。玻璃间隔条是耐候性极好的暖边条，不再使用热导率高且耐久性较差的橡胶条或铝合金间隔条，整窗的 U 值≤0.8W/(m²·K)。目前国内节能75%的标准，整窗的 K 值为1.5~2.0W/(m²·K)。

不同地区被动式低能耗建筑透明部分用玻璃的光热参数见表10-5。

表10-5　不同地区被动式低能耗建筑透明部分用玻璃的光热参数

气候带		传热系数 K/[W/(m²·K)]	可见光透射比 τ_v	太阳红外热能总透射比 g_{IR}	太阳能总透射比 g	光热比 LSG
严寒地区	(A)	≤0.70	≥0.65	≥0.20	≥0.45	≥1.30
	(B)	≤0.70	≥0.63	≥0.20	≥0.45	≥1.30
	(C)	≤0.70	≥0.60	≥0.20	≥0.45	≥1.30
寒冷	(A)	≤0.80	≥0.60	≥0.20	≥0.35	≥1.40
	(B)	≤0.80	≥0.55	≥0.20	≥0.35	≥1.40
夏热冬冷		≤1.00	≥0.55	≤0.35	≤0.40	≥1.40
夏热冬暖	北区	≤1.50	≥0.50	≤0.20	≤0.35	≥1.40
	南区	≤1.80	≥0.50	≤0.20	≤0.35	≥1.40

注：本表中资料来源：《被动式低能耗建筑透明部分用玻璃》（HB 002—2014），中国建筑玻璃与工业玻璃协会。

在传统节能建筑中，外窗都安装在窗洞口中间，热桥明显，防水和密封设计非常薄弱。被动式低能耗建筑通过改变窗户安装位置、窗户保温方式、采用高效的防水密封材料、防水构造和应用窗台板，显著地提高了外窗的保温气密性，解决了窗户节点的防水问题。

被动房窗户是安装在主体外墙外侧，借助于左右两侧的角钢固定，锚固件后面有隔热垫片，降低金属固定件的热桥。整个窗框三分之二被包裹在保温层里，最多留出10~15mm窗框可视面，形成无热桥的构造。

窗框与窗洞口之间凹凸不平的缝隙填充了自黏性的预压自膨胀密封带，窗框与外墙连接处必须采用防水隔气膜和防水透气膜组成的密封系统。室内一侧采用防水隔气密封布，室外一侧应使用防水透气密封布，从而从构造上完全强化了窗洞口的密封与防水性能。与传统泡沫胶相比，此类密封布具有不变形、抗氧化、延展性好、防水透气性能好、寿命长等特点。保温系统上设计安装了金属窗台板，窗台板有滴水线造型，从而既保护保温层不受紫外线照射老化，也导流雨水，避免雨水对保温层的侵蚀破坏。

另外，外门和户门均应采用保温密闭门，保温性能不应低于外窗的相关要求。严寒地区建筑的外门应设门斗；寒冷地区面向冬季主导风向的外门应设置门斗或双层外门；其他地区外门宜设门斗或应采取其他减少冷风渗透的措施。

2. 无热桥设计

建筑热桥包括几何热桥（如墙角）、材料传热差异形成的热桥（如钢筋水泥和加气混凝土砌块搭接部位）、集中热流形成的热桥（如贯穿部位造成空气泄漏）、建筑构件保温层厚度不一致造成的热桥。超低能耗建筑设计时，应更严格控制热桥的产生，对建筑外围护结构进行无热桥设计。避免热桥主要应遵循以下的原则：

(1) 避让规则　尽可能不要破坏或穿透外围护结构。

(2) 击穿规则　当管线等必须穿透外围护结构时，应在穿透处增大孔洞，保证足够的间隙进行密实无孔洞的保温。

(3) 连接规则　保温层在建筑部件连接处应连续无间隙。

(4) 几何规则　避免几何结构的变化，减少散热面积。

除了应在外墙、屋面及外窗的设计中充分考虑无热桥设计外，突出建筑外立面的悬挑阳台建筑中明显的热桥薄弱环节。欧洲国家被动房设计中，往往采用两种方式减少热桥：①采用预制独立式钢结构阳台，通过锚固件固定在建筑结构上，通常适用于多层建筑；②采用无热桥的阳台专用构件，该构件由高性能的保温材料和高强度水泥板构成，通过高强度钢筋将阳台板与室内楼板连接，从而有效地阻断阳台热桥。

在国内的示范项目中，考虑国内建筑设计规范的限制，且当前无法引进专用构件，项目采用了折中的构造设计，即阳台板与主体结构断开，中间填充与外墙同厚度的保温材料，阻断热桥。阳台板靠挑梁支撑，保温材料将挑梁整体包裹。

阳台门框部位也应尽量用保温材料进行覆盖，阳台门应设计为朝内开，否则将因无法用保温材料包裹门框而产生热桥。阳台护栏不应安装在混凝土楼板、柱或女儿墙垂直上方，而应在侧面，以防止连接部位的防水层受损，进而导致保温层渗水，破坏保温系统。

另外，外墙上的各种支架如空调支架、太阳能热水器支架和雨水管支架都属于系统性热桥。传统工艺通常是保温做完后，再安装相应的支架，从而直接破坏保温系统的完整与密封性。正确方法是不要直接穿透保温层，要事先规划和预留金属构件安装的部位。金属构件和主体结构之间宜采用20mm的隔热材料，如泡沫玻璃、石膏板等，然后将金属构件完全包裹在保温层里。

3. 建筑气密性设计

建筑气密性对于实现超低能耗目标非常重要。良好的气密性可以减少冬季冷风渗透，降低夏季非受控通风导致的供冷需求增加，避免湿气侵入造成的建筑发霉、结露和损坏，减少室外噪声和空气污染等不良因素对室内环境的影响，提高居住者的生活品质。保障建筑气密性并不是限制住户主动开窗透气意愿，而是在需要供暖或制冷时期，避免室内外空气通过建筑缝隙和漏点“无控”进行交换，造成热（冷）量的损失或高湿度对建筑构件的破坏。建筑的气密性由连续无断点的内抹面、防水、密封性的连接材料和构件共同构成，而施工质量在很大程度上决定了建筑的气密性水平，是精细化施工的集中体现。

应采用简洁的造型和节点设计，减少或避免出现气密性难以处理的节点。选用气密性等级高的外门窗，外窗框与窗扇间宜采用3道耐久性良好的密封材料密封，每个开启扇至少设2个锁点。另外还应选择适用的气密性材料构成气密层，常见的可构成气密层的材料包括一定厚度的抹灰层、硬质的材料板（如密度板、石材）、气密性薄膜等。孔眼薄膜、保温材料、软木纤维板、刨花板、砌块墙体等不适于用作气密层。节点气密性处理应选择适用的气密性材料制作，如紧实完整的混凝土、气密性薄膜、专用膨胀密封条、专用气密性处理涂料等材料；包装胶带、聚氨酯发泡、防水硅胶等材料不适合作为节点气密性处理材料。

4. 遮阳设计

遮阳设计应根据地区的气候特点、房间的使用要求以及窗口所在朝向综合考虑。严寒和寒冷地区，供暖能耗在全年建筑总能耗中占主导地位，太阳辐射可降低冬季供暖能耗，但也会增加夏季空调能耗，因此严寒地区南向外窗宜考虑适当的遮阳措施，寒冷地区的东、西、南向的外窗均应考虑遮阳措施；夏热冬冷和夏热冬暖地区，东、西、南向均应采取遮阳措施，东向和西向应重点考虑。

遮阳措施分为可调或固定等形式，也可采用各种热反射玻璃、镀膜玻璃、阳光控制膜、低发射率膜等进行遮阳。因此，超低能耗建筑宜采用可调节的遮阳设施。可调节外遮阳表面吸收的太阳得热，传入室内的比例比内遮阳或中置遮阳小，并且可根据太阳高度角和室外天气情况自动或手动调整，是最适合超低能耗建筑的遮阳形式。升降百叶可调节外遮阳及可调节遮阳板示意图如图10-4所示。

固定遮阳是将建筑的天然采光、遮阳与建筑物融为一体的外遮阳系统。设计固定遮阳时应综合考虑建筑物所处地理纬度、朝向，太阳高度角和太阳方向角及遮阳时间，通过对建筑物进行日照分析来确定遮阳的分布和特征。合理设计挑檐尺寸的固定遮阳示意图如图10-5所示。

除固定遮阳外，也可结合建筑立面设计，采用自然遮阳措施。非高层建筑宜结合景观设

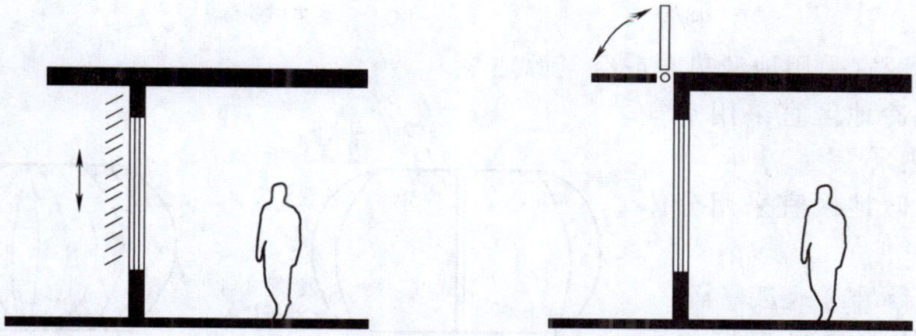

图 10-4　升降百叶可调节外遮阳及可调节遮阳板

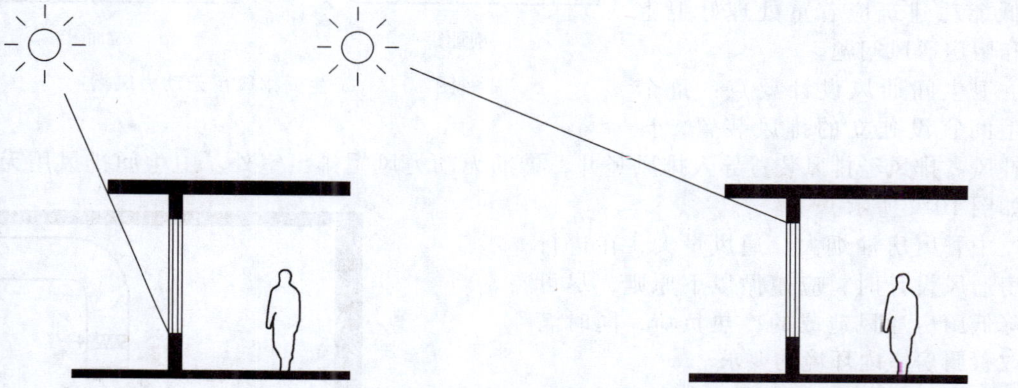

图 10-5　合理设计挑檐尺寸的固定遮阳示意图

计，利用树木形成自然遮阳，降低夏季辐射热负荷，利用树木形成自然遮阳。

5. 高效新风热回收系统

超低能耗建筑应优先利用高效新风热回收系统满足室内供冷或供暖要求，不用或少用辅助供暖供冷系统。采用高效新风热回收系统，通过回收利用排风中的能量降低供暖制冷需求，实现超低能耗目标。高效新风热回收系统通过热回收装置使新风和排风进行热交换，回收排风中的能量。新风热回收装置示意图如图 10-6 所示。

热回收装置按换热类型分为全热回收型和显热回收型两类。由于能量回收原理和结构不同，有板式、转轮式、热管式和溶液吸收式等多种形式，应根据地区气候特点，结合工程的具体情况进行选择。

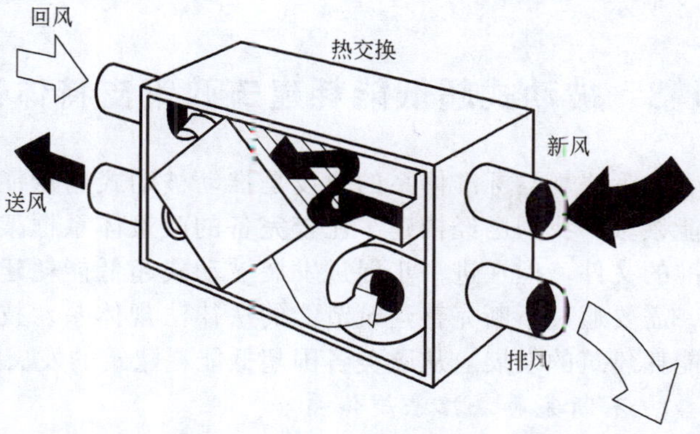

图 10-6　新风热回收装置示意图

6. 辅助供冷供暖系统

超低能耗建筑辅助供暖供冷应优先利用可再生能源，减少一次能源的使用。可再生能源主要包括太阳能、地源热泵、空气源热泵及生物质燃料等。对于严寒和寒冷地区宜设置辅助热源，辅助热源不宜采用集中供暖方式；寒冷地区、夏热冬冷及夏热冬暖地区宜设置辅助冷源。辅助热源和冷源宜采用以下方式：

1）严寒地区，当分散供暖时，宜优先采用燃气供暖炉；当集中供暖时，宜以地源热泵、工业余热或生物质锅炉为热源，并采用低温供暖方式。有峰谷电价的地区，可利用夜间低谷电蓄热供暖。

2）寒冷地区宜采用地源热泵或空气源热泵。

3）夏热冬冷地区宜采用空气源热泵或地源热泵。

4）夏热冬暖地区宜采用分体式空调。

7. 卫生间和厨房通风

卫生间和厨房通风直接关系室内环境和超低能耗目标的实现，超低能耗建筑应着重处理好卫生间和厨房通风问题。

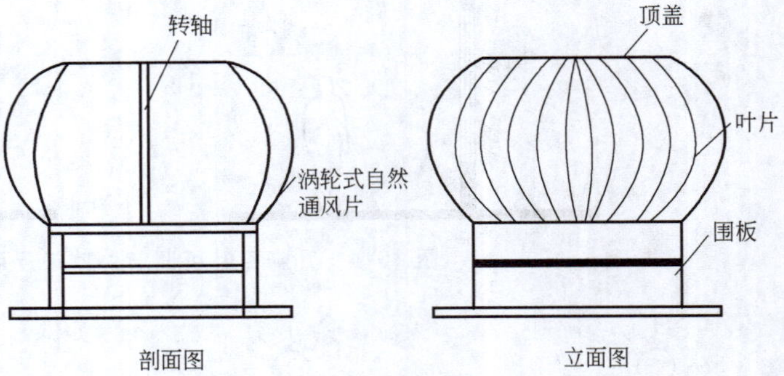

图 10-7 卫生间排风用无动力风帽

卫生间通风设计要点：每个卫生间宜设独立的排风装置，自然补风。排风经排风装置导入排风竖井，借助无动力风帽排出室外。卫生间排风用无动力风帽如图 10-7 所示。

中餐厨房油烟大、通风量大，在进行厨房通风设计时，应遵循以下原则，尽可能降低厨房通风造成的冷热负荷，同时满足改善厨房室内环境的要求。

1）厨房宜设独立的排油烟补风系统。

2）补风应从室外直接引入，补风管道引入口处应设保温密闭型电动风阀；电动风阀应与排油烟机联动，在排油烟系统未开启时，应关闭严密，不得漏风。补风管道应保温，防止结露。

3）补风口尽可能设置在灶台附近，以缩短补风距离。厨房补风示意图如图 10-8 所示。

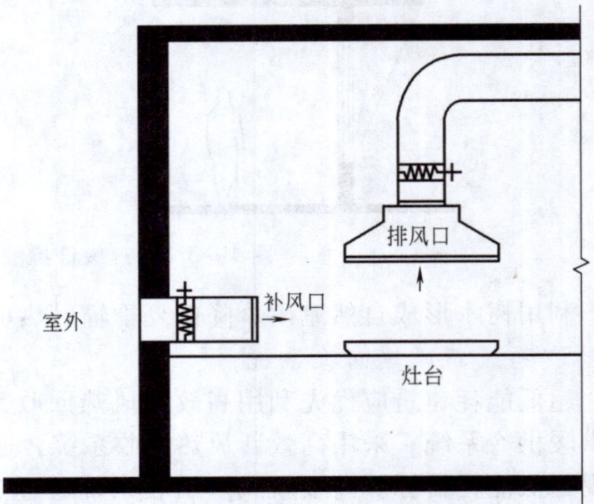

图 10-8 厨房补风示意图

10.3 被动式超低能耗建筑政策支持体系

政策法规与标准体系的建设是推动被动式超低能耗建筑发展的重要依据和保证。在建筑节能领域，我国已经构建了比较完备的政策体系框架，先后出台了一系列从节能监管到技术标准的文件。但在进一步促进发展被动式超低能耗建筑的过程中还需要进一步有所突破和创新，需要通过不断完善建筑节能的法律法规体系、技术标准和相应的激励政策加快被动式超低能耗建筑的发展。从欧美各国超低能耗建筑的发展来说，有很多经验和做法值得借鉴。

1. 不断完善法律法规体系

丹麦于 1961 年制定了第一部建筑条例（BR），随后每版建筑条例不断提高对建筑节能的要求，尤其是 BR08 和 BR10 版。2000 年，丹麦引入了被动房的概念，被动房的认证是参考了德国被动房的标准和指标，2008 年的建筑条例（BR08）第 7.2.4 章，首次对低能耗建筑做出了明确的规定。2006 年丹麦为推动欧盟能效指令（EPBD2002/91/EC）在丹麦的实施，引入的低能耗建筑分级系统，将低能耗建筑分为两级，低能耗建筑 1 级和低能耗建筑 2 级。低能耗建筑 2 级是低于 2006 年标准建筑能耗要求的 25%，是丹麦 2010 版建筑条例的最低要求。低能耗建筑1级是低于2006年标准建筑能耗要求的50%，目前已成为现行的丹麦2015版建筑条例的最低要求。丹麦2020年的建筑条例将进一步提高建筑能效，预计将建筑能耗降低到低于2006年水平的75%。

德国很注重建立完善的法律法规体系逐步减低建筑能耗水平，德国从1977年颁布第一部保温法规到2012年进一步修改建筑节能条例（EnEV）。建筑供暖能耗已由最初的220kW·h/(m^2·a)下降到2014年30kW·h/(m^2·a)的水平。在过去20年，德国新建建筑单位居住面积的供暖能耗降低了40%左右。

其中，德国《能源节约法》（EnEV）于2002年2月生效，它取代了以往的《供暖保护法》和《供暖设备法》，制定了新建建筑的能耗新标准，规范了锅炉等供暖设备的节能技术指标和建筑材料的保暖性能等。按照新法规，建筑的允许能耗要比2002年前的能耗水平下降30%左右。2006年，德国再次推出了更为科学的ENEC2006节能新规范，开始从整体考虑建筑外部的能源输入值。

实际上，2002年2月德国实行的建筑节能规范EnEV2002，已体现了德国最新建筑节能技术研究成果，它不但控制建筑某一方面的能量消耗，对建筑的整体耗能及建材生产过程中耗能量已放在一起考虑。实际操作中，一是对建筑能耗量化，采用建筑能耗证书系统；二是新建住宅必须出具“供暖能耗量”和“住宅能耗核心值”，这两项是建筑物耗能的主要数值。此外，还需出具一系列的证明，包括建筑每年所需的能量，制成建筑能耗计算表。

该法规规定，2006年底前，在1978年10月1日前安装的约200万个供暖锅炉必须报废，由新型节能锅炉取代。在政府的推动下，天然气和太阳能等清洁能源、可再生能源近年来在住宅供暖市场上得到越来越普遍的应用。

2006年新的节能规范则属于一体化的节能标准，涉及空调、通风、采光各个方面，主要强调改善建筑的整体能源利用效率。

消费者在德国购买住宅时，建筑开发商必须出具一份“能源消耗证明”。该证明清楚地列出了该住宅每年的能耗，提高了建筑的能耗透明度。自1995年开始，德国法律就要求新建筑必须说明其能耗状况。随着建筑节能法规EnEV 2002的实施，需要说明的主要能耗指标范围也随之扩大。

2. *研究制定激励政策*

合理的经济激励机制是发展和推广被动式超低能耗建筑的关键，可以降低被动式超低能耗建筑的开发成本，调动生产者和消费者的积极性，扩大市场需求。德国低能耗建筑是德国政府可持续发展战略的一个重要组成部分，在政府主导的积极因素的影响下，低能耗建筑的推广主要通过政府相关的政策法规制定，联邦政府、州政府、官方及半官方专业机构的实施推进，以及通过税收等手段引导企业开发相关技术产品，引导业主消费者建设、购买和使用低能耗建筑。另外，德国复兴信贷银行（KFW）可为新建或购买的或改造的低能耗建筑提供低息贷款。针对既有建筑改造的资助标准有两种，即德国复兴信贷银行节能房屋70和85，以前被称为KFW-40、KFW-60。KFW70和KFW85是指在EnEV2009的基础上能效分别提高15%和30%。达到这类标准的每套住宅最多可申请贷款5万欧元。针对新建建筑的资助标准有两种，分别为KFW55、KFW40，即在EnEV2009的基础上能效分别提高40%和60%，接近被动房的能效水平。

3. *建立被动式超低能耗建筑的认证制度*

德国的低能耗建筑是根据RAL-GZ965标准认证的，其规定低能耗建筑的传热损失要比现行的EnEV2009低30%，同时对其他的指标（例如保温、气密性和通风系统）进行了更严格的规定。该认证体系对低能耗建筑的认证也分为两类：一是规划设计认证，二是运营阶段的认证。德国政府建立了建筑能耗证书体系，要求开发商必须向消费者出具建筑物的能源消耗证明。最新的能源节约法也规定，住宅建筑在出租、出售时，必须出示专业机构出具的建筑能耗证书。

奥地利的9个州有各自的建筑法规。建筑能耗的计算方法参照奥地利OIB制定的奥地利标准ONORM B8110-1和欧洲标准EN832。2008年奥地利建立了建筑能效认证制度，它根据建筑供暖需求将建筑划分为几个等级，分别为A++、A+、A~G，其中A+相当于被动房的标准，供暖需求≤15kW·h/(m^2·a)，A++是最优等级，即供暖能耗和总能耗最低。

为了推广低能耗建筑和被动房，奥地利政府有专门针对低能耗建筑和被动房的资助计划。获得资助的低能耗建筑和被动房在国家标准RLMA25中有明确的定义。低能耗建筑中居住建筑的能耗标准被划分为两类：一类是有机械通风的建筑，另一类是不含机械通风的建筑。被动房的指标等同于德国的指标体系。

同时奥地利专门的"推动环境保护计划"也对被动房进行认证和资助。该项目的目标是降低CO_2的排放并提高可再生能源利用。该项目资助的被动房分四个分项进行评估和认证，分别是规划和竣工验收、能源供应、建筑材料和施工、空气质量和舒适性。每个分项都列出了相应严格的评价标准，这些严格的标准也分为强制项与可选项，达到可选项便可获得相应的分数。四个分项的总分为1000分，获得被动房的认证必须达到所有的强制项，且总分达到900分。奥地利的被动房数量于2010年达到8500栋，并呈上升的发展趋势。

我国的被动式超低能耗建筑的发展还处在技术上不断探索和实践的试点阶段，适合我国的被动式低能耗建筑节能的技术体系尚在不断完善当中，相应的法律法规、激励政策以及评价认证工作还在研究制定和完善当中。目前一些省市基于本省市自身情况而制定的被动式低能耗居住建筑节能设计标准，如《河北省被动式低能耗居住建筑节能设计标准》(DB13 (J)/T 177—2015)；山东省财政对入选省级被动式超低能耗绿色建筑11个试点示范项目，列支6000万元资金为实行增量成本和技术咨询服务全额补助，但仅仅是对公共建筑而言。

2015年10月由住房和城乡建设部基于已有试点的经验总结发布了《被动式超低能耗绿色建筑技术导则（试行）（居住建筑）》，这部导则充分考虑了我国地域广阔，各地区气候差异大，经济发展水平和室内环境标准低，建筑特点、建筑技术和产业水平以及人们生活习惯等实际国情，与我国绿色建筑发展战略相结合，更好地指导我国超低能耗建筑和绿色建筑的推广。另一方面，建立适应我国国情的被动式超低能耗建筑认证体系和管理办法，开展对被动式超低能耗建筑的关键部品部件的高性能标识评价等活动也在不断研究讨论中。

思考题

1. 在被动式低能耗建筑设计中需要考虑哪些因素？你觉得哪些最重要？
2. 你自己对被动式技术有何切身体会？
3. 良好的气密性和保温性是建造被动式超低能耗建筑的重点，那是不是意味着墙体做得越厚越好？为什么？
4. 我国北方地区和南方地区在建造被动式超低能耗建筑时的技术措施有何不同？请各选择一个城市举例说明。
5. 现阶段在我国发展被动式超低能耗建筑的障碍有哪些？有何建议？

参考文献

[1] 彭梦月. 欧洲超低能耗建筑和被动房标准体系 [J]. 建设科技，2014，(21)：43-47.
[2] 卢求. 德国低能耗建筑技术体系 [J]. 建筑技术与设计，2008，(3)，96-101.
[3] 彭梦月. 通过被动房之路推动中国建筑节能——德国被动房和低能耗建筑在中国的使用性研究 [J]. 住宅产业，2011，(5)：31-35.
[4] 伍小亭. 超低能耗绿色建筑设计方法思考与案例分析——以中新天津生态城公屋展示中心为例. [J]. 建设科技，2014，(55)：58-65.
[5] 彭梦月. 被动式低能耗建筑围护结构关键技术与材料应用 [J]. 新型建筑材料，2015，(1)：77-82.

第 11 章 绿色建筑综合能源利用

11

11.1 绿色建筑概述

随着社会经济的飞速发展，居民生活质量日渐提高，人们在满足基本生活需要以外，越来越关注居住环境质量的提升。然而，随之而产生的环境破坏、资源短缺等一系列危及人类生存的问题不得不让人类重新审视自己的所作所为。在全球气候变暖、资源短缺的危急情况下，发展环境友好型建筑成为实现资源环境可持续发展的必然趋势。绿色建筑改变了建筑业高投入、高消耗、高污染、低效率的模式，在建筑的全寿命周期内，最大限度地节约资源、保护环境和减少污染，为人们提供健康、适用和高效的使用空间，做到人及建筑与环境的和谐共生，持续发展。

11.1.1 绿色建筑的概念

绿色建筑又被称为生态建筑、可持续建筑，强调在建筑物规划设计、施工、运行及拆除的全寿命周期内，基于环境友好的前提下，通过降低资源和能源的消耗，从而达到环境保护的目的，实现人与自然的和谐共生。建筑物的全寿命周期是指规划、设计时充分考虑并利用了环境因素，施工过程中对环境的影响最少，运行阶段能为人们提供健康、舒适、低耗、无害空间，拆除后又对环境危害降到最少。

11.1.2 绿色建筑的特点

与传统建筑相比，绿色建筑具有以下特征：

1）一般建筑能耗非常大，并由此产生严重的环境污染；绿色建筑可将能耗降低 70%～80%。

2）一般建筑采用的是商品化生产技术，建筑过程的标准化、产业化造成建筑风貌大同小异；而绿色建筑具有地域性特征，强调采用本地的原材料，尊重本地的人文、自然和气候条件。

3）一般建筑是封闭的，室内环境往往不利于健康；而绿色建筑有合理的结构布局，适宜的朝向、形体，良好的自然采光和通风系统，宜人的周围环境，其内部采取有效连通，能对气候变化自动调节，可提供健康舒适的居住环境。

4）一般建筑往往忽略对环境的影响与破坏；而绿色建筑则强调建筑从规划设计、建筑施工、运行维护、废弃拆除，甚至再利用的全生命过程中对环境负责。

11.1.3 绿色建筑在国际上的发展状况

20 世纪中期，在全球资源环境危机中受绿色运动的影响和推动，绿色建筑的思想和观念开始萌生。

20世纪60年代，美籍意大利建筑师保罗·索勒瑞首次综合生态与建筑两个独立的概念提出“生态建筑”（绿色建筑）的新理念。

20世纪70年代，石油危机使太阳能、地热、风能等各种建筑节能技术应运而生，节能建筑成为建筑发展的先导。

1980年，世界自然保护组织首次提出“可持续发展”的口号，同时节能建筑体系逐渐完善，并在德、英、法、加拿大等发达国家广泛应用。

1992年联合国环境与发展大会的召开，使“可持续发展”这一重要思想在世界范围得到推广，绿色建筑逐渐成为发展方向。

为了顺应绿色建筑的发展，使绿色建筑的概念具备切实的可操作性，发达国家相继探索并推出适应自己本国特色的绿色建筑评价体系，综合评估建筑物的性能及各项环境指标，为日后绿色建筑的发展提供事实及理论依据，推动绿色建筑更加深入的发展。

1990年，世界首个绿色建筑标准《英国建筑研究组织环境评价法（BREEAM）》在英国发布。

1994年，美国绿色建筑协会（USGBC）起草了名为“能源与环境设计领袖”（Leadership in Energy and Environmental Design，LEED）的绿色建筑分级评估体系。

1998年，加拿大、瑞典等国联合建立了GBTOOL绿色建筑评价体系。

2000年以后，日本的CASBEE、德国的LNB、澳洲的NABERS、法国的ESCALE、韩国的KGBC等相继成立。

到2006年，全球绿色建筑评估体系近20个，其中美国的LEED陆续发展出不同建筑类型，甚至既有建筑改造的评估版本，它以需求为导向，以市场为驱动，是现有国际上最完善、最具影响的绿色建筑评估体系之一，已成为世界各国建立绿色建筑及可持续性评估标准的范本。

11.1.4 绿色建筑在我国的发展状况

20世纪90年代，绿色建筑概念开始引入我国。

1996年我国发表了《中华人民共和国人类住区发展报告》，该报告对进一步改善和提高居住环境质量提出了更高要求和保证措施。

1998年发布《中华人民共和国节约能源法》，提出建筑节能是国家发展经济的一项长远战略方针。

1999年，我国台湾的绿色建筑评估EEWH系统启动，是世界上第四个正式上路的绿色建筑综合评估系统。

2004年9月建设部“全国绿色建筑创新奖”的启动标志着我国的绿色建筑发展进入了全面发展阶段。

2005年3月召开的首届国际智能与绿色建筑技术研讨会暨技术与产品展览会（每年一次），公布“全国绿色建筑创新奖”获奖项目及单位，同年发布了《建设部关于推进节能省地型建筑发展的指导意见》。

2006年，住房和城乡建设部正式颁布了《绿色建筑评价标准》。

2006年2月，国家科技部、住房和城乡建设部签署了“绿色建筑科技行动”合作协议，为绿色建筑技术发展和科技成果产业奠定了基础。

2007年8月，住房和城乡建设部又出台了《绿色建筑评价技术细则（试行）》和《绿色建筑评价标识管理办法》，逐步完善适合我国国情的绿色建筑评价体系。

2008年3月，成立中国城市科学研究会节能与绿色建筑专业委员会，对外以中国绿色建筑委员会的名义开展工作。

2009年8月，我国政府发布了《关于积极应对气候变化的决议》，提出要立足国情发展绿色经济、低碳经济。

2009 年 11 月，在积极迎接哥本哈根气候变化会议召开之前，我国政府做出决定，到 2020 年单位国内生产总值二氧化碳排放将比 2005 年下降 40%～45%，作为约束性指标纳入国民经济和社会发展中长期规划，并制定相应的国内统计、监测、考核办法。

目前，我国不同气候地区的建筑节能标准已经制定，一些经济发达地区结合自身气候及环境特点，积极开展绿色建筑关键技术的集成研究及应用实践。前瞻产业研究院发布的《中国绿色建筑行业发展规划与投资预测分析报告前瞻》显示，截至 2013 年 1 月，全国已评出 742 项绿色建筑评价标识项目，总建筑面积达到 7581 万 m^2，其中设计标识项目 694 项，建筑面积 7066 万 m^2，运行标识项目 48 项，建筑面积 515 万 m^2。

总之，绿色建筑在我国刚刚起步，还处于试点和发展阶段，大部分建筑师和工程师对绿色建筑的概念不明确。此外，绿色建筑的基础研究相对滞后，总体建筑质量较差、区域差异大、制度体系不健全、居民对绿色环保等观念欠缺正确认识等特殊的国情问题，都使得我国在继续发展绿色建筑的过程中面临比发达国家更多的挑战，同时，也有更多的机遇。

11.2　绿色建筑的研究发展方向

11.2.1　绿色建筑的发展优势

（1）绿色建筑发展的潜力很大　2016 年我国既有建筑达 600 多亿 m^2，同时每年竣工面积 16 亿～20 亿 m^2。我国建筑 95%以上是高耗能建筑，如果达到同样的室内舒适度，单位建筑面积能耗是同等气候条件发达国家的 2～3 倍。对既有建筑进行节能改造，节能减排潜力巨大。“十一五”期间，建筑节能承担了我国全部节能任务的 20%。如果切实执行 50%的节能标准，局部地方执行 65%的节能标准，那么，到 2020 年就能每年节约 3.54 亿 t 标准煤，占同期国家节能目标任务的 30.7%。绿色建筑在实现建筑节能的同时，可以为用户提供一个舒适、健康、安全的室内环境，代表着世界建筑的发展趋势，前景十分广阔。然而，截至 2010 年 11 月底，我国已获得绿色建筑星际能效标识的建筑项目仅 85 个，在既有建筑中占有的比例较小。推行绿色建筑已成为当前建筑节能工作中最紧迫的任务之一。

（2）发展绿色建筑比较效益高　据测算，达到同样的节能效率，建筑比工业投入少。此外，我国实施建筑节能和发展绿色建筑的成本相对欧美等发达国家要低得多，而应对气候变化是全球面临的共同挑战，因此，我国发展绿色建筑的比较优势更为明显。

（3）绿色建筑技术相对成熟　欧盟学者针对 80 项减少建筑温室气体排放技术的调查结果表明，就投入和节能效益而言，高能效照明技术是几乎所有国家建筑物温室气体减排最有效的措施之一。就节能量而言，改进寒冷气候区的隔热和分区供暖系统，实行分户供暖计量，在温暖气候区提高制冷和通风能效，注重遮阳、自然通风、隔热措施，以及改进发展中国家炊事炉灶等，均是有效的节能措施；高能效比的设备、太阳能热水装置、节能型家用电器和能源管理体系等，均是成熟的建筑节能技术。从“十五”开始，我国就组织实施了“绿色建筑关键技术研究”“城镇人居环境改善与保障关键技术研究”等国家科技支撑计划项目，在节能、节水、节地、节材和建筑环境改善等方面取得了一大批研究成果，并在逐步推广中产生了良好的效果。

（4）我国传统建筑文化有利于推行绿色建筑　我国从南到北，有一大批与地域气候相适应的建筑，如安徽的民居、陕西的窑洞，都具有巧妙利用通风、浅层地热能实现冬暖夏凉的特征。南方的一些园林建筑，更是师法自然、尊重自然的生态建筑。我国园林在形态上是自然的缩影、建筑物的延伸，园林在建筑中，建筑在园林中，是共生的：四面的墙上爬满了藤蔓，遮挡了烈日；正厅外开辟了花园、草坪，南侧种了落叶型的树木，冬天落叶后阳光可照射进来，夏天树叶长出来又能遮阳。这样的设计非常巧妙，既赏心悦目，又调节气候。所以，我国的建筑文化传统为绿色建筑的发展奠定了很好的基础。

11.2.2 我国绿色建筑发展面临的困难和问题

（1）对绿色建筑的认识存在偏差 社会上对绿色建筑的认识有误区，存在“绿色建筑就是高科技、高成本建筑”的观点，限制了绿色建筑的普及和推广。一些地方政府未将绿色建筑工作放到转变城乡建设模式和改善民生的战略高度来认识，缺乏紧迫感和主动性。多数建筑师、规划师对绿色建筑的内涵不够熟悉；开发商对投资开发绿色建筑的市场回报预期不清楚，影响项目决策；消费者对绿色建筑的效果体会不深刻，影响市场需求。对如何推进绿色建筑的发展尚未形成统一认识，存在不良现象。有的不考虑国情差异，盲目应用西方发达国家的绿色建筑评价标准；有的不从建筑全寿命周期来综合考虑，盲目堆砌一些高新技术。

（2）绿色建筑标准体系不完善 现行绿色建筑评价标准的覆盖面不足，部分指标设置不尽合理；绿色建筑涉及的环节和学科多，虽然各专业学科已经形成了各自的标准体系，但相互缺乏有机协同；绿色建筑的工程建设标准大多集中在评价方面，设计、施工与验收、运行维护等方面的技术标准与评价标准配套性不强，相关工程标准缺项，尤其缺乏了绿色建筑相关的工程定额标准，难以有效引导和约束绿色建筑实践工作。

（3）绿色建筑法规制度不健全 我国绿色建筑法规制度体系的系统性不足，特别是建筑法、能源法、节约能源法等没有明确绿色建筑的定位，绿色建筑的上位法缺乏。绿色建筑从规划、设计、施工、运行、拆除的全寿命周期建设管理制度尚未建立，政府对绿色建筑的行政监管力度还较弱，尤其是在大规模发展绿色建筑背景下如何实现绿色建筑的质量监管是亟须解决的问题。已有的监管制度，对节能非常重视，但对节水、节材、节地和环境保护方面重视不够；对建筑设计、施工比较重视，但对建筑材料质量监管、建筑运营维护以及建筑拆除、垃圾回收利用等方面重视不够。

（4）发展绿色建筑的激励政策不足 推动绿色建筑发展的财政、税收、金融等经济激励政策不健全，相关主体发展绿色建筑的内生动力不足。虽有一些与建筑节能、节水、环保等相关的财税激励政策，但还没有专门针对绿色建筑的税收、金融优惠政策。房地产开发商开发绿色建筑在土地获取、项目审批、融资等方面还没有激励措施；消费者购买绿色建筑尚缺乏鼓励措施，市场需求拉动不足；现行的绿色建筑设计取费标准偏低，影响设计者积极性。

（5）技术支撑能力不强 绿色建筑基础研究薄弱，绿色建筑重点和难点技术尚待突破，尚未形成符合地域特色和建筑功能的适宜技术体系。绿色建筑咨询、规划、设计、建设、评估、测评等专业人才和机构不足。绿色建材发展缓慢，建材与建筑产业融合度偏低，各类建材产品质量良莠不齐；建筑工业化刚刚起步，产业支撑能力不强。

11.2.3 绿色建筑的发展对策

（1）完善绿色建筑法规体系 完善《节约能源法》《可再生能源法》《民用建筑节能条例》等法律法规的配套措施，提出推进绿色建筑的各项法律要求，建立规划设计阶段的绿色建筑专项审查制度、竣工验收阶段的绿色建筑专项验收制度等；修订《建筑法》，建立符合绿色建筑标准要求的部品材料及设备的市场准入制度，促进建设行业绿色转型；指导各地健全绿色建筑地方性法规，建立符合地方特点的推进绿色建筑的法规体系。

（2）构建全寿命周期的标准体系 修订《绿色建筑评价标准》《绿色建筑技术导则》等标准规范，完善绿色建筑规划、设计、施工、监理、监测、竣工验收、维护、使用、拆除等各环节的标准；建立既有建筑的绿色改造评价标准体系；修订《夏热冬暖地区居住建筑节能设计标准》，提出绿色建筑技术要求，率先在夏热冬暖地区实现推广绿色建筑的突破；指导各省级住房和城乡建设部门编制绿色建筑标准规范、施工图集、工法等。

（3）出台强制推广与激励先进相结合的绿色建筑政策　以政府投资的建筑为突破口，包括保障性住房、廉租房、公益性学校、医院、博物馆等建筑，规定必须达到绿色建筑标准要求，起到引领示范作用；在部分有积极性、有工作基础的地方试点，强制推广绿色建筑标准，要求新开发的城市新区新建建筑必须全部满足绿色建筑技术标准要求，将发展绿色建筑纳入各级政府节能减排考核体系；大力推进供暖计量收费制度，加快供暖体制改革；研究出台绿色建筑财税激励政策，制定财政资金扶持鼓励绿色生态小城镇与绿色生态示范城区建设的实施方案，研究鼓励绿色建筑发展的税收优惠政策。

（4）进一步扩大绿色建筑示范　争取利用中央财政资金的引导作用，组织实施绿色建筑相关的示范工程。一是单体绿色建筑的示范，组织实施“低能耗建筑与绿色建筑”“农村农房节能改造”“农村中小学可再生能源建筑应用”等示范；二是城区或小城镇的区域性示范，开展“可再生能源建筑应用城市”“低碳生态城（区）建设”“园林城市”等示范；三是单项技术的应用示范，如“太阳能屋顶计划”“新型节能材料与结构体系应用”等示范。

（5）研究完善绿色建筑产品技术支持体系　编制《绿色建筑技术产品推广目录》，建立健全绿色建筑科技成果推广应用机制，加快成果转化，支撑绿色建筑发展；组织绿色建筑技术研究，在绿色建筑共性关键技术、技术集成创新等领域取得突破，引导发展适合国情且具有自主知识产权的绿色建筑新材料、新技术、新体系。加强国际合作，积极引进、消化、吸收国际先进理念和技术，增强自主创新能力。

（6）大力推进绿色建筑相关产业及服务业发展　建设绿色建筑材料、产品、设备产业化基地，形成与之相应的市场环境、投融资机制，带动绿色建材、节能环保和可再生能源等产业的发展；培育和扶持绿色建筑服务业的发展，加强人员队伍培训，建立从业人员的资格认证制度，推行绿色建筑检测、评价认证制度。

（7）提升全社会对绿色建筑的认识　建立绿色建筑理念传播、新技术新产品展示、教育培训基地，宣传绿色建筑的理论基础、设计理念和技术策略，促进绿色建筑的推广应用；利用报纸、电视、网络等媒体普及绿色建筑知识，提高人们对绿色建筑的正确认识，树立节约意识和正确的消费观，形成良好的社会氛围。

11.3　绿色建筑技术体系

11.3.1　节地与室外环境

节地首先取决于对土地资源的科学合理规划、城区土地的合理控制；其次是农村住宅的适度集中和土地资源的有效流转。开发企业对所获得土地要进行最优化设计、规划及建造，使土地利用率达到最高效率，建筑物与周围环境和谐共生，不会影响当地的风土文化，建造环境友好型建筑。具体的节地措施包括以下几方面内容：

1）根据当地的地理位置、气候条件、地表状况等合理规划当地的土地使用格局，对当地的文化遗产、古迹等没有破坏性的影响，合理利用适宜本地区生长条件的植被进行绿化，增加绿化率。

2）分析当地的日照时间及日照强度，合理布置建筑物的外形及高度；适当增加非南北朝向的建筑物来提高容积率；利用坡屋面及退台屋面缩短住宅间距；减少公共建筑土地使用面积及建筑物之间的间距来增加空间容积量。

3）合理利用地下空间，增设停车场、地下健身房等来提高土地使用效率。

11.3.2 节能与能源利用

节能与能源利用的主要方面是指降低建筑物的能耗，提高能源的利用效率，以及采用可再生能源。建筑能耗在我国能源消耗总量中占据很大的比例，如何降低建筑业的能源消耗是实现我国可持续发展急需解决的问题。以下从四个方面介绍节能措施。

1）优化能源供给系统，比如区域能源供暖系统、集中供暖系统、余热回收利用系统、热电冷联供系统等。

2）优化建筑构造系统，如应用墙体保温材料来减少建筑维护结构的能耗，采用节能门窗从而减少由门窗冷风渗透而增加的额外能耗，楼板地面材料采用具有相变储能功能的地板，以及根据温度变化而实现蓄热及散热的屋面等。

3）优化建筑设备系统，比如采用节能灯具等降低照明能耗；室内提供冷量及热量的末端装置可以根据室内外温度的变化自动调节冷热量的输出；应用室内智能控制体系，根据住户需要调节各类设备的启停，为人类提供舒适的生活环境。

4）优化运行管理系统，分户计量技术、分室控制技术、分时节电技术的“三分技术”最大限度地达到节能的目的。

11.3.3 节水与水资源利用

地球表面被70%的海洋所覆盖，但是可以使用的淡水资源却非常稀少，因此，节水与水资源利用是实现绿色建筑重要的技术组成部分。以下从优化建筑供水系统、使用节水及计量设备、扩大再生水的使用三个方面介绍节水策略。

(1) 优化建筑供水系统　采取有效措施避免管网漏损，管网中使用密闭性良好、耐腐蚀的阀门管件，提高管网使用年限；分段设置可关断阀门及计量设备，以便在实际运行时可以较快诊断管网漏损现象，避免水资源的不必要浪费。

(2) 使用节水及计量设备　根据具体情况，设置生活用水定额。对于民用建筑，推广使用节水马桶、节水淋浴喷头设施等节水器具，设置居民生活用水定额，分段计费；对于公共建筑，根据建筑物的不同使用功能设置用水定额，在满足使用功能的基础上推广使用节水器具。室外绿化采用滴灌、喷洒技术，有效利用雨水进行浇灌，提高喷水效率，减少大面积水资源浪费现象。

(3) 扩大再生水的使用　有效回收生活废水以及雨水等可再生利用的水资源，比如洗澡洗脸水、洗菜水等，经中水二次处理后回用于马桶冲洗、室外绿化等方面；设置储水设施，以便弥补高峰用水时用水短缺的现象。

11.3.4 节材与材料资源利用

建筑材料的正确选择及有效利用对于节能有长远的影响力。节材包括建筑结构、建筑施工以及废弃材料二次利用三方面的内容。以下是针对这三个方面的节材措施。

1）在建筑结构方面，优先使用节能环保的建筑材料，提高围护结构的保温、抗震强度，建筑结构中使用的保温材料要具有环保、耐腐蚀、性能高等特点。

2）在建筑施工过程中，遵循“土建装修一体化”的设计理念，减少后期装修阶段对建筑布局的拆改；推广进行整体厨卫设计，提高全装修在建筑业的应用。

3）对于施工过程中产生的废弃材料，经二次处理后得到新的住宅产品，提高资源的循环使用效率，有利于自然环境的可持续发展。①推广利用工业废渣、粉煤灰等生产的砌块和水泥制品；②推广利用稻草、麦秸生产的轻质墙板；③推广利用回收废弃塑料制品生产的保温材料和建筑构件；④推广利用废木屑压合生产的成品板材。

11.3.5　环境保护

居住环境保护应遵循以人为本的原则、生态原则、地域性原则、经济性原则、历史性原则和社会性原则。通过应用先进的环保技术实现人与自然、人与环境、人与社会的和谐。以下从室外居住环境、室内居住环境两个方面介绍环境保护的措施。

1）室外居住环境是人类进行公共生活的场所，室外绿化有助于降低空气中的污染物浓度，降低粉尘、噪声等对人类生活的影响；保护公共环境的卫生，定期定点对居住环境周围的垃圾进行清理，室外公共设施要有必要的消毒及安全措施；居住环境周围要种植适宜的花草树木，起到隔绝噪声、美化环境的作用，并且可以有效降低城市热岛效应。

2）室内装修时要选择环保、无有害物质的装饰装修材料，避免劣质装修材料散发的有害气体影响人体健康；尽量采用自然通风的方式保持室内的适宜温度及湿度，改善室内空气质量；加强墙体、门窗的隔声，减少室外噪声对室内居住环境的影响。

11.4　绿色建筑评价标识体系

11.4.1　新版绿色建筑评价标准

住房和城乡建设部于 2014 年 4 月 15 日发布了第 408 号公告，批准《绿色建筑评价标准》（GB/T 50378—2014）为国家标准，并定于 2015 年 1 月 1 日起实施。《绿色建筑评价标准》（GB/T 50378—2006）同时废止。

《绿色建筑评价标准》（GB/T 50378—2014）是根据住房和城乡建设部《关于印发〈2011 年工程建设标准规范制订、修订计划〉的通知》（建标［2011］17 号）的要求，由中国建筑科学研究院和上海市建筑科学研究院（集团）有限公司会同有关单位在原国家标准《绿色建筑评价标准》（GB/T 50378—2006）的基础上进行修订完成的。其主要技术内容分为：总则、术语、基本规定、节地与室外环境、节能与能源利用、节水与水资源利用、节材与材料资源利用、室内环境质量、施工管理、运营管理、提高与创新 11 章。

11.4.2　新版绿色建筑评价标准与旧版绿色建筑评价标准的比较

新版《绿色建筑评价标准》的评价分为设计评价和运行评价两部分。设计评价应在建筑工程施工图设计文件审查通过后进行，运行评价应在建筑通过竣工验收并投入使用一年后进行。

新版绿色建筑评价指标体系由节地与室外环境、节能与能源利用、节水与水资源利用、节材与材料资源利用、室内环境质量、施工管理、运营管理 7 类指标组成。每类指标均包括控制项和评分项，评价指标体系还统一设置加分项。设计评价不对施工管理和运营管理两类指标进行评价，但可预评相关条文；运行评价应包括 7 项指标。

控制项为必须满足项，相应类别指标的评分项得分经加权计算后与加分项的附加得分之和为总得分。绿色建筑按其总得分确定评价等级。绿色建筑各类指标的权重见表 11-1。

表 11-1　绿色建筑各类评价指标的权重

		节地与室外环境	节能与能源利用	节水与水资源利用	节材与材料资源利用	室内环境质量	施工管理	运营管理
设计评价	居住建筑	0.21	0.24	0.20	0.17	0.18	—	—
	公共建筑	0.16	0.28	0.18	0.19	0.19	—	—
运行评价	居住建筑	0.17	0.19	0.16	0.14	0.14	0.10	0.10
	公共建筑	0.13	0.23	0.14	0.15	0.15	0.10	0.10

旧版《绿色建筑评价标准》不含“施工管理”这一项评价指标，且没有实行打分制，不涉及权重分值，它要求6项指标同时满足才可以参评。新版《绿色建筑评价标准》在不同建筑类型的适用性方面更加复杂，评价标准有主要与次要的区别。

此外，新版标准的适用范围由居住建筑和公共建筑中的办公建筑、商场建筑和旅馆建筑，扩展至各类民用建筑；明确多功能的综合性单体建筑的评价方式与等级确定方法；修改部分评价条文，并对所有评分项和加分项条文赋以评价分值。

11.4.3 我国绿色建筑评价标准与美国LEED认证的比较

LEED（Leadership in Energy and Environmental Design）是由民间自发组织的机构——美国绿色建筑委员会（US Green Building Council，USGBC）开发的绿色建筑评价体系，是国际上商业化运作最成功的标准。LEED的核心目的是通过协调多方利益追求共赢。我国《绿色建筑评价标准》是由我国住房和城乡建设部组织编写的，是通过政府组织、开发商自愿参与的形式引导绿色建筑在我国的发展。相比于LEED，我国《绿色建筑评价标准》在政策干预上具有优势，推行方式是从上而下，在市场驱动方面则不如LEED更具优势。

LEED的评估对象为新建或重大改建的项目，而我国的绿色建筑市场处于起步阶段，评估对象是大量住宅建筑和高耗能的一些公共建筑。LEED从最早开发的LEED-NC，逐步发展成为以LEED-NC为核心，包含7个旗下品牌的庞大家族，这7种品牌涵盖了美国建筑市场上的绝大多数建筑类型；我国《绿色建筑评价标准》涵盖对象比较少，划分不细致，还需进一步改善。

LEED所包含的可持续场地、水资源利用效率、能源与大气、材料与资源利用及室内环境质量这5类评价指标与《绿色建筑评价标准》中节地与室外环境、节水与水资源利用、节能与能源利用、节材与材料资源利用、室内环境质量这5类评价指标具有很多相似的条款。LEED包含设计与创新这项评价指标，而《绿色建筑评价标准》通过每一项指标中的优选项体现创新。针对美国地域、气候、资源等条件的差别，LEED设置了地域优先这项指标；《绿色建筑评价标准》通过一些条目不能参评来体现地域的差别。

LEED是通过参评建筑的各类评价指标的总得分确定最终评价等级，这样，即使参评建筑某一项指标不能满足，也可以通过满足其他项指标而提高总分值，获得绿色建筑的评级；我国《绿色建筑评价标准》要求参评建筑要同时满足7类指标的最低标准，相应类别指标的评分项得分经加权计算后与加分项的附加得分之和为总得分，根据总得分确定参评建筑的评价等级。《绿色建筑评价标准》的严苛性不利于更多的建筑参与到绿色建筑实践中，但是这样的设置条件也在一定程度上避免参评者有意避开较难的得分项，选择相对容易的得分项来满足参评分数，从而保证每类指标的均好性。

从图11-1中可以看出，LEED在权重分配时能源与大气以及可持续场地放面所占权重较大，体现了全球节能减排大环境下LEED所做出的回应以及对可持续场地的重视；《绿色建筑评价标准》整体的权重分配较为均等，并未体现出对某类指标的侧重。

从LEED的成功经验中可以看出，评价标准并不应当仅仅起到评价作用，它更应该在政策导向、提高公众参与、商业运作以及与相关法规标准结合方面做出贡献。对《绿色建筑评价标准》结构体系进行优化的最终目的是希望其形成一个更为开放和适应能力更强的评价系统，实现从评价型向引导型转变，使更多的团体和个人能够参与进来，有效发挥其品牌价值，从而使绿色建筑的市场价值得到不断提升。因此，仅仅对《绿色建筑评价标准》结构体系的优化是不够的，绿色建筑评价工作涉及制度、市场和技术等方面，需要不同社会力量的密切合作和有效结合，而在这中间应当充分发挥市场的积极作用。实践证明，只有不同利益团体均从中收益时，才能真正有效地推进建筑市场向绿色转型。

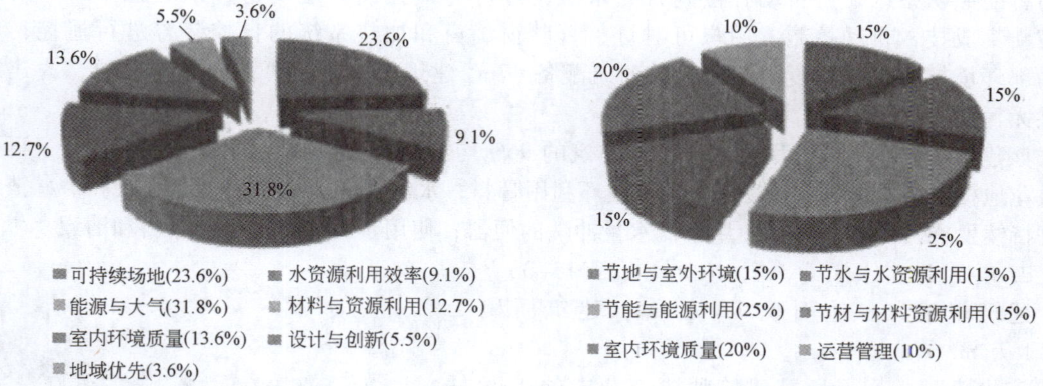

a) LEED 权重分配　　　b)《绿色建筑评价标准》权重分配

图 11-1　LEED 与《绿色建筑评价标准》中各类评价指标的权重设置

11.5　绿色建筑杰出案例

11.5.1　国际绿色建筑发展优秀案例

1. 英国 BRE 绿色环境楼（图 11-2）

图 11-2　英国 BRE 绿色环境楼

英国 BRE 绿色环境楼为三层框架结构，建筑面积达 6000m^2，其设计新颖，环境健康舒适，不仅提供了低能耗舒适健康的办公场所，而且用作评定各种新颖绿色建筑技术的大规模试验设施。它每年能耗和二氧化碳排放性能指标为：燃气 47kW · h/m^2；用电 36kW · h/m^2；二氧化碳排放量 34kg/m^2。

该大楼最大限度地利用日光，南面采用活动式百叶窗，减少阳光直接射入，既控制眩光又让日光进入，并可外视景观。采用自然通风，尽量减少使用风机。采用新颖的空腔楼板使建筑物空间布局灵活，又不会阻挡天然通风的通路。顶层屋面板外露，避免使用空调。白天屋面板吸热，夜晚通风冷却。埋置在地板下的管道利用地下水进一步帮助冷却。安装综合有效的智能照明系统，可自动补偿到日光水准，各灯分开控制。建筑物各系统运作均采用计算机最新集成技术自动控制。用户可对灯、百叶窗、窗和加热系统的自控装置进行遥控，从而对局部环境拥有较高程度的控制。该建筑配备 $47m^2$ 建筑用太阳能薄膜非晶硅电池，为建筑物提供无污染电力。

该建筑还使用了8万块再生砖；老建筑的96%均加以再生产或再循环利用；使用了再生红木拼花地板；90%的现浇混凝土使用再循环利用骨料；水泥拌和料中使用细磨粒状高炉矿渣；取自可持续发展资源的木材；使用了低水量冲洗的便器；使用了对环境无害的涂料和清漆。

2. 英国诺丁汉大学朱比丽分校（图11-3）

建筑规模：占地面积12万 m^2，建筑面积414.1万 m^2。

获奖情况：英国皇家建筑师协会杂志的年度可持续性奖。

建筑功能：信息中心、教学中心、服务中心。

图11-3 英国诺丁汉大学朱比丽分校

基地策略：基地环境的整体组织与利用是这一项目的首要考虑，因其决定着建筑小环境的质量及与其大环境的关系协调。霍普金斯的设计重点是 $13000m^2$ 的线形人工湖，使其成为有机的缓冲体，将新建筑与郊区住宅连接起来，对于整个城市则成为一新的“绿肺”。在这一水体的设计上，人工化被尽量避免，而试图营造一种人工的自然平衡；通过建筑边缘的水渠对雨水进行自然的回收利用；通过培养水生动植物去带动水体的生态循环，从而减少人工保养费用等，另外，通过沿湖廊道的设置，自然地将人工环境与自然环境衔接起来，互相渗透。

在考虑优化朝向与视野的基础上，主要的教学建筑朝向西南主导风方向，以获得最大的对风源与日照的利用；同时，通过中庭的设置，在建筑内形成“风道”。夏季时，主导风经过湖面得到自然的冷却；在冬季时，靠近住宅区的树林则成为有效的风屏障。

采光策略：采光是影响人工环境的一项重要指标，可以将其分为人工照明和自然采光两种方式。采光的低能耗策略就是在人工照明与自然采光之间形成一种平衡，即尽量减少人工照明，而充分利用自然光。在这一策略的引导下，朱比丽校园主要教学建筑的内部被安置了被动式红外线移动探测器和日照传感器，并由智能照明中央系统统一控制。在充分利用天然日照的同时，也要对其进行有效的控制。为了避免日照直射形成室内眩光，朱比丽校园主要教学建筑的外立面窗口上不但安装了水平的木百叶，而且每片百叶的上部被漆成白色以增强光线的反射。这些外百叶与窗内百叶共同起到光栅的作用，将光线充分、均匀地导入室内深处。此外，在朝向西南夏季主日照面的窗口上被装置了可拆卸的临时性遮阳帆布，用以防止夏季时因过多获得直接日照所产生的室内过热，从而避免不必要的制冷能耗。

通风策略：对于自然风的利用是体现可持续性与生态设计的另一重要方面。有效的自然通风可以创造一种清新自然的人工环境，同时减少依靠机械通风的能耗。朱比丽校园设计所采用的通风策略可以称为热回收低压机械式自然通风，它是一种混合系统，即在充分利用自然通风的基础上辅以有效的机械通风装置。

系统运作：这一系统的运作或气流的组织可以理解为“穿越式”和“机械低压式”两种的混合。所谓“穿越式”就是通过建筑窗口的设置形成穿堂风，这一点充分体现在中庭的设计上：在室外和气候状态下，气流在凹进的中厅入口的引导下，经过大门上部开启的玻璃百叶进入到中厅内，再经过中庭另一端屋顶上部的玻璃百叶排出，从而利用开口的高差形成有效的穿越。

所谓“机械低压式”，就是在机械的辅助下，充分利用“烟囱效应”在建筑内部形成自然风循环，这尤其适用于酷热或寒冬气候条件下，当建筑窗口关闭时，其循环路径为：新鲜的空气通过处于风塔上部的机械抽风和热回收装置被引入到风道中，然后进入到各层楼板的夹层空间，进而在楼板低压发散装置的辅助下进入到室内；而废气的排出是通过走道和楼梯间的低压抽风作用，最终又回到风塔上部，再经过热回收或蒸发冷却装置，通过风斗排出。

其他策略：首先，在保温隔热的处理上，使用了暴露的强化混凝土柱和梁腹，以充分利用其良好的蓄热性；同时在建筑屋顶处使用了人工覆土，以减少屋顶的热损失。另外，建筑的外墙被覆以红杉木板条，除了具有良好的蓄热性外，在中庭内部还起到吸声作用；也许更为重要的是，通过对这一材料的使用，创造了一种充满自然特性的环境感受（随着气候的变化，木材的色彩会发生变化）。还有，校园提供了600个可以锁铐的自行车位，以鼓励学生使用更为环保的自行车系统。

11.5.2 我国绿色建筑发展优秀案例

1. 深圳万科中心（图11-4）

图11-4 深圳万科中心

可持续发展是全世界的发展主题，万科中心通过对总体规划和建筑单体设计，利用自然技术、本地绿色建筑材料等低成本、低投入方式平衡和保护周边生态系统，节约能源，同时保证办公使用者的身心健康和舒适性。

可持续选址：万科中心位于大梅沙度假村，附近拥有便利的交通系统；提倡使用减排汽车，为低排放汽车提供优先泊位；地下有淋浴设施，大大方便员工的生活；下沉庭院、水系、绿地、山丘的完美组合形成丰富的立体景观，使空间最大化开放；抬高建筑设计使地面空间完全释放，留给大地最大的景观空间，并可以加强风的对流，营造局部良好的微气候环境；丰富的外来和本地物种的种植，使得整个中心常年青翠，清幽怡人；独特的结合太阳能光电系统的屋顶花园设计不仅扩大视野、美化环境，同时降低顶层太阳得热，也减轻热岛效应，达到了和谐与经济的双重效益。

节约水资源：建筑内部采取目前先进的节水器具及节水方法进行节水；在室外空间，尽量采用渗水铺装路面以加强雨水渗透，种植本地树种，利用各种与景观相结合的措施，如植被浅沟、渗透沟渠、生物滞留等方式减低雨水冲刷，保持当地水土环境的同时又减少灌溉用水；整个项目中采用了全面的雨水回收系统，将屋面和露水雨水收集处理，并蓄积在水景池内，回用于绿化和补充景观水池水量的损失；为进一步提高水资源的利用，本项目将所产生的中水和污水全部回收，通过人工湿地进行生物降解处理，以用作本地灌溉及清洗等其他用途。

能源与大气：设计采用大面积玻璃以获得充足的日照阳光，同时，为了避免由于这种设计产生过多的太阳得热，以及冬季里的眩光现象，设计在采用通常使用的低辐射、高透光玻璃的同时，配以创新式的、能够自动调节的外遮阳系统；在采用新型围护结构系统减少能耗的同时，采用高效节能的系统，如蓄冰空调系统、地板送风系统、新风热回收系统等；该建筑中还应用了太阳能热水以及光伏电系统；在建筑细节方面注重节能，如广泛采用日光照明、高效率的照明灯具以及感应灯、工作灯等的运用，可为大楼节约大量照明电力。

材料与资源：尽量使用本地资源，大大减少材料运送过程中的能源消耗；使用回收修复或再用的材料产品和装饰材料如钢材、飞灰水泥、梁柱、地板、壁板、门和框架、壁柜、家具等材料，降低对新材料的需求，减少废弃物的产生，同时降低建筑成本、节约能源并减少新材料生产过程所产生的环境影响；为了减少对不可再生材料的使用，施工中采用大量可再生材料、快生木材以及获得国际森林管理委员会认证的木材；施工中有专门的管理小组，制订建筑施工废弃物管理计划，制订材料分离的量化目标，回收、抢救建筑拆除和场地清理产生的废弃物，开辟专门的空间，用于回收废弃物，并要求按照类别分别进行回收。

室内环境品质：在万科中心的设计中，设计专门的吸烟室以及配套的排烟系统，很好地控制烟气，保证室内的环境具有良好的空气素质；在办公设计时通风量增加30%，保证室内空气的清新；室内装修严格选用低放射物质；内部的热环境尽量满足人体舒适度的要求，从温度、湿度、自然采光及视野等几方面均达到舒适的要求，可调节地板送风系统可根据不同需求调整送风的温度和速度，提供优质的个人微环境；大部分常用空间采用日光照明，提升人员工作效率；所有常用空间设置开阔的视野，可以在工作的同时享受室外美景。

2. 上海国际航运服务中心（图11-5）

上海国际航运服务中心是全国首个同步完成绿标三星、LEED、BREEAM三项高等级绿色认证的项目，被誉为亚洲最大规模的绿色建筑商办楼群，该项目采用了包括集中式能源中心、双层玻璃幕墙、地板送风、地道新风降温、挖入式游艇港池、中庭采光、地下空间整体性开发、地下自然通风和采光、废水综合处理、雨水收集和循环利用、建筑智能化等多项绿色技术。

图11-5 上海国际航运服务中心

11.6 绿色建筑政策

2012年4月，财政部和住建部（住房和城乡建设部）联合颁发167号文件《关于加快推动我国绿色建筑发展的实施意见》。内容涉及充分认识绿色建筑发展的重要意义；推动绿色建筑发展的主要目标与基本规则；建立健全绿色建筑标准规范及评价标识体系，引导绿色建筑健康发展；建立高星级绿色建筑财政政策激励机制，引导更高水平绿色建筑建设；推动绿色建筑生态城区建设，规模化发展绿色建筑；引导保障性住房及公益性行业优先发展绿色建筑，使绿色建筑更多地惠及民生；大力推进绿色建筑科技进步及产业发展，切实加强绿色建筑综合能力建设等几个方面。指出推进绿色建筑发展的基本原则是因地制宜，经济适用，合理制订地区绿色建筑发展规划和技术路线，建立健全地区绿色建筑标准体系；整体推进，突出重点；合理分级，分类指导；激励引导，规范约束。

11.6.1 绿色建筑发展的强制性政策

为贯彻落实国家《绿色建筑行动方案》提出的强制性要求，住房和城乡建设部于2012年4月3日发布了《“十二五”绿色建筑和绿色生态城区发展规划》（建科〔2013〕53号），进一步明确要求政府投资的党政机关、学校、医院、博物馆、科技馆、体育馆等建筑，直辖市、计划单列市及省会城市建设的保障性住房，以及单体建筑面积超过 2 万 m^2 的机场、车站、宾馆、饭店、商场、写字楼等大型公共建筑，2014 年起率先执行绿色建筑标准，并提出 2015 年起直辖市及东部沿海省市城镇的新建房地产项目力争 50%以上达到绿色建筑标准。住房和城乡建设部于 2013 年 12 月 16 日发布了《住房和城乡建设部关于保障性住房实施绿色建筑行动的通知》（建办〔2013〕185 号），要求自 2014 年及以后新立项、集中兴建且规模在 2 万 m^2 以上的公共租赁住房（含并轨后的廉租房），应当率先实施绿色建筑行动，至少达到绿色建筑一星级标准。该文件提出了绿色保障性住房的实施机制，结合编制的《绿色保障性住房技术导则（试行）》明确了设计单位、施工图审查机构、施工单位、竣工验收部门等的主体责任，提出竣工验收合格的绿色保障性住房可以认定为一星级绿色建筑，不再进行专门评价。

此外，22 个省市、自治区、直辖市和新疆生产建设兵团结合地方实际情况，在地方编制的绿色建筑实施方案中针对政府投资建筑、大型公共建筑、公益性建筑、保障性住房直至全部新建建筑提出了强制性要求，大多要求与国家《绿色建筑行动方案》提出的要求一致。其中，江苏省提出 2015 年城镇新建建筑全面按一星级及以上绿建标准设计建造；北京市人民政府办公厅在发布的《发展绿色建筑推动生态城市建设实施方案》（京政办发〔2013〕25 号）中要求北京市 2013 年 6 月 1 日起新建项目基本达到绿色建筑一星级以上标准；重庆市要求 2013 年起主城区公共建筑率先执行一星级绿色建筑标准，2015 年起主城区新建居住建筑和其他区县（自治县）城市规划区新建公共建筑执行一星级国家绿色建筑评价标准，2020 年全市城镇新建建筑全面执行一星级国家绿色建筑评价标准。

在强制实施绿色建筑的探索与实践方面，北京市和江苏省通过编制绿色建筑设计标准和施工图审查要点，将绿色建筑相关内容纳入施工图审查加以强制；重庆市将绿色建筑要求纳入建筑节能标准进行强制实施；武汉市通过编制绿色建筑基本技术规定，将一星级绿色建筑强制要求纳入工程建设管理程序进行强制，明确了国土规划、建设、园林、环保、房管等部门的责任，建立了涵盖土地审批、规划、设计、施工图审查、施工、竣工验收、运营管理等阶段全过程监管制度。长沙市、上海市、深圳市等正在结合地方实际情况开展强制推行绿色建筑实施方案的研究工作。

11.6.2　绿色建筑发展的激励性政策

国家《绿色建筑行动方案》要求对达到国家绿色建筑评价标准二星级及以上的建筑给予财政资金奖励；要求相关部门研究制定税收方面的优惠政策，鼓励房地产开发商建设绿色建筑，引导消费者购买绿色住宅。要求相关部门研究制定促进绿色建筑发展在土地转让方面的政策以及容积率奖励方面的政策；要求改进和完善对绿色建筑的金融服务，可对购买绿色住宅的消费者在购房贷款利率上给予适当优惠。财政部、住房和城乡建设部于 2012 年 4 月 27 日即发布了《关于加快推动我国绿色建筑发展的实施意见》（材建〔2012〕167 号），提出对经过审核、备案及公示程序，且满足相关标准要求的二星级及以上的绿色建筑给予奖励，奖励标准为二星级绿色建筑 45 元/m^2，三星级绿色建筑 80 元/m^2。

根据国家《绿色建筑行动方案》的要求，各地结合地方实际情况，出台了推进绿色建筑发展的激励政策。其中，山东省、江苏省、北京市、陕西省、上海市出台了财政激励政策，山东省明确对获得“设计标识”后可获相应星级 30%奖金，竣工后经现场核实与设计一致的可再获相应星级 30%奖金，获得“绿色建筑评价标识”后获剩余 40%奖金；江苏省对获得绿色建筑运行标识的项目，在设计标识奖励基础上增加奖励；陕西省明确对公益性建筑、商业性公共建筑、保障性住房等，奖励资金兑付给建设单位或投资方，对商业性住宅项目，奖励资金 30%兑付给建设单位或投资方，70%兑付给购房者；青海省、海南省和内蒙古自治区提出返还城市配套费的激励政策；安徽省提出金融机构对绿色建筑的消费贷款利率和开发贷款利率下浮的激励政策。此外，诸多省市提出对行政审批程序简化、建筑奖项优先参评、企业评级加分、表彰奖励等激励措施，充分调动各方建设绿色建筑的积极性。

思考题

1. 绿色公共建筑节能与能源应用评价优选哪些主要能源？
2. 申报公共建筑的绿色建筑设计评价标识时，需提供哪些资料？
3. 申报绿色建筑评价标识时，为评定节地与室外环境的分值，需提供哪些资料？
4. 属于绿色公共建筑运营管理评价的主要控制项是什么？
5. 绿色建筑一般采用的节水方案包括哪些内容？
6. 绿色建筑的直接增量效益是指哪些内容？
7. 冬暖夏热地区某东南方向狭长的住宅建设用地，东面临山，其他方向地势开阔平坦，常年东南方向环境风，此地块拟建高容积率高层住宅小区，基于通风优化设计的考虑，设计过程中的要点和方式有哪些？

参考文献

[1] 中建建筑承包公司. 绿色建筑概论 [J]. 建筑学报，2002 (7)：16-18.

[2] 薛明，胡望社，杜磊磊. 绿色建筑发展现状及其在我国的应用探讨 [J]. 后勤工程学院学报，2009，25 (3)：24-27.

[3] 李百战. 绿色建筑概论 [M]. 北京：化学工业出版社，2007.

[4] 施骞，徐莉燕. 绿色建筑评价体系分析 [J]. 同济大学学报：自然科学版，2007，18 (2)：112-117.

[5] 林宪德. 绿色建筑 [M]. 北京：中国建筑工业出版社，2007.

[6] 黄宇鹏. 美国绿色建筑评级体系的发展策略 [J]. 智能建筑，2007 (5)：21-25.

[7] 仇保兴. 我国绿色建筑发展前景及对策建议 [J]. 建设科技，2011 (6)：10-12.

[8] 张建国，谷立静. 我国绿色建筑发展现状、挑战及政策建议 [J]. 中国能源，2012，34 (12)：19-24.

[9] 孙克放. 节能省地型住宅"四节一环保"技术体系"要点 [J]. 建设科技，2007 (5)：80-81.

[10] 中华人民共和国住房和城乡建设部. GB/T 50378—2014 绿色建筑评价标准 [S]. 北京：中国建筑工业出版社，2015.

[11] 叶凌. 国家标准 GB/T 50378—2014《绿色建筑评价标准》将于 2015 年起实施 [J]. 建筑科学，2014 (6)：92-92.

[12] 田蕾. 建筑环境性能综合评价体系研究 [M]. 南京：东南大学出版社，2007.

[13] 李涛，刘丛红. LEED 与《绿色建筑评价标准》结构体系对比研究 [J]. 建筑学报，2011 (3)：75-78.

[14] 马欣伯，宫玮，宋凌. 2013 年度我国绿色建筑政策总汇 [J]. 建设科技，2014 (6)：36-44.

第 12 章 建筑节能经济评价

12

能源费用是商用建筑经营管理单位每年最大的支出，仅次于人力资源费。因此无论对哪家单位，建筑能效管理的主要目的之一都是降低建筑物的运行成本，节支增效。

12.1 建筑节能技术经济分析

12.1.1 收益和成本，资金的时间价值

一般而言，业主或设施管理人员想要投资一个建筑节能的项目，总是期望收益能大于成本，自己的投入能够在尽可能短的时间内回收。建筑节能项目潜在的收益包括：

1）能源费用的节省。

2）减小耗能设备的容量从而降低设备投资。

3）减少耗能设备的维护费用。

4）减少运行管理人员从而降低劳动力开支。

5）改善室内环境品质从而提高业主经营的效益。

6）销售回收的能量得到的额外收入。

7）降低环境污染。

但是，在占用一笔资金（本金）作为建筑节能的投入时，必须为使用这笔资金付出一定的代价，这就是利息。占用资金的时间越长，付出的利息就越多。因此，利息就是资金的时间价值。

$$F_n = P + I_n \tag{12-1}$$

式中 F_n——本利和；

P——本金；

I_n——利息；

n——计算利息的周期数。

利息通常根据利率来计算。利率是在一个计息周期内得到的利息与本金之比，用 i 表示

$$i = \frac{I_1}{p} \times 100\% \tag{12-2}$$

式中 I_1——在一个计息周期内的利息。

在建筑节能技术经济分析中，往往要对项目整个寿命周期内的全部支出和全部收益进行评价。这时，必须要考虑资金的时间价值，而不是简单地把不同时间发生的收支资金相加或相减。要用到资金等值计算公式。

（1）一次支付终值公式

$$F = P(1+i)^n \tag{12-3}$$

所谓一次支付，就是所有现金流在一个时间点上一次发生。比如，为了完成一项节能改

造项目，向银行贷款 P，而在 n 年后连本（P）带息（i）一次还清，偿还的金额为 F。该式与计算复利的公式是一样的。把 P 称为现值；F 为终值；i 为折现率。

如果用函数形式表示就是

$$F=P(F/P,i\%,n)$$

括号内的部分称为一次支付终值系数，可以查表，自己计算其实也很容易。

（2）一次支付现值公式

$$P=F\left[\frac{1}{(1+i)^n}\right] \tag{12-4}$$

或

$$P=F(P/F,i\%,n)$$

这实际上是已知终值求现值的逆运算。括号内称为一次支付现值系数。

（3）等额分付终值公式

$$F=A\left[\frac{(1+i)^n-1}{i}\right] \tag{12-5}$$

也可以表述为

$$F=A(F/A,i\%,n)$$

所谓“等额分付”就是现金的流入和流出在多个时间点上发生，且数额是相等的。比如，物业管理公司每年等额存入一笔设备改造基金 A，在存款利率是 i 的条件下，第 n 年后可以得到一笔金额为 F 的基金。同样还有：

（4）等额分付现值公式

$$P=A\left[\frac{(1+i)^n-1}{i(1+i)^n}\right] \tag{12-6}$$

（5）等额分付偿债基金公式

$$A=F\left[\frac{i}{(1+i)^n-1}\right] \tag{12-7}$$

（6）等额分付资本回收公式

$$A=P\left[\frac{i(1+i)^n}{(1+i)^n-1}\right] \tag{12-8}$$

式（12-8）很重要。例如，为节能改造投入经费为 P，希望节能产生的效益能在 n 年内将投资回收，那么每年由节能所产生的成本节约不能小于 A。如果测算下来节约不到 A，那么这个节能改造在经济上就是不合理的。可以把括号内部分记作（A/P，$i\%$，n），称为资金回收系数。

这里传递了一个重要信息：一个节能项目不管它技术上有多么先进，但如果不能带来经济上的回报，或者节能的效益不能满足投资者的期望，那么这样的节能项目就不值得去做。

12.1.2 经济评价方法

如果不考虑资金的时间价值，可以用静态评价方法。一般而言，静态评价方法只能用于对节能方案的初期评价。而在做项目的可行性研究时，则必须采用考虑资金时间价值的动态评价方法。

（1）静态投资回收期 所谓投资回收期，就是用项目各年的净收入（各年的收入减去支出）将全部投资收回所需要的期限。静态投资回收期可根据式（12-9）计算。即

$$\sum_{i=0}^{T_p} \mathrm{NB}_t=\sum_{i=0}^{T_p}(B_t-C_t)=K \tag{12-9}$$

式中　K——投资总额；

B_t——第 t 年的收入；

C_t——第 t 年的支出（不包括投资）；

NB_t——第 t 年的净收入，$NB_t=B_t-C_t$；

T_p——投资回收期。

（2）静态投资收益率（回报率）　静态投资收益率是指项目在某一正常运行年份的净收益与投资总额的比值。其计算公式为

$$R=\frac{NB}{K} \tag{12-10}$$

如果 R 值小于预期回报率，则项目不可行。

（3）净现值　净现值是动态评价中最主要的指标之一。它把项目寿命周期内每年的现金流按一定折现率折现到同一时间点（通常是期初），在该点的现值累加值就是净现值。其计算公式为

$$NPV=\sum_{i=0}^{n}(CI_t-CO_t)(1+i_0)^{-t}=\sum_{i=0}^{n}(CI_t-K_t-CO'_t)(1+i_0)^{-t} \tag{12-11}$$

式中　NPV——净现值；

CI_t——第 t 年的现金流入量；

CO_t——第 t 年的现金流出量；

K_t——第 t 年的投资支出；

CO'_t——第 t 年除投资外的现金流出量，$CO'_t=CO_t-K_t$；

n——项目寿命年限；

i_0——基准折现率。

若 $NPV\geqslant 0$，则项目可行；若 $NPV<0$，则项目不可行。在多个方案中，NPV 越大越好。

基准折现率 i_0 又可称为目标收益率，是决策者对资金时间价值的估值。它由三部分组成

$$i_0=(1+r_1)(1+r_2)(1+r_3)-1 \tag{12-12}$$

r_1 被称为投资的机会成本，即这笔资金如果投资别的项目可能得到的盈利率。基准折现率不能低于机会成本，否则投资该项目就没有意义。机会成本中包含了向银行贷款所付的利息。

r_2 被称为年风险贴水率。由于在做可行性研究时无法预计项目执行期内投资环境、市场环境和项目采用的技术可能会发生的变化，如果有不利的变化就可能导致项目的收入减少，也就是存在一定的风险。为了补偿可能出现的风险，就要考虑一个适当的风险贴水率。也可在保险公司投保以转移风险。

r_3 即年通货膨胀率。

因为 r_1、r_2、r_3 都是很小的数，因此基准折现率可近似表达为

$$i_0=r_1+r_2+r_3$$

（4）净年值　净年值是指把项目的净现值 NPV 分摊到寿命周期内各年（从第 1 年到第 n 年）所得到的等额年值。其计算公式为

$$NAV=NPV(A/P,i_0\%,n)=\sum_{i=0}^{n}(CI_t-CO_t)(1+i_0)^{-t}(A/P,i_0\%,n) \tag{12-13}$$

式中　NAV——净年值；

$(A/P,\ i\%,\ n)$——资金回收系数。

若 $NAV\geqslant 0$，则项目可行；若 $NAV<0$，则项目不可行。

（5）费用现值与费用年值　如果比较多个方案，且各方案需要的投资额相同，或多个方

案均能满足同样需求，但产出效益无法用货币的价值形态来衡量（比如项目具有环保、教育等社会效益），可以用费用现值或费用年值来评价。

费用现值 PC 的计算公式为 $$PC=\sum_{i=0}^{n}CO_t(1+i_0)^{-t}\tag{12-14}$$

费用年值 AC 的计算公式为

$$AC=PC\left[\frac{i_0(1+i_0)^n}{(1+i_0)^n-1}\right]=\left[\sum_{i=0}^{n}CO_t(1+i_0)^{-t}\right]\left[\frac{i_0(1+i_0)^n}{(1+i_0)^n-1}\right]\tag{12-15}$$

在多个方案中，费用现值或费用年值最小的方案为最优。

(6) 内部收益率　内部收益率是指净现值为零时的折现率。它也是经济评价的一个重要指标。

解下述方程可以得到内部收益率 IRR。

$$NPV=\sum_{i=0}^{n}(CI_t-CO_t)(1+IRR)^{-t}=0\tag{12-16}$$

这是一个高次方程，通常只能用试算法来解。即假定两个折现率 i_1 和 i_2，$i_1<i_2$，分别计算出对应的NPV_1 和NPV_2，如果$NPV_1>0$，而$NPV_2<0$，则有

$$IRR=i_1+\frac{|NPV_1|}{|NPV_1|+|NPV_2|}(i_2-i_1)\tag{12-17}$$

如果 IRR 大于基准折现率 i_0，则项目可行。

(7) 动态投资回收期　用试算法解出下面的方程。

$$\sum_{i=0}^{T_p}(CI_t-CO_t)(1+i_0)^{-t}=0\tag{12-18}$$

得到 T_p 便是动态投资回收期（年）。

12.1.3 项目的寿命周期成本

所谓“寿命周期成本（Life Cycle Cost，LCC）”，是指建筑物或设备从设计、建造、使用直到拆毁的全过程的耗费。即产品“从摇篮到坟墓”的整个生命历程中的耗费。由于建筑物在建造过程中是在短时间内集中支出的，并且这些支出又会体现在售价或租金之中，因此建造成本（即初投资）容易引起人们的重视。而使用过程中的能耗、维护、运行管理等的支出往往是建造成本的数倍，但由于它是分散支出的，因此人们会忽视，造成很多建筑物（或产品）“买得起，用不起”。

表 12-1 就是一幢典型办公大楼的寿命周期成本各组成部分的比例。

因此，对于建筑管理者来说，要用价值工程的思想，对建筑物做寿命周期成本分析。而选用节能设备和加强能效管理是降低寿命周期成本的有效措施。

寿命周期成本计算公式实际就是在整个寿命周期里所有支出的净现值。其计算公式为

$$LCC=\sum_{i=0}^{n}CO_t(1+i_0)^{-t}\tag{12-19}$$

具体到建筑物中，就有

$$LCC=I+R_{epl}-R_{es}+E+W+OMR\tag{12-20}$$

式中　LCC——某一方案总寿命周期成本的净现值；

I——初投资的净现值；

R_{epl}——设备更新投资的净现值；

R_{es}——寿命周期结束时的残值的净现值；

E——能源费的净现值；

W——水费的净现值；

OMR——非燃料的运行、维护和修理费的净现值。

表 12-1　办公楼的寿命周期成本（LCC）组成

成本组成部分	LCC 100%		成本组成部分	LCC 100%	
初期建设	28.9		运行	50.1	
规划+地产		3.2	光热水	17.7	
结构工程		7.0	空调热源		2.9
外装修		4.5	空调输送		2.6
内装修		4.8	换气		1.6
设备安装		9.4	照明插座		4.8
设计	2.3		电梯		0.6
初步设计		1.6	供热水		0.3
改造设计		0.7	其他用电设备		1.3
厨房用煤气		1.3	设备维修		6.7
上下水处理		1.3	改造工程	14.5	
一般废弃物处理		0.9	内装修改造		4.8
维护管理	22.5		设备改造		9.7
维护、清扫、安保		19.3	废弃处理	4.2	
一般管理		3.2	结构、构造		3.2
修缮	9.9		设备		1.0
外装、内装修缮	3.2				

12.1.4　资产增值

在房地产估价理论中，一座房产的价值可以用该房产的年净经营收入（Net Operating Income，NOI）去除以房产的资本化率。即

$$PV=\frac{NOI}{CR} \tag{12-21}$$

式中　PV——资产价值（Property Value）；

CR——资本化率（Capitalization Ratio）。

因此，这种估价方法在国外被称为“收入资本化方法”（Income Capitalization Approach），在我国被称为“收益法”。

净经营收入 NOI 应根据估价对象的具体情况计算。出租型房地产的净收益为租赁收入扣除维修费、管理费、保险费和税金。商业经营型房地产的净经营收入为商品销售收入扣除商品销售成本、经营费用、商品销售税金及附加、管理费用、财务费用和商业利润。生产型房地产的净经营收入为产品销售收入扣除生产成本、产品销售费用、产品销售税金及附加、管理费用、财务费用和厂商利润。自用的房地产可以参照有收益的类似房地产的有关资料计算。

资本化率 CR 可以用一些简单方法分析确定。一种是市场提取法，即调查搜集市场上三种以上类似房地产的价格、净收益等资料，用上述收益法计算公式求出资本化率。另一种是安全利率加风险调整值法，以安全利率加上风险调整值作为资本化率。所谓安全利率，是选用同一时期的一年期国债年利率或中国人民银行公布的一年定期存款年利率。而风险调整值应根据估价对象所在地区的经济现状及未来预测、估价对象的用途及新旧程度等确定。一般而言，CR 在 8%～12%。

在商用建筑中，能源成本显然也是要从营收中扣除的。因此，采取节能措施降低能源成本，可以使建筑资产增值。节约能源费，相当于增加了净经营收入 NOI。

美国市场转型研究所（IMT）首先提出了上述观点。但是研究人员也认为，要在房地产估价的实践中应用这一方法，还有以下一些障碍要克服：

1）房地产估价师缺乏建筑节能方面权威性的信息。因为影响建筑能耗的因素很多。即使能耗数据或能源费账单表明某一建筑降低了能耗，它还必须拿出气象数据和入住率等数据作为佐证。因此必须要有一套完整的评价方法和评价标准。

2）房地产估价师缺乏建筑节能技术方面的知识。在房地产估价程序中，也没有要求有建筑能量特性方面的评估要求。

3）对节能措施可靠性的怀疑。

12.2 建筑能耗分析

12.2.1 建筑能耗的构成

根据国际惯例，建筑能耗一般是指建筑使用过程中的能量消耗，主要包括供暖、通风、空调、照明、炊事燃料、家用电器和热水供应等方面的能耗。由于通过建筑围护结构散失的能量和供暖制冷系统的能耗在整个建筑能耗中占大部分（各部分能耗大体比例见表12-2），因此世界各国的建筑节能工作主要围绕提高建筑围护结构的保温隔热性能和提高供暖制冷系统效率两个方面展开。但要正确计算出建筑物在一定时期内的能源需求量又是十分困难的。因为建筑物在使用过程中有许多不可预知的情况，影响能耗的因素也十分复杂，难以准确地把握。管理者可以利用过去运行的经验来估计未来的能耗。但必须具备以下条件：

1）有详细的运行记录和能耗数据。

2）对以往运行做分析。

如果没有这些条件，可以用一些简单的估算方法或计算机模拟的方法进行能耗分析。本章将介绍几种常用的方法。

表12-2 建筑能耗各部分所占的比例

建筑能耗的构成	供暖空调	热水供应	电器	炊事	备注
各部分所占的比例(%)	65	15	14	6	

12.2.2 建筑能源装机容量估算

建筑暖通空调系统能耗分析可以分成以下三个层次：

（1）设计负荷（即装机冷热量）的估算 在建筑物调试交工之前，物业管理者应对该工程项目做前期介入。装机冷热量估算的目的是检验设计的系统能否满足建筑物的冷热量需求。建筑所配置的空调供暖系统必须满足最大负荷出现时的需求，即满足最热或最冷日的冷热量需求。

（2）运行负荷（即全年或整个空调季的冷热量需求）的估算 在建筑物日常运营中，能源费用是最大的开支。管理者必须了解建筑物全年冷热量需求，以便分析其中的节能节支潜力。

（3）预测负荷的估算 在设计或在做节能改造时，必须掌握所选用的系统或所采用的节能措施是否有效。

建筑暖通空调系统装机冷热量和电力装机量的估算（即最初步的能耗分析），可以采用简单的负荷指标方法，也可以采用考虑建筑和运行特点的负荷估算方法。

1. 负荷指标方法

负荷指标方法是用单位建筑面积的冷热量作为估算指标的。它是最简单但也是最粗糙的方法，可以将已建大楼的统计数据作为指标。因为影响建筑负荷的因素很复杂，各种建筑的功能、建筑形式、使用方式有很大差别，所以这种负荷指标只能作为参考。

上海 200 幢高层建筑中的调研结果表明，平均装机冷量为 127W/m^2。这 200 幢高层建筑的用途分布如图 12-1 所示。

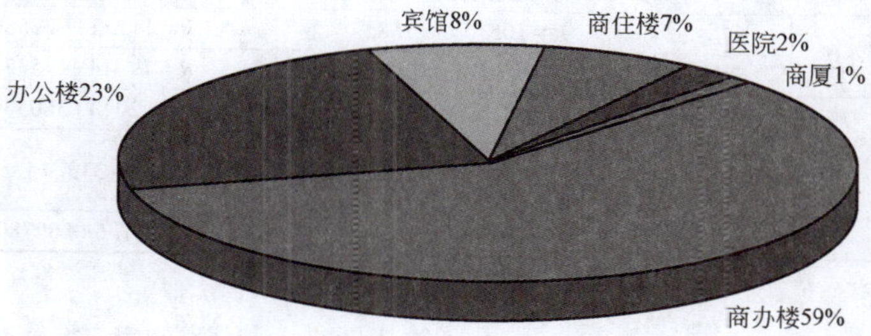

图 12-1　上海 200 幢高层建筑用途分布

上海的高层建筑空调装机冷量根据建筑面积的大小也有所不同。图 12-2 所示是建筑面积与冷源容量的关系。

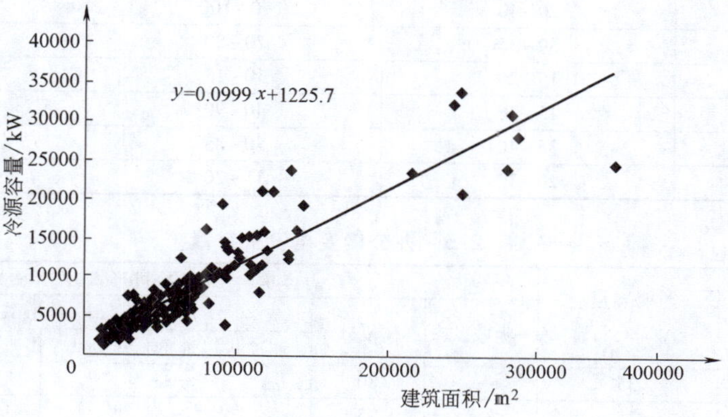

图 12-2　建筑面积与冷源容量的关系

从图 12-3 中可以发现，建筑面积越大，单位面积空调冷量越小。这是因为大面积的高层建筑中空调使用情况差异很大，也就是说有较大的负荷参差率，高峰冷量并不是将各部分和各房间的高峰负荷简单地叠加。大面积高层建筑投资额较大，因此对围护结构的选材比较讲究，除了注重外观外也考虑其热特性，这也能在一定程度上减小空调装机冷量。

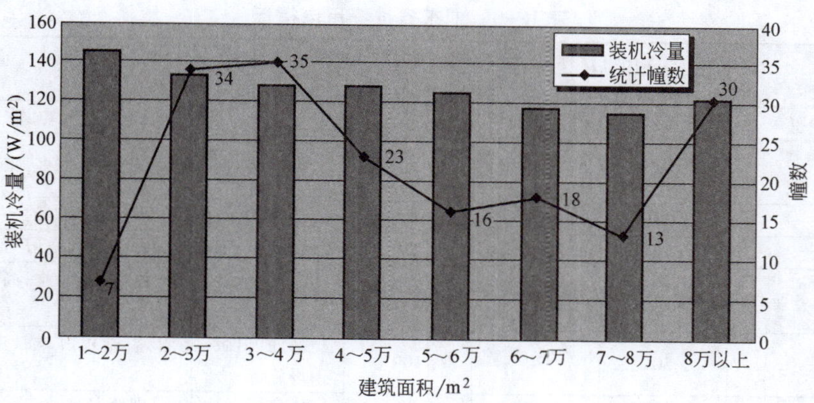

图 12-3　装机冷量与统计幢数

各种建筑冷热源设备装机容量的参考值，根据建筑物用途、功能确定单位面积的电力设备容量，见表 12-3~表 12-5。

表 12-3 冷热源装机容量参考值

建筑类型		冷源设备装机容量/W	热源设备装机容量/W	备注
办公楼	多层	$R=105.5A+17585$	$R=112.2A+225860$	
	高层	$R=103.1A+474795$	$R=79.4A+1453750$	
旅馆、酒店		$R=83.4A+140680$	$R=204A+360530$	包括生活热水、厨房用热
医院		$R=111.1A+105510$	$R=313.4A$	包括生活热水、洗衣、消毒、厨房用热
商店		$R=165A+175850$	$R=91.6A+697800$	

注：R 为冷热源容量（W），A 为建筑面积（m^2）。

表 12-4 各种建筑物电力设备容量

建筑物类别	照明及插座容量/（V·A/m^2）	动力容量/（V·A/m^2）	合计容量/（V·A/m^2）
办公楼	30~35	65~80	95~115
医院	20~40	70~100	90~140
剧院	30~35	70~80	100~115
学校	15~20	10~15	25~35
旅馆	15~30	40~90	55~120
百货商店	35~40	70~85	105~125
公共住宅	20~30	15~20	35~50

表 12-5 办公楼变电设备容量

建筑面积/m^2	照明容量/（V·A/m^2）	动力容量（空调制冷机形式）/（V·A/m^2）			
		吸收式	往复式	离心式	
				制冷机以外的低压动力	制冷机的高压动力
500~1000	35	—	80	—	—
1000~2250	35	—	75	—	—
2250~4500	32	38	70	28	40
4500~10000	30	35	—	28	37

表 12-4 和表 12-5 的数据是 20 世纪 80 年代的数据。近年来我国经济高速增长，用电设备增加，在经济比较发达的中心城市，可以参考广东省的专家根据多年对广东各地供用电情况的统计和分析，按广东的经济发展状况和用电需求所推荐的各类建筑综合用电指标，见表 12-6。

表 12-6 广东省推荐用电指标

建筑分类	用电指标/（V·A/m^2）			备 注
	低	中	高	
高级住宅、别墅	60	70	80	装设全空调、电热、电灶等家电，家庭全电器化
中级住宅	50	60	70	客厅、卧室均装空调，家电较多，家庭基本电器化
普通住宅	30	40	50	部分房间有空调，有主要家电的一般家庭
行政、办公	50	65	80	党政、企事业机关办公楼和一般写字楼
商业、金融、服务业	60~70	80~100	120~150	商业、金融业、服务业、旅馆业、高级市场、高级写字楼
文化、娱乐	50	70	100	新闻、出版、文艺、影剧院、广播、电视楼、书展、娱乐设施等
体育	30	50	80	体育场、馆和体育训练基地
医疗卫生	50	65	80	医疗、卫生、保健、康复中心、急救中心、防疫站等
科教	45	65	80	高校、中专、技校、科研机构、科技园、勘测设计机构
文物古迹	20	30	40	
机场、航站	40	60	80	
其他公共建筑	10	20	30	宗教活动场所和社会福利院等

2. 考虑建筑和运行特点的空调负荷估算方法

在做空调负荷估算时，应考虑影响办公楼空调最大负荷的因素：建筑朝向、窗面积、外围护结构隔热保温、有无外遮檐、楼层位置、房间进深、新风量和设计室温等。

基本设计条件见表 12-7 和表 12-8。

表 12-7　计算办公楼的建筑和使用条件

建筑构造	钢筋混凝土构造，外壁幕墙
层高	3.75m
吊顶高	2.55m
最上层屋顶传热系数	0.53 W/(m²·℃)[0.46kcal/(m²·h·℃)]
百叶窗	夜间关闭，白天根据透过日射量大小调整叶片角度和开闭
渗透风	按周边区容积取 0.2 次/h 的换气量
家具热容量	4.2W·h/(m³·℃)[3.6kcal/(m³·℃)]
供暖时内部发热量	取夏季照明机器发热量 25W/m² 和人员密度 0.2 人/m² 时发热量之和的 25%，从供暖负荷中减去

表 12-8　办公楼基本设计条件

建筑物条件		室内设计条件	
房间进深	12m	室内温湿度	
周边区进深	5m	供冷	26℃，50%
地区	东京	供暖	22℃，50%
基准外围护结构		新风量	4m³/(m²·h)
窗面积率	45%	内部发热量	
外遮檐	无		
楼层位置	中间层		
隔热条件	单层玻璃	照明机器发热	25W/m²
外壁传热系数	1.6W/(m²·℃)	在室人员数	0.2 人/m²

空调条件	
空调方式	周边区空调机，内区空调机 各空调机处理各区域的房间负荷和新风负荷
运行方式	间歇空调。平日 8:00—18:00 运行，星期六 8:00—13:00 半日运行，星期日和节假日停止运行 预热预冷 1h(8:00—9:00)，预热预冷时关闭新风

在不符合基本条件的场合，求出的最大热负荷要进行修正。

在表 12-7 和表 12-8 的条件下，最大冷热负荷可用下式计算

$$q = q_0 + \sum \Delta q_k \tag{12-22}$$

式中　q——周边区或内区最大冷热负荷（W/m²）；

q_0——基准冷热负荷（W/m²）；

Δq_k——因素 k 的修正冷热负荷（W/m²）。

q_0 是供冷时南向房间、供暖时北向房间在基准设计条件下的最大冷热负荷，包括新风负荷。

Δq_k 是基准条件以外的修正值。表 12-9 和表 12-10 给出了供暖用和供暖用的 q_0 和 Δq_k 值。

q 值为全热热量。按全年计算，建筑物负荷超过该值的危险率为 2.5%。

在表 12-9 和表 12-10 中：

1）外围护结构隔热的大、中、小是指表 12-11 所给出的传热系数。根据窗墙比的不同取不同的值。根据传热系数的值进行内插或外插取修正负荷。

2）外遮阳板挑出 1m。

表 12-9 供冷用基准冷负荷 q_0 和修正冷负荷 Δq_k

基准冷负荷 q_0/(W/m²)				周边区供冷				内区供冷	
				136				92	
	外遮阳	窗面积率	窗主朝向	修正值				修正值	
修正负荷 Δq_k/(W/m²)	无	30%	南 西 北 东	-12	-14	-40	-20	—	
		45%	南 西 北 东	0	2	-32	-7		
		60%	南 西 北 东	13	18	-24	-1		
	有	30%	南 西 北 东	-45	-32	-42	-42		
		45%	南 西 北 东	-37	-21	-39	-33		
		60%	南 西 北 东	-29	-10	-37	-25		
	照明设备发热量/(W/m²)	25	50	0		29		0	29
	在室人员/(人/m²)	0.1	0.2	-12		0		-12	0
	新风量/[m³/(h·m²)]	2	4	-11		0		-12	0
	设定室温/℃	26	28	0		-13		0	-10

表 12-10 供暖用基准热负荷 q_0 和修正热负荷 Δq_k

基准热负荷 q_0/(W/m²)						周边区供暖				内区供暖			
						125				93			
						修正值				修正值			
修正负荷 Δq_k/(W/m²)	窗主朝向	南	西	北	东	-18	-3	0	-13	—			
	外围护结构	大 中 小				-14	0	14		-8	0	8	
	楼层	中间层		顶层		0		14		0		17	
	房间进深/m	8	12	16	20	12	0	-7	-12	23	0	-11	-18
	新风量/[m³/(h·m²)]	2		4		-16		0		-16		0	
	设定室温/℃	20		22		-16		0		-13		0	

3）房间进深是指从外围护结构到内区隔墙的距离。而楼角房间则由下式求出房间当量进深。即

$$\text{房间当量进深}=\frac{\text{地板面积}}{\text{外壁长度}}$$

4）在做修正时，如果朝向、窗面积率、照明机器发热、在室人员数、房间进深、新风量和室温等数值与表中数据不同可以用内外插值法求出。

除了表 12-9 和表 12-10 中的修正之外，还应根据空调分区情况和预热时间等做其他修正。

表 12-11 隔热水准和外壁传热系数 [单位：W/(m²·℃)]

隔热水准		大	中	小
单层玻璃	窗 30%	1.0	2.3	3.7
	窗 45%	—	1.6	3.3
	窗 60%	—	0.4	2.8
双层玻璃	窗 30%	1.9	3.2	4.5
	窗 45%	1.6	3.3	5.0
	窗 60%	1.1	3.4	5.7

空调不分区时，用下式做修正

$$Q'=q_pA_p+q_iA_i \tag{12-23}$$

式中 Q'——空调不分区时的最大热负荷（W）；

q_p、q_i——由式（12-22）计算得到的周边区、内区的最大负荷（W/m²）；

A_p——由窗开始进深 5m 的假想周边区地板面积（m²）；

A_i——假想周边区以外的房间地板面积（m²）。

周边区空调机主要承担围护结构负荷时，用以下两式做修正。

供暖用

$$Q'=5\times(q_{pn}-q_i)l_p$$

供冷用

$$Q'=[5\times(q_p-q_i)+20]l_p$$

式中　Q'——主要承担围护结构负荷的周边区空调设备的最大冷热负荷（W）；

q_{pn}——按式（12-22）计算得到的北向周边区最大热负荷（W/m^2）；

q_p、q_i——由式（12-22）计算得到的周边区、内区的最大冷热负荷（W/m^2）；

l_p——外墙长度（m）。

如果预热预冷时间不是 1h，则由上述方法得到的最大冷热负荷须乘以表 12-12 中的修正系数。

表 12-12　预热时间的修正系数

预热时间	30min	1h	1.5h	2h	3h
修正系数	1.22	1.0	0.91	0.85	0.77

如果空调系统中采用全热换热器，则根据全热换热器的热回收效率，相应扣减新风量的比例。

对银行、百货商店、超级市场、旅馆、餐厅、酒吧、公民会馆、图书馆、医院、剧场等其他公共和商用建筑，也设定了一些统一的基准设计条件，见表 12-13。

12.2.3　用温度频率法（BIN 方法）做建筑能耗分析

所谓 BIN 参数，即某一地区室外空气干球温度逐时值的出现频率。建筑物空调供暖系统的容量是根据设计负荷（或称高峰负荷）选定的。但设计负荷在一年中出现的机会很少，多数时间处于部分负荷状态下。BIN 方法首先根据某地气象参数，统计出一定温度间隔的温度段各自出现的小时数。然后分别计算在不同温度频段下的建筑能耗，并将计算结果乘以各频段的小时数，相加便可得到全年的能耗量。

表 12-13　公共和商用建筑统一的基准设计条件

建筑条件		
地区		东京
外围护结构隔热条件		屋顶、外墙均有 25mm 泡沫塑料隔热
室内条件		
室内温湿度	供冷	26℃,50%;旅馆、酒吧为 25℃,50%
	供暖	22℃,50%;百货商店、超市为 20℃,50%旅馆客房为 23℃,50%
空调条件		
运行方式	旅馆客房、医院为终日空调,其余为间歇空调。间歇空调预冷预热 1h,银行、公民会馆、图书馆预冷预热 2h	
	不使用全热换热器	

表 12-14 是上海地区 2℃间隔、24h 运行的 BIN 参数。根据空调系统运行情况，还可以做出 10h 运行、12h 运行的 BIN 参数。表 12-15 是南京地区 8：00—18：00 运行（不包括节假日）的 BIN 参数。

一般而言，对于旅馆和酒店，用 24h BIN 参数；而对办公楼，则用 10h 或 12h BIN 参数。在 BIN 参数中找出四个与建筑能耗有关的代表温度：

表 12-14　上海地区 2℃间隔、24h 运行的 BIN 参数

BIN	-6	-4	-2	0	2	4	6	8	10	12	14
小时数/h	12	76	168	351	524	486	440	498	521	478	428
湿球温度/℃	-6.3	-5.1	-3.3	-1.6	0.1	1.8	3.8	6.2	8.2	10.0	11.5
BIN	16	18	20	22	24	26	28	30	32	34	36
小时数/h	499	589	613	616	537	718	587	360	192	77	14
湿球温度/℃	13.6	15.5	17.6	19.0	21.4	23.8	25.0	25.8	26.4	27.0	27.4

表 12-15 南京地区 8：00—18：00 运行的 BIN 参数

BIN	−6	−4	−2	0	2	4	6	8	10
小时数/h	2	8	32	49	124	156	140	149	137

BIN	18	20	22	24	26	28	30	32	34	36
小时数/h	106	159	161	192	188	197	137	86	48	4

（1）高峰冷负荷温度（Peak Cooling）T_{pc} 该地区最高温度段的代表温度（中点温度），上海地区为 36℃。

（2）中间冷负荷温度（Intermediate Cooling）T_{ic} 该地区需要供冷的最低温度段的代表温度（中点温度），一般在 22~25℃。

（3）中间热负荷温度（Intermediate Heating）T_{ih} 该地区开始供暖的温度段的代表温度（中点温度），一般在 5~14℃。按我国供暖期的规定，也可定在 5℃或 8℃。对于要求较高的建筑（如高星级宾馆或医院），该温度应设得高一些。

（4）高峰热负荷温度（Peak Heating）T_{ph} 该地区最低温度段的代表温度（中点温度），上海地区为−6℃。

假定建筑围护结构形成的负荷、新风、渗透风负荷都与室外干球温度有着线性关系，则可以得到以下一组关系式：

1）日射负荷：

$$\mathrm{SCL}=\frac{\sum_{i=1}^{n}(\mathrm{MSHGF}_i\times \mathrm{AG}_i\times \mathrm{SC}_i\times \mathrm{CLFT}_i\times \mathrm{FPS})}{tA_{ac}} \tag{12-24}$$

式中 SCL——7 月份和 1 月份的平均日射负荷（$\mathrm{W/m^2}$），分别记作$\mathrm{SCL_7}$ 和$\mathrm{SCL_1}$；

n——建筑物所有外窗的朝向数；

MSHGF_i——朝向 i 7 月份和 1 月份的最大日射得热因数（$\mathrm{W/m^2}$）；

AG_i——朝向 i 的窗总面积（$\mathrm{m^2}$）；

SC_i——朝向 i 的遮阳系数；

CLFT_i——朝向 i 24h 日射冷负荷系数之和；

FPS——7 月份和 1 月份的月平均日照率；

t——空调系统运行小时数（h）；

A_{ac}——建筑物的空调面积（$\mathrm{m^2}$）。

假定 SCL 与室外气温 T 之间存在如下的线性关系

$$\mathrm{SCL}=M(T-T_{ph})+\mathrm{SCL_1} \tag{12-25}$$

式中

$$M=\frac{\mathrm{SCL_7}-\mathrm{SCL_1}}{T_{pc}-T_{ph}}$$

2）围护结构热传导负荷：热传导负荷由两部分组成：①通过屋面、墙体、玻璃窗由温差引起的稳定传热部分；②通过屋面、墙体由投射在外表面上的日射引起的不稳定传热部分。这两部分可分别用式（12-26）和式（12-27）来计算。即

$$\mathrm{TCL(THL)}=\frac{\sum_{i=1}^{n}A_iK_i(T-T_R)}{A_{ac}} \tag{12-26}$$

式中 TCL、THL——分别为夏季、冬季由温差引起的传导负荷（$\mathrm{W/m^2}$）；

n——建筑物的传导表面数；

A_i——第 i 个表面（或玻璃窗）的面积（m^2）；

K_i——第 i 个表面的传热系数［W/(m²·℃)］；

T——室外气温（℃）；

T_R——室内设定温度（℃）。

$$TSCL=\frac{\sum_{i=1}^{n}(A_iK_i\times CLTDS\times KC\times FPS)}{A_{ac}} \tag{12-27}$$

式中 TSCL——7 月份和 1 月份由日射形成的传导负荷，分别记作$TSCL_7$ 和$TSCL_1$；

CLTDS——7 月份和 1 月份由日射形成的墙体冷负荷温差（℃），可查阅有关手册；

KC——墙体外表面颜色修正系数，可查阅有关手册。

利用式（12-27）可建立在 TSCL 与 T 之间的线性关系。即

$$TSCL=M(T-T_{ph})+TSCL_1 \tag{12-28}$$

式中

$$M=\frac{(TSCL_7-TSCL_1)}{T_{pc}-T_{ph}}$$

3）内部发热量形成的负荷：

$$CLI=\frac{AU\times CLI_{max}\times HF}{A_{ac}} \tag{12-29}$$

式中 AU——平均使用系数，按空调期和非空调期各小时内部负荷占最大内部负荷的比例分别进行平均；

CLI_{max}——设备和照明的最大负荷或房间内最大人数时的人体散热；

HF——单位换算系数。

4）渗透风、新风负荷：

显热负荷

$$CLVS(HLVS)=\frac{0.34V(T-T_R)}{A_{ac}} \tag{12-30}$$

潜热负荷

$$CLVL=\frac{0.83V(d-d_R)}{A_{ac}} \tag{12-31}$$

式中 V——新风量或渗透风量（m^3/h）；

d——对应于各温度频段的室外空气含湿量（g/kg）。

BIN 气象参数除了统计各温度段出现的小时数外，还应给出对应的各小时湿球温度的平均值。用该频段的中点温度与平均湿球温度，便可得到该频段的代表含湿量 d 值。

在新风和渗透风负荷计算中，如果空调系统没有加湿器，则可以忽略冬季潜热负荷，在 T_{pc} 和 T_{ic} 之间的夏季潜热负荷应按各频段分别计算。

12.2.4 用度-日法做建筑能耗分析

人们通常用语言来表述冷热的感觉。比如，人们说“今天很冷”，就意味着今天的室外气温较之人能感到舒适的室内温度低得多，也意味着这一天的供暖能耗会比较大；人们说“今天很热”，就表明今天的空调冷量需求会很大，也表明由于空调的大量开启，这一天的供电负荷会形成高峰。可以用“度-日”数值来量化冷热的程度。

常用的有供暖度日数（Heating Degree Day，HDD），指在供暖期中，室外逐日平均温度低于室内温度基数的度数之和。即

$$HDD=\sum_{i=1}^{n}(t_R-t_{m,i}) \tag{12-32}$$

式中 HDD——供暖度日数（℃·d或dd）；

n——供暖期天数或计算天数（d）；

t_R——室内温度基数（℃），我国一般取18℃，国外取18.3℃，也有取15.6℃（60°F）；

$t_{m,i}$——第i天的室外日平均温度（℃）。

简化统计方法可按下式确定

$$HDD=n(t_R-t_m)$$

式中 t_m——供暖期室外平均温度（℃）。

例如，某一天室外日平均气温为6℃，则这一天的供暖度日数HDD=12dd。

同样，还有空调度日数（Cooling Degree Day，CDD），指在供冷期中，室外逐日平均温度高于室内温度基数的度数之和。即

$$CDD=\sum_{i=1}^{n}(t_{m,i}-t_R) \tag{12-33}$$

式中，各项符号的意义同上。我国《夏热冬冷地区居住建筑节能设计标准》中规定t_R=26℃。

t_R的取值是一件比较复杂的事情。因为并不是说室外气温一旦低于t_R便马上开启供暖，很多情况下室内发热量（如照明、人体和设备）和日射得热量足以抵消热损失。而室内设定温度也不一定是18℃。因此又定义了一个平衡温度t_{bal}，对于某个室内设定温度t_i，当室温达到t_{bal}时，得热q_{gain}正好等于热损失。即

$$q_{gain}=K_{tot}(t_i-t_{bal})$$

式中 K_{tot}——建筑的总热损失系数（W/℃）。

$$K_{tot}=\frac{Aq_H}{(t_i-t_e)} \tag{12-34}$$

式中 A——建筑面积（m^2）；

q_H——各地供暖期耗热量指标（W/m^2）；

t_e——各地供暖期室外平均温度（℃）。

因此可以得到平衡温度t_{bal}为

$$t_{bal}=t_i-\frac{q_{gain}}{K_{tot}}$$

当室外气温降低到t_{bal}以下时需要供暖。这里的得热q_{gain}值（特别是太阳辐射）必须按计算周期取平均值。供暖度日数HDD可以表示为

$$HDD=\sum_{i=1}^{n}(t_{bal}-t_{m,i})$$

因此，建筑全年供暖能耗可以用下式计算

$$Q_H=\frac{K_{tot}}{\eta_H}HDD(t_{bal}) \tag{12-35}$$

式中 η_H——供暖系统效率。

用空调度日数做供冷能耗分析比供暖更困难。因为在整个供暖季外窗基本都是关闭的，空气渗透量也是基本恒定的。但在供冷季，实际上当平衡温度t_{bal}在某个温度t_{max}之下时可以用开窗或全新风运行来供冷（图12-4）。

因此，建筑全年供冷能耗可以用下式计算

$$Q_C = \frac{K_{tot}}{\eta_C}[\text{CDD}(t_{max}) + (t_{max} - t_{bal})N_{max}] \tag{12-36}$$

式中　$\text{CDD}(t_{max})$——是以 t_{max} 为基准的供冷度日数；

N_{max}——供冷季中室外气温升高到 t_{max} 以上的天数；

η_C——空调系统的效率。

但即使做了这样的改变，供冷能耗计算仍然存在一些不定因素，例如空调夜间停止运行、不同的空调控制方式等都会对能耗有影响。因此美国 ASHRAE 建议对供冷能耗分析最好用以小时气温为基础统计得到的“度时数”（Cooling Degree Hours，CDH）计算。

对于建筑管理者而言，可以根据运行经验和运行数据的积累应用度-日法做能耗分析。

第一步，用过去每月的供暖空调系统能耗数据建立起与相应月份的度日数之间的关系。将能耗数值作为纵坐标，度日数作为横坐标，可以得到能耗与度日数的关系，如图 12-5 所示。

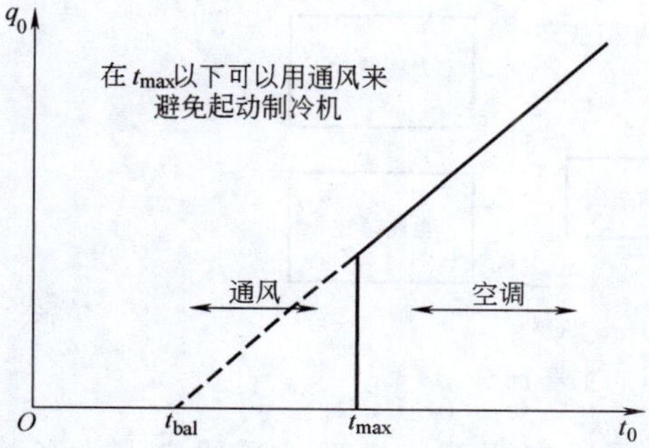

图 12-4　供冷起始温度

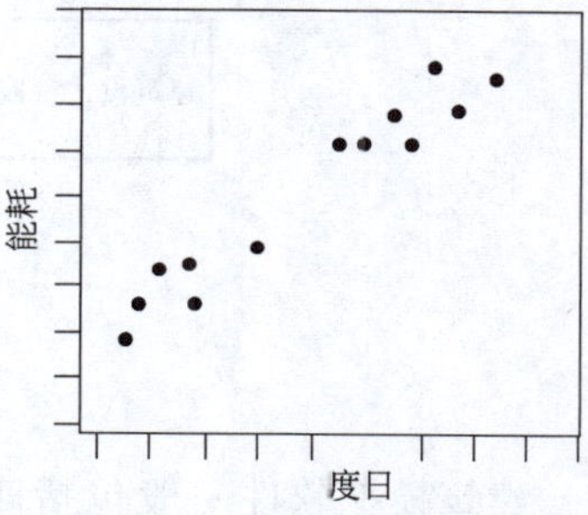

图 12-5　能耗与度日数的关系

从图 12-5 中可以看出，能耗点的分布基本上呈线性规律。因此，第二步可以将这些散点回归成直线。用 Excel 软件很容易做回归，并得出相应的直线方程（图 12-6）。

有时能耗点的分布可能比较分散，回归后的方差会比较大、相关系数比较小，但只要建筑管理者能确信自己的计量仪表是准确的，就可以忽略这些误差。由此得出的直线称为目标特性线（target characteristic line）。

第三步，继续不断地将每月（或每星期）的能耗值标注到图上。这些点应该十分接近目标特性线。当然，如果有某种意外情况或异常因素的影响，也会使能耗点远远偏离目标特性线。

第四步，用目标特性线做运行能耗的分析。如图 12-7 所示，对应于度日数 a，正常的能耗值应该是 b，但实际值却是 c，远高于正常值。这时，管理者需要分析原因，看是不是控制

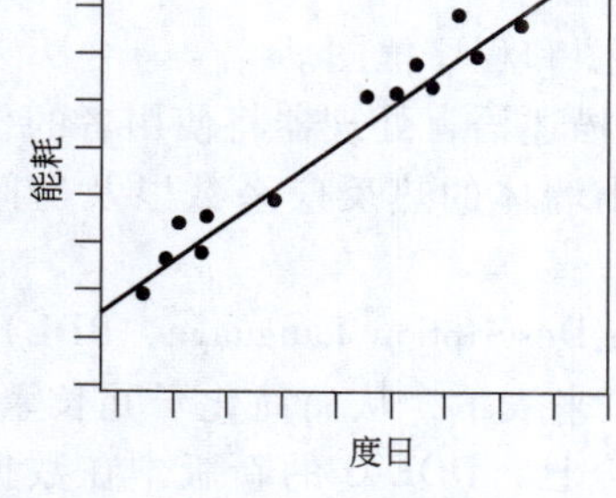

图 12-6　能耗与度日数的直数关系

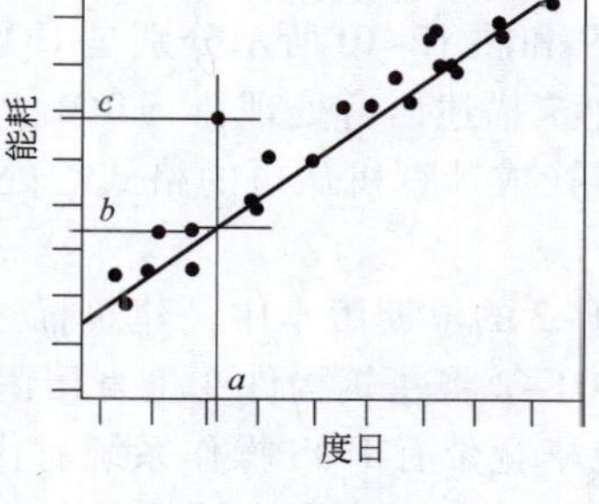

图 12-7　异常能耗值

系统的失灵或某些设备效率的衰减。

12.2.5 用计算机模拟方法做建筑物能耗分析

由于信息技术的迅速发展，为建筑能耗分析提供了强有力的工具。从20世纪70年代的全球石油危机之后，建筑能耗模拟越来越受到重视，同时随着计算机技术的飞速发展，使得大量复杂的计算成为可能。因此在全世界出现了一些建筑能耗模拟软件。

建筑模拟方法是研究建筑能耗特性和评价建筑设计的有力工具。它可以解决很多复杂的设计问题，并将建筑能耗进行量化，通过改变某些设计优化建筑的能源特性。建筑模拟的结果（图12-8）包括：建筑能耗数据；室内环境状况；设备和系统特性。

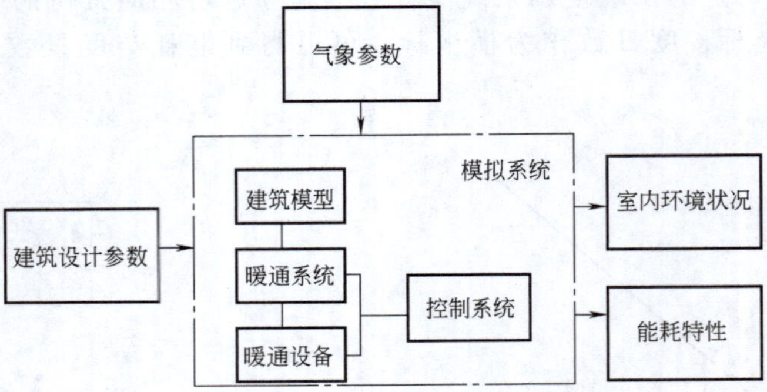

图12-8 建筑能耗模拟的主要部分

建筑模拟软件一般包括四个部分：建筑模型；暖通空调系统模型；暖通空调设备模型；控制系统模型。

目前国际上使用的建筑能耗分析软件很多，本节仅简要介绍国际上有一定权威性建筑能耗分析软件：美国的DOE-2和我国的DeST。

1. 美国DOE-2软件

20世纪70年代能源危机之后，由美国能源部支持，能源部所属的劳伦斯伯克利国家实验室（Lawrence Berkeley National Laboratory，LBNL）、咨询计算局（Consultants Computation Bureau，CCB）、阿贡国家实验室（Argonne National Laboratory，ANL）和洛斯阿拉莫斯国家实验室（Los Alamos National Laboratory，LANL）共同开发出DOE-2的建筑能耗分析软件。美国能源部的初衷是推动建筑节能工作的开展，因此这个软件的名称其实就是能源部的缩写。

DOE-2是一个在一定的气象参数、建筑结构、运行周期、能源费用和暖通空调设备条件下，逐时计算能耗和计算居住及商用建筑能源费用的软件。它用Fortran语言编成，能够在各种计算机（从巨型计算机到微型计算机）上运行。用DOE-2软件，设计者可以迅速选择改善建筑能耗特性、保持室内舒适性的建筑参数。

图12-9和图12-10所示分别是DOE-2的软件结构图和程序框图。

（1）建筑描述语言处理器（BOL Processor） 建筑描述语言处理器将使用者的任意格式的输入数据转换成计算机认可的格式。处理器还要计算出墙体的热反应系数以及房间的热反应权系数。

在DOE-2的早期版本中，建筑描述语言（Building Description Language，BDL）是它的一大特色。DOE-2将建筑构件变量直接用英语单词或词组来表示，从而简化了冗长繁杂的输入。但这一特色毕竟带有DOS操作系统时代的烙印。时至今日，DOE-2的新版本在数据输入方面还没有明显改进。这也就限制了它的进一步推广。

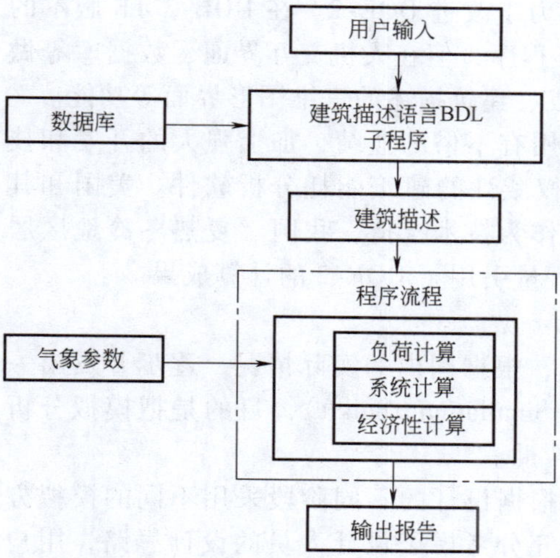

图 12-9 DOE-2 软件结构图

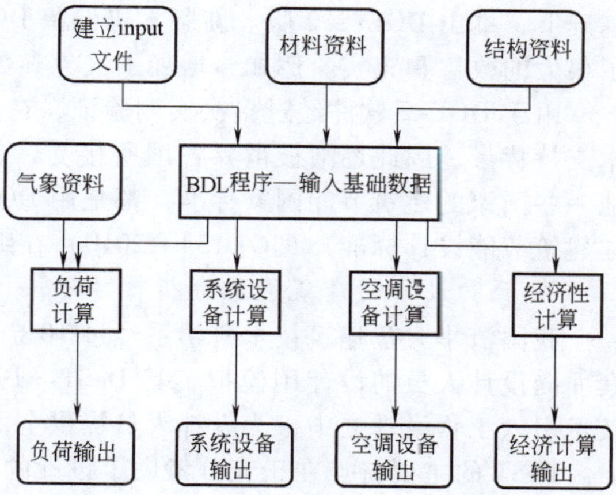

图 12-10 DOE-2 程序框图

(2) 负荷模拟子程序（LOADS） 假定对象房间处于用户设定的室内温湿度状态条件下，LOADS 逐时计算供暖和供冷的显热和潜热负荷。LOADS 会从气象资料数据库中读取当地的逐时气象参数和太阳辐射数据。而用户要设定室内人员、照明和设备的运行时间表。

(3) 暖通空调系统模拟子程序（HVAC） HVAC 子程序分成两部分：SYSTEMS 子程序处理二次系统；PLANT 子程序处理一次系统。SYSTEMS 计算空气侧设备（如风机、盘管和风道）的特性，根据房间的新风需求、设备运行时间表、设备控制策略以及恒温控制器的设定点，修正由 LOADS 计算出的恒温负荷。SYSTEMS 的输出是风量和盘管负荷。PLANT 计算锅炉、冷水机组、冷却塔和蓄热槽等设备在满足二次系统盘管负荷时的状态。为了计算建筑的电力和燃料耗量，PLANT 必须考虑一次设备的部分负荷效率。

(4) 经济分析子程序（ECON） ECON 子程序用来计算能源费用。它也可以用来比较不同建筑设计的成本-效益，计算已建建筑节能改造所能产生的经济效益。

(5) 气象参数（Weather Data） 一个地区的气象参数应包括室外干球温度、湿球温度、大气压、风速和风向、云量以及太阳辐射。DOE-2 提供了世界各国的一部分全年气象参数，其中包括我国的北京、上海、南京、成都、西安、哈尔滨、香港和乌鲁木齐 8 个城市的全年气象参数。

(6) 数据库（Library） DOE-2 提供建筑材料的各种性能数据，包括墙体材料、分层墙体构造和窗。

由于 DOE-2 在人机界面方面的局限，使许多民营研究机构和商业公司以 DOE-2 为核心进行二次开发，给它加上易于操作的界面投入商业化经营。美国能源部和劳伦斯伯克利国家实验室看来对此并不反对，因为这毕竟有利于建筑节能事业的发展。一部分经二次开发的产品见表 12-16。

表 12-16 以 DOE-2 为核心开发出的一部分软件产品

ADM-DOE2 Compare-IT COMPLY-24 DesiCalc	DOE-plus Energy GaugeUSA EnergyPro	EZ-DOE FTI/DOE Home Energy Saver(LBNL) Perform 95	PRC-DOE2 RESFEN3.0 VisualDOE

其他一些国家也将 DOE-2 结合到本国的商用建筑设计、分析软件之中。例如欧盟的 COMBINE 软件、芬兰的 RIUSKA 软件。

与此同时，在美国能源部的支持下，LBNL也在致力于改进DOE-2。在DOE-2.1E版本的基础上，推出DOE-2.2版。新版本仍保留DOE的核心程序，但在人机交互界面、数据库等做了很大的改善和充实。例如，增加了气象参数自动生成、建筑描述的三维图形界面等功能。

由于DOE-2软件经过多次实测验证，在美国的应用有不俗的业绩，加上强大的开发和技术支持背景，因此逐渐被世界各国所接受，成为最具权威性的建筑能耗分析软件。美国和其他一些国家的建筑节能国家标准，都是用DOE-2软件作为技术支持。我国《夏热冬冷地区居住建筑节能设计标准》（JGJ 134—2010）在编制中也大量引用了DOE-2的计算成果。

2. 面向设计的建筑能耗分析软件——DeST

我国清华大学建筑技术科学系经过10余年的努力，根据国内的实际情况，逐步开发出一套面向设计人员的设计用模拟工具DeST（Desinger' s Simulation Toolkit），目的是把模拟分析技术引入工程设计之中，为设计人员提供全面有力的帮助。

DeST的主要特点在于充分考虑了设计的阶段性，根据设计的不同阶段采用不同的模拟方法，并且在不同的模拟模块之间建立数据连接。DeST充分考虑了设计人员的设计思路，用户只需很短时间就可以熟悉掌握。

DeST适用操作系统为Windows系列，整个软件全面提供图形界面。在PII300上计算一个有84个房间的建筑全年逐时室温只需要10min。

DeST主要由以下模块组成：

1）全年逐时气象数据处理模块Medpha（Meteorlogical Data Producer for HVAC analysis）。它包含我国193个主要城市的气象数据。Medpha采用可视化界面，用户可以方便地在我国地图上选取城市，也可以通过一个城市列表进行选择。输出格式可以根据用户的要求进行调整，生成不同类型的全年逐时气象数据。所有的气象数据是基于我国国家气象局对193个城市20年的实测数据通过随机算法模拟计算生成的。因此，Medpha是具有独立知识产权的软件。

2）建筑分析模拟模块BAS（Building Analysis and Simulation）。BAS是DeST的建筑模拟核心，采用“状态空间法”对整个建筑物多房间的热特性进行详细的模拟计算。用户可以选择全自动运行或者单独运行其中某个模块（如建筑结构分析、太阳辐射计算以及基础室温计算等）。

3）计算机辅助建筑描述模块CABD（Computer Aid Building Description）。与国外模拟软件（DOE-2和TRNSYS）相比，CABD是采用CAD方式描述建筑最早、最成熟的程序。为了使建筑描述和实际的设计过程相一致，DeST提供基于ACADR14的建筑描述界面。

4）空调系统方案模拟模块Scheme（HVAC Scheme Simulation）。空调方案模拟是DeST中的一个重要模块，通过模拟在不同空调方案下建筑物的性能，对各种空调方案（分区、系统类型、运行方式等）的效果进行验证，并对选择空气处理装置提出详细的需求。

5）全工况选择空气处理室模块ACSel。ACSel模拟在全工况下设备的运行状态，通过空调方案分析计算出全年逐时的机组回风状态、要求的送风状态、送风量和室外空气状态，ACSel自动找出最小能耗的处理过程，并且与具体的设备数据库相连，根据每一个小时下的工况对各种空气处理装置进行校验。

6）风机、管道网络分析模块DNA/PNA（Duct/Pipe Network Analysis）。DNA在分析风道和管网时采用“可及性分析”的模拟方法，即对于逐时要求的风量，通过模拟计算判断该管网是否能够实现风量分配，同时计算出每个时刻管网各处的压降和风机要求的压头，从而计算出风机所有的工况点，为选择风机提供依据。

7）变风量末端的噪声分析模块NLA（Noise Lever Analysis of VAV terminal）。

8）CPO模块是在确定了空气处理装置之后，根据要求的水温水量对冷冻机进行全工 况的校验。

9）设备数据库 EDB（Equipment Database）。

10）基于知识库的经验数据维护模块 ECM（Experience Coefficients Management）。

12.3　建筑节能评估体系

12.3.1　建筑节能评估体系的组成及其相互关系

评估体系是反映和评价建筑节能效果的依据，是由若干单项指标组成的整体。建筑节能综合评估体系是由相互关联、相互制约、不同层次的指标群构成的一个有机整体，能较全面反映该地区居住建筑节能设计内涵的基本特征。评价指标不完全等同于节能设计指标。节能设计分项指标过于具体，而且各指标相对独立，缺乏有效的关联，无法进行建筑各部分能耗直接的平衡分析；节能设计综合指标计算方法繁杂，不能得到有效的应用。评价指标将是节能分项指标的综合和对节能综合指标的简化。

借鉴欧美等国家的成熟经验，结合我国现阶段的社会、经济发展水平，我国的建筑节能评估体系应包括以下内容：

1）计算建筑特定时间段内的总能耗量。用于对现有民用建筑或商业建筑的能量利用效率进行分析和评估。

2）计算建筑外围护结构的传热系数、窗户的渗透系数、挑檐等的遮阳系数。用于检测建筑外墙传热系数、外窗密封性能是否达到标准或规范的要求。

3）计算室内气流的流动状况、室内空气的温湿度分布状况，得出室内环境的舒适度评价指数。用于评价建筑的室内空气品质。

4）计算不同自然采光方案和人工照明方案组合下的室内光环境指数。用于评价室内光照是否达到规定的标准。

5）计算系统周期运行能耗、寿命周期成本。用于经济效益分析。

6）通过对室外干、湿球温度的分析计算，太阳活动对建筑热工状况的影响，确定最合适的室外气象设计参数和最有效的太阳能利用方案。

7）根据对当地气象条件、建筑周围环境和建筑维护结构的分析，给出可再生能源的利用方案；或者对已有的再生能源利用方案做出评估。包括是否可利用再生能源降低建筑能耗需求，是否可利用再生能源提高建筑能耗系统效率，或对利月其他更高级的再生能源（如氢能）做投资回报分析、寿命周期成本分析等。

8）将计算结果量化为我国现有的建筑节能相关标准规范所规定的指标，并与标准规范相比较，最后给出建筑的节能率和节能评估报告书。

12.3.2　建筑节能评估体系应遵守的原则

1）科学性原则：指标概念必须明确，具有一定的科学内涵，能够较客观地反映复合系统内部结构关系。

2）可行性原则：指标内容应简单明了，有较强的可比性，而且易于获取，便于操作。

3）层次性原则：建筑节能评价是一个复合的大系统，可分解为若干子系统，因此，建筑节能综合评价指标体系通常由多个层次的指标构成。

4）完备性原则：要求指标体系覆盖面较广，能够比较全面地反映影响节能综合指标的各种因素。

5）主导性原则：建立指标时应尽量选择那些有代表性的综合指标。

6）独立性原则：度量建筑节能效果的指标往往存在信息上的重叠，所以要尽量选择那些具有相对独立性的指标。

建立指标时，上述各项原则既要综合考虑，又要区别对待。对各项原则的把握标准，不能强求一致。

12.3.3 建筑节能评估的主要内容

建筑节能评估从建设项目的时间顺序来讲，主要分事前、事后两个阶段。事前主要指在建筑物的设计阶段，根据设计方案进行数值模拟，计算预估出建筑物的能耗。事后主要指在建筑物落成使用之后，现场测试以及根据现场测试数据进行数值模拟，确定建筑物的能耗。

事前进行节能效率预估，主要是为了便于监督，从源头抓好节能工作，发现问题可以及时改进，避免造成既成事实，稳步推进建筑节能。事前节能效率预估的方法是选定一种模拟软件，输入建筑结构，输入建筑材料和建筑构件物理参数，输入设备类型的性能参数，输入当地气象资料、使用条件，即可算出能耗结果。有了这一结果，可以定出指标。便于对比，便于管理；由此可以判断待建的建筑物是否达到节能标准，还可以为修改设计指明方向，通过反复更迭，达到节能标准。

事后阶段建筑节能评估有以下几个方面：

1）建筑物热工特性的确定。设计阶段确定的参数是理论值、设定值，建筑物落成后的实际值包含了建筑材料、构件实际质量，施工、装修质量的综合影响，应该通过现场实际测量直接或间接确定。

2）建筑物主要耗能设备系统效率的确定。由于安装在现场的设备系统的实际效率不同于实验室中单台设备或局部系统的检定（标定）效率，它除了与具体设备有关之外，还与安装质量密切相关，影响了建筑物的实际能耗。

3）建筑物终端能耗的实际构成、实际能耗总量的测定。

4）软件模拟。以建筑物实际的热工参数、现场测定的设备系统效率、能耗总量为依据，再次进行软件模拟，既可以检验事前（设计）阶段模拟的结果，又可以比较准确地预测建筑物寿命期内每年的能耗，使事前、事后两个阶段的评测工作形成一个以模拟软件为工具，以实测数据为基础的闭合反馈，不断修订完善的完整过程。

从发展的角度看，随着建筑节能工作的法制化、规范化、制度化，随着建筑行业、设备制造行业整体技术水平的提高，验证节能效果，认证节能建筑，建立一个完善、科学的建筑节能评估体系是促进节能技术发展的一个必不可少的重要环节。

12.4 建筑节能标准

自1973年能源危机爆发以来，能源与环境问题已经成为全球关注的一个焦点问题，“节能”“环保”“绿色”“低碳”等概念被广泛关注，世界各国开始研究并制订和建筑节能相关的规范、标准或指标体系。欧美及日本等发达国家在这方面工作起步早、发展快，建筑节能标准已建立。在立足国情、借鉴国外经验的基础上，我国于2005年颁布了《公共建筑节能设计标准》（GB 50189—2005），这是我国在制订、修订建筑节能标准工作上一次有益的实践，并于2015年对此标准进行了修订。

1. 德国

德国在节能、环保和生态建筑的整体研究和开发应用方面一直处于世界领先地位。早在1977年德国就制订了节能标准；2003年，德国出台《建筑节能规范》（Energieeinsparverordnung, EnEV），取代了供暖设备条例和建筑保温条例（Wsvo78）；2007年颁布EnEv 2007；EnEv

2009 于 2009 年 10 月初生效。

根据建筑节能法，德国制订了若干规范（如 EnEV），EnEV 由建筑保温规范和建筑设备节能规范合并而成，具体规定不同类型建筑和设备的设计标准，是设计和建造者的直接执行依据。EnEV 分为四个方面的内容：法源、建筑类型定义和节能要求、欧盟建筑节能认证指南的实施方法、各参数和计算方法。

德国节能法规的制订经历了一个由低标准到高标准、由局限在围护结构和设备节能发展到综合应用新技术和新能源，以达到降低建筑总能耗的发展过程。第一阶段，控制建筑外围护结构；第二阶段，控制建筑单位面积能耗指标；第三阶段，控制建筑整体实际原始能耗（控制建筑的外部输入能源，控制不同种类能源），从而控制社会整体能耗。

2. 荷兰

荷兰将室内环境、室外环境、建筑材料、水、能源视为可持续建筑最为重要的评判内容。荷兰政府注重实效的建筑法规，使住宅和公共建筑成为可持续建筑。荷兰政府认为，可持续性不只是中央政府的任务，也是地方和社区政府的责任。以地方性政策为主，国家只对某些关键指标（如建筑的最高能耗值）做硬性规定，政府的可持续建筑政策非常务实，其核心是立足于发挥地方政府的作用，原则是自愿参与，这就使得出台的政策能够便于操作和实施。为此，荷兰先后出台了两个尺度的国家能效标准，对可持续建筑的能耗予以限定。

（1）建筑节能标准 EPN（Energy Performance Standard）　荷兰建筑节能标准的适用范围是全部新建住宅和商业建筑。采用分步实施目标，逐步减少建筑能耗，并通过颁布配套标准如国家标准 NYN7250《太阳能系统——屋面和墙面整合设计安装：建筑篇》等，为参与可持续建筑的各方提供多渠道的参照措施。

EPN 实施至今，经历了以下几个阶段：1995 年，EPN = 1.65；1996 年，EPN<1.4；1998 年，EPN<1. 2 ；2000 年，EPN<1.0；2005 年后，EPN<0.8。

（2）新建社区能效标准 EPL（Energy Performance on Location）　对新建社区进行整体节能减排限定，也是荷兰率先进行的可持续发展行动。由于衡量社区可持续发展的因素众多且构成复杂，因此很难提出一个综合的并且客观合理的指标体系，荷兰抓住了能耗这一最关键的节能减排指标，从一个最根本的指标反推，进而约束整个社区的可持续性，是非常实际和实用的做法。

3. 中国

2005 年，根据建设部建标［2002］85 号文件“关于印发《2002 年度工程建设国家标准制订、修订计划》的通知”的要求，由中国建筑科学研究院、中国建筑业协会建筑节能专业委员会为主编单位，会同全国 21 个单位共同编制了《公共建筑节能设计标准》（GB 50189—2005），这是我国编制的第一个关于建筑节能的国家标准。

2015 年，根据住房和城乡建设部《关于印发 2012 年工程建设标准规范制订、修订计划的通知》（建标［2012］5 号）的要求，由中国建筑科学研究院会同有关单位对《公共建筑节能设计标准》（GB 50189—2005）进行了全面修订，发布了 GB 50189—2015，并于 2015 年 10 月 1 日起实施。本次修订的主要内容如下：

1）建立了代表我国公共建筑特点和分布特征的典型公共建筑模型数据库，在此基础上确定了本标准的节能目标。

2）更新了围护结构热工性能限值和冷源能效限值，并按照建筑分类和建筑热工分区分别做出规定。

3）增加了围护结构权衡判断的前提条件，补充细化了权衡计算软件的要求及输入输出内容。

4）新增了给水排水系统、电气系统和可再生能源应用的有关规定。

GB 50189—2015 的主要技术内容是：1. 总则；2. 术语；3. 建筑与建筑热工：4. 供暖通风与空气调节；5. 给水排水；6. 电气；7. 可再生能源。其中，强制性条文由2005 版的 10 条增加为 17 条。其中，第 3.2.1 条、第 3.2.7 条、第 3.3.1 条、第 3.3.2 条、第 4.1.1 条、第 4.2.2 条、第 4.2.3 条、第 4.2.5 条、第 4.2.10 条、第 4.2.14 条和第 4.2.19 条为沿用或修改原 2005 版强制性条文；第 3.3.7 条、第 4.2.8 条、第 4.2.17 条、第 4.5.2 条、第 4.5.4 条、第 4.5.6 条为新增强制性条文。这些强制性条文分别如下：

3.2.1 严寒和寒冷地区公共建筑体形系数应符合表 12-17 的规定。

表 12-17 严寒和寒冷地区公共建筑体形系数

单栋建筑面积 $A/(m^2)$	建筑体形系数
$300<A\leqslant800$	≤0.50
$A>800$	≤0.40

3.2.7 甲类公共建筑的屋顶透光部分面积不应大于屋顶总面积的 20%。当不能满足本条的规定时，必须按本标准规定的方法进行权衡判断。

3.3.1 根据建筑热工设计的气候分区，甲类公共建筑的围护结构热工性能应分别符合表表 12-18～表 12-23 的规定。当不能满足本条的规定时，必须按本标准规定的方法进行权衡判断。

表 12-18 严寒 A、B 区甲类公共建筑围护结构热工性能限值

围护结构部位		体形系数≤0.3	0.3<体形系数≤0.5
		传热系数 K/[W/(m² · K)]	传热系数 K/[W/(m² · K)]
屋面		≤0.28	≤0.25
外墙（包括非透光幕墙）		≤0.38	≤0.35
底面接触室外空气的架空或外挑楼板		≤0.38	≤0.35
地下车库与供暖房间之间的楼板		≤0.50	≤0.50
非供暖楼梯间与供暖房间之间的隔墙		≤1.2	≤1.2
单一朝向外窗（包括透光幕墙）	窗墙面积比≤0.2	≤2.7	≤2.5
	0.2<窗墙面积比≤0.3	≤2.5	≤2.3
	0.3<窗墙面积比≤0.4	≤2.2	≤2.0
	0.4<窗墙面积比≤0.5	≤1.9	≤1.7
	0.5<窗墙面积比≤0.6	≤1.6	≤1.4
	0.6<窗墙面积比≤0.7	≤1.5	≤1.4
	0.7<窗墙面积比≤0.8	≤1.4	≤1.3
	窗墙面积比>0.8	≤1.3	≤1.2
屋顶透光部分（屋顶透光部分面积≤20）		≤2.2	
围护结构部位		保温材料层热阻 R/[(m² · K)/W]	
周边地面		≥1.1	
供暖地下室与土壤接触的外墙		≥1.1	
变形缝（两侧墙内保温时）		≥1.2	

表 12-19 严寒 C 区甲类公共建筑围护结构热工性能限值

围护结构部位	体形系数≤0.3	0.3<体形系数≤0.5
	传热系数 K/[W/(m² · K)]	传热系数 K/[W/(m² · K)]
屋面	≤0.35	≤0.28
外墙（包括非透光幕墙）	≤0.43	≤0.38
底面接触室外空气的架空或外挑楼板	≤0.43	≤0.38

（续）

围护结构部位		体形系数≤0.3 传热系数 *K*/ [W/(m²·K)]	0.3<体形系数≤0.5 传热系数 *K*/ [W/(m²·K)]
地下车库与供暖房恒之间的楼板		≤0.70	≤0.70
非供暖楼梯间与供暖房间之间的隔墙		≤1.5	≤1.5
单一朝向外窗（包括透光幕墙）	窗墙面积比≤0.2	≤2.9	≤2.7
	0.2<窗墙面积比≤0.3	≤2.6	≤2.4
	0.3<窗墙面积比≤0.4	≤2.3	≤2.1
	0.4<窗墙面积比≤0.5	≤2.0	≤1.7
	0.5<窗墙面积比≤0.6	≤1.7	≤1.5
	0.6<窗墙面积比≤0.7	≤1.7	≤1.5
	0.7<窗墙面积比≤0.8	≤1.5	≤1.4
	窗墙面积比>0.8	≤1.4	≤1.3
屋顶透光部分（屋顶透光部分面积≤20%）		≤2.3	
围护结构部位		保温材料层热阻 *R*/[(m²·K)/W]	
周边地面		≥1.1	
供暖地下室与土壤接触的外墙		≥1.1	
变形缝（两侧墙内保温时）		≥1.2	

表 12-20　寒冷地区甲类公共建筑围护结构热工性能限值

围护结构部位		体形系数≤0.3		0.3<体形系数≤0.5	
		传热系数 *K*/ [W/(m²·K)]	太阳得热系数 SHGC（东、南、西向/北向）	传热系数 *K*/ [W/(m²·K)]	太阳得热系数 SHGC（东、南、西向/北向）
屋面		≤0.45	—	≤0.28	—
外墙（包括非透光幕墙）		≤0.50	—	≤0.38	—
底面接触室外空气的架空或外挑楼板		≤0.50	—	≤0.38	—
地下车库与供暖房间之间的楼板		≤1.0	—	≤0.70	—
非供暖楼梯间与供暖房间之间的隔墙		≤1.5	—	≤1.5	—
单一朝向外窗（包括透光幕墙）	窗墙面积比≤0.2	≤3.0	—	≤2.7	—
	0.2<窗墙面积比≤0.3	≤2.7	≤0.52/—	≤2.4	≤0.52/—
	0.3<窗墙面积比≤0.4	≤2.4	≤0.48/—	≤2.1	≤0,48/—
	0.4<窗墙面积比≤0.5	≤2.2	≤0.43/—	≤1.7	≤0.43/—
	0.5<窗墙面积比≤0.6	≤2.0	≤0.40/—	≤1.5	≤0.40/—
	0.6<窗墙面积比≤0.7	≤1.9	≤0.35/0.60	≤1.5	≤0.35/0.60
	0.7<窗墙面积比≤0.8	≤1.6	≤0.35/0.52	≤1.4	≤0.35/0.52
	窗墙面积比>0.8	≤1.5	≤0.30/0.52	≤1.3	≤0.30/0.52
屋顶透光部分（屋顶透光部分面积≤20%）		≤2.4	≤0.44	≤2.4	≤0.35
围护结构部位		保温材料层热阻 *R*/[(m²·K)/W]			
周边地面		≥0.60			
供暖、空调地下室外墙（与土壤接触的墙）		≥0.60			
变形缝（两侧墙内保温时）		≥0.90			

表 12-21　夏热冬冷地区甲类公共建筑围护结构热工性能限值

围护结构部位		传热系数 *K*/ [W/(m²·K)]	太阳得热系数 SHGC（东、南、西向/北向）
屋面	围护结构热惰性指标 *D*≤2.5	≤0.40	
	围护结构热惰性指标 *D*>2.5	≤0.50	
外墙（包括非透光幕墙）	围护结构热惰性指标 *D*≤2.5	≤0.60	
	围护结构热惰性指标 *D*>2.5	≤0.80	

（续）

围护结构部位		传热系数 K/[W/(m²·K)]	太阳得热系数 SHGC(东、南、西向/北向)
底面接触室外空气的架空或外挑楼板		≤0.70	
单一朝向外窗（包括透光幕墙）	窗墙面积比≤0.20	≤3.5	
	0.20<窗墙面积比≤0.30	≤3.0	≤0.44/0.48
	0.30<窗墙面积比≤0.40	≤2.6	≤0.40/0.44
	0.40<窗墙面积比≤0.50	≤2.4	≤0.35/0.40
	0.50<窗墙面积比≤0.60	≤2.2	≤0.35/0.40
	0.60<窗墙面积比≤0.70	≤2.2	≤0.30/0.35
	0.70<窗墙面积比≤0.80	≤2.0	≤0.26/0.35
	窗墙面积比>0.80	≤1.8	≤0.24/0.30
屋顶透明部分（屋顶透明部分面积≤20%）		≤2.6	≤0.30

表 12-22 夏热冬暖地区甲类公共建筑围护结构热工性能限值

围护结构部位		传热系数 K/[W/(m²·K)]	太阳得热系数 SHGC(东、南、西向/北向)
屋面	围护结构热惰性指标 D≤2.5	≤0.50	
	围护结构热惰性指标 D>2.5	≤0.80	
外墙（包括非透光幕墙）	围护结构热惰性指标 D≤2.5	≤0.80	
	围护结构热惰性指标 D>2.5	≤1.50	
底面接触室外空气的架空或外挑楼板		≤1.50	—
单一朝向外窗（包括透光幕墙）	窗墙面积比≤0.20	≤5.2	≤0.52/—
	0.20<窗墙面积比≤0.30	≤4.0	≤0.44/0.52
	0.30<窗墙面积比≤0.40	≤3.0	≤0.35/0.44
	0.40<窗墙面积比≤0.50	≤2.7	≤0.35/0.40
	0.50<窗墙面积比≤0.60	≤2.5	≤0.26/0.35
	0.60<窗墙面积比≤0.70	≤2.5	≤0.24/0.30
	0.70<窗墙面积比≤0.80	≤2.5	≤0.22/0.26
	窗墙面积比>0.80	≤2.0	≤0.18/0.26
屋顶透明部分（屋顶透明部分面积≤20%）		≤3.0	≤0.30

表 12-23 温和地区甲类公共建筑围护结构热工性能限值

围护结构部位		传热系数 K/[W/(m²·K)]	太阳得热系数 SHGC(东、南、西向/北向)
屋面	围护结构热惰性指标 D≤2.5	≤0.50	
	围护结构热惰性指标 D>2.5	≤0.80	
外墙（包括非透光幕墙）	围护结构热惰性指标 D≤2.5	≤0.80	
	围护结构热惰性指标 D>2.5	≤1.50	
单一朝向外窗（包括透光幕墙）	窗墙面积比≤0.20	≤5.2	—
	0.20<窗墙面积比≤0.30	≤4.0	≤0.44/0.48
	0.30<窗墙面积比≤0.40	≤3.0	≤0.40/0.44
	0.40<窗墙面积比≤0.50	≤2.7	≤0.35/0.40
	0.50<窗墙面积比≤0.60	≤2.5	≤0.35/0.40
	0.60<窗墙面积比≤0.70	≤2.5	≤0.30/0.35
	0.70<窗墙面积比≤0.80	≤2.5	≤0.26/0.35
	窗墙面积比>0.80	≤2.0	≤0.24/0.30
屋顶透明部分（屋顶透明部分面积≤20%）		≤3.0	≤0.30

3.3.2 乙类公共建筑的围护结构热工性能应符合表 12-24 和表 12-25 的规定。

表 12-24　乙类公共建筑屋面、外墙、楼板热工性能限值

围护结构部位	传热系数 $K/[W/(m^2 \cdot K)]$				
	严寒 A、B 区	严寒 C 区	寒冷地区	夏热冬冷地区	夏热冬暖地区
屋面	≤0.35	≤0.45	≤0.55	≤0.70	≤0.90
外墙（包括非透光幕墙）	≤0.45	≤0.50	≤0.60	≤1.0	≤1.5
底面接触室外空气的架空或外挑楼板	≤0.45	≤0.50	≤0.60	≤1.0	—
地下车库与供暖房间之间的楼板	≤0.50	≤0.70	≤1.0	—	—

表 12-25　乙类公共建筑外窗（包括透光幕墙）热工性能限值

围护结构部位	传热系数 $K/[W/(m^2 \cdot K)]$					太阳得热系数 SHGC		
外窗（包括透光幕墙）	严寒 A、B 区	严寒 C 区	寒冷地区	夏热冬冷地区	夏热冬暖地区	寒冷地区	夏热冬冷地区	夏热冬暖地区
单一立面外窗（包括透光幕墙）	≤2.0	≤2.2	≤2.5	≤3.0	≤4.0	—	≤0.52	≤0.48
屋顶透光部分（屋顶透光部分面积≤20%）	≤2.0	≤2.2	≤2.5	≤3.0	≤4.0	≤0.44	≤0.35	≤0.30

3.3.7　当公共建筑入口大堂采用全玻幕墙时，全玻幕墙中非中空玻璃的面积不应超过同一立面透光面积（门窗和玻璃幕墙）的 15%，且应按同一立面透光面积（含全玻幕墙面积）加权计算平均传热系数。

4.1.1　甲类公共建筑的施工图设计阶段，必须进行热负荷计算和逐项逐时的冷负荷计算。

4.2.2　除符合下列条件之一外，不得采用电直接加热设备作为供暖热源：

1）电力供应充足，且电力需求侧管理鼓励用电时。

2）无城市或区域集中供暖，采用燃气、煤、油等燃料受到环保或消防限制，且无法利用热泵提供供暖热源的建筑。

3）以供冷为主、供暖负荷非常小，且无法利用热泵或其他方式提供供暖热源的建筑。

4）以供冷为主、供暖负荷小，无法利用热泵或其他方式提供供暖热源，但可以利用低谷电进行蓄热，且电锅炉不在用电高峰和平段时间启用的空调系统。

5）利用可再生能源发电，且其发电量能满足自身电加热用电量需求的建筑。

4.2.3　除符合下列条件之一外，不得采用电直接加热设备作为空气加湿热源：

1）电力供应充足，且电力需求侧管理鼓励用电时。

2）利用可再生能源发电，且其发电量能满足自身加湿用电量需求的建筑。

3）冬季无加湿用蒸汽源，且冬季室内相对湿度控制精度要求高的建筑。

4.2.5　在名义工况和规定条件下，锅炉的热效率不应低于表 12-26 中的数值。

表 12-26　在名义工况和规定条件下锅炉的热效率（%）

锅炉类型及燃料种类		[锅炉额定蒸发量 $D/(t/h)$]/(额定热功率 Q/MW)					
		$D<1/Q<0.7$	$1 \le D \le 2/0.7 \le Q \le 1.4$	$2<D<6/1.4<Q<4.2$	$6 \le D \le 8/4.2 \le Q \le 5.6$	$8<D \le 20/5.6<Q \le 14.0$	$D>20/Q>14.0$
燃油燃气锅炉	重油	86		88			
	轻油	88		90			
	燃气	88		90			
层状燃烧锅炉	Ⅲ类烟煤	75	78	80		81	82
抛煤机链条炉排锅炉		—	—	—	82		83
流化床燃烧锅炉		—	—	—	84		

4.2.8 电动压缩式冷水机组的总装机容量，应按本标准第4.1.1条的规定计算的空调冷负荷值直接选定，不得另作附加。在设计条件下，当机组的规格不符合计算冷负荷的要求时，所选择机组的总装机容量与计算冷负荷的比值不得大于1.1。

4.2.10 采用电机驱动的蒸气压缩循环冷水（热泵）机组时，其在名义制冷工况和规定条件下的性能系数（COP）应符合下列规定：

1）水冷定频机组及风冷或蒸发冷却机组的性能系数（COP）不应低于表12-27中的数值。

2）水冷变频离心式机组的性能系数（COP）不应低于表12-27中数值的93%。

3）水冷变频螺杆式机组的性能系数（COP）不应低于表12-27中数值的95%。

表12-27 名义制冷工况和规定条件下冷水（热泵）机组的制冷性能系数（COP）

类型		名义制冷量 CC/kW	性能系数 COP/(W/W)					
			严寒 A、B区	严寒 C区	温和 地区	寒冷 地区	夏热冬 冷地区	夏热冬 暖地区
水冷	活塞式/涡旋式	CC≤528	4.10	4.10	4.10	4.10	4.20	4.40
	螺杆式	CC≤528	4.60	4.70	4.70	4.70	4.80	4.90
		528<CC≤1163	5.00	5.00	5.00	5.10	5.20	5.30
		CC>1163	5.20	5.30	5.40	5.50	5.60	5.60
	离心式	CC≤1163	5.00	5.00	5.10	5.20	5.30	5.40
		1163<CC≤2110	5.30	5.40	5.40	5.50	5.60	5.70
		CC>2110	5.70	5.70	5.70	5.80	5.90	5.90
风冷或蒸发冷却	活塞式/涡旋式	CC≤50	2.60	2.60	2.60	2.60	2.70	2.80
		CC>50	2.80	2.80	2.80	2.80	2.90	2.90
	螺杆式	CC≤50	2.70	2.70	2.70	2.80	2.90	2.90
		CC>50	2.90	2.90	2.90	3.00	3.00	3.00

4.2.14 采用名义制冷量大于7.1kW、电机驱动的单元式空气调节机、风管送风式和屋顶式空气调节机组时，其在名义制冷工况和规定条件下的能效比（EER）不应低于表12-28中的数值。

表12-28 名义制冷工况和规定条件下单元式空气调节机、风管送风式和屋顶式空气调节机组能效比（EER）

类型		名义制冷量 CC/kW	能效比 EER/(W/W)					
			严寒 A、B区	严寒 C区	温和 地区	寒冷 地区	夏热冬 冷地区	夏热冬 暖地区
风冷	不接风管	7.1<CC≤14.0	2.70	2.70	2.70	2.75	2.80	2.85
		CC>14.0	2.65	2.65	2.65	2.70	2.75	2.75
	接风管	7.1<CC≤14.0	2.50	2.50	2.50	2.55	2.60	2.60
		CC>14.0	2.45	2.45	2.45	2.50	2.55	2.55
水冷	不接风管	7.1<CC≤14.0	3.40	3.45	3.45	3.50	3.55	3.55
		CC>14.0	3.25	3.30	3.30	3.35	3.40	3.45
	接风管	7.1<CC≤14.0	3.10	3.10	3.15	3.20	3.25	3.25
		CC>14.0	3.00	3.00	3.05	3.10	3.15	3.20

4.2.17 采用多联式空调（热泵）机组时，其在名义制冷工况和规定条件下的制冷综合性能系数IPLV（C）不应低于表12-29中的数值。

表12-29 名义制冷工况和规定条件下多联式空调（热泵）机组制冷综合性能系数IPLV（C）

名义制冷量 CC/kW	制冷综合性能系数 IPLV(C)					
	严寒 A、B区	严寒 C区	温和 地区	寒冷 地区	夏热冬 冷地区	夏热冬 暖地区
CC≤28	3.80	3.85	3.85	3.90	4.00	4.00
28<CC≤84	3.75	3.80	3.80	3.85	3.95	3.95
CC>84	3.65	3.70	3.70	3.75	3.80	3.80

4.2.19 采用直燃型溴化锂吸收式冷（温）水机组时，其在名义工况和规定条件下的性能参数应符合表12-30的规定。

表12-30 名义工况和规定条件下直燃型溴化锂吸收式冷（温）水机组的性能参数

名义工况		性能参数	
冷(温)水进/出口温度/℃	冷却水进/出口温度/℃	性能系数/(W/W)	
		制冷	供暖
12/7(供冷)	30/35	≥1.20	—
—/60(供暖)	—	—	≥0.90

4.5.2 锅炉房、换热机房和制冷机房应进行能量计量，能量计量应包括下列内容：
1）燃料的消耗量。
2）制冷机的耗电量。
3）集中供暖系统的供热量。
4）补水量。

4.5.4 锅炉房和换热机房应设置供热量自动控制装置。

4.5.6 供暖空调系统应设置室温调控装置；散热器及辐射供暖系统应安装自动温度控制阀。

12.5 建筑节能社会环境效益

12.5.1 建筑增长对社会环境的负面影响

1）每年新建和改建的几千万栋建筑，要消耗掉几十亿吨林木、砖石和矿物材料，造成森林的过度砍伐（目前世界森林覆盖率只有22%，而且很不均衡），材料资源的大量开采，带来土地的破坏，植被的退化，物种的减少和自然环境的恶化。

2）住宅与公共建筑的供暖、空调、照明和家用电器等设施消耗了全球约1/3的能源，主要是化石能源。而这些化石燃料是地球经历了亿万年才形成的，它将在这几代人中间消耗殆尽。

3）建筑物在使用能源的过程中排放出大量的SO_2、NO_x、悬浮颗粒物和其他污染物，影响人类的健康和动植物的生存。

4）世界各国房屋能源使用中所排放的CO_2，大约占全球CO_2排放总量的1/3，其中住宅大体占2/3，公共建筑占1/3。由于CO_2排放量的增加，地球大气中CO_2的浓度急剧增长，已经从19世纪的260ppm($\times10^{-6}$)增加到现在的360ppm($\times10^{-6}$)，而且还在快速增加。

在这多方面的危害中，令世人最为关注的是温室气体CO_2的排放。由于CO_2浓度的增加，正在使地球变暖，气温愈益升高，造成两极融缩、冰川消失、海面升高、珊瑚死亡、洪水泛滥、干旱频发、土地沙化、风沙肆虐、疾病流行、物种灭绝等灾难性后果。近几年全球气候异常，灾害频繁，更加证实了地球变暖的后果不容忽视。随着今后温室气体浓度的进一步增加，后果将更加不堪设想。这就是说，世人在梦想未来世界将更加美好的甜蜜时刻，蓦然回首，竟然发现世界自然环境已经处于大灾大难的边缘，而人类自己正是这场灾难的制造者。这是大自然对破坏它的人类的毫不留情的“报复”。为此，许多有识之士已经开始反思，以牺牲资源和环境为代价取得的繁荣和舒适，只可能是短暂的和表面的；在巨大的危险面前，人类必须尽快拯救地球。

12.5.2 建筑节能需要解决的问题

面对上述与人类前途命运攸关的全球性问题，21世纪全世界的建筑节能事业，肩负着重大的历史使命，必须全面推进建筑节能，以挽救这个世界。为此，要做好各类气候区、各个国家、各种建筑的节能工作，要全方位、多学科地，综合而又交叉地研究和解决一系列经济、技术与社会问题，在进一步提高生活舒适性、增进健康的基础上，在建筑中尽力节约能源和自然资源，大幅度地降低污染，减少温室气体的排放，减轻环境负荷，并正在从多方面做出世界性的努力。

1. 尽可能将建筑能耗降到最低限度

从20世纪70年代爆发能源危机以来，发达国家单位面积的建筑能耗已有大幅度的降低。与我国北京地区供暖度日数相近的一些发达国家，新建建筑每年供暖能耗已从能源危机前的300kW·h/m² 上下降低到100kW·h/m² 左右。尽管节能的经济效益一般会随着节能率的提高而愈益降低，但为了改善人类环境，预计在今后不会很长的时间内，建筑能耗还将进一步降低至30~50kW·h/m²。这就必须从多方面着手，其中主要的是：

1）对建筑围护结构进行高水平的保温隔热。例如，窗户采取多层窗、中空玻璃、低发射率玻璃、填充惰性气体等方法，使整窗传热系数从1.5~2.5W/(m²·K) 降低至1W/(m²·K) 左右；对外墙加强保温隔热，特别是采用外保温，使外墙传热系数从0.3~0.5W/(m²·K) 降至0.1~0.2W/(m²·K)；在围护结构保温隔热良好的情况下，室内用砖石、混凝土等重质材料建成厚重结构，以利于蓄存室内热能，调节室温。

2）采用高能效供暖、制冷、照明和家电的设备和系统，减少输热、输冷能耗，充分利用清洁能源，扩大热电联供或热电冷联供，扩大应用热泵、储能、热回收和变流量技术。

2. 最大限度地有效利用天然能源

首先是太阳能，在不同的地区，特别是太阳能源比较丰富的地区，太阳能在建筑中的应用将得到很大扩展，其应用方面包括：

1）太阳能供暖与制冷。

2）用太阳能集热器供应热水。

3）充分利用天然采光。

4）太阳能光电池发电。

其他自然能源，如地热能也将得到利用。地源热泵可用于建筑供暖与制冷。风力资源丰富的地方也可利用好风能。

3. 充分利用废弃的资源

由于建筑用资源消耗巨大，必须保护好地球资源，尽量减少资源消耗量，充分利用好废弃的、再生的或可以再生的资源。

1）工业废弃物，如粉煤灰、尾矿、炉渣、煤矸石、灰渣等数量巨大，根据其性能做成建筑材料扩大使用范围。

2）既有建筑物拆下的材料，如钢材、木材、砖石、玻璃、塑料、纸板等，可重复利用或再生利用。

为了减少温室气体排放，气候变化框架公约政府间组织提出的目标是，相对于1992年基准，2010年减排10%~15%，2020年减排15%~20%，2050年减排20%~50%。这是一个极为艰巨的任务，确实需要世界各国真诚地做出重大的努力。

12.5.3 建筑节能与我国社会持续发展的关系

建筑节能是世界性的大潮流和大趋势，同时也是我国改革和发展的迫切要求，这是不以人的主观意志为转移的客观必然性，是21世纪我国建筑事业发展的一个重点和热点。这是因为：

1. 冬寒夏热是我国气候的主要特点

冬季，西伯利亚和蒙古高原的寒流频繁南侵；夏季，大陆腹地受到强烈的太阳辐射。与世界上同纬度地区的平均温度相比，大体上东北地区气温偏低 14～18℃，黄河中下游偏低 10～14℃，长江南岸偏低 8～10℃，东南沿海偏低 5℃左右；而 7 月各地平均温度却大体要高出 1.3～2.5℃。与此同时，我国东南地区常年保持高湿度，整个东部地区夏季湿度也很高，即夏季闷热，冬季潮凉，此种不良的气候条件，当然会导致我国供暖、空调能耗很高。

2. 我国建筑用能数量巨大，浪费严重

我国城乡建筑发展迅速。近几年每年建成的住宅建筑面积，城镇已至 4 亿～6 亿 m^2，农村则达 7 亿～9 亿 m^2，全国每年建成的房屋建筑面积已达 16～19 亿 m^2。现在全国城乡既有建筑面积已超过 360 亿 m^2，其中按供暖建筑节能标准建造的只有 1.4 亿 m^2，且限于少数城市的居住建筑。与气候条件接近的发达国家相比，我国居住建筑单位面积供暖能耗为他们的 3 倍左右，而且室内热环境很差。现在，这些高耗能建筑冬季供暖与夏季空调的使用正日益普遍，能源浪费更加严重。

3. 我国国民经济增长迅速，能源增长会得到控制

从新世纪开始，我国将进入全面建设小康社会、加快推进现代化的新的发展阶段，开始实施第三步战略部署。参加 WTO 后，我国经济更快融入全球化进程，城市化不断加快，住房需求继续扩大，住房建设仍将是国民经济新的增长点和消费热点，因此，建筑用能及其占总能耗的比例必将稳步增长。但我国人均能源资源远低于世界平均水平，特别是石油和天然气资源更为短缺。今后，全国能源总产量的增加会得到控制，能源结构将进行调整，煤炭用量所占的比例会逐步减少，而天然气、电力等清洁能源会得到较快增加，太阳能等可再生能源也将较快发展。通过西部大开发、西电东送、西气东输，将为建筑用能结构的调整创造有利条件。

4. 我国北方城市冬季供暖期空气污染十分严重

从全国总体来看，总悬浮颗粒、二氧化硫和氮氧化物等大气主要污染物指标，北方城市重于南方城市，供暖期重于非供暖期，而供暖期的污染值又随着气温的降低，即供暖燃煤量的增加而升高。由此可见，建筑供暖是城市大气的一个主要污染源。只有从源头上减少建筑供暖能耗，才能使北方城市供暖期大气污染的严重状况得到根本改变。

5. 地球变暖正在使我国蒙受巨大损失

由于我国国民经济的发展和用能量的增加，尽管已经做出了多方面的减排努力，温室气体排放量仍在快速增长，现在已成为世界上温室气体排放第二大国，而且还将继续增加。目前，建筑耗能量已超过全国耗能量的 1/4。随着人民生活的继续改善，建筑耗能量及其所占比例还将不断增加，由此排放的温室气体也必然会随之增长。这种情况，难免是为地球变暖火上加薪。我国气温正在升高，华北平原 1980 年至 1989 年气温偏高 0.1～0.6℃；1990 年至 1998 年气温偏高 0.3～0.8℃。地球变暖造成的后果，在生态环境薄弱的地区，表现得愈为严重。我国近几年由于气候变化引起的特大灾害十分频繁，许多地方发生特大洪水、持续干旱、荒漠化加剧和沙尘暴频发，使我国蒙受损失之大，应能引起国人的警觉。

由此可见，我国的建筑节能问题与民族的生存以及经济社会的可持续发展紧密相连。在这样的形势下，我国建筑节能工作严重滞后的状况必然要尽快得到扭转，走上迅速发展的道路。

12.5.4 我国建筑节能工作发展现状和面临的形势

1.“十二五”期间建筑节能发展成就

（1）“十二五”目标完成情况 “十二五”期间建筑节能的主线是围绕国务院确定的节能

减排目标开展的，2011年国务院印发了《“十二五”节能减排综合性工作方案》，对于不同领域节能减排工作提出了目标和任务的总体要求，对推进建筑节能工作提出了明确的目标和要求。对于新建建筑要进一步提高标准执行率，提高建筑能效水平；对于既有居住建筑节能工作，要扩大既有居住建筑节能改造规模，做好夏热冬冷地区建筑节能改造；对于公共建筑节能工作要建立健全公共建筑节能监管体系建设，完善能源审计、能效公示，推动节能改造与运行管理；此外针对新型建材推广应用也提出了相应的要求。

围绕国务院确定的住房城乡建设领域节能减排目标，住房和城乡建设部积极安排部署，于2012年出台了《“十二五”建筑节能专项规划》，从政策法规、体制机制、规划设计、标准规范、科技推广、建设运营和产业支撑等方面全面推进建设领域节能减排工作。“十二五”以来，经过不懈努力，建筑节能工作进入到深化和拓展阶段，截至2014年底，国务院提出的任务目标大部分已超额完成，其中新建建筑施工阶段执行节能强制性标准的比例达到98.98%，城镇新建建筑能源利用效率与“十一五”期末相比，提高30%以上。北京、天津等特大城市执行更高水平的节能标准，新建建筑节能水平达到或接近同等气候条件发达国家水平。实施低能耗、绿色建筑示范项目2442个：飞成了北方供暖地区既有居住建筑供热计量及节能改造9.6亿m^2；推动政府办公建筑和大型公共建筑节能监管体系建设与高能耗公共建筑节能改造，实施了12个公共建筑节能改造重点城市示范：开展了97个可再生能源建筑应用示范城市和198个示范县的建设。

(2) 建筑节能体系建设

1) 政策法规体系进一步深化。中国绿色建筑行动计划草案主题报告时就指出，今后要全面推行绿色建筑“以奖代补”的经济激励政策，具体可从专项补贴、物业税减半征收、土地招拍挂前置条件、适当提高容积率、购房贷款利率优惠等方面招收推进绿色建筑的发展。

国家中长期科学和技术发展规划纲要（2006—2020年）中，将“建筑节能与绿色建筑”作为重点领域“城镇化与城市发展”下的优先项目。我国绿色建筑发展总体战略目标是以实现国家“十一五”规划约束性指标为契机，促进绿色建筑发展，大力发展节能省地型住宅，通过实现绿色建筑的“四节两环保”推动我国可持续发展。

根据财政部、建设部《关于印发可再生能源建筑应用专项资金管理暂行办法的通知》，将对区域性大型再生资源回收利用基地建设项目给予贷款贴息和财政补助上的资金支持。其中，明确规定对营利性弱、公益性较强的改、扩建项目，将给予最高2000万元的财政补助资金。

2012年5月，财政部和住房和城乡建设部两部门联合发布《关于加快推进我国绿色建筑发展的实施意见》，明确将通过建立财政激励机制、健全标准规范及评价标识体系、推进相关科技进步和产业发展等多种手段，力争到2020年，绿色建筑占新建建筑比例超过30%。实施意见确定了2012年高星级绿色建筑的财政奖励标准：二星级绿色建筑每平方米建筑面积可获得财政奖励45元，三星级绿色建筑每平方米奖励80元。此外，中央财政还将支持绿色生态城区建设，引导低星级绿色建筑规模化发展。对符合条件的绿色生态城区给予资金定额补助，资金补助基准为5000万元，并对建设突出的绿色生态城区相应调增补助额度。

2013年2月，国务院以“国办发［2013］1号”转发了国家发展改革委员会、住房和城乡建设部制定的《绿色建筑行动方案》，设定了推进绿色建筑发展进程的“十项制度”，为绿色建筑和绿色生态城区的发展做出了新的部署。据统计，在“十项制度”中，绿色建筑评价标识制度、绿色建筑设计专项审查制度、节水器具和太阳能建筑一体化强制推广制度等均得到广泛执行且执行效果较好。截至2014年底，全国共24个省市出台了《绿色建筑行动方案》，为推动建筑节能和绿色建筑发展奠定了坚实的基础。天津、江苏等省市通过立法形式，使得绿色建筑的发展和各项政策的制定和执行有法可依，将推动绿色建筑发展提升到一个新的高度。

2）标准规范体系得到进一步健全。“十二五”期间，建筑节能标准规范体系不断完善，覆盖到新建居住和公共建筑。节能设计标准水平不断提高，新建建筑能效提升30%、相对节能率达65%的技术标准已全部实施。2010年7月，修订后的《严寒和寒冷地区居住建筑节能设计标准》（JGJ 26—2010）颁布；同年8月，《夏热冬冷地区居住建筑节能设计标准》（JGJ 134—2010）颁布：2012年11月，新版《夏热冬暖地区居住建筑节能设计标准》（JGJ 75—2012）颁布；2015年5月，新版《公共建筑节能设计标准》（GB 50189—2015）颁布。同时，自2010年起，《节能量测量和验证技术通则》（GB/T 28750—2012）等11项标准陆续完成修订、修编工作。覆盖不同气候区、不同建筑类型、不同能源资源种类的建筑节能领域的国家标准体系已全部建立：绿色建筑从一星到三星的技术标准体系已初步建立。能耗标准开启了建筑节能工作的全新局面，真正从消费端约束建筑用能，不断降低能耗，转变了过程端控制的模式，为实现全国能耗总量控制提供了依据。

截至2014年底，全国24个省（市、区）因地制宜地建立了100余项地方标准，北京、上海、天津、内蒙古等省（市、区）已经建立了覆盖新建和既有的公共和居住建筑、绿色建筑的地方标准体系，为建筑节能发展提供了良好的保障和支撑作用。北京、天津、山东等省市制定并实施新建建筑节能75%的标准，进一步推动新建建筑能效提升。北京、河北、黑龙江等省市出台了使用于超低能耗绿色建筑设计、评价的标准、规范，并组织实施了被动式近零能耗示范。

3）能力支撑体系不断增强。“十二五”期间，建筑节能和绿色建筑发展的能力支撑体系在评价、监管、实施、创新和协调等各个方面均得到了进一步加强。在评价能力方面，加强了第三方节能量核定评价机构、绿色建筑评价机构、建筑能效测评机构的能力建设。在监管能力方面，加大了绿色建筑全过程各环节的监管力度，建立了依托各省、市墙改节能办的建筑节能、绿色建筑监管机构体系，对各地组织推进绿色建筑发展工作进行指导和监督，实施从国家到各省的年度建筑节能专项检查制度。在实施能力方面，加强了从规划、设计、施工、运行到报废等阶段的建筑节能标准执行能力，建立了建筑节能专业工程师培训体系，增强了建筑节能从业人员的整体素质。在创新能力方面，完善了绿色建筑创新评奖机制，组织年度“住房和城乡建设部科学技术计划”项目申报与实施工作，建筑节能和绿色建筑领域创新能力得到了进一步增强。在组织协调能力方面，已构建和形成了国家与地方两级主管部门统筹协作、明确目标、有效配合的工作机制，并建立了住房、发改、工信、商务、教育等部门的联席会议制度，形成了统一部署、分工负责、协调配合的良好工作格局。

4）市场机制作用逐步显现。“十二五”期间，建筑节能和绿色建筑发展的市场经济体系进一步完善。既有居住建筑节能改造市场和新建建筑节能市场已趋于成熟，既有公共建筑节能改造市场已开始起步。2011年，财政部和住房和城乡建设部选择了上海、天津、重庆、深圳4个城市作为我国公共建筑节能改造重点示范城市，启动了“政府引导，市场推动”的模式。这4个城市实现了2年内改造面积不低于400万m^2，单位建筑面积能耗下降20%以上的改造目标要求；获得中央财政20元/m^2支持，以及相应地方资金配套；建立并逐步完善了相关的政策、技术标准、质量管控、第三方核证等体系，使市场有序运行。这4个城市均采取了合同能源管理等商业模式的应用，有效发挥合同能源服务公司的专业技术力量，优化了改造项目的经济性，确保了节能改造效益的持续稳定发挥。同时，一些地方政府借力金融机构，搭建融资平台，有效调动了社会投资，整合了政府、企业、社会与金融机构的优势力量，实现了资金优化配置与融资信用的放大升级，缓解了节能改造融资难的问题，激活了市场。

可再生能源用于建筑节能领域里的主要是太阳能、地热能、风能和生物质能等。近年来，政府推出一系列激励性政策，如设立可再生能源建筑专项资金，以财政投入为主，其他资金投入为辅，有效吸纳了社会资金促进建筑能效提升。政府还通过在营业税、城市维护建设税和教育附加、土地增值税、城镇土地使用税、企业所得税，实行相应比例的税收优惠鼓励可再生能源设备制造以及提高可再生能源在建筑中的应用比例。自2006年国家启动司再生能源建筑应用示范工作以来，43个城市开展了国家可再生能源建筑应用示范城市建设工作，充分发挥财政资金的杠杆作用，采取财政补助、贷款贴息、以奖代补、资本金注入、设立种子基金、合同能源管理等支持方式，积极引导金融机构和社会资金投入，建立了多元化的资金措施机制，放大财政资金使用效益。

2. 建筑节能存在的问题

1）促进建筑节能与绿色建筑的法律法规尚需完善，政策引导仍需加强，市场积极性尚未充分调动。一是针对绿色建筑推广的法律法规体系还不完善，建筑节能监管法律体系也需加强。《节约能源法》《建设工程质量管理条例》以及《民用建筑节能条例》等建筑领域的法律体系尚未涵盖绿色建筑发展相关内容；《绿色建筑评价标准》（GB/T 50378—2014）为推荐性标准，不具有强制效力。二是完善的建筑能效提升长效激励机制还未形成，无法将节能市场潜力充分转变为节能现实需求。三是基于政府引导、市场推动发展的体制机制尚未形成，建筑节能和绿色建筑市场仍然存在诸多问题，市场环境、融资环境有待进一步建立和完善。

2）新建建筑能效标准水平仍需提高、执行质量有待加强。一方面，与发达国家相比，我国当期建筑能效标准水平仍然偏低。比较研究表明，现阶段我国北方住宅全年供暖能耗设计指标为发达国家的1.5~2倍，公共建筑的供冷供暖全年能耗设计指标为发达国家的1.2~1.5倍。另一方面，虽然我国建筑节能标准执行率已基本达到100%，但存在地区发展不平衡、高性能建筑占比小、执行质量参差不齐、综合效果多数停留在设计阶段及少部分建筑节能工程偷工减料等现象，建筑节能工程质量水平有待提高。

3）既有建筑节能改造工作任重道远。我国北方地区既有居住建筑改造存量依然巨大，目前的改造主要是围护结构及末端改造，尚未形成同步提升供暖系统能效的最优化改造模式；夏热冬冷地区居住建筑舒适度亟待提高，但改造进度缓慢，尚未形成适宜的改造模式、有效的技术路线及合理的解决方案；夏热冬暖地区节能改造尚未启动；公共建筑节能改造刚刚起步，市场化程度低，以政府引导、市场推动的成熟改造模式尚未建立。

4）可再生能源建筑应用推广任务依然繁重。我国可再生能源建筑应用总体上仍处于起步阶段。据测算，目前可再生能源建筑应用量占建筑用能比例的5%左右，这与我国丰富的资源禀赋、快速增长的建筑用能需求以及调整用能结构的迫切要求差距较大。此外，可再生能源建筑应用有效推广机制仍待进一步完善；技术产品或系统未能进入工程质量管理的闭合环节，技术应用水平参差不齐：部分核心技术仍未掌握，技术研发、制造和配套能力有待提高；系统集成、工程咨询、运行管理等能力有待提升。

5）大部分省市农村建筑节能工作尚未形成规模。整体上看，严寒地区农村建筑节能技术发展和推广应用工作开始形成规模；夏热冬冷地区农村建筑节能工作正在启动。农村及农房建筑节能工程的标准体系仍不健全，基础性国家标准（设计、施工、验收）体系尚未建立，基于本地化的农房建筑节能应用技术的技术目录和经济适用的技术体系仍然缺失。农村建筑、农房的设计和施工过程无法实现规范及闭合管理，部分新建农房、农民自建房质量不高。

6）以全寿命期理念指导建筑能效提升的格局、机制尚未形成。我国建筑大拆大建现象较为突出，建筑平均寿命短，浪费严重。指导建筑设计、施工、运行、报废以及建筑垃圾回收回用的全生命期标准体系、管理体系尚未形成。建筑的绿色化施工尚处在示范阶段；可循环建材的使用量偏低，建材等资源节约潜力较大。公共建筑运行阶段能耗偏高，“大马拉小车”、运行管理水平偏低的现象仍较为普遍。建筑按绿色化要求的拆除比例和建筑垃圾回收回用比例偏低。

7）建筑能效提升产业及绿色建筑支撑能力尚需提升。一是针对建筑能效提升的绿色产业链结构不完善，现有产业支撑体系中存在诸多薄弱环节，亟须进行引导。高能效建材和部品的市场化程度较低、施工水平达不到要求等问题较为普遍。二是市场机制配置资源的基础性作用强度不够，新兴产业的兴起尚未对建筑节能和绿色建筑发展起到充分的促进作用，无法带动全产业链及关键领域的建筑能效提升。

8）对建筑节能和绿色建筑工作的认识不到位。一方面，部分地方政府对建筑节能和绿色建筑工作认识不到位，导致对建筑节能和绿色建筑工作的重视和投入不够。另一方面，市场主体也还未形成建筑节能和绿色建筑主流意识，不能做到以节能和绿色为己任，部分企业社会责任担当有待加强。此外，居民（建筑使用主体）的建筑节能理念尚需养成，存在较大的能源、资源浪费现象，行为节能践行不够。

3. 建筑节能发展新形势下面临的挑战

（1）产业结构调整 “十三五”期间，我国的经济发展将进入新的阶段，从全球来看，新技术、新业态、新需求不断涌现，我国传统的经济发展模式面临巨大压力，产业结构必将发生深刻变化。按照国家新的产业结构升级战略（低碳发展战略），“十三五”时期第三产业特别是商业、服务业比例将大幅度提升，呈现加快发展的态势，成为经济增长的主导因素。随着经济的发展，人们的需求不再满足于“生存”而是转向寻求“享受”，城乡居民对教育、文化、娱乐、休闲、旅游、医疗保健以及住房等商业服务的需求越来越迫切，人们消费支出用于提高生活便利和生活质量、以非实物消费为主的服务消费支出所占比例越来越高。按收入分组的我国城镇居民消费结构变化趋势就充分揭示了这一特征，从中等偏上收入开始，服务取代食品成为最大消费支出项目。此外，随着全球经济一体化的趋势，研发、设计、营销、人力资源等专业型生产服务业在我国的需求也不断增长。这种产业结构的调整可能导致公共建筑能耗出现大幅攀升。

（2）城镇化问题 按照《国家新型城镇化规划（2014—2020）》的发展思路，到2020年常住人口城镇化率达到60%左右，户籍人口城镇化率达到45%左右，努力实现1亿左右农业转移人口和其他常住人口在城镇落户。随着农业人口的迁移，城中村的改造，将带来大量的房屋建设的需求、居住环境的改善、用能强度的增长（2012年城镇居民生活用能强度是农村居民的1.38倍），进而导致建筑能耗的增长。

（3）南方地区供暖需求问题 我国一直在秦岭—陇海线以北地区实施供暖，此线以南地区一律不实施集中供暖。但是随着经济社会的发展，人民生活水平的不断提高，南方地区（特别是夏热冬冷地区）的供暖需求不断增长。夏热冬冷地区等传统非供暖区，由于对冬季室内热舒适度的要求，各类供暖设施开始普及，造成了这一地区的住宅供暖能耗迅速增加。南方地区的供暖需求如何满足，是利用煤炭等常规能源还是太阳能等可再生能源亟待解决。

（4）居住条件不断改善，人均住宅面积不断增长 2012年我国城镇人均住宅面积为32.9m^2，农村人均住宅建筑面积为37m^2，这一数字接近甚至超过日本及欧盟部分国家水平。如果不加以控制引导，到2020年城镇人均住宅面积将超过45m^2，城镇住宅面积将接近400亿m^2，全国建筑面积超过800亿m^2。

（5）农村用能结构商品化趋势 近年来，我国农村地区的建筑用能源类型不断转变，用能商品化趋势明显，电、煤、燃气的需求不断增长，生物质能需求不断下降，特别是东部发达地区趋势更加明显。

4. “十三五”期间建筑节能发展总体目标

“十三五”时期，建筑节能与绿色建筑的发展的总体目标是：建筑节能标准加快提升，城镇新建建筑中绿色建筑推广比例大幅提高，既有建筑节能改造有序推进，可再生能源建筑应用规模逐渐扩大，农村建筑节能实现新突破，使我国建筑总体能耗强度持续下降，建筑能源消费结构逐步改善，建筑领域绿色发展水平明显提高。

具体目标是：到2020年，城镇新建建筑能效水平比2015年提升20%，部分地区及建筑门窗等关键部位建筑节能标准达到或接近国际现阶段水平。城镇新建建筑中绿色建筑面积比重超过50%，绿色建材应用比重超过40%。完成既有居住建筑节能改造面积5亿m^2以上，公共建筑节能改造1亿m^2，全国城镇既有居住建筑中节能建筑所占比例超过60%。城镇可再生能源替代民用建筑常规能源消耗比重超过6%。经济发达地区及重点发展区域农村建筑节能取得突破，采用节能措施比例超过10%。

思考题

1. 建筑节能项目的收益包括哪些内容？
2. 简述建筑能耗的构成。
3. 建筑节能评估体系的内容和建筑节能评估体系应遵守的原则是什么？
4. 简述建筑节能与我国社会持续发展的关系。
5. 简要说明我国建筑节能当前的现状和未来的发展趋势。

参考文献

[1] 龙惟定. 建筑节能与建筑能效管理 [M]. 北京：中国建筑工业出版社，2005.
[2] 李德英. 建筑节能技术 [M]. 北京：机械工业出版社，2006.
[3] 刘伟庆. 建筑节能技术及应用 [M]. 北京：中国电力出版社，2011.
[4] 王荣光，沈天行. 可再生能源利用与建筑节能 [M]. 北京：机械工业出版社，2004.
[5] 涂逢祥. 建筑节能 [M]. 北京：中国建筑工业出版社，2003.
[6] 徐占发. 建筑节能技术实用手册 [M]. 北京：机械工业出版社，2005.
[7] 张雄，张永娟. 建筑节能技术与节能材料 [M]. 北京：化学工业出版社，2009.